DIE GRUNDLEHREN DER

MATHEMATISCHEN WISSENSCHAFTEN

IN EINZELDARSTELLUNGEN MIT BESONDERER BERÜCKSICHTIGUNG DER ANWENDUNGSGEBIETE

GEMEINSAM MIT

W. BLASCHKE
HAMBURG

M. BORN
GÖTTINGEN

C. RUNGE
GÖTTINGEN

HERAUSGEGEBEN VON

R. COURANT
GÖTTINGEN

BAND VIII

VORLESUNGEN ÜBER TOPOLOGIE I

VON

B. v. KERÉKJÁRTÓ

BERLIN

VERLAG VON JULIUS SPRINGER

1923

VORLESUNGEN ÜBER TOPOLOGIE

VON

B. v. KERÉKJÁRTÓ

I

FLÄCHENTOPOLOGIE

MIT 60 TEXTFIGUREN

BERLIN
VERLAG VON JULIUS SPRINGER
1923

ISBN 978-3-642-50515-7 ISBN 978-3-642-50825-7 (eBook)
DOI 10.1007/978-3-642-50825-7

Softcover reprint of the hardcover 1st edition 1923

Vorwort.

Die vorliegende Darstellung entstand aus den Vorlesungen, die ich auf Einladung der Universität Göttingen im Sommersemester 1922 gehalten habe.

Bei der Lektüre des Manuskriptes und der Korrekturen haben mich die Herren *H. Kneser*, *J. Nielsen* und *K. Reidemeister* mit wertvollen Ratschlägen unterstützt; ich spreche ihnen hiermit meinen besten Dank aus.

Ferner gilt mein Dank Herrn Prof. *R. Courant* für die freundliche Aufforderung, dieses Buch in seiner Sammlung zu veröffentlichen. Endlich bin ich der Verlagsbuchhandlung dankbar, die meinen Wünschen entgegengekommen ist und die technisch schwierige Frage der Ausstattung vorzüglich gelöst hat.

Göttingen, im August 1923.

B. von Kerékjártó.

Inhaltsverzeichnis.

Topologie der Ebene.

Erster Abschnitt.

Punktmengen.

Zweiter Abschnitt.

Kurven.

Dritter Abschnitt.

Gebiete.

Topologie der Flächen.

Vierter Abschnitt.

Polyederflächen.

Fünfter Abschnitt.

Offene Flächen.

Sechster Abschnitt.

Abbildungen von Flächen.

Siebenter Abschnitt.

Kurvenscharen auf Flächen.

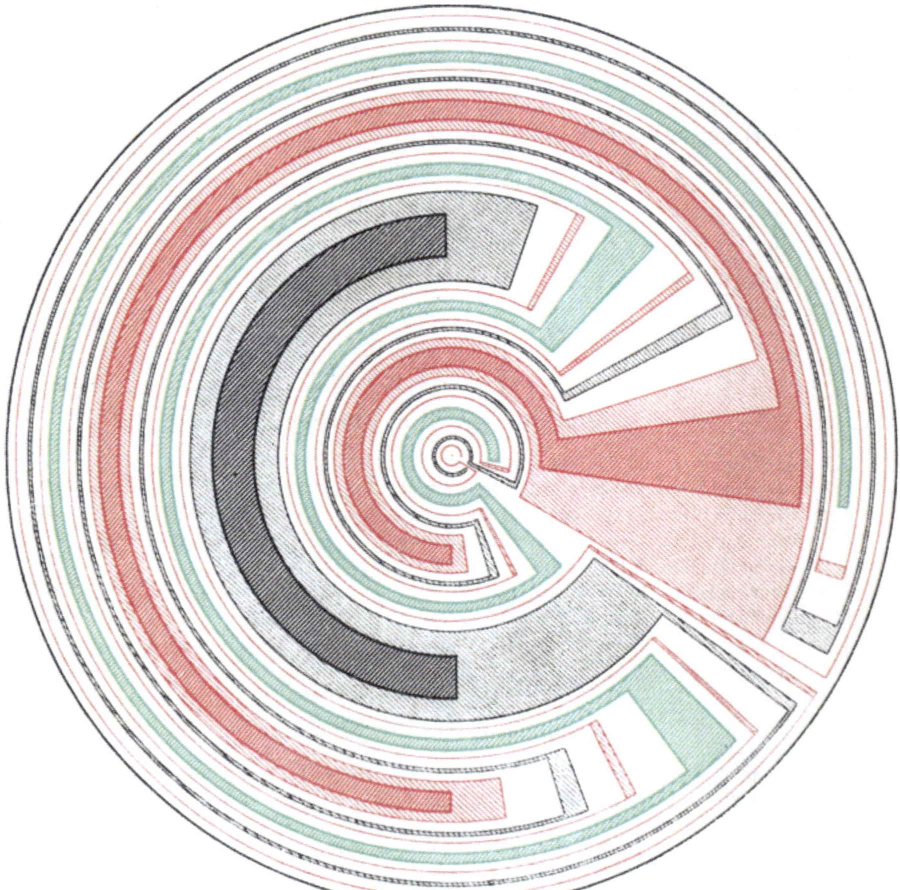

Zerlegung der Kreisscheibe in drei Gebiete mit demselben Rand (zu S. 120)

Verlag von Julius Springer in Berlin

Berichtigungen.

Seite 12, Zeile 3 und 4 soll es heißen „$P(0, t) = P(1, t) = O$“.

Seite 58, in der letzten Zeile der Fußnote [2]) soll es heißen „*Schoenflies*, Bericht I, S. 34“.

Seite 69, Zeile 12 „Man nehme um A“ statt „Man nehme“.

Seite 117, Zeile 18 „$\varphi = \pm \operatorname{tg} \frac{r\pi}{2}$“ statt „$\varphi = \pm \operatorname{tg} (r\pi)$“.

Seite 176, Zeile 33 „Umgebung“ statt „Umgehung“.

Seite 183, Zeile 24 „$\sigma = \sigma_1$“ statt „$\sigma' = \sigma_1$“.

Seite 185, letzte Zeile „$\varphi' = \varphi + \operatorname{tg} \frac{r\pi}{2}$“ statt „$\varphi' = \varphi + \operatorname{tg} (r\pi)$“.

Seite 229, Zeile 25 „$(P = P_{11} = P_{21} = \ldots = P_{m1})$“ statt „$(P = P_{11}, P_{21}, \ldots, P_{m1})$“.

Seite 251, Zeile 24 „Polygon“ statt „Poligon“.

37. 10. 23. 16.

Einleitung.

Die *Topologie* oder *Analysis Situs* ist derjenige Teil der Geometrie, der die bei stetigen Transformationen ungeändert bleibenden Eigenschaften der Gebilde untersucht. Diese sind Zusammenhangs- und Lagenverhältnisse, sozusagen Eigenschaften von qualitativer Natur.

Seit langem liegen Probleme dieser Art in Spielen wie auch in der Wissenschaft vor; ich erinnere an den bekannten *Vierfarbensatz,* der die Vermutung ausspricht, daß bei jeder Einteilung der Kugelfläche in Gebiete dieselben mit vier Farben so gefärbt werden können, daß immer zwei benachbarte Gebiete verschiedene Farben haben. Offenbar ist es für das Bestehen dieses Satzes belanglos, ob die Ränder der Gebiete aus geradlinigen Stücken aufgebaut sind, oder aus denselben durch hinreichend kleine Abänderungen zu krummlinigen Berandungen gemacht werden.

Als ein anderes Beispiel erwähnen wir das in der Geschichte erste zu unserem Gebiet gehörige wissenschaftliche Resultat, den *Euler*schen *Polyedersatz.* Er besagt, daß bei einer konvexen Polyederfläche die gesamte Anzahl der Seitenflächen und der Eckpunkte der um zwei vermehrten Anzahl der Kanten gleich ist. Deformiert man die Fläche stetig und betrachtet auf der dadurch entstehenden Fläche diejenige Einteilung, die durch diese Deformation aus den Kanten hervorgeht, so besteht dieselbe Beziehung zwischen den Anzahlen der Flächenstücke, Eckpunkte und Kanten.

Wir erwähnen noch den anschaulichen Satz, daß die Kugelfläche durch eine auf ihr gezogene einfache geschlossene Kurve in zwei Teile zerlegt wird. Wenn man eine Kreislinie um eine in ihrer Ebene liegende, sie nicht treffende Gerade im Raume rotieren läßt, bekommt man eine Ringfläche; ein Meridian auf derselben, etwa die Kreislinie in der ursprünglichen Lage, bildet eine einfache geschlossene Kurve auf der Ringfläche, die sie nicht zerlegt.

Die genannten Eigenschaften sind offenbar unabhängig von der metrischen Natur, die das spezielle Gebilde hat. So sind z. B. eine Kugel und ein Ellipsoid für die Analysis Situs äquivalent, da die erste Fläche sich durch eine stetige Deformation in die zweite überführen läßt, bei welcher kein Flächenteil zerrissen wird und auch keine neuen Vereinigungen von vorher verschiedenen Flächenteilen eintreten. Die

Kugelfläche ist aber nicht der vorhin erwähnten Ringfläche äquivalent, wie man einstweilen aus den vergeblichen Versuchen, die eine in die andere zu überführen, folgern könnte.

Die eben erwähnte Äquivalenz ist nur *eine* Art der in der Analysis Situs zur Geltung kommenden Beziehungen. Eine andere Art von Äquivalenz ist die, laut deren eine Ringfläche äquivalent ist der aus derselben auf die Weise entstehenden Fläche, daß man die Ringfläche längs eines Meridians aufschneidet, dann in die so entstehende Fläche einen Knoten schlingt und schließlich wieder die beiden Konturen, die durch das Aufschneiden der Ringfläche entstanden sind, miteinander vereinigt, so daß je zwei ursprünglich zusammenfallende Punkte wieder zur Deckung kommen. Diese Fläche läßt sich nicht durch eine stetige Deformation im Raume ohne Selbstdurchdringung in die ursprüngliche Gestalt der gewöhnlichen Ringfläche bringen.

Von dieser Art sind die ersten Tatsachen, denen rein qualitative Eigenschaften zugrunde liegen.

Erst durch die Untersuchungen von *Riemann*, bei denen die Zusammenhangsverhältnisse von Flächen ihre tiefe Bedeutung für die Funktionentheorie zeigten, hat die Topologie Bedeutung für die übrige Mathematik gewonnen.

Die Untersuchungen von *Möbius*, *Listing* und *Riemann* wurden von *C. Neumann*, *Clifford*, *Klein*, *v. Dyck* und anderen weiter gefördert.

Die Methoden, die bei diesen Untersuchungen angewandt wurden, sind zumeist die der Anschauung. Die Flächen (um welche es sich insbesondere handelt) werden als Papier- oder Kautschukflächen angenommen, dann aufgeblasen, zerschnitten, mit Nadeln durchstochen usw. Es liegt eine Art Experimentalwissenschaft vor, die jedoch der Mathematik nützliche Dienste leistet.

Eine andere Betrachtungsweise bestand darin, die zu untersuchenden Flächen durch analytische Formeln darzustellen und dann die aus analytischen Untersuchungen gezogenen Schlüsse auf die Topologie anzuwenden (z. B. *v. Dyck*, *Hurwitz*). Gegen diese Methode ist einzuwenden, daß den Gebilden der Natur der Fragen nicht angemessene Bedingungen auferlegt werden, wodurch eine unnötige Einschränkung erreicht wird, und daß sie gegen das Prinzip der Methodenreinheit verstößt.

Die von *Cantor* begründete Mengenlehre ergab die Mittel für einen exakten Aufbau der Topologie. *Jordan* erreichte das erste grundlegende Resultat in dieser Hinsicht, indem er die Notwendigkeit eines strengen Beweises für den einleuchtenden Satz, daß eine einfache geschlossene Kurve die Ebene in zwei Teile zerlegt, erkannte und einen solchen Beweis angab.

Der *Schoenflies*sche Bericht über die Entwicklung der Mengenlehre gab eine systematische Darstellung nebst einer Reihe von neuen Resultaten über die gestaltlichen Invarianten.

Eine neue Periode beginnt mit den Untersuchungen von *Brouwer*. Mehrere grundlegende Sätze werden von ihm bewiesen und eine Reihe von ungeahnten gestaltlichen Möglichkeiten entwickelt.

Eine systematische, exakte Betrachtung der Flächentopologie, allerdings nur in dem Maße wie dies in der Funktionentheorie nötig ist, wird erst in *Weyl*s „Idee der *Riemann*schen Fläche" gegeben.

Die Betrachtungen über mehrdimensionale Gebilde wurden bereits von *Riemann* und *Betti* begonnen und von *Poincaré* durch wertvolle Ergebnisse bereichert. Diese Untersuchungen betreffen die Zusammenhangsverhältnisse im Großen; die Methoden, die gebraucht werden, und zu diesem Zwecke genügen, können als analytisch bezeichnet werden.

Eine andere Begründung der Topologie wurde von *Dehn* und *Heegaard* in ihrem Enzyklopädieartikel entwickelt und von *Tietze* und *Veblen* weitergeführt. Dies ist eine *kombinatorische* Betrachtungsweise. Eine Polyederfläche wird etwa als ein kombinatorisches Schema beschrieben, durch die Eckpunkte, durch die Kanten, welche durch ihre Endpunkte gekennzeichnet werden, und durch die Seitenflächen, die durch die Angabe der anschließenden Kanten ausgedrückt werden. Wenn man die Polyederfläche einer Transformation unterwirft, indem man etwa auf einer Kante einen neuen Eckpunkt annimmt, und statt der einen Kante die beiden durch den neu angenommenen Eckpunkt bestimmten Teile als Kanten einführt, oder wenn man ähnlich auf einer Seitenfläche eine neue Kante zieht, und dadurch die Seitenfläche in zwei zerlegt, so entspricht dieser Operation eine bestimmte Abänderung des kombinatorischen Schemas. Die Untersuchung einer Fläche geht somit zurück auf die kombinatorische Untersuchung gewisser Schemata und bestimmter Abänderungen dieser Schemata.

Die kombinatorische Methode bietet bei gewissen Untersuchungen große Vorteile; der oben erwähnte Vierfarbensatz ist von rein kombinatorischer Natur, ebenso die Zusammenhangsverhältnisse von Flächen usw. Andererseits gehen dabei viele Feinheiten verloren, die bei der mengentheoretischen Betrachtung großes Interesse haben, so etwa der oben genannte *Jordan*sche Kurvensatz.

Dehn und *Heegaard* geben eine Einteilung der kombinatorischen Topologie in drei Teile: *Complexus, Nexus, Connexus.* Im ersten kommen solche Eigenschaften zur Betrachtung, die einem gegebenen Schema selber zukommen (z. B. Vierfarbensatz). Im zweiten werden die von der Darstellung unabhängigen Eigenschaften untersucht, dabei werden also gewisse Abänderungen des Schemas zugelassen (z. B. Geschlecht der Fläche). Im dritten werden die Gebilde als Teile von anderen Gebilden untersucht; dabei werden solche Abänderungen zugelassen, die das Teilgebilde in ein anderes Teilgebilde desselben enthaltenden Gebildes überführen (z. B. Lage von Flächen im Raume).

Unsere Darstellung wird auf die Theorie der Punktmengen gegründet. Der zugrunde gelegte Begriff der *reellen Zahl* könnte noch vermieden werden, d. h. wir könnten statt der Zahlenebene bzw. Zahlenräume die abstrakten Räume zum Ausgangspunkt wählen. Die Grundlage dafür bildet die *Fréchet*sche Begründung der abstrakten Mengenlehre und besonders ein ebenfalls von *Fréchet* herrührender Fundamentalsatz, der die Möglichkeit einer Abstandsdefinition in gewissen nur mit Konvergenzeigenschaften behafteten abstrakten Mengen aussagt. Es ist dann nur noch nötig die Zahlenmannigfaltigkeiten unter den mit Abstandserklärungen versehenen abstrakten Mengen zu charakterisieren. Ich habe neuestens (Vortrag in der Göttinger Mathem. Gesellschaft, 14. Nov. 1922) eine solche, rekurrente Definition gegeben, die uns in den Stand setzt, *die Topologie ohne den Begriff der reellen Zahl aufzubauen.* — Der Zweckmäßigkeit halber wird man aber auch dann besser die abstrakte Topologie in zwei Schritten angreifen; zuerst definiert man die Zahlenmannigfaltigkeiten unter den abstrakten Mengen und legt dann dieselben der weiteren Betrachtung zugrunde, zumal wegen ihrer leichteren Zugänglichkeit.

Das Hauptproblem der Topologie bildet das sogenannte *Homöomorphieproblem.* — Um die Frage allgemein formulieren zu können, nehmen wir eine Menge von Elementen, für welche Konvergenzeigenschaften im folgenden Sinne erklärt werden: 1. Zu jeder unendlichen Folge $P_1, P_2, \ldots$ von Elementen der Menge gibt es entweder ein Limeselement (gegen welches diese Folge konvergiert) oder keines. 2. Wenn die Elemente der Folge sämtlich einander identisch sind, so hat sie einen Limes, und zwar dieses einzige Element. 3. Wenn eine Folge einen Limes hat, so hat auch jede unendliche Teilfolge einen Limes und zwar denselben wie die ursprüngliche Folge. — Auf diese Weise ist die Menge als ein *Fréchet*scher *L-Raum* (classe L) erklärt. — Seien nun zwei solche, mit Konvergenzerklärungen versehene Mengen gegeben. Eine topologische (d. h. eineindeutige und beiderseits stetige) Beziehung (oder Abbildung) wird durch eine Vorschrift erklärt, die jedem Element der einen Menge ein und nur ein Element der anderen zuordnet und zwar so, daß, wenn die Elemente $P_1, P_2, \ldots$ der einen Menge gegen ein Element P derselben konvergieren, auch die Folge der entsprechenden Elemente $P_1', P_2', \ldots$ der anderen Menge konvergiert und ihr Limes das dem Element P entsprechende

Element P' ist. Zwei Mengen, zwischen denen eine topologische Beziehung möglich ist, heißen *homöomorph*. Es handelt sich nun darum, notwendige und hinreichende Bedingungen dafür aufzustellen, daß zwei Mengen homöomorph sind.

In dieser Allgemeinheit gibt es ziemlich geringe Ergebnisse, die das erwähnte Problem betreffen. Wir beschränken uns auf die Untersuchung von *Zahlenmannigfaltigkeiten*. — Die Menge der reellen Zahlen entsteht aus der Menge der rationalen Zahlen durch Hinzufügung sämtlicher Folgen ineinander enthaltener Intervalle, die jede rationale Zahl auslassen. Außer den auf der Hand liegenden Konvergenzeigenschaften werden hier zugleich *Abstände* (d. h. Differenzen) definiert. Die Menge der reellen Zahlen bezeichnen wir als Gerade und übertragen auf sie unsere anschaulichen Ausdrucksweisen. — Die Ebene und ebenso der n-dimensionale Raum wird als die Gesamtheit der reellen Zahlenpaare (x, y), bzw. der reellen Zahlenkomplexe $(x_1, x_2, \ldots, x_n)$ erklärt. In diesen Räumen definieren wir den Abstand von zwei Punkten $(x_1, x_2, \ldots, x_n)$ und $(x_1', x_2', \ldots, x_n')$ in üblicher Weise als $\sqrt{(x_1 - x_1')^2 + \ldots + (x_n - x_n')^2}$ und bezeichnen diesen metrischen Raum als n-dimensionalen euklidischen Raum. Das Innere der n-dimensionalen Einheitskugel, das von den vom Koordinatenanfangspunkt einen Abstand < 1 besitzenden Punkten gebildet wird, dient uns als Vorbild für die zu betrachtenden Mannigfaltigkeiten.

Eine n-dimensionale Mannigfaltigkeit erklären wir nun folgendermaßen. Sei eine Menge M von Elementen gegeben, für welche *Umgebungen* definiert sind, im folgenden Sinne: 1. Jedem Element P von M werden gewisse, als Umgebungen von P zu bezeichnende Teilmengen U_P von M zugeordnet, die P enthalten. 2. Zu je zwei Umgebungen U_P und V_P von P gibt es eine Umgebung W_P von P, die in beiden enthalten ist. 3. Liegt ein Element Q in U_P, so gibt es eine Umgebung U_Q von Q, die Teilmenge von U_P ist. 4. Für je zwei verschiedene Elemente P und Q gibt es je eine Umgebung U_P, U_Q ohne gemeinsames Element. — So ist M zunächst als ein *topologischer Raum* im *Hausdorff*schen Sinne erklärt. — Wir setzen weiter voraus, daß jede Umgebung auf das Innere der n-dimensionalen Einheitskugel topologisch abgebildet werden kann; die Konvergenz ist dabei natürlich schon durch die Umgebungsdefinition begründet: eine Folge $P_1, P_2, \ldots$ konvergiert dann und nur dann gegen P, wenn jede Umgebung U_P von P sämtliche Elemente der Folge bis auf endlich viele enthält. — Ferner setzen wir voraus, daß es eine Folge $U_1, U_2, \ldots$ von Umgebungen gibt, die sämtliche Elemente der betrachteten Menge M enthalten. Endlich nehmen wir an, daß die Menge M zusammenhängend ist, in dem Sinne, daß es unmöglich ist, die Menge M zu zerlegen in zwei fremde (d. h. keine gemeinsamen Elemente besitzende) Teilmengen ohne gemeinsame Grenzpunkte, die zusammen M erschöpfen. — Auf diese Weise wird die Menge M als eine *n-dimensionale Zahlenmannigfaltigkeit*, oder kurz: Mannigfaltigkeit definiert; ihre Elemente nennen wir Punkte. Wenn es eine endliche Anzahl von Umgebungen $U_1, U_2, \ldots, U_r$ gibt, die sämtliche Elemente von M enthalten, so heißt die Mannigfaltigkeit M *geschlossen*, sonst *offen*.

Das Homöomorphieproblem der Mannigfaltigkeiten ist schon viel zugänglicher. Ein erstes, grundlegendes Resultat ist der *Brouwersche Satz von der Invarianz der Dimensionenzahl*, der aussagt, daß zwei Mannigfaltigkeiten von verschiedener Dimensionenzahl nicht homöomorph sein können. — Es handelt sich nun darum, die notwendigen und hinreichenden Bedingungen dafür anzugeben, daß zwei Mannigfaltigkeiten gleicher Dimensionenzahl einander homöomorph sind, m. a. W. ein *vollständiges Invariantensystem* für dieselben aufzustellen. Viele wertvolle Resultate von *Poincaré* haben das Problem nur teilweise gelöst, indem er Invarianten, deren Übereinstimmung zur Homöomorphie notwendig ist, angegeben hat. Es zeigte sich jedoch, daß dieselben zur Charakterisierung noch nicht hinreichen, indem zwei topologisch verschiedene (d. h. nicht homöomorphe) Mannigfaltigkeiten in den angegebenen Invarianten übereinstimmen können. — Für den Fall der zweidimensionalen Mannigfaltigkeiten, die *Flächen* genannt werden, ist das Problem erledigt.

Bevor wir näher auf das Wesen dieser Invarianten bzw. Lösungen eingehen, erwähnen wir die weiteren Grundprobleme der Topologie. Während bei den bisherigen Fragestellungen die Gebilde für sich selbst in Betracht kamen und also ihre *absoluten Eigenschaften* untersucht wurden, werden bei dieser zweiten Gruppe von Problemen die Gebilde als Teile von anderen, sie enthaltenden Gebilden betrachtet und so ihre *relativen Eigenschaften* zu dem sie enthaltenden Gebilde untersucht. Als enthaltendes Gebilde nehmen wir eine n-dimensionale Mannigfaltigkeit (insbesondere auch den n-dimensionalen Raum) und als die zu untersuchenden Teilgebilde zumeist in ihr gelegene m-dimensionale Mannigfaltigkeiten, dann die Mengen, die aus denselben durch Hinzufügung ihrer Grenzpunkte (d. h. der Limespunkte ihrer konvergierenden Folgen) entstehen, ferner diejenigen Mengen, die aus den eben genannten erstens durch eine topologische Abbildung, zweitens durch eine (nur in einem Sinne) eindeutige stetige Abbildung entstehen. — Ein grundlegender, allgemeiner Satz von *Brouwer* über die *Gebietsinvarianz* besagt, daß das topologische Bild eines in einer n-dimensionalen Mannigfaltigkeit liegenden Gebietes (d. h. einer zusammenhängenden Menge, die zu jedem Punkt eine n-dimensionale Umgebung enthält) in einer n-dimensionalen Mannigfaltigkeit wieder ein Gebiet ist. — Es handelt sich weiter um Probleme der folgenden Art: wenn M eine n-dimensionale Mannigfaltigkeit, μ_1 und μ_2 zwei in ihr gelegene Mengen sind, die durch eine topologische Abbildung aufeinander bezogen sind, unter welchen Bedingungen läßt sich diese Beziehung zu einer topologischen Abbildung von M auf sich selbst, oder einer in M liegenden n-dimensionalen Umgebung von μ_1 auf eine ebensolche Umgebung von μ_2 erweitern; diese Fragestellung wurde besonders von *Antoine* in den Vordergrund des Interesses gestellt und durch einige unerwartete Ergebnisse für die mehrdimensionalen Fälle belebt. In mancher Hinsicht gehören auch die Zerlegungssätze, so wie der *Jordan*sche Kurvensatz und sein von *Brouwer* bewiesenes Analogon für die mehrdimensionalen Räume, zu den Sätzen der eben genannten Art. —

Weitere relative Eigenschaften ergeben sich aus der Betrachtung der Deformationen einer Menge in der sie enthaltenden Mannigfaltigkeit. — Wir erklären eine *topologische Deformation* der Menge μ_1 in M folgendermaßen: Jedem Punkt P von μ_1 und jedem Wert t des Parameters $(0 \leqq t \leqq 1)$ wird ein bestimmter Punkt P_t: die Lage des Punktes P im Zeitpunkt t zugeordnet, so daß für jeden Zeitpunkt t die Beziehung zwischen den Punkten P von μ_1 und den Punkten P_t eineindeutig und beiderseits stetig ist; ferner sei die Abhängigkeit des Punktes P_t vom Parameter t stetig in dem Sinne, daß den gegen t_0 konvergierenden Parameterwerten $t_1, t_2, \ldots$ solche Lagen $P_{t_1}, P_{t_2}, \ldots$ von P entsprechen, die gegen den dem Zeitpunkt t_0 entsprechenden Punkt P_{t_0} konvergieren. — Zwei Mengen μ_1 und μ_2, die sich in M durch eine topologische Deformation ineinander überführen lassen, so daß also jedem Punkt P' von μ_2 ein (und nur ein) Punkt P von μ_1 entspricht, der sich bei $t = 1$ in P' befindet, heißen *isotop in M*. Je zwei isotope Mengen sind zugleich homöomorph, nicht aber umgekehrt.

Eine *stetige Deformation* von μ_1 in M wird analog erklärt, mit dem Unterschied, daß zwei ursprünglich verschiedene Punkte im Laufe der Zeit zusammenfallen können. Zwei Mengen, von denen sich die eine durch eine stetige Deformation in M in die andere überführen läßt, heißen *homotop in M*.

Das *Isotopieproblem*, d. h. die Frage, wann zwei Mengen μ_1 und μ_2 in M isotop sind, hat besonders für den Fall Interesse, wo μ_1 und μ_2 in der Mannigfaltigkeit M liegende *Mannigfaltigkeiten* sind; über dieses Problem hat man jedoch sehr wenige Ergebnisse, selbst in den einfachsten Fällen. — Bei dem *Homotopieproblem* betrachtet man zumeist den Fall, daß μ_1 und μ_2 eindeutige stetige Bilder von zwei Mannigfaltigkeiten μ_1' und μ_2' sind und daß eine stetige Deformation von μ_1 jedem Punkte von μ_1' in jedem Zeitpunkt t eindeutig einen Punkt, aber auch einem einzigen Punkt von μ_1, der Bild von zwei verschiedenen Punkten von μ_1' ist, in einem Zeitpunkt mehrere Punkte entsprechen läßt, so daß vielmehr eine stetige Deformation der Bildmenge von μ_1' als der Menge μ_1 selbst betrachtet wird. — In der von uns dargestellten Topologie der Flächen kommt es insbesondere auf die Isotopie von einfachen geschlossenen Kurven (das sind topologische Bilder der Kreislinie) und auf die Homotopie von geschlossenen stetigen Kurven (das sind eindeutige stetige Bilder der Kreislinie) auf Flächen an. —

Ein weiterer zur Theorie der relativen Eigenschaften gehöriger Begriff ist der der *Homologie.* Zur Entwicklung dieses und der anknüpfenden Begriffe erscheint die Anwendung einiger zur kombinatorischen Topologie gehörigen Methoden vorteilhaft, sogar fast unvermeidlich. Zu diesem Zwecke nehmen wir eine *simpliziale Zerlegung* der Mannigfaltigkeit vor (es ist umständlich, aber im Grunde nicht schwer zu beweisen, daß jede Mannigfaltigkeit einer solchen simplizialen Zerlegung fähig ist). Wir erklären nach *Brouwer* eine in einer simplizialen Zerlegung vorliegende Mannigfaltigkeit folgendermaßen. Unter einem n-dimensionalen *Simplex* mit den Eckpunkten $(x_1^i, x_2^i, \ldots, x_n^i)$ $(i = 1, 2, \ldots, n, n+1)$, die nicht in einem $n-k$-dimensionalen $(k > 0)$ Raum liegen sollen, verstehen wir die Menge derjenigen Punkte des n-dimensionalen Raumes, deren Koordinaten sich durch die Formeln

$$x_k = t_1 x_k^1 + t_2 x_k^2 + \cdots + t_{n+1} x_k^{n+1}, \qquad (k = 1, 2, \ldots, n)$$

darstellen lassen, wobei $t_1, t_2, \ldots, t_{n+1}$ nichtnegative reelle Größen mit der Summe 1 bedeuten. Diejenigen Punkte des Simplexes, für welche dieselben $n-k+1$ unter den Schwerpunktskoordinaten t_i verschwinden, bilden je ein k-dimensionales Simplex, welches als eine k-dimensionale Seite des n-dimensionalen Simplexes bezeichnet wird; die nicht zu den Seiten gehörigen Punkte des Simplexes heißen seine inneren Punkte. — Unter einem *Simplexstern* des n-dimensionalen Raumes verstehen wir eine endliche Menge von nicht in das Innere voneinander eindringenden, einen Punkt O als Eckpunkt besitzenden Simplexen, die sämtliche in einer Umgebung von O liegenden Punkte des Raumes enthalten und von denen je zwei eine k-dimensionale Seite $(0 \leqq k \leqq n-1)$, sonst aber keinen Punkt gemeinsam haben. — Unter einem n-dimensionalen *Element* E verstehen wir das topologische Bild eines n-dimensionalen Simplexes S; als Eckpunkte bzw. k-dimensionale Seiten des Elementes E werden die Bilder der Eckpunkte bzw. der k-dimensionalen Seiten von S bezeichnet. — Wir bilden nun aus n-dimensionalen Elementen eine solche zusammenhängende Menge M, daß je zwei dieser Elemente entweder keinen gemeinsamen Punkt besitzen oder eine k-dimensionale Seite (und dann zugleich alle in ihr liegenden Seiten geringerer Dimensionenzahl) gemeinsam haben, sonst aber keinen weiteren gemeinsamen Punkt besitzen, während in jedem Eckpunkt die daselbst zusammenstoßenden Elemente sich wie die Simplexe eines Simplexsternes des n-dimensionalen Raumes aneinanderschließen. — Auf diese Weise ist eine in einer simplizialen Zerlegung vorliegende n-dimensionale Mannigfaltigkeit erklärt.

Die Mannigfaltigkeit ist *geschlossen* bzw. *offen*, je nachdem sie aus einer endlichen oder unendlichen Anzahl von Elementen zusammengesetzt ist. Eine geschlossene Mannigfaltigkeit bildet eine kompakte Punktmenge, d. h. jede unendliche Folge von Punkten der Mannigfaltigkeit hat mindestens einen Grenzpunkt (gegen welchen eine Teilfolge derselben konvergiert); eine offene Mannigfaltigkeit bildet eine nicht-kompakte Punktmenge.

Unter einer *Unterteilung* der gegebenen simplizialen Zerlegung ζ verstehen wir eine solche simpliziale Zerlegung ζ' der Mannigfaltigkeit, bei welcher jeder innere Punkt eines Elementes von ζ' auch innerer Punkt eines Elementes von ζ ist. Eine *interne Transformation* besteht im Übergang von einer simplizialen Zerlegung ζ_1 zu einer solchen ζ_2, die beide eine gemeinsame Unterteilung ζ' haben; ferner in einer endlichen Anzahl von Wiederholungen desselben Schrittes.

Als *Indikatrix* eines Elementes bezeichnen wir eine gewisse Reihenfolge seiner Eckpunkte, wobei solche Reihenfolgen, die durch eine gerade Anzahl von Vertauschungen zweier Eckpunkte auseinander hervorgehen, als äquivalent betrachtet werden. Somit sind nur zwei Indikatrizes des Elementes möglich, von denen wir eine als die positive, die andere als die negative bezeichnen. Durch die Wahl der positiven Indikatrix des Elementes ist die positive Indikatrix jedes in demselben enthaltenen Elementes bestimmt.

Wir betrachten eine geschlossene Kette von verschiedenen Elementen der n-dimensionalen Mannigfaltigkeit M_n, bei der je zwei aufeinanderfolgende Elemente n Eckpunkte gemeinsam haben, und nehmen für eines dieser Elemente eine positive Indikatrix an. Mittels dieser bestimmen wir die negative Indikatrix des folgenden Elementes, indem wir den für dieses Element neu auftretenden Eckpunkt an die Stelle des für ihn in Fortfall gekommenen setzen. Auf diese Weise fortfahrend bestimmen wir für jedes Element der Folge eine positive Indikatrix und bekommen schließlich zum Anfangselement zurückkehrend für dieses eine neue positive Indikatrix. Wenn für jede geschlossene Kette diese neue Indikatrix mit derjenigen, von der wir ausgegangen sind, identisch ist, heißt die Mannigfaltigkeit *orientierbar*, im entgegengesetzten Fall *nichtorientierbar*. Wenn eine Mannigfaltigkeit in einer gewissen simplizialen Zerlegung orientierbar ist, so ist sie orientierbar auch in jeder anderen simplizialen Zerlegung. Die Orientierbarkeit bzw. Nichtorientierbarkeit ist somit eine topologische Invariante der Mannigfaltigkeit in dem Sinne, daß zwei homöomorphe Mannigfaltigkeiten entweder beide orientierbar oder beide nichtorientierbar sind. —

In den nunmehr zu besprechenden kombinatorischen Betrachtungen behandeln wir geschlossene Mannigfaltigkeiten, die also aus einer endlichen Anzahl von Elementen bestehen, ferner aus einer ebenfalls endlichen Anzahl von Elementen zusammengesetzte Gebilde, die wir als *berandete Mannigfaltigkeiten* bezeichnen und folgendermaßen erklären. Wir bilden aus n-dimensionalen Elementen eine solche zusammenhängende Menge M_n, daß je zwei dieser Elemente entweder keinen gemeinsamen Punkt besitzen oder eine k-dimensionale Seite (und dann zugleich alle in ihr liegenden Seiten geringerer Dimensionenzahl) gemeinsam haben, sonst aber keinen weiteren gemeinsamen Punkt besitzen; diejenigen $n-1$-dimensionalen Elemente, die nur zu je einem n-dimensionalen Element gehören, sollen einander nicht treffende geschlossene $n-1$ dimensionale Mannigfaltigkeiten bilden, die wir als *Ränder* von M_n bezeichnen; in jedem nicht auf den Rändern liegenden Eckpunkt sollen sich die daselbst zusammenstoßenden Elemente wie die Simplexe eines Simplexsternes des n-dimensionalen Raumes aneinander schließen. Die simplizial zerlegten berandeten und geschlossenen Mannigfaltigkeiten nennen wir *Polyedralmannigfaltigkeiten*.

Sei M_n eine n-dimensionale und μ_k eine k-dimensionale ($k \leqq n$) Polyedralmannigfaltigkeit. Wir bilden μ_k auf eine Teilmenge $\overline{\mu}_k$ von M_n eindeutig und stetig ab, so daß jedem l-dimensionalen ($l \leqq k$) Element von μ_k ein und nur ein l-dimensionales Element (der gegebenen Zerlegung) von M_n entspricht; dabei kann mehreren Elementen von μ_k dasselbe Element von $\overline{\mu}_k$ entsprechen; wir bezeichnen $\overline{\mu}_k$ als eine *in M_n mit Singularitäten liegende Mannigfaltigkeit.*

Seien $\overset{(1)}{\mu}_{k+1}, \overset{(2)}{\mu}_{k+1}, \ldots, \overset{(r)}{\mu}_{k+1}$ *orientierbare* $k+1$-dimensionale Mannigfaltigkeiten und $\overline{\overset{(1)}{\mu}}_{k+1}, \overline{\overset{(2)}{\mu}}_{k+1}, \ldots, \overline{\overset{(r)}{\mu}}_{k+1}$ ihre in der (gewöhnlichen) n-dimensionalen Mannigfaltigkeit M_n mit oder ohne Singularitäten liegenden Bilder, von denen keine zwei ein $k+1$- oder k-dimensionales Element gemeinsam haben. Wenn ε_k ein k-dimensionales, mit einer positiven Indikatrix versehenes Element bedeutet und jeder Mannigfaltigkeit $\overset{(i)}{\mu}_{k+1}$ eine positive Indikatrix erteilt wird, so sagen wir, daß ε_k in der Berandung von $(\overline{\overset{(1)}{\mu}}_{k+1}, \overline{\overset{(2)}{\mu}}_{k+1}, \ldots, \overline{\overset{(r)}{\mu}}_{k+1})$ α-mal (α=ganze Zahl, $\gtreqless 0$) vorkommt, wenn $\alpha+\beta\,(\geqq 0)$ k-dimensionale Elemente der Berandungen von $\overset{(1)}{\mu}_{k+1}, \overset{(2)}{\mu}_{k+1}, \ldots, \overset{(r)}{\mu}_{k+1}$ mit Erhaltung der Indikatrix, und $\beta\,(\geqq 0)$ solche Elemente mit Umkehrung der Indikatrix auf ε_k abgebildet werden.

Seien nun $\overset{(1)}{m}_k, \overset{(2)}{m}_k, \ldots, \overset{(l)}{m}_k$ *geschlossene orientierbare* k-dimensionale Mannigfaltigkeiten in M_n (mit oder ohne Singularitäten); jeder derselben erteilen wir eine positive Indikatrix. Wenn die Berandung von $(\overline{\overset{(1)}{\mu}}_{k+1}, \overline{\overset{(2)}{\mu}}_{k+1}, \ldots, \overline{\overset{(r)}{\mu}}_{k+1})$ sich aus den Elementen von $\overset{(1)}{m}_k, \overset{(2)}{m}_k, \ldots, \overset{(l)}{m}_k$ zusammensetzt und dabei jedes k-dimensionale Element von $\overset{(i)}{m}_k$ in der Berandung von $(\mu_{k+1}^{(1)}, \mu_{k+1}^{(2)}, \ldots, \mu_{k+1}^{(r)})$ ν_i-mal vorkommt, sagen wir, daß die bzw. $\nu_1, \nu_2, \ldots, \nu_l$-mal mit der gegebenen Indikatrix genommenen Mannigfaltigkeiten $\overline{m_k^{(1)}}, \overline{m_k^{(2)}}, \ldots, \overline{m_k^{(l)}}$ *zusammen einen Teil von* M_n (nämlich $\overline{\mu_{k+1}^{(1)}} + \overline{\mu_{k+1}^{(2)}} + \cdots + \overline{\mu_{k+1}^{(r)}}$) *beranden,* oder daß

$$\nu_1 \cdot m_k^{(1)} + \nu_2 \cdot m_k^{(2)} + \ldots + \nu_l \cdot m_k^{(l)} \sim 0$$

homolog 0 ist. *Die Maximalzahl der in* M_n *zusammen nicht berandenden orientierbaren k-dimensionalen Mannigfaltigkeiten* (jede von ihnen mit der richtigen Multiplizität gezählt) bezeichnen wir mit $P_k - 1$ und nennen P_k die *k-dimensionale Zusammenhangszahl* (oder die k-te *Betti*sche *Zahl*) der Mannigfaltigkeit M_n.

Wenn

$$\nu_1 \cdot m_k^{(1)} + \nu_2 \cdot m_k^{(2)} + \ldots + \nu_l \cdot m_k^{(l)}$$

nicht homolog 0 ist, so heißt die kleinste ganze Zahl $\delta\,(> 1)$ für die

$$\delta\nu_1 \cdot m_k^{(1)} + \delta\nu_2 \cdot m_k^{(2)} + \ldots + \delta\nu_l \cdot m_k^{(l)}$$

homolog 0 ist, eine *k-dimensionale Torsionszahl* der Mannigfaltigkeit M_n. — Wenn man jedem k- bzw. $k+1$-dimensionalen Element ε_k^i bzw. ε_{k+1}^j von M_n je eine positive Indikatrix zuweist und dann in einer Matrix an die j-te Stelle der i-ten Zeile die Zahl 0 bzw. $+1$ bzw. -1 setzt, je nachdem ε_k^i nicht zur Berandung von ε_{k+1}^j gehört bzw. zu deren Berandung gehört und ihre Indikatrizes übereinstimmen bzw. verschieden sind, so sind die k-dimensionalen Torsionszahlen die Elementarteiler dieser Matrix (welche man als die von $0, +1, -1$ verschiedenen Elemente der auf die Normalform reduzierten, d. h. außerhalb der Hauptdiagonale nur Elemente 0 enthaltenden Matrix bekommt).

Die obigen Invarianten, nämlich die Zusammenhangs- und Torsionszahlen wurden von *Poincaré* eingeführt, der auch ihre grundlegenden Eigenschaften untersucht hat. Er zeigte ferner, daß dieselben zur Charakterisierung der Mannigfaltigkeiten in Hinsicht auf ihre Homöomorphie nicht hinreichen.

Wie es scheint, sind die Zusammenhangs- und Torsionszahlen im wesentlichen die einzigen Invarianten, die aus dem Begriff der Homologie entstehen. Eine weitere, viel wichtigere Invariante, die ebenfalls von *Poincaré* eingeführte *Fundamentalgruppe* entsteht aus Betrachtungen über Homotopie von Kurven. Wir betrachten die gerichteten (d. h. mit einem Umlaufssinn versehenen) geschlossenen stetigen Kurven in der Mannigfaltigkeit M, die durch einen Punkt O von M gehen; zwei solche Kurven γ_1: $P(\lambda)$, $0 \leqq \lambda \leqq 1$, $P(0) = P(1) = O$ und γ_2: $Q(\lambda)$, $0 \leqq \lambda \leqq 1$, $Q(0) = Q(1) = O$ heißen *homotop in M*, wenn γ_1 durch eine *stetige Deformation* in M in die Kurve γ_2 übergeht, wobei der Anfangs- und Endpunkt ungeändert bleiben; sei also zu jedem Parameterwert λ der Kurve γ_1 und zu jedem Wert t des Zeitparameters eindeutig ein Punkt $P(\lambda, t)$ zugeordnet, der von λ und t stetig abhängt; für den Zeitpunkt $t = 1$ sei die Kurve $P(\lambda, t)$ $(0 \leqq \lambda \leqq 1)$ mit der gerichteten Kurve γ_2 identisch und für jedes t sei $P(o, t) = P(\lambda, t) = O$. Eine Kurve γ heißt homotop 0, wenn sie durch eine stetige Deformation in M in einen einzigen Punkt übergeführt werden kann. — Wenn γ_1 und γ_2 zwei von O ausgehende und dahin zurückkehrende gerichtete stetige Kurven sind, so erklären wir die aus γ_1 und γ_2 gebildete Zusammensetzung $\gamma_1 \gamma_2$ als diejenige gerichtete stetige Kurve, die entsteht, indem man zuerst die Kurve γ_1 in dem angegebenen Sinne von O bis zum selben Punkt zurück und dann die Kurve γ_2 im angegebenen Sinne umläuft. Die mit dem entgegengesetzten Umlaufssinn versehene Kurve γ bezeichnen wir mit γ^{-1}; alsdann besteht die Homotopie $\gamma \gamma^{-1} \approx \gamma^{-1} \gamma \approx 0$.

Die durch O gehenden gerichteten Kurven γ führen zu einer Gruppe G von Operationen; jeder Kurve γ entspricht eine Operation c; der Zusammensetzung $\gamma_1 \gamma_2$ von γ_1 und γ_2 entspricht das Produkt $c_1 c_2$ der entsprechenden Operationen c_1 und c_2; jeder Kurve γ, die homotop 0 ist, entspricht die Identität von G und also entspricht zwei Kurven γ_1 und γ_2 dann und nur dann dieselbe Operation von G, wenn sie homotop sind. Die Gruppe G heißt *Fundamentalgruppe der Mannigfaltigkeit* M. Sie ist offenbar unabhängig vom speziell gewählten Punkt O. Ferner ist sie eine topologische Invariante der Mannigfaltigkeit in dem Sinne, daß die zu zwei homöomorphen Mannigfaltigkeiten gehörigen Fundamentalgruppen holoedrisch isomorph sind. — Die Umkehrung davon besteht, selbst wenn beide Mannigfaltigkeiten geschlossen sind, nicht mehr, wie *Alexander* an einem Beispiel gezeigt hat: es gibt zwei topologisch verschiedene geschlossene Mannigfaltigkeiten mit derselben Fundamentalgruppe.

Das Innere einer dreidimensionalen Kugel und ebenso die Oberfläche einer vierdimensionalen Kugel sind dreidimensionale (offene bzw. geschlossene) Mannigfaltigkeiten mit nur aus der Identität bestehenden Fundamentalgruppe. Eine Vermutung von *Poincaré* besagt die Umkehrung davon: jede geschlossene dreidimensionale Mannigfaltigkeit mit der Identität als Fundamentalgruppe ist der vierdimensionalen Kugeloberfläche homöomorph. — Unter der Annamhe, daß diese Behauptung zutrifft, gab neuestens *H. Kneser* einige Beispiele von einfachen Gruppenkonstitutionen die als Fundamentalgruppen die zugehörigen (geschlossenen) dreidimensionalen Mannigfaltigkeiten charakterisieren. Unter den weiteren sich an den Begriff der Fundamentalgruppe anschließenden Untersuchungen seien noch insbesondere die von *Dehn* und *J. Nielsen* über die Abbildungstypen geschlossener Flächen genannt.

Vielleicht sind die folgenden Ansätze geeignet uns der Lösung des Homöomorphieproblems näher zu bringen. Ich denke an die

Betrachtung von *Operationsklassen, denen die mehrdimensionalen Homotopien zugrunde liegen*, ähnlich wie die Homotopien von eindimensionalen Gebilden (nämlich von geschlossenen stetigen Kurven) der Fundamentalgruppe; dies werde ich hier für den einfachsten Fall erläutern. — Unter einem *Ring* ϱ in der Mannigfaltigkeit M verstehen wir ein in M liegendes eindeutiges stetiges Bild ϱ der mit einer positiven Indikatrix versehenen Torusfläche. Wenn man auf der Torusfläche eine nicht auf einen Punkt auf der Fläche zusammenziehbare, gerichtete, einfache geschlossene Kurve, etwa den Meridian $\varphi = 0, 0 \leqq \psi < 2\pi$ annimmt und seine Ufer als positiv bzw. negativ bezeichnet (was auf Grund der Indikatrix des Torus und des Umlaufssinnes der Kurve eindeutig festgesetzt ist), so entspricht derselben eine gerichtete geschlossene stetige Kurve γ auf ϱ. Den Ring ϱ, auf dem diese Kurve γ angegeben ist, bezeichnen wir als einen *signierten Ring* ϱ_γ und γ als seine *Signatur*. Seien nun ϱ_γ und ϱ_γ' zwei zur selben Signatur γ gehörige signierte Ringe; ihre *Komposition* $\varrho_\gamma \varrho_\gamma'$ wird erklärt als derjenige signierte Ring, der entsteht, indem man das positive Ufer γ^+ von γ auf ϱ_γ mit dem negativen Ufer γ^- von γ auf ϱ_γ' vereinigt und umgekehrt, und als Signatur des so entstehenden Ringes die den vereinigten Ufern γ^+ von ϱ_γ und γ^- von ϱ_γ' entsprechende geschlossene stetige Kurve betrachtet. Der *Inverse* des signierten Ringes ϱ_γ ist derjenige mit derselben gerichteten Kurve γ signierte Ring ϱ_γ^{-1}, der aus ϱ_γ durch Umkehrung der Indikatrix von ϱ (d. h. derjenigen der repräsentierenden Torusfläche) entsteht. — Wenn nun ϱ_γ und $\varrho_{\gamma'}'$ zwei signierte Ringe sind, deren Signaturen (das sind die gerichteten Kurven γ und γ') homotop sind, deformieren wir γ' in γ und gleichzeitig $\varrho_{\gamma'}'$ in einen Ring ϱ_γ' vermöge einer stetigen Deformation in der Mannigfaltigkeit M. — Zwei signierte Ringe ϱ_γ und ϱ_γ', die durch eine stetige Deformation in M ineinander übergeführt werden können, so daß ihre kongruenten Punkte (die nämlich demselben Punkt der repräsentierenden Torusfläche entsprechen) zusammenfallen, betrachten wir als *äquivalent*.

Jedem Element c der Fundamentalgruppe G von M entspricht eine und bis auf Homotopie nur eine gerichtete geschlossene stetige Kurve γ; dieser Kurve γ entspricht eine Gesamtheit von mit γ signierten Ringen ϱ_γ, die zusammen eine *abstrakte Gruppe* definieren. Der *Identität* dieser Gruppe entsprechen diejenigen signierten Ringe ϱ_γ, die in M auf eine Kurve zusammenziehbar sind, und nur diese; so entspricht dem Produkt irgendeines Elementes ϱ_γ mit seinem Inversen die Identität:

$$\varrho_\gamma \varrho_\gamma^{-1} \equiv \varrho_\gamma^{-1} \varrho_\gamma \equiv 1 .$$

Die aufgezählten Begriffe sind offenbar topologische Invarianten der Mannigfaltigkeit. So sind zur Homöomorphie von zwei Mannigfaltigkeiten M und M' die folgenden Bedingungen notwendig:

1. Jedem Element γ der Fundamentalgruppe von M entspricht ein und nur ein Element γ' der Fundamentalgruppe von M' und umgekehrt, von der Art, daß dem Produkt $\gamma_1 \gamma_2$ von zwei beliebigen Elementen γ_1 und γ_2 das analoge Produkt $\gamma_1' \gamma_2'$ der ihnen entsprechenden Elemente entspricht.

2. Jedem signierten Ring ϱ_γ in M entspricht ein und bis auf Äquivalenz nur ein signierter Ring ϱ_{γ}' in M' und umgekehrt, so daß ihre Signaturen γ und γ' laut der Beziehung der Fundamentalgruppen einander entsprechen.

3. Der Komposition $\varrho_\gamma \bar{\varrho}_\gamma$ von zwei zur selben Signatur γ gehörigen signierten Ringen ϱ_γ und $\bar{\varrho}_\gamma$ in M entspricht das Produkt $\varrho'_{\gamma'} \bar{\varrho}'_{\gamma'}$ der den signierten Ringen $\varrho_\gamma, \bar{\varrho}_\gamma$ beziehungsweise entsprechenden signierten Ringe $\varrho'_{\gamma'}, \bar{\varrho}'_{\gamma'}$ in M'.

4. Einem signierten Ring ϱ_γ in M, der in M auf eine gerichtete geschlossene stetige Kurve $\varkappa$ zusammenziehbar ist, entspricht ein Ring $\varrho'_{\gamma'}$ in M', die auf eine der Kurve $\varkappa$ laut 1. entsprechende geschlossene stetige Kurve $\varkappa'$ in M' zusammenziehbar ist.

Wenn diese Bedingungen erfüllt sind, sagen wir, daß die *zweidimensionalen Operationsklassen* der Mannigfaltigkeiten M und M' *äquivalent* sind.

Die erste Aufgabe wäre nun die mannigfachen Beziehungen, die zwischen der Fundamentalgruppe und der zweidimensionalen Operationsklasse bestehen, näher zu untersuchen und insbesondere entscheiden, ob zwei geschlossene Mannigfaltigkeiten mit derselben Fundamentalgruppe noch verschiedene Operationsklassen haben können. Auch wenn dies der Fall wäre, reicht die Übereinstimmung der Operationsklassen nicht zur Homöomorphie von zwei dreidimensionalen geschlossenen Mannigfaltigkeiten hin, wie das *Alexander*sche Beispiel zeigt.

Die oben dargestellten Grundprobleme der Topologie betreffen nur einen ersten Schritt zur Entwicklung dieser Wissenschaft, deren Bedeutung viel weiter trägt. Zum weiteren Ausbau sind bereits einige Resultate vorhanden; vor allem denke ich an die *Brouwer*schen Untersuchungen über Abbildungen von Mannigfaltigkeiten und über stetige Vektorfelder.

An einem Beispiel möchte ich noch erläutern, wie vielerlei noch von der Topologie zu erwarten ist. Betrachten wir die Abbildungen von Flächen. Das gelöste Problem der Homöomorphie gibt eine erste, primitive Übersicht derselben. Der Einfachheit halber nehmen wir die Abbildungen von Flächen auf sich selbst. Wie man bei konformen Abbildungen von Flächen über die Natur derselben mehr und mehr ins klare kommt, so muß dies auch bei den nur als stetig vorausgesetzten Abbildungen erstrebt werden. Die Existenz von Fixpunkten bei solchen Abbildungen und Sätze über Deformationen sind zwar beim heutigen Stand der Topologie oft nur schwierig zu erreichende und gerade deshalb wertvolle Ergebnisse; bei der weiteren Entwicklung muß man jedoch über die Natur der Abbildungen genauere Übersicht haben. Aus dem Verhalten der iterierten Bilder eines Punktes kann man in den Gesamtverlauf der Abbildung Einsicht gewinnen, ähnlich wie bei dem (allerdings unvergleichbar leichteren) gelösten Problem über die möglichen Abbildungen der Linie auf sich.

Brouwer stellte die Aufgabe, die konformen Abbildungen topologisch zu charakterisieren. Zur Betrachtung des Problems liegen bereits einige, jedenfalls schwer zu handhabende Hilfsmittel vor: die Betrachtung der iterierten Bilder und die gruppentheoretische Behandlung. Die Lösung des Problems würde bedeuten, daß die Theorie der analytischen Funktionen ohne metrische Begriffe aufzubauen ist und also nur von Stetigkeitseigenschaften abhängt. Diese heute vielleicht noch etwas paradox klingende Behauptung findet ihre Rechtfertigung durch den Hinweis auf das analoge Vorkommnis in der projektiven Geometrie. —

Diese Fortschritte würden sowohl prinzipiell wie auch praktisch der Gesamtmathematik wichtige Dienste leisten. Man denke zum Beispiel an die Betrachtungen von *Poincaré* und *Birkhoff* über das *beschränkte Dreikörperproblem*; ein gewisser Fixpunktsatz wird hier verwertet, aus der Existenz eines Fixpunktes schließt man auf das Vorhandensein einer periodischen Bahnkurve. Würde man die Natur der Abbildungen von Flächen auf sich genau kennen, so hätte man auch eine Übersicht über den Gesamtverlauf aller Lösungen des Problems, welches mit den Methoden der klassischen Analysis — wie *Poincaré* gezeigt hat — nicht angreifbar ist.

Viele andere Beispiele könnten noch das Gesagte unterstützen, auch wenn man von den Fragen absieht, die eigentlich von topologischer Natur, aber auch durch andere Theorien zu lösen sind und die insbesondere in der Funktionentheorie und in der Theorie der Differentialgleichungen[1]) zahlreich vorkommen, und nur die Probleme betrachtet, deren Lösung gegenwärtig ohne die Topologie unmöglich erscheint.

Ich will noch kurz über die Anlage meiner Darstellung berichten. Der vorliegende erste Band ist der Topologie der Flächen gewidmet. Die drei ersten Abschnitte behandeln die Topologie der Ebene, die zwei darauf folgenden die allgemeine Topologie der Flächen, die zwei letzten enthalten speziellere Untersuchungen über Flächentopologie.

---

[1]) Unter den vielen Sätzen ähnlicher Natur seien hier etwa folgende erwähnt: die Ordnung einer elliptischen Funktion ist mindestens gleich 2; eine rationale Transformation einer algebraischen Kurve vom Geschlecht > 1 auf eine Kurve gleichen Geschlechtes ist notwendig birational; innerhalb einer geschlossenen Integralkurve einer Differentialgleichung erster Ordnung gibt es wenigstens einen singulären Punkt; usw.

Der erste Abschnitt entwickelt die punktmengentheoretischen Grundlagen, hat einen vorbereitenden Charakter und bringt unter den vielen vorhandenen Sätzen ähnlicher Natur nur diejenigen, die für die späteren Betrachtungen von Nutzen sind. — In § 1 werden einige Hilfssätze aus der elementaren Geometrie der Ebene erbracht, wie z. B. der Satz, daß ein einfaches Polygon die Ebene in zwei Teile zerlegt. §§ 2 und 3 geben die Grundbegriffe über Punktmengen und Abbildungen wieder, nebst einigen Hilfssätzen. In § 4 werden die abzählbaren, in sich dichten Mengen behandelt. § 5 entwickelt die *Brouwer*schen Resultate über die Struktur der abgeschlossenen Mengen; die in diesem und im folgenden Paragraphen (§ 6) über approximierende Polygonfolgen aufgestellten Betrachtungene bilden die Grundlagen für die Untersuchungen über ebene Gebiete (III § 4) und über offene Flächen (V § 1). § 7 gibt einen ersten Schritt zur Lösung des Homöomorphieproblems in bezug auf nirgends zusammenhängende abgeschlossene Mengen; Zweck der daselbst dargestellten Betrachtungen ist nur festzustellen, daß topologisch verschiedene Mengen der genannten Art in der Mächtigkeit des Kontinuums vorhanden sind, was sodann das analoge Ergebnis für Gebiete (III § 4) und für offene Flächen (V § 1) ergibt. An anderer Stelle werde ich auseinandersetzen, wie die Lösung des genannten Homöomorphieproblems auf die Theorie der transfiniten Zahlen zurückzuführen ist.

Der zweite Abschnitt betrachtet die Kurven in der Ebene. In § 1 wird der für unsere Darstellung besonders grundlegende *Jordan*sche Kurvensatz nebst den von *Schoenflies* herrührenden Erweiterungen und einigen Sätzen über Kurvenbögen bewiesen. In § 2 wird der aus der Funktionentheorie bekannte Satz erbracht, laut dessen sich das Innere einer einfachen geschlossenen Kurve nebst dem Rand auf eine abgeschlossene Kreisscheibe topologisch abgebildet werden kann; dieser Satz ist für die ganze spätere Entwicklung sehr nützlich. In § 3 werden die Invarianz der Dimensionenzahl und die Gebietsinvarianz für den zweidimensionalen Fall aus dem *Jordan*schen Kurvensatz hergeleitet. In § 4 wird die *Schoenflies*sche Umkehrung des *Jordan*schen Kurvensatzes erbracht. In § 5 werden einige Hilfssätze über Kurven und Kurvenbögen besprochen. Schließlich werden die geschlossenen Kurven (§ 6) und die stetigen Kurven (§ 7) behandelt.

Im dritten Abschnitt findet man zuerst die verschiedenen gebräuchlichen Erklärungen für einfach zusammenhängende Gebiete (§ 1); in § 2 werden *Carathéodorys* Resultate über die Struktur des Randes eines einfach zusammenhängenden Gebietes dargestellt; in §§ 3 und 4 werden die endlich bzw. unendlich vielfach zusammenhängenden Gebiete in Hinsicht auf ihre Homöomorphie, in § 5 die in einem Gebiet liegenden geschlossenen stetigen Kurven nach ihrer Homotopie hin untersucht. In § 6 befindet sich der *Brouwer*sche Beweis für den

*Schoenflies*schen Satz von der Invarianz der geschlossenen Kurve (dieser eigentlich zum Inhalt des zweiten Abschnittes gehörige Satz wird mit Hilfe einiger in III § 5 angestellten Betrachtungen und deshalb erst hier bewiesen).

Im vierten Abschnitt wird die Topologie der Polyederflächen (die aus einer endlichen Anzahl von Dreiecken zusammengesetzt sind) entwickelt. In § 1 findet man die Erklärung der Fläche, in § 2 den Begriff der Orientierbarkeit bzw. Nichtorientierbarkeit. In § 3 werden die gewöhnlichen Invarianten, nämlich Geschlecht, Zusammenhangszahl, Charakteristik betrachtet; zugleich wird der *Hauptsatz der Flächentopologie* bewiesen, laut dessen die Übereinstimmung von Konturenzahl, Geschlecht und Orientierbarkeit bzw. Nichtorientierbarkeit die notwendige und hinreichende Bedingung für die Homöomorphie von zwei Polyederflächen ist; bei seinem Beweise sind die schlichtartigen Flächen (die durch jeden Rückkehrschnitt zerlegt werden) ausgezeichnet. § 4 stellt die bekannten Normalformen für Polyederflächen dar. In § 5 werden die aus der Theorie der algebraischen Funktionen bekannten endlichvielblättrigen Überlagerungsflächen betrachtet.

Der fünfte Abschnitt enthält die Theorie der offenen Flächen. In § 1 wird der Hauptsatz der Flächentopologie für dieselben erbracht. In § 2 werden die in der Funktionentheorie vorkommenden offenen Überlagerungsflächen betrachtet.

Die in den ersten fünf Abschnitten angewandten Methoden erschienen mir in ihrer Anordnung zweckmäßig und einfach; ich will aber nicht bestreiten, daß oft eine persönliche Auffassung bei ihrer Auswahl und Zusammenstellung zur Geltung gekommen ist.

Die beiden letzten Abschnitte enthalten einige Untersuchungen über Abbildungen von Flächen und über Kurvenscharen auf Flächen. Im sechsten Abschnitt werden einige Resultate über Deformationen von Flächen (§ 1), über Fixpunktsätze bei Abbildungen von Flächen auf sich (§§ 2, 3, 4, 5), über periodische Abbildungen (§ 6), und über nicht umkehrbar eindeutige Abbildungen (§ 7) dargestellt. Eine zum Inhalt dieses Abschnittes gehörige Darstellung der grundlegend wichtigen Untersuchungen von *Hilbert* und von *Brouwer* über endliche kontinuierliche Gruppen wurde aus methodischen Gründen für den zweiten Band zurückgestellt. — Im siebenten Abschnitt werden Scharen von geschlossenen (§ 1) und von offenen Kurven (§ 2) auf Flächen untersucht, in Hinsicht auf ihre Regularität bzw. die Natur der singulären Punkte und überhaupt nach ihrer Struktur hin. — Die in diesen beiden Abschnitten dargestellten Resultate haben in anderen Gebieten der Mathematik Anwendungen, können aber auch für sich einiges Interesse beanspruchen.

Einige Bemerkungen möchte ich noch über die Art der Darstellung machen. Die Betrachtungen sind nicht überall bis zu den letzten Einzelheiten ausgeführt, wenn sie nämlich von ganz leichter Natur sind oder aber bereits vorher vorgekommen sind. — An Vorkenntnissen wird ziemlich wenig vorausgesetzt, sachlich eigentlich nichts, und im allgemeinen nur Geläufigkeit in den abstrakten Begriffsbildungen. — Die Grundbegriffe der Mengenlehre müssen dem Leser einigermaßen bekannt sein, dann wird er den Betrachtungen leicht folgen können. — Von den transfiniten Zahlen mache ich ziemlich selten Gebrauch und habe deshalb ihre Theorie nicht in die Darstellung einbezogen. Unter den *Mächtigkeiten* kommen bei uns nur die der abzählbaren Mengen (die sich mit den natürlichen Zahlen in eine eineindeutige Beziehung bringen lassen) und die Mächtigkeit des Kontinuums (d. h. die der Mengen, die sich mit der Menge der reellen Zahlen in eine eineindeutige Beziehung bringen lassen) in Betracht; dazu noch der Satz, daß diese beiden Mächtigkeiten voneinander verschieden sind, m. a. W., daß die Menge der reellen Zahlen nicht abzählbar ist[1]. — Von den transfiniten Ordnungszahlen kommen die zu den abzählbaren Mengen gehörigen vor. Man betrachte abzählbare Mengen in einer solchen Anordnung[2], bei welcher jede aus der Menge herausgegriffene Teilmenge ein erstes Element besitzt (solche Mengen heißen *wohlgeordnet*). Zuerst kommt also die Art einer gewöhnlichen Folge

$$1,\ 2,\ 3,\ \ldots;$$

dann fügen wir ein nächstfolgendes Element ω und als darauf folgende Elemente $\omega + 1$, $\omega + 2$, ... hinzu; dann ferner als nächstfolgende Elemente 2ω, $2\omega + 1$, $2\omega + 2$, ... Nach allen Elementen der Form $k\omega + l$ (k, l = endlich) folgt das Element ω^2 usw. Es soll also nach jedem Element α ein darauf folgendes Element $\alpha + 1$, und zu jeder Folge $\alpha_1 < \alpha_2 < \ldots$ ein nächstfolgendes Element $\alpha = \lim \alpha_\nu$ geben. Die Elemente α, deren jedes den Ordnungstypus des vor ihm stehenden Segmentes der Folge bezeichnen soll, heißen *Ordnungszahlen*. (Die kleinste nichtabzählbare Ordnungszahl Ω wird einmal (I § 7) aus formalen Gründen bloß als Bezeichnung angewendet.)

[1]) *Poincaré* hat den im wesentlichen von *Cantor* herrührenden Beweis in der folgenden einfachen Form dargestellt. Wäre $x_1, x_2, \ldots$ eine Folge, die sämtliche Zahlen x des Intervalls $0 \leqq x \leqq 1$ enthält, so zerlegen wir das Intervall (01) in drei gleiche Teile, und nehmen einen solchen unter denen (mit den Endpunkten zusammen), der x_1 nicht enthält; dieses Intervall i_1 zerlegen wir wieder in drei Teile, nehmen das Element x_{α_2} mit kleinstem Index α_2, das in i_1 fällt, und ein solches i_2 unter den drei Teilintervallen von i_1, das x_{α_2} nicht enthält. Auf diese Weise fortfahrend, erhalten wir eine Folge ineinander enthaltener Intervalle $i_1, i_2, \ldots$, von denen i_k keinen der Punkte $x_1, x_2, \ldots, x_{\alpha_k}$ ($\alpha_k \geqq k$) enthält; der gemeinsame Punkt dieser Intervallfolge kann also mit keinem der Punkte $x_1, x_2, \ldots$ identisch sein.

[2]) Eine (lineare) Anordnung einer Menge ist eine Vorschrift, die für je zwei Elemente A und B der Menge eine und nur eine der beiden Beziehungen $A < B$ und $B < A$ festsetzt, und die die transitive Eigenschaft besitzt, in dem Sinne, daß immer aus $A < B$ und $B < C$ auch $A < C$ folgt.

Außer diesen, die allgemeine Mengenlehre betreffenden Begriffen müssen auch die in der Analysis immer vorkommenden Begriffe der elementaren Punktmengenlehre, wie Grenzpunkt u. a. m., dem Leser geläufig sein.

Die Bedeutung der verschiedenen Resultate für die Gesamtmathematik kann erst denjenigen Lesern recht klar werden, die eine Orientierung über die verschiedenen Gebiete der Mathematik haben und die Beziehungen und Analogien, die von uns öfters insbesondere zur Funktionentheorie und zur Theorie der Differentialgleichungen angedeutet wurden, außerdem aber noch zu vielen anderen Gebieten (unter anderen auch zur Zahlentheorie) bestehen, mit ihren darauf beziehenden Kenntnissen in Harmonie bringen können. — Auf diese Zusammenhänge einzugehen lag in der Tat außerhalb des Rahmens der vorliegenden Darstellung; vielleicht wird sich noch Gelegenheit dazu geben, sie weiter zu verfolgen.

Der zweite Band soll sich folgendermaßen gliedern. In einem Abschnitt werden die von *Brouwer* herrührenden Fundamentalsätze über Invarianz der Dimensionenzahl, Gebietsinvarianz, Abbildungen von Mannigfaltigkeiten und über den *Jordan*schen Satz in mehrdimensionalen Räumen dargestellt, nebst den von *Lebesgue* herrührenden Beweisen für dieselben Sätze; dazu kommen noch die *Antoine*schen Resultate über Homöomorphie von Punktmengen in mehrdimensionalen Räumen und die von *Kaluzsay* und für den allgemeinen Fall von mir erbrachte Umkehrung des *Jordan*schen Satzes für den dreidimensionalen Raum. — In einem zweiten Abschnitt werden die von *Poincaré* eingeführten Zusammenhangs- und Torsionszahlen und die Fundamentalgruppe behandelt; im Rahmen dieser Darstellung werden zugleich die Grundlagen der kombinatorischen Topologie entwickelt. — Ein weiterer Abschnitt wird die Grundlagen der *Fréchet*schen Theorie der abstrakten Mengen und im Anschluß daran die abstrakte Begründung der Topologie enthalten. — Einige Untersuchungen über spezielle Fragen und deren Anwendungen ergänzen den Inhalt des zweiten Bandes.

Der vorliegende erste Band will zwar eine Einleitung zu dem zukünftigen zweiten geben, die angewendeten Methoden sind jedoch sehr oft auf den zweidimensionalen Fall beschränkt. Diese Tatsache und auch die Trennung des vollständigen Inhaltes in zwei Teile wird durch den Umstand gerechtfertigt, daß in der Topologie der zweidimensionalen Mannigfaltigkeiten sozusagen ein fertiges Ganzes vorliegt, im Vergleich mit der bisher vorhandenen Topologie der mehrdimensionalen Mannigfaltigkeiten. — Aus diesem Grund wird auch die Einleitung für das Folgende nur als Leitfaden, nicht aber sachlich gebraucht, und die bereits besprochenen Begriffe werden ohne Beziehung darauf, eventuell in anderer Form, nochmals eingeführt.

Topologie der Ebene.

Erster Abschnitt.

Punktmengen.

§ 1. Zur Geometrie der Ebene.

Unseren Betrachtungen legen wir den Begriff der Zahlenebene (bzw. des Zahlenraumes) zugrunde, die erklärt wird als die Menge der reellen Zahlenpaare (x, y); wir bezeichnen diese als Punkte der Ebene, x und y als Koordinaten des Punktes (x, y). Die elementaren Begriffe der ebenen Geometrie setzen wir als bekannt voraus.

Die *Stetigkeit der Geraden* besteht in der Eigenschaft, daß es zu jeder Folge von Strecken $s_1, s_2, \ldots$, deren jede ein Teil der vorangehenden ist, und zu denen auch ihre Endpunkte hinzuzurechnen sind, wenigstens einen Punkt gibt, der zu jeder Strecke s_i der Folge gehört. Unter einem *Schnitt* in der Gesamtheit der reellen Zahlen verstehen wir eine Einteilung der reellen Zahlen in zwei Klassen (A) und (B) von der folgenden Eigenschaft: jede Zahl gehört entweder zu (A) oder zu (B), aber nicht zu beiden; jede Zahl von (A) ist kleiner, als jede Zahl von (B). Die Stetigkeitseigenschaft der Geraden (oder der Gesamtheit der reellen Zahlen) können wir dann auch so formulieren: bei jedem Schnitt gibt es entweder eine größte Zahl von (A), oder eine kleinste Zahl von (B).

Die *Stetigkeit der Ebene* besteht in der Eigenschaft, daß es zu jeder Folge von ineinander enthaltenen Quadraten wenigstens einen Punkt gibt, der im Innern oder auf dem Rande jedes Quadrates der Folge liegt.

Unter einem *Weg* werden wir immer einen aus endlich vielen (geradlinigen) Strecken bestehenden, sich selbst nicht schneidenden Streckenzug, unter einem *Polygon* ein einfaches (sich selbst nicht schneidendes) Polygon verstehen.

Wir erinnern an folgende Tatsachen, die aus den Definitionen unmittelbar folgen. Eine Gerade γ zerlegt die Ebene in zwei Halbebenen in folgendem Sinne: je zwei Punkte derselben Halbebene lassen sich durch einen γ nicht treffenden Weg (insbesondere durch eine Strecke) verbinden, während jeder Weg w, der zwei in verschiedenen Halbebenen liegende Punkte verbindet, die Gerade γ trifft. (Wenn w eine Strecke ist, folgt die letztere Behauptung unmittelbar; wenn w aus mehreren Strecken besteht, so gibt es eine erste Strecke von w, deren Anfangspunkt in derselben Halbebene, wie der Anfangspunkt von w, deren Endpunkt aber in der anderen Halbebene liegt.)

Ein Dreieck $\triangle$ zerlegt die Ebene in zwei Teile; sind nämlich (x_1, y_1), (x_2, y_2), (x_3, y_3) die Eckpunkte von $\triangle$, so wird das Innere von $\triangle$ dargestellt durch die Formeln:

$$\begin{cases} x = t_1 x_1 + t_2 x_2 + t_3 x_3, \\ y = t_1 y_1 + t_2 y_2 + t_3 y_3, \end{cases} \quad (t_1 + t_2 + t_3 = 1),$$

wobei t_i positive reelle Zahlen bedeuten; für das Äußere von $\triangle$ ist wenigstens eine der Größen t_i negativ. Nach jedem Punkte des Dreieckes kann man sowohl im Innern, wie auch im Äußern einen Weg legen. Jede Strecke, die nur eine Seite des Dreieckes trifft, hat einen ihrer Endpunkte im Innern von $\triangle$ (oder auf dieser Seite von $\triangle$).

Wir beweisen jetzt den folgenden Satz:

I. *Jedes Polygon π zerlegt die Ebene in zwei Teile.*

Sei $n \geq 4$ die Anzahl der Eckpunkte von π, und setzen wir für jedes Polygon mit weniger als n Ecken als bereits bewiesen voraus, daß es die Ebene in zwei Teile zerlegt, und nach jedem von seinen Punkten in beiden vom Polygon bestimmten Teilen der Ebene ein Weg gelegt werden kann. Sei unter den Eckpunkten von π mit kleinster Abszisse A derjenige mit kleinster Ordinate, und seien B und C die beiden benachbarten Eckpunkte von π. Wenn das Dreieck (ABC) außer AB und AC keinen Punkt von π enthält, nennen wir $BC = d$ eine Diagonale von π (s. Fig. 1a). Wenn aber (ABC)

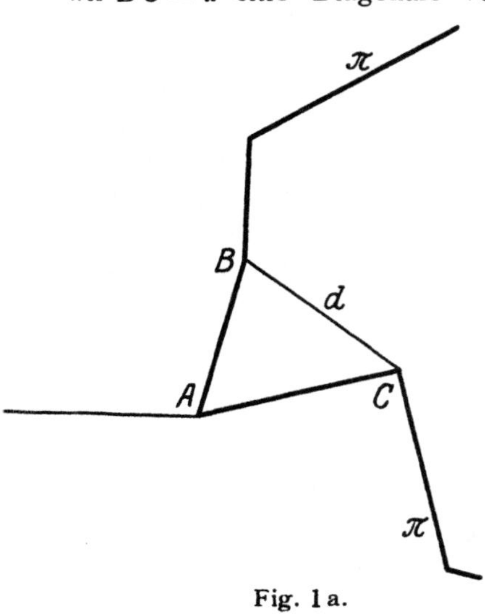

Fig. 1a.

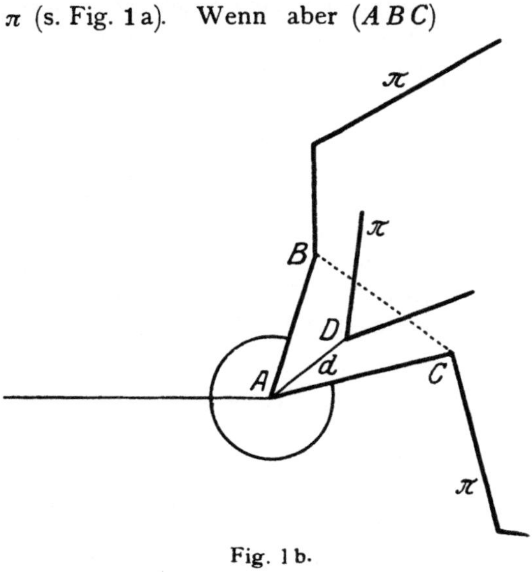

Fig. 1b.

einen weiteren Punkt von π enthält, so gibt es auch eine Seite von π, von deren Endpunkten einer, etwa D_1, zum Dreieck $(A\,B\,C)$ gehört. Wenn die Strecke $A\,D_1$ außer ihren Endpunkten von π frei ist, so ist $A\,D_1 = d$ eine Diagonale; im andern Fall sei E_2 der am nächsten bei A liegende Punkt von π auf $A\,D_1$, und sei D_2 ein in $(A\,B\,C)$ liegender Endpunkt derjenigen Seite von π, die E_2 enthält. Im Dreieck $(A\,D_2\,E_2)$ gibt es keinen Punkt der durch D_1 gehenden Seiten von π. Entweder ist $A\,D_2$ sonst frei von π, oder wenn nicht, so nehmen wir wieder den am nächsten bei A liegenden Punkt E_3 von π auf $A\,D_2$ und den im Dreieck $(A\,D_2\,E_2)$ liegenden Endpunkt D_3 der durch E_3 gehenden Seite von π; und so fahren wir fort. Endlich bekommen wir eine Diagonale $d = A\,D_k$ (die außer ihren Endpunkten A, $D = D_k$, welche Eckpunkte von π sind, das Polygon π nicht trifft) (s. Fig. 1b). Durch die beiden Endpunkte der Diagonale d wird das Polygon π in zwei Wege zerlegt, deren jeder zusammen mit d je ein Polygon π_1 und π_2 mit weniger als n Ecken bildet. Nun ist es klar, daß π_1 nicht im Innern von π_2 liegen kann, oder umgekehrt; ist nämlich $d = B\,C$ und also $\pi_1 = (A\,B\,C)$, so liegt π_1 im Äußern von π_2, da A links von π_2 liegt; und π_1 enthält laut Voraussetzung keinen Punkt von π, folglich liegt auch π_2 außerhalb von π_1; im zweiten Fall, wo $d = A\,D$ ist, gehört $A\,B$ zu π_1, $A\,C$ zu π_2, beide können[1]) durch einen kleinen Kreisbogen und einen Halbstrahl (also auch durch einen Streckenzug) mit dem Unendlichen verbunden werden, ohne π sonst zu treffen, folglich liegen auch dann π_1 und π_2 außerhalb voneinander. — Das Innere von π wird vom Innern von π_1 und von dem von π_2, und noch von den nicht in die Endpunkte fallenden Punkten der Diagonale d, das Äußere von π von dem Durchschnitt (d. h. gemeinsamen Teil) der Äußeren von π_1 und π_2 gebildet. — Je zwei Punkte des Innern von π lassen sich innerhalb von π durch einen Weg verbinden; liegen sie beide im Innern von π_1 (oder von π_2), dann ist die Behauptung klar; liegt einer von diesen in π_1, der andere in π_2, so kann man den ersten innerhalb von π_1, den zweiten innerhalb von π_2 mit einem inneren Punkt von d verbinden, so daß diese beiden Wege zusammen einen die gegebenen Punkte innerhalb von π verbindenden Weg ergeben. Ferner wird jeder zum Innern von π gehöriger Punkt durch π vom Unendlichen getrennt, d. h. jeder Weg, der einen im Innern von π liegenden Punkt mit

---

[1]) Man schlage um A einen kleinen Kreis, der π außerhalb von $A\,B$ und $A\,C$ nicht trifft, und betrachte denjenigen Bogen b, dessen Endpunkte auf $A\,B$ und $A\,C$ liegen und welcher d nicht trifft (s. Fig. 1b); man ziehe dann von A einen zu der Abszissenachse parallelen Halbstrahl in der Richtung der abnehmenden Abszissen. Der Teilbogen von b zwischen $A\,B$ und diesem Halbstrahl, und der von b nach links liegende Teil des Halbstrahles verbindet einen Punkt von $A\,B$ mit dem Unendlichen, ohne π sonst zu treffen.

dem Unendlichen verbindet, trifft das Polygon π. — In beiden Polygonen ziehen wir wieder Diagonalen usw. Auf diese Weise wird das Innere von π in Dreiecke zerlegt, deren Eckpunkte zugleich Eckpunkte von π sind. Es gibt unter diesen Dreiecken ein solches, von dessen Seiten zwei, a und b, mit zwei Seiten von π zusammenfallen; sei c die dritte Seite dieses Dreieckes. Das Polygon π', welches aus π entsteht, wenn wir die beiden Seiten a und b des Polygons π durch die Diagonale c ersetzen, hat eine Ecke weniger als π. Zwei außerhalb von π liegende Punkte P und Q lassen sich durch einen Weg w verbinden, der außerhalb von π' liegt und also höchstens die Seiten a und b von π treffen kann. In diesem Fall nehmen wir von P aus den ersten zu $a+b$ gehörigen Punkt von w und bezeichnen den zwischen diesem Punkt und P verlaufenden Weg von w mit w_1; ebenso nehmen wir den Weg w_2 von w zwischen Q und dem von Q aus ersten Punkt von w, der auf $a+b$ liegt. Wir ziehen zwei zu a bzw. b parallele Strecken a' bzw. b' außerhalb des Dreiecks abc, deren Endpunkte nahe bei den Endpunkten von a bzw. b liegen, so daß a' und b' das Polygon π' nicht treffen und ihre bei dem gemeinsamen Endpunkt von a und b liegenden Endpunkte zusammenfallen (s. Fig. 2).

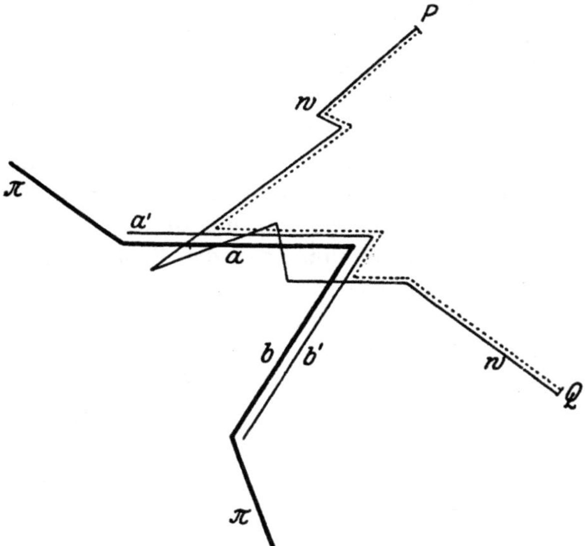

Fig. 2.

Von P ausgehend durchlaufen wir den Weg w_1 bis zu seinem ersten auf a' liegenden Punkt, dann gehen wir auf den Linien a' und b' bis zum Wege w_2 und auf diesem bis zum Endpunkt Q von w_2; auf diese Weise erhalten wir einen Weg, der die Punkte P und Q außerhalb von π verbindet. Hiermit haben wir den Beweis geliefert, daß das Polygon π die Ebene in zwei Teile zerlegt, und zugleich eine Zerlegung des Innern von π in Dreiecke durch Diagonalen von π.

Aus dem Satz I ergeben sich unmittelbar noch die folgenden Tatsachen:

II. Sei π ein Polygon und w ein beliebiger Weg, der zwei Punkte von π innerhalb von π verbindet (d. h. abgesehen von seinen auf π liegenden Endpunkten ganz im Innern von π liegt); seien w_1 und w_2 die beiden durch die Endpunkte von w auf π bestimmten Wege. Das Innere von π wird durch w in zwei Teile zerlegt; einer von diesen ist das Innere des Polygons $w + w_1$, der andere das Innere des Polygons $w + w_2$.

III. Seien w_1, w_2, w_3 drei Wege, die zwei Punkte A und B ververbinden, aber sonst einander nicht treffen; unter diesen drei Wegen gibt es zwei, etwa w_1 und w_2, von der Eigenschaft, daß der dritte w_3 im Innern des von w_1 und w_2 gebildeten Polygons liegt.

IV. Seien w_1 und w_2 zwei Wege, welche die Endpunkte A und B, sonst aber keinen Punkt gemeinsam haben, so daß sie ein Polygon π bilden. Seien w_1' und w_2' zwei andere Wege, mit gemeinsamen Endpunkten C und D, welche einander sonst nicht treffen. Wenn der Weg w_1' nur den Weg w_1, nicht aber w_2, und ebenso der Weg w_2' nur den Weg w_2, nicht aber w_1 trifft, wenn ferner von den beiden Punkten C und D einer im Innern, der andere im Äußern des Polygons $w_1 + w_2$ liegt, so liegt auch einer von den Punkten A und B im Innern, der andere im Äußern des Polygons $w_1' + w_2'$.

Zum Beweise dieses letzten Satzes bemerken wir folgendes. Ein Weg l kreuze das Polygon π in einem einzigen Punkt, d. h. auf einem hinreichend kleinen Kreis um diesen einzigen gemeinsamen Punkt trennen die beiden auf ihm liegenden Punkte von l die beiden auf ihm liegenden Punkte von π. Dann liegt von den beiden Endpunkten von l dem Satz I zufolge einer im Innern, der andere im Äußern von π. — Sei sodann l ein beliebiger Weg, dessen Endpunkte nicht auf π liegen; die beiden Endpunkte von l werden durch π voneinander getrennt oder nicht, je nachdem ob die Anzahl der Kreuzungspunkte von l und π ungerade oder gerade ist. — Da von den Endpunkten des Weges w_1' einer im Innern, der andere im Äußern von $\pi = w_1 + w_2$ liegt, so ist die Anzahl der Kreuzungen von π und w_1', und also auch die Anzahl der Kreuzungen von w_1 und w_1' ungerade; folglich ist auch die Anzahl der Kreuzungen von w_1 und $\pi' = w_1' + w_2'$ ungerade, so daß die Endpunkte von w_1, d. h. die Punkte A und B durch das Polygon $\pi' = w_1' + w_2'$ getrennt werden.

Wir erwähnen gleich, daß *ein Weg die Ebene nicht zerlegt.* Wenn der Weg w aus einer Strecke s besteht, so ist die Behauptung unmittelbar ersichtlich. Setzen wir voraus, die Behauptung wäre für

Wege erwiesen, die aus n Strecken bestehen; sei $w = w_0 + s$, wobei w_0 aus n Strecken besteht, und s eine weitere Strecke ist, deren Anfangspunkt mit dem Endpunkt von w_0 zusammenfällt, die aber sonst keinen Punkt mit w_0 gemeinsam hat. Je zwei Punkte A und B der Ebene lassen sich also durch einen w_0 nicht treffenden Weg σ verbinden. Wenn der Weg σ die Strecke s trifft, nehmen wir von A aus den ersten Punkt P von σ, der auf s liegt, und von B aus den ersten auf s liegenden Punkt Q von σ. Wir verbinden einen Punkt P' des Weges AP mit einem Punkt Q' von BQ durch einen Weg, der aus zwei zu s parallelen Strecken und aus einer auf denselben senkrechten, in der Nähe des freien Endpunktes von s liegenden Strecke besteht und welcher sehr nahe bei s verläuft, so daß er von w_0 fremd ist. Auf diese Weise erhalten wir einen Weg, der A und B verbindet und von w fremd ist.

Im Anschluß an die obige Zerlegung des Innern des Polygons π in Dreiecke werden wir noch zeigen, daß man den *Polygonbereich* (π), d. h. das Polygon π und sein Inneres, mittels nacheinander ausgeführter Abbildungen (die sich im Sinne des nächsten Paragraphen als topologische Abbildungen erkennen lassen) auf eine Kreisscheibe abbilden kann. — Im Polygonbereich (π) nehmen wir eine solche Diagonale c, deren Endpunkte zu zwei benachbarten Seiten des Polygons π gehören, die also mit diesen beiden Polygonseiten a und b zusammen ein Dreieck $\triangle$ bildet. Im Innern von π nehmen wir einen außerhalb von $\triangle$ liegenden Punkt S hinreichend nahe bei dem Mittelpunkt von c, so daß die beiden Strecken, die S mit den Endpunkten von c verbinden, das Polygon π sonst nicht treffen und mit a und b zusammen ein konvexes Viereck bilden. Diese beiden Strecken und c bilden zusammen ein Dreieck $\triangle'$. Wir projizieren nun den Bereich $\triangle + \triangle'$ aus dem Zentrum S auf den Bereich $\triangle'$ in dem Sinne, daß jede Strecke SP, deren Endpunkt auf der Polygonseite a oder b liegt, in die Strecke SP' übergeht, wobei P' den Schnittpunkt der Strecke SP mit c bedeutet; jeder Punkt Q von SP soll in denjenigen Punkt von SP' übergehen, für welchen $SQ' : SQ = SP' : SP$ ist. Die Abbildung sei an dem übrigbleibenden Teil von (π) als die Identität erklärt (d. h. die Abbildung, bei welcher jeder Punkt sich selbst entspricht). So haben wir eine Abbildung des Polgonbereiches (π) auf den Polygonbereich $(\pi - \triangle)$, welcher letztere eine Ecke weniger hat als π. Nach einer endlichen Anzahl von Wiederholungen desselben Verfahrens bekommt man eine Abbildung des Polygonbereiches (π) auf ein Dreieck. Ein Dreieck (d. h. das Innere und den Rand des Dreieckes) kann man wieder durch eine Projektion auf eine Kreisscheibe (deren Mittelpunkt im Innern des Dreieckes liegt) abbilden, womit die gewünschte Abbildung des Polygonbereiches auf eine Kreisscheibe erhalten ist.

Durch den positiven bzw. negativen Umlauf eines Kreises wird ein *Umlaufssinn in der Ebene* erklärt; dabei wird jedem anderen Kreis ebenfalls sein positiver bzw. negativer Umlauf erteilt. Einem Umlaufssinn des Kreises entspricht eine zyklische Ordnung der vom Mittelpunkt ausgehenden Strahlen, welche durch die zyklische Ordnung von drei beliebigen Strahlen des Büschels eindeutig bestimmt ist; dem anderen Umlaufssinn des Kreises entspricht die entgegengesetzte zyklische Ordnung der Strahlen des Büschels.

Einem Umlaufssinn in der Ebene entspricht eine *Indikatrix* jedes Dreieckes (ABC), d. h. eine zyklische Ordnung seiner Eckpunkte:

$$(ABC) = (BCA) = (CAB) \quad \text{bzw.} \quad (ACB) = (CBA) = (BAC).$$

Man zieht aus einem inneren Punkte des Dreieckes Strahlen durch seine Eckpunkte; einem Umlaufssinn der Ebene entspricht dann eine zyklische Anordnung dieser Strahlen und umgekehrt ist durch eine Indikatrix des Dreieckes eine zyklische Ordnung dieser drei Strahlen, und also auch ein Umlaufssinn der Ebene bestimmt.

Seien (ABC) und (ABD) zwei Dreiecke mit der gemeinsamen Kante AB, und sei jedem von ihnen die positive Indikatrix zugeordnet, die also dem positiven Umlaufssinn der Ebene entspricht. Wenn die Dreiecke (ABC) und (ABD) außer AB keinen gemeinsamen Punkt haben, d. h. wenn die Punkte C und D auf verschiedenen Seiten der durch A und B gehenden Geraden liegen, ist der gemeinsamen Kante AB bei dieser Indikatrixbestimmung in den beiden Dreiecken die entgegengesetzte Richtung zugeordnet; d. h. die beiden Indikatrizes lauten entweder (ABC) und (BAD), oder (BAC) und (ABD). Wir nennen solche Indikatrizes der beiden Dreiecke *zusammengehörige Indikatrizes.* Wenn die beiden Dreiecke (ABC) und (ABD) mit der gemeinsamen Kante AB und ohne weitere gemeinsame Punkte zusammengehörige Indikatrizes haben, d. h. solche, bei denen die gemeinsame Kante AB in den beiden Dreiecken entgegengesetzt gerichtet wird, so entsprechen diese Indikatrizes dem gleichen Umlaufssinn der Ebene.

Wir unterziehen die Ebene einer *quadratischen Teilung* mit der Kantenlänge $\varepsilon (> 0)$. Wir nehmen zwei aufeinander senkrechte Geraden, etwa die Achsen $x = 0$ und $y = 0$; auf diesen markieren wir die Punkte $x = 0$, $y = \pm n\varepsilon$, bzw. $y = 0$, $x = \pm n\varepsilon$ $(n = 1, 2, \ldots)$, und durch jeden dieser Punkte legen wir die der anderen Achse parallele Gerade.

Aus dieser quadratischen Teilung (wobei wir etwa $\varepsilon = 1$ nehmen), bestimmen wir sodann eine *Dreiecksteilung* der Ebene, indem wir jedes Quadrat mit den Eckpunkten $(x, y) = (m, n)$, $(m + 1, n)$, $(m + 1, n + 1)$, $(m, n + 1)$ durch die Diagonale (m, n) $(m + 1, n + 1)$ in zwei Dreiecke zerlegen. Einem Umlaufssinn der Ebene entspricht je eine Indikatrix dieser Dreiecke, so daß dabei zwei benachbarte Dreiecke (d. h. solche mit einer gemeinsamen Kante) zusammengehörige Indikatrizes haben.

Sei eine quadratische Teilung der Ebene gegeben; zerlegen wir jedes Quadrat durch seine beiden Mittellinien in vier kongruente Teilquadrate, so entsteht eine neue quadratische Teilung der Ebene, die wir als eine *Unterteilung* der vorigen bezeichnen. Unter einer *Folge von sukzessiven quadratischen Teilungen der Ebene* verstehen wir eine solche, bei welcher jede eine Unterteilung der vorangehenden ist oder eine Teilfolge einer solchen Folge.

Seien $q_1, q_2, \ldots, q_n$ endlich viele Quadrate aus einer quadratischen Teilung der Ebene mit der Eigenschaft, daß es zu jedem Quadrat q_i eine Folge $q_1 = q^{(1)}, q^{(2)}, \ldots, q^{(k)} = q_i$ von Quadraten q_k gibt, deren erstes und letztes Element q_1 und q_i sind, und von denen je zwei aufeinander folgende eine gemeinsame Seite haben. Diese Quadrate bilden zusammen einen *Polygonbereich*, zu welchem alle im Innern oder auf dem Rande dieser Quadrate q_i liegenden Punkte gehören. Innere Punkte dieses Bereichs sind diejenigen Punkte, die im Innern eines Quadrates q_i, oder auf der gemeinsamen Seite von zwei Quadraten, oder im gemeinsamen Eckpunkt von vier Quadraten liegen; um jeden solchen Punkt gibt es einen Kreis, dessen Inneres nur aus inneren Punkten des Polygonbereiches besteht. Die anderen Punkte bilden den *Rand* des Bereiches. Der Rand besteht aus endlich vielen Polygonen, $\pi_0, \pi_1, \pi_2, \ldots, \pi_k$, die aus Seiten der quadratischen Teilung bestehen[1]); diese Polygone können sich nur in solchen Eckpunkten treffen, die nur zu zwei Quadraten q_i und q_j des Bereiches gehören, und zwar zu zwei solchen, die außer diesem Eckpunkt keinen weiteren gemeinsamen Punkt haben. Es gibt unter den Polygonen $\pi_0, \pi_1, \ldots, \pi_k$ eines, etwa π_0, derart, daß im Äußern von π_0 kein Punkt des Polygonbereiches liegt; π_0 wird als *äußeres Randpolygon* des Bereiches bezeichnet. Die anderen Polygone $\pi_1, \pi_2, \ldots, \pi_k$ haben die Eigenschaft, daß im Innern von π_l $(l = 1, 2, \ldots, k)$ kein Punkt des Polygonbereiches liegt; diese werden als *innere Randpolygone* be-

[1]) Sei l eine beliebige Randseite des Polygonbereiches, sei P ein Endpunkt von l. Wenn P zu einem, oder zu drei Quadraten, oder zu zwei solchen Quadraten des Polygonbereiches gehört, die eine gemeinsame Seite haben, so gibt es außer l genau eine Randseite, die in P eintrifft. Gehört P zu zwei solchen Quadraten, die nur diesen Eckpunkt gemeinsam haben, und gehören die beiden anderen zu diesem Eckpunkt stoßenden Quadrate der Teilung nicht zum Polygonbereich, so nehmen wir als Fortsetzung von l im Punkte P diejenige Seite, die mit l zum gleichen, nicht zum Polygonbereich gehörigen Quadrat der Teilung gehört.

zeichnet. Im gemeinsamen Teil des Innern von π_0 und der Äußeren von $\pi_1, \pi_2, \ldots, \pi_k$ liegen alle inneren Punkte des Polygonbereiches, und umgekehrt ist auch jeder im Zwischengebiet von π_0 und $\pi_1, \pi_2, \ldots, \pi_k$ liegende Punkt ein innerer Punkt des Polygonbereiches.

§ 2. Punktmengen[1]).

Unter einer *ebenen Punktmenge* verstehen wir eine Menge, die wenigstens ein Element besitzt, und deren Elemente Punkte der Ebene sind.

Ein *Limespunkt* der Menge ist ein solcher Punkt der Ebene, dessen Umgebung[2]) immer wenigstens einen Punkt der Menge enthält; ein *Grenzpunkt* ein solcher, dessen Umgebung immer wenigstens zwei Punkte der Menge enthält. Ein Punkt der Menge, um welchen eine keinen weiteren Punkt der Menge enthaltende Umgebung existiert, heißt ein *isolierter Punkt* der Menge. Die Menge der Grenzpunkte einer Menge bezeichnen wir als ihre *Ableitung*.

Eine Menge heißt *abgeschlossen*, wenn sie ihre Ableitung enthält, *in sich dicht*, wenn sie in ihrer Ableitung enthalten ist, *perfekt*, wenn sie mit ihrer Ableitung identisch ist.

Eine Teilmenge M_1 der Menge M heißt *relativ zu M abgeschlossen*, wenn jeder zu M gehörige Grenzpunkt von M_1 zu M_1 gehört; *überall dicht auf M*, wenn jeder Punkt von M Limespunkt von M_1 ist.

Eine Menge M bezeichnen wir als *zusammenhängend*, wenn sie sich nicht in zwei fremde (d. h. keine gemeinsamen Elemente besitzende), relativ zu M abgeschlossene Teilmengen zerlegen läßt. (Wir verstehen dabei unter Zerlegung, daß jeder Punkt von M zu genau einer von diesen Teilmengen gehört.) — Insbesondere ist eine abgeschlossene Menge zusammenhängend, wenn sie sich nicht in zwei fremde abgeschlossene Teilmengen zerlegen läßt; eine zusammenhängende abgeschlossene Menge nennen wir ein *Kontinuum*; zwei Kontinua, die einen gemeinsamen Punkt haben, bilden zusammen ein Kontinuum.

Eine zusammenhängende Menge, die mehr als einen Punkt enthält, ist in sich dicht; sonst hätte sie wenigstens einen isolierten Punkt, und also könnte man die Menge in zwei relativ abgeschlossene, fremde Teilmengen zerlegen, von denen eine diesen einzigen isolierten Punkt, die andere alle anderen Punkte der Menge enthält. Ein mehr als einen Punkt enthaltendes Kontinuum ist also perfekt.

---

[1]) Hier sei an einige Definitionen und Sätze erinnert, wegen deren ausführlicheren Darstellung wir den Leser insbesondere auf *Hausdorffs* Grundzüge der Mengenlehre verweisen.

[2]) Unter einer *Umgebung* (ε-Umgebung) eines Punktes versteht man das Innere eines um diesen Punkt (mit dem Radius ε) geschlagenen Kreises.

Eine Menge heißt *verkettet*, wenn es zu jeder positiven Zahl ε, und zu zwei beliebigen Punkten P und P' der Menge eine sie verbindende *ε-Kette* von M gibt, d. h. eine solche Folge von endlich vielen, zur Menge M gehörigen Punkten $P_1 = P$, $P_2, \ldots, P_n = P'$, daß der Abstand von je zwei aufeinander folgenden Punkten P_i und P_{i+1} kleiner ist als ε. Eine zusammenhängende Menge ist verkettet, aber nicht jede verkettete Menge ist zusammenhängend. Eine *beschränkte* (d. h. ganz im Endlichen liegende), abgeschlossene, verkettete Menge ist zusammenhängend, sie ist also ein Kontinuum.

Eine Menge M heißt *stetig zusammenhängend*, wenn es zu je zwei Punkten der Menge M ein sie verbindendes (d. h. sie beide enthaltendes) und zu M gehöriges Kontinuum gibt. Ein Kontinuum ist stetig zusammenhängend; jede stetig zusammenhängende Menge ist auch zusammenhängend, jedoch nicht umgekehrt.

Ein Punkt der Menge heißt ein *innerer Punkt*, wenn es eine Umgebung um diesen Punkt gibt, deren Punkte sämtlich zur Menge gehören.

Unter einem *Gebiet* verstehen wir eine aus lauter inneren Punkten bestehende Menge, in der je zwei Punkte durch einen zur Menge gehörigen Weg verbunden werden können.

Die nicht zum Gebiet gehörigen Grenzpunkte des Gebietes bilden seinen *Rand*. Jede Umgebung eines beliebigen Randpunktes enthält sowohl zum Gebiet gehörige Punkte, wie auch solche Punkte der Ebene, die nicht zum Gebiet gehören, und umgekehrt ist auch jeder Punkt der Ebene mit dieser Eigenschaft ein Randpunkt des Gebietes. Folglich ist *der Rand eines Gebietes eine abgeschlossene Punktmenge*, die ferner *in der Ebene nirgends dicht* liegt, d. h. die in keiner Kreisscheibe der Ebene überall dicht ist. (Ähnlich verstehen wir unter einer im Gebiet g nirgends dichten Menge eine solche, die in keiner in g liegenden Kreisscheibe überall dicht ist.)

Die *Restmenge* einer Teilmenge M_1 von M in M besteht aus sämtlichen nicht zu M_1 gehörigen Punkten von M. Im allgemeinen werden wir die Bezeichnung Restmenge im Sinne Restmenge in der Ebene anwenden.

Jede beschränkte aus unendlich vielen Punkten bestehende Menge besitzt wenigstens einen Grenzpunkt (*Bolzano-Weierstraß*scher Satz).

Da die Menge beschränkt ist, können wir ein Quadrat q_0 angeben, das sämtliche Punkte der Menge in seinem Innern enthält. Das Quadrat q_0 zerlegen wir durch seine beiden Mittellinien in vier Teilquadrate; unter diesen gibt es wenigstens ein solches, welches im Innern oder auf dem Rand unendlich viele Punkte der Menge M enthält; sei q_1 ein solches. Wir zerlegen q_1 wieder ebenso in vier kongruente Quadrate, wählen unter diesen ein solches q_2 aus, welches unendlich viele Punkte der Menge enthält usw. Die so erhaltenen Quadrate q_0, q_1, ... haben die Eigenschaft, daß q_{i+1} in q_i enthalten ist, und ihre Seitenlängen mit wachsendem Index unter jede positive Größe herabsinken. Es gibt einen Punkt P der Ebene, welcher zu jedem Quadrat q_i dieser Folge gehört. In einer beliebigen Umgebung dieses Punktes liegt ein Quadrat q_i der Folge, welches wie gesagt unendlich viele Punkte der Menge enthält; folglich ist der Punkt P ein Grenzpunkt der Menge. —

Eine Menge bezeichnen wir als *kompakt*, wenn sie entweder endlich ist, oder jede unendliche Teilmenge wenigstens einen Grenzpunkt hat. Wie wir eben gezeigt haben, ist jede beschränkte Menge kompakt; umgekehrt ist auch jede kompakte Menge beschränkt. Bei einer nicht beschränkten Menge gibt es nämlich eine solche Folge P_1, P_2, ..., daß die Abstände der Punkte P_i von einem festen Punkt P_0 der Ebene monoton über alle Grenzen wachsen; jeder Kreis enthält nur eine endliche Anzahl von diesen Punkten, die Folge kann daher keinen Grenzpunkt haben.

Wenn eine beschränkte Punktfolge P_1, P_2, ... einen einzigen Grenzpunkt besitzt, sagen wir, daß sie gegen diesen Punkt *konvergiert*. Dafür, daß die Folge P_1, P_2, ... gegen einen Punkt konvergiert, ist die folgende Bedingung notwendig und hinreichend: zu jeder positiven Zahl ε gibt es einen Index n_0, so daß der Abstand von je zwei Punkten P_m und P_n der Folge kleiner ist als ε, wenn nur die Indizes m und n größer sind als n_0 (*Cauchy*sches Konvergenzprinzip).

Sei M_1, M_2, ... eine Folge von beschränkten abgeschlossenen Mengen, deren jede in der vorangehenden enthalten ist. Es gibt wenigstens einen Punkt, der zu sämtlichen Mengen der Folge gehört.

Sei nämlich P_1 ein beliebiger Punkt der Menge M_1, P_2 ein beliebiger Punkt von M_2 usw. Da jeder Punkt der Folge P_1, P_2, ... zu M_1 gehört, und M_1 beschränkt ist, so ist diese Folge ebenfalls beschränkt; somit gibt es wenigstens einen Punkt der Ebene, dessen Umgebung unendlich viele Punkte P_i enthält; dieser Punkt ist Limespunkt von M_1, und da M_1 abgeschlossen ist, zugleich ein Punkt von M_1. Ebenso folgt, daß derselbe Punkt zu M_i gehört, für jedes $i = 1, 2, \ldots$. — Der *Durchschnitt* der Mengen M_1, M_2, ..., d. h. die Gesamtheit derjenigen Punkte, die zu sämtlichen Mengen M_i gehören, ist abgeschlossen; sei nämlich Q ein Punkt, dessen Umgebung immer wenigstens zwei Punkte des Durchschnittes enthält; dann gibt es für jedes i in jeder Umgebung von Q einen von Q verschiedenen Punkt von M_i, so daß Q ein Grenzpunkt von M_i, und wegen der Abgeschlossenheit von M_i ein Punkt von M_i ist; Q gehört folglich zu jeder Menge M_i, also zum Durchschnitt dieser Mengen.

Wenn ein Kontinuum K sowohl im Gebiet g wie auch in der Restmenge von g wenigstens je einen Punkt hat, so hat K wenigstens einen Punkt mit dem Rand von g gemeinsam.

Sonst würden die im Gebiet g und die in der Restmenge von g liegenden Punkte von K zwei fremde abgeschlossene Mengen ausmachen, da nämlich die gemeinsamen Grenzpunkte von g und seiner Restmenge durch den Rand von g erschöpft sind; diese beiden Teilmengen von K ergeben zusammen die ganze Menge K. Das ist aber ein Widerspruch gegen die Definition des Kontinuums.

Die Restmenge einer abgeschlossenen Menge M besteht aus einer endlichen oder abzählbaren Menge von Gebieten, die als die *von der Menge M bestimmten Gebiete* bezeichnet werden.

Sei P ein beliebiger Punkt der Restmenge; da M abgeschlossen ist und P nicht zu M gehört, gibt es auch eine Umgebung von P, die keinen Punkt von M enthält; folglich ist P ein innerer Punkt der Restmenge. Die Restmenge von M besteht also aus einer Menge von fremden Gebieten; eine Menge von fremden Gebieten ist aber notwendig abzählbar, da jedes dieser Gebiete einen Punkt der überall dichten abzählbaren Menge der Punkte mit rationalen Koordinaten enthält.

§ 3. Abbildungen.

Eine *Abbildung* einer Punktmenge M ist erklärt durch eine Vorschrift, die jedem Punkt P von M eine gewisse, als *Bild* von P zu bezeichnende Punktmenge $\{P'\}$ zuordnet. Die Vereinigungsmenge sämtlicher Mengen $\{P'\}$, d. h. die Menge der in diesen Mengen $\{P'\}$ enthaltenen Punkte wird als das *Bild* der Menge M bezeichnet.

Sei P ein Punkt von M und sei $\{P'\}$ sein Bild; unter der ε-Umgebung von $\{P'\}$ verstehen wir die Menge derjenigen Punkte, die in den ε-Umgebungen der Punkte von $\{P'\}$ liegen. Wir sagen, daß die Abbildung im Punkt P *stetig* ist, wenn es zu jedem positiven ε eine solche positive Zahl δ gibt, daß, wenn ein Punkt Q von M in der δ-Umgebung von P liegt, das Bild von Q, d. h. die Menge $\{Q'\}$ in der ε-Umgebung von $\{P'\}$ liegt. Die Abbildung von M heißt *stetig*, wenn sie in jedem Punkt von M stetig ist.

Im allgemeinen werden wir sagen, daß eine Folge von Mengen $M_1, M_2, \ldots$ gegen die Menge M *konvergiert*, wenn es zu jedem positiven ε einen Index n_0 gibt, derart, daß jede Menge M_n mit einem Index $n > n_0$ in der ε-Umgebung der Menge M liegt. In diesem Sinne können wir die obige Definition für die Stetigkeit der Abbildung von M auch folgendermaßen formulieren: wenn die Punkte $P_1, P_2, \ldots$ von M gegen den Punkt P von M konvergieren, konvergieren ihre Bildmengen $\{P_1'\}, \{P_2'\}, \ldots$ gegen die Bildmenge

$\{P'\}$ von P, wie auch sonst die Punkte $P, P_1, P_2, \ldots$ in M gewählt werden.

Die Abbildung heißt *eindeutig*, wenn das Bild eines jeden Punktes P von M aus je einem einzigen Punkte besteht. Die Definition der Stetigkeit lautet für eindeutige Abbildungen: wenn die Punkte $P_1, P_2, \ldots$ von M gegen einen Punkt P von M konvergieren, konvergieren auch ihre Bildpunkte $P_1', P_2', \ldots$ gegen den Bildpunkt P' von P, wie auch sonst die Punkte $P, P_1, P_2, \ldots$ in M gewählt werden.

Die zur gegebenen Abbildung *inverse Abbildung* entsteht derart, daß man jedem Punkt P' der Bildmenge M' die Menge derjenigen Punkte P von M zuordnet, deren Bild bei der ursprünglichen Abbildung den Punkt P' enthält.

Sei t eine Abbildung der Menge M auf eine Menge N, und s eine Abbildung von N auf eine Menge R; indem wir jedem Punkt P von M, dem bei t als Bild eine Menge $\{P'\}$ entspricht, das bei s entstehende Bild von $\{P'\}$ zuordnen, erhalten wir eine Abbildung von M auf R, die wir als das *Produkt* ts der Abbildungen t und s bezeichnen.

Wenn eine Abbildung und ihre inverse Abbildung beide eindeutig sind, sagt man, daß die Abbildung *eineindeutig* (oder umkehrbar eindeutig) ist.

Eine nebst ihrer Inversen eindeutige und stetige Abbildung bezeichnet man nach *Brouwer* als eine *topologische Abbildung*. Zwei Mengen, die topologische Bilder voneinander sind, nennen wir *homöomorph*.

Eine *eindeutige Funktion* $f(P)$ auf der Menge M wird durch die spezielle eindeutige Abbildung erklärt, bei welcher jedem Punkt P der Menge eine reelle Zahl $f(P)$ zugeordnet wird. Eine eindeutige Abbildung einer ebenen Punktmenge M auf eine ebene Punktmenge M' kann durch zwei eindeutige Funktionen:

$$\begin{cases} x' = f(P) = f(x, y), \\ y' = g(P) = g(x, y) \end{cases}$$

erklärt werden, wobei (x, y) die Koordinaten des Punktes P von M, (x', y') die des Bildpunktes von P bedeuten.

Wir werden zeigen, daß das eindeutige stetige Bild einer beschränkten abgeschlossenen Menge[1]) wieder eine solche Menge ist. Zu diesem Zweck genügt es, zu zeigen (s. § 2), daß jede unendliche Folge von verschiedenen Punkten der Bildmenge wenigstens einen Grenzpunkt besitzt, der außerdem zur Bildmenge gehört. Sei $P_1', P_2', \ldots$ irgendeine Folge von lauter verschiedenen Bildpunkten, sei $P_1, P_2, \ldots$ eine Folge von Punkten der Menge M, so daß der Bildpunkt von P_i der Punkt P_i' ist. Diese Punkte $P_1, P_2, \ldots$ sind voneinander

---

[1]) D. h. ihr Bild bei einer eindeutigen stetigen Abbildung der Menge.

verschieden, da es ihre Bilder sind. Sei P_ω ein Grenzpunkt dieser letzteren Folge und sei $P_{a_1}, P_{a_2}, \ldots$ eine Teilfolge, die gegen den Punkt P_ω konvergiert. Dieser Folge $P_{a_1}, P_{a_2}, \ldots$ entspricht bei der Abbildung eine Teilfolge $P'_{a_1}, P'_{a_2}, \ldots$ der Folge $P_1', P_2', \ldots$, welche zufolge der aufgestellten Stetigkeitsbedingung konvergiert, und zwar gegen den Bildpunkt P'_ω von P_ω. Somit ist erstens gezeigt, daß die Folge $P_1', P_2', \ldots$ wenigstens einen Grenzpunkt besitzt, zweitens daß jeder Grenzpunkt dieser Folge zum Bild von M gehört.

Weiter zeigen wir, daß das eindeutige stetige Bild K' eines beschränkten Kontinuums K wieder ein beschränktes Kontinuum ist. Da wir eben gesehen haben, daß K' eine beschränkte abgeschlossene Punktmenge ist, ist noch zu zeigen, daß K' sich nicht in zwei fremde abgeschlossene Mengen zerlegen läßt. — Setzen wir voraus, K_1' und K_2' wären zwei fremde abgeschlossene Teilmengen von K', die zusammen K' erschöpfen; seien K_1 und K_2 die ihnen entsprechenden Teilmengen von K. Zufolge der Eindeutigkeit der gegebenen Abbildung müssen K_1 und K_2 fremd sein, und da sie K zusammen erschöpfen, können sie nicht beide abgeschlossen sein. Es gibt also entweder einen zu K_1 gehörigen Grenzpunkt von K_2, oder umgekehrt. Zufolge der Stetigkeit der Abbildung würde es dann auch einen Punkt von K_1' geben, der Grenzpunkt von K_2', und wegen der Abgeschlossenheit von K_2' zugleich ein Punkt von K_2' ist. Aus diesem Widerspruch folgt die obige Behauptung. — Auf die gleiche Weise ergibt sich, daß das eindeutige stetige Bild einer zusammenhängenden Menge ebenfalls eine zusammenhängende Menge ist. — Das eindeutige stetige Bild einer stetig zusammenhängenden Menge ist also gewiß zusammenhängend, es braucht aber nicht stetig zusammenhängend zu sein; wenn aber die Menge außerdem beschränkt ist, so ist ihr Bild stetig zusammenhängend (nicht notwendig beschränkt), infolge der eben nachgewiesenen Tatsache, daß das eindeutige stetige Bild eines beschränkten Kontinuums wieder ein beschränktes Kontinuum ist.

Eine verkettete Menge braucht bei einer topologischen Abbildung nicht in eine verkettete Menge zu übergehen; sogar wenn die ganze Ebene topologisch auf sich selbst abgebildet wird, kann dabei eine verkettete Menge in eine nicht verkettete Menge übergehen. Jedoch geht jede beschränkte verkettete Menge bei einer topologischen Abbildung der Ebene auf sich selbst in eine ebensolche Menge über[1]). Die Beweise bzw. Beispiele für diese Behauptungen sind leicht zu erbringen.

[1]) Betreffend diese letztere Behauptung siehe den unten stehenden Satz, laut dessen eine eindeutige stetige Abbildung eines abgeschlossenen Quadratbereiches (welcher sämtliche Punkte der Menge enthalten soll), gleichmäßig stetig ist.

Wir bemerken noch, daß die zu einer eindeutigen stetigen Abbildung einer beschränkten abgeschlossenen Punktmenge inverse Abbildung ebenfalls stetig ist.

Aus den obigen Bemerkungen werden wir über eindeutige stetige Funktionen einige Folgerungen ziehen. Sei M eine zusammenhängende Menge und $f(P)$ eine eindeutige stetige Funktion auf M, die in einem Punkt P_1 von M den Wert $f(P_1)$, und im Punkt P_2 von M den Wert $f(P_2)$ annimmt. Das durch diese Funktion $f(P)$ in der Menge der reellen Zahlen entworfene Bild von M ist eine zusammenhängende Menge, welche die Zahlen $f(P_1)$ und $f(P_2)$ enthält; folglich enthält sie auch das zwischen diesen beiden Zahlen liegende Intervall. Anders gesagt, die Funktion $f(P)$ nimmt jeden zwischen $f(P_1)$ und $f(P_2)$ liegenden Wert in wenigstens einem Punkt von M an. — Sei ferner M eine beschränkte abgeschlossene Menge und $f(P)$ eine eindeutige stetige Funktion auf M. Das durch $f(P)$ vermittelte Bild von M ist eine beschränkte abgeschlossene Teilmenge der Menge der reellen Zahlen, die also eine kleinste Zahl a und eine größte Zahl b besitzt; es folgt, daß eine eindeutige stetige Funktion auf einer beschränkten abgeschlossenen Menge M sowohl ihr Maximum wie auch ihr Minimum in wenigstens je einem Punkte von M annimmt.

Sei M eine abgeschlossene Menge und Q ein nicht zu ihr gehöriger Punkt. In jedem Punkt von M erklären wir die Funktion $f(P)$ gleich dem Abstand PQ. Legen wir um Q einen hinreichend großen Kreis, der in seinem Innern wenigstens einen Punkt von M enthält, so ist klar, daß $f(P)$ außerhalb dieses Kreises größere Werte hat als in den im Innern dieses Kreises liegenden Punkten von M. Sei M' die beschränkte Menge derjenigen Punkte von M, die nicht außerhalb dieses Kreises liegen. Auf M' nimmt die Funktion $f(P)$ ihren kleinsten Wert d in einem Punkte von M' an; diesen Wert d bezeichnen wir als *Abstand* des Punktes Q von der Menge M. Es gibt also einen Punkt P von M, so daß der Abstand PQ (>0) unter allen Punkten von M möglichst klein ist. — Der Abstand ist eine stetige Funktion von Q.

Seien M und N zwei fremde abgeschlossene Mengen, von denen eine, etwa N, beschränkt ist. Als Funktion $f(Q)$ erklären wir in jedem Punkt Q von N den Abstand dieses Punktes von der Menge M. Sei Q ein solcher Punkt von N, in welchem die Funktion $f(Q)$ ihr Minimum annimmt. Diesen kleinsten Wert d bezeichnen wir als *Abstand der Mengen M und N*. Es gibt also einen Punkt P von M und einen Punkt Q von N, so daß der Abstand PQ (>0) möglichst klein ist.

Ähnlich definieren wir den *Durchmesser* einer beschränkten abgeschlossenen Punktmenge als den maximalen Abstand zweier Punkte der Menge und zeigen, daß es zwei Punkte in dieser Menge gibt, deren Abstand dem Durchmesser der Menge gleich ist.

Wir beweisen jetzt den folgenden

Überdeckungssatz von Heine und Borel: Sei M eine beschränkte abgeschlossene Punktmenge; um jeden Punkt von M sei eine Umgebung gegeben. Es gibt eine endliche Anzahl unter diesen Umgebungen von der Art, daß jeder Punkt von M in wenigstens einer von ihnen enthalten ist.

Setzen wir voraus, die Behauptung wäre nicht richtig. Wir nehmen ein Quadrat q_0 an, welches sämtliche Punkte der Menge M in seinem Innern enthält. Wir zerlegen q_0 in vier Teilquadrate, durch die beiden Mittellinien von q_0; die in diese vier Quadrate fallenden Punkte von M, zu denen auch die auf dem Rand des betreffenden Quadrates liegenden Punkte von M hinzuzurechnen sind, bilden vier Teilmengen von M; wäre die Behauptung des Satzes für jede von diesen vier Teilmengen von M erfüllt, so würde sie auch für die Menge M bestehen; zufolge unserer Annahme gibt es also unter den vier Teilquadraten ein solches, daß die Behauptung des Satzes für die in ihm liegende Teilmenge von M nicht besteht. Dieses Quadrat q_1 zerlegen wir wieder in vier kongruente Teilquadrate; unter diesen gibt es wieder wenigstens ein solches q_2, daß die Behauptung für die in ihm enthaltene Teilmenge von M nicht erfüllt ist. Auf diese Weise fortfahrend, bekommen wir eine Folge von ineinander enthaltenen Quadraten $q_0, q_1, q_2, \ldots$ mit gegen 0 konvergierenden Seitenlängen, die folglich einen einzigen gemeinsamen Punkt P besitzen. Zu einer beliebigen Umgebung von P gibt es ein ganz in dieser Umgebung liegendes Quadrat q_i der Folge; q_i enthält wenigstens einen Punkt von M, so daß also P ein Grenzpunkt von M und wegen der Abgeschlossenheit von M zugleich ein Punkt von M ist. Die um diesen Punkt P von M ursprünglich angegebene Umgebung würde dann sämtliche Quadrate der Folge $q_0, q_1, q_2, \ldots$ bis auf endlich viele enthalten; das ist ein Widerspruch gegen unsere Annahme, woraus die Behauptung des obigen Satzes folgt.

Von diesem Satz machen wir gleich eine Anwendung. Wir erklären die *gleichmäßige Stetigkeit* einer eindeutigen Abbildung folgendermaßen: eine eindeutige Abbildung der Menge M heißt *gleichmäßig stetig*, wenn es zu jeder positiven Zahl ε eine positive Zahl δ gibt, so daß die Bildpunkte P', Q' von je zwei Punkten P, Q von M einen Abstand kleiner als ε haben, wenn nur der Abstand der Punkte P und Q kleiner ist als δ.

Dann gilt der folgende Satz:

Jede eindeutige stetige Abbildung einer beschränkten abgeschlossenen Menge ist gleichmäßig stetig.

Sei ε eine beliebige positive Zahl; um jeden Punkt P von M bestimmen wir eine Umgebung U_P, so daß, wenn Q ein beliebiger

Punkt von U_P ist, der Abstand der Bildpunkte von P und Q kleiner ist als $\frac{\varepsilon}{2}$. Dann ersetzen wir jede Umgebung U_P durch eine Umgebung U'_P, deren Radius die Hälfte von dem von U_P ist. Nach dem obigen Überdeckungssatz läßt sich eine endliche Anzahl dieser Umgebungen angeben, so daß jeder Punkt von M in wenigstens einer von ihnen enthalten ist; sei δ der kleinste von den Radien dieser endlich vielen Umgebungen. Wenn nun Q und R zwei beliebige Punkte von M sind, deren Abstand kleiner als δ ist, so gibt es eine von den angegebenen endlich vielen Umgebungen, etwa U'_P, die den Punkt Q enthält; die um denselben Punkt P bestimmte ursprüngliche Umgebung U_P enthält beide Punkte Q und R, so daß also der Abstand der Bildpunkte von Q und R notwendig kleiner ist als ε.

Wir besprechen hier noch die folgenden Hilfssätze.

Sei M eine beschränkte, nicht zusammenhängende, abgeschlossene Punktmenge. Es läßt sich ein die Menge M nicht treffendes Polygon π bestimmen, welches sowohl in seinem Innern, wie auch in seinem Äußern Punkte von M besitzt.

Da M nicht zusammenhängend ist, läßt sie sich in zwei fremde abgeschlossene Mengen M_1 und M_2 zerlegen, die zusammen M erschöpfen. Die Mengen M_1 und M_2 haben einen positiven Abstand ε voneinander. Wir unterziehen die Ebene einer quadratischen Teilung mit einer Seitenlänge $< \frac{\varepsilon}{4}$, und heben diejenigen Quadrate heraus, die in ihrem Innern oder auf ihrem Rand Punkte von M_1 besitzen. Diese Quadrate bilden einen oder mehrere Polygonbereiche von der Art, daß kein Punkt von M auf dem Rand dieser Polygonbereiche liegt, jeder Punkt von M_1 innerer Punkt eines solchen Polygonbereiches ist, jeder Polygonbereich mindestens einen Punkt von M_1 enthält, und jeder Punkt von M_2 außerhalb dieser Polygonbereiche liegt. Nehmen wir einen dieser Polygonbereiche, der etwa vom äußeren Randpolygon π_0 und von den inneren Randpolygonen $\pi_1, \pi_2, \ldots, \pi_n$ berandet ist. Gibt es im Äußeren von π_0 einen Punkt von M_2, so ist π_0 ein solches Polygon; im anderen Falle gibt es wenigstens eines, π_k, unter den inneren Randpolygonen, welches in seinem Innern Punkte von M_2 besitzt; dieses trifft also M nicht und besitzt sowohl in seinem Innern, wie auch in seinem Äußern Punkte von M. — Man kann noch folgendes hinzufügen: Wenn P und Q zwei Punkte von M sind, die nicht zum gleichen Teilkontinuum von M gehören, d. h. wenn es eine solche Zerlegung von M in zwei fremde abgeschlossene Teilmengen M_1 und M_2 gibt, daß P zu M_1, Q zu M_2 gehört, so läßt sich ein von M fremdes, diese Punkte voneinander trennendes Polygon π bestimmen. —

Der Rand eines von einem beschränktem Kontinuum K bestimmten Gebietes g ist ein Kontinuum.

Wir wissen schon, daß der Rand des Gebietes g eine abgeschlossene Punktmenge ist, und da sie Teilmenge von K ist, so ist sie auch beschränkt. Wäre der Rand von g nicht zusammenhängend, so könnten wir ein Polygon π bestimmen, so daß π den Rand von g nicht trifft, und es sowohl im Innern wie auch im Äußern von π Punkte des Randes von g gibt. Es gibt also auch innerhalb und außerhalb von π Punkte des Gebietes g, nämlich in einer hinreichend kleinen Umgebung eines im Innern bzw. im Äußern von π liegenden Randpunktes von g. Verbinden wir einen innerhalb von π liegenden Punkt von g mit einem außerhalb von π liegenden Punkt von g durch einen Weg in g, so muß dieser Weg das Polygon π treffen. Somit hat π wenigstens einen Punkt in g, und da π den Rand von g nicht trifft, so liegt π ganz in g. Also ist π überhaupt vom Kontinuum K fremd, andererseits gibt es sowohl im Innern wie auch im Äußern von π Punkte von K, was den Eigenschaften des Kontinuums widerspricht.

Auf die gleiche Weise ergibt sich der folgende Satz:

Wenn zwei fremde Gebiete g_1 und g_2 denselben beschränkten Rand haben, so ist dieser ein Kontinuum.

Sonst könnte man ein den Rand von g_1 nicht treffendes Polygon π bestimmen, welches in seinem Innern und auch in seinem Äußern Punkte des Randes von g_1 besitzt. Es gibt im Innern und auch im Äußern von π wenigstens je einen Punkt von g_1; ein Weg, der diese beiden Punkte in g_1 verbindet, trifft π, π hat also wenigstens einen Punkt in g_1; ebenso muß π wenigstens einen Punkt in g_2 besitzen; dieser letztere Punkt von π gehört aber zur Restmenge von g_1, so daß das Polygon π den Rand von g_1 treffen müßte, gegen unsere Annahme.

Sei $\{M\}$ eine Menge von beschränkten[1]) *abgeschlossenen Mengen, von der Art, daß irgendeine endliche Anzahl unter ihnen wenigstens einen gemeinsamen Punkt hat. Es gibt wenigstens einen Punkt, der zu sämtlichen Mengen von $\{M\}$ gehört*[2]).

Unter der entgegengesetzten Annahme gäbe es zu jedem Punkt P einer beliebig, aber fest gewählten Menge M_0 von $\{M\}$ wenigstens eine Menge M_P von $\{M\}$, die P nicht enthält; da M_P abgeschlossen ist, gibt es ferner eine Umgebung U_P von P, die von M_P fremd ist.

---

[1]) Es genügt die Voraussetzung, daß eine M_0 unter den Mengen M beschränkt ist, wie man aus dem Beweis ersieht.

[2]) Dieser Satz rührt von *F. Riesz* her; s. Atti del IV Congresso internazionale dei Matematici, Roma 1908, **2**, S. 21; den Beweis verdanke ich einer mündlichen Mitteilung des Herrn *F. Riesz*.

Auf diese Weise bestimmen wir um jeden Punkt P von M_0 eine Umgebung U_P. Laut des Überdeckungssatzes von *Heine* und *Borel* gibt es eine endliche Anzahl unter diesen Umgebungen, etwa $U_1, U_2, \ldots, U_n$, die sämtliche Punkte von M_0 enthalten. Diesen Umgebungen entsprechen gewisse Mengen $M_1, M_2, \ldots, M_n$ von $\{M\}$, so daß M_i und U_i fremd sind. Die endlich vielen Mengen $M_0, M_1, M_2, \ldots, M_n$ hätten also keinen gemeinsamen Punkt, gegen unsere Voraussetzung. — Wie in § 2 ergibt sich, daß der Durchschnitt der Mengen M eine abgeschlossene beschränkte Punktmenge ist. —

Als *Grenzmenge* einer Folge von Mengen wird die Menge derjenigen Punkte der Ebene bezeichnet, deren Umgebungen sämtlich Punkte von unendlich vielen Mengen der Folge enthalten.

Sei $K_1, K_2, \ldots$ eine Folge von Kontinua, die sämtlich in einem Quadrat q enthalten sind. Gibt es einen Punkt, in dessen Umgebung Punkte von allen Mengen $K_1, K_2, \ldots$ (abgesehen von endlich vielen) liegen, so ist die Grenzmenge dieser Folge auch selber ein Kontinuum[1]).

Es ist klar, daß die Grenzmenge K_ω abgeschlossen und beschränkt ist. Wäre sie nicht zusammenhängend, so gäbe es ein Polygon π, welches K_ω nicht trifft und sowohl in seinem Innern wie auch in seinem Äußern Punkte von K_ω besitzt. Sei P ein solcher Punkt von K_ω, etwa im Innern von π, in dessen Umgebung Punkte von allen Mengen K_i (mit Ausnahme von endlich vielen) liegen, und sei Q ein außerhalb von π liegender Punkt von K_ω. Es gibt dann unendlich viele Mengen $K_{\alpha_1}, K_{\alpha_2}, \ldots$, die sowohl in einer innerhalb von π liegenden Umgebung von P, wie auch in einer außerhalb von π liegenden Umgebung von Q Punkte haben, die also das Polygon π treffen. Auf dem Polygon gibt es somit wenigstens einen Punkt, in dessen Umgebung Punkte von unendlich vielen Mengen K_i liegen, d. h. einen Punkt von K_ω, im Widerspruch zu unserer Annahme.

Ein Kontinuum läßt sich laut seiner Definition nicht in zwei und folglich auch nicht in endlich viele fremde abgeschlossene Mengen zerlegen. Wir werden ferner zeigen:

Ein Kontinuum läßt sich nicht in eine abzählbare Menge von fremden abgeschlossenen Mengen zerlegen.

Sei $M_1, M_2, \ldots$ eine Folge von abgeschlossenen Teilmengen des Kontinuums K, so daß jeder Punkt von K in eine und nur eine von diesen Mengen M_i eingeht. — Um jeden Punkt von M_1 nehmen wir eine ε_1-Umgebung an; die Menge der in diesen Umgebungen enthaltenen Punkte, erweitert durch ihre Grenzpunkte, bezeichnen wir als eine (abgeschlossene) ε_1-Umgebung $\overline{U}_1$ von M_1. Wir wählen ε_1 (> 0)

---

[1]) Dieser Satz rührt von *Zoretti* her, s. Bull. d. l. Soc. Math. d. France, **37** (1909) S. 116.

hinreichend klein, so daß nicht sämtliche Punkte von K in $\overline{U}_1$ liegen. Wir behaupten, daß es ein solches in $\overline{U}_1$ liegendes Teilkontinuum K_1 von K gibt, welches einen Punkt der Menge M_1 und auch einen Randpunkt von $\overline{U}_1$ (d. h. einen solchen Punkt von $\overline{U}_1$, der kein innerer Punkt von $\overline{U}_1$ ist) enthält. Sei nämlich P_1 ein beliebiger Punkt von M_1, und sei K_1 die Menge derjenigen Punkte von K, die sich in $\overline{U}_1$ durch ein Teilkontinuum von K mit P_1 verbinden lassen, erweitert durch ihre Grenzpunkte; die so erklärte Menge K_1, die abgeschlossen ist und in $\overline{U}_1$ liegt, ist verkettet, da nämlich jeder Punkt von K_1 entweder mit P_1 durch ein Teilkontinuum von K_1 verbunden ist, oder Grenzpunkt von solchen Punkten von K_1 ist. Es ist nur zu zeigen, daß K_1 wenigstens einen Punkt auf dem Rand von $\overline{U}_1$ besitzt. Betrachten wir die Menge $K_1^{(i)}$ derjenigen Punkte von K, die in $\overline{U}_1$ durch eine δ_i-Kette von zu K gehörigen Punkten mit P_1 verbunden sind; dabei sei $\delta_1 > \delta_2 > \ldots$ eine gegen 0 konvergierende Folge von positiven Zahlen. Die Menge $K_1^{(i)}$ hat wenigstens einen Punkt, dessen Abstand vom Rand von $\overline{U}_1$ kleiner ist als δ_i; sei nämlich $P_1, P_2, \ldots, P_r$ eine δ_i-Kette von K, die den Punkt P_1 mit einem außerhalb von $\overline{U}_1$ liegenden Punkt von K verbindet; wenn $P_{\nu+1}$ der erste außerhalb von $\overline{U}_1$ liegende Punkt dieser Kette ist, so ist P_ν ein solcher Punkt von $K_1^{(i)}$, dessen Abstand vom Rand von $\overline{U}_1$ kleiner ist als δ_i. Jede Menge $K_1^{(i+1)}$ ist abgeschlossen und in $K_1^{(i)}$ enthalten; der Durchschnitt dieser Mengen $K_1^{(1)}, K_1^{(2)}, \ldots$ ist einerseits mit der oben erklärten Menge K_1 identisch, andererseits hat er beliebig nahe zum Rand von $\overline{U}_1$ liegende, und, wegen der Abgeschlossenheit von K_1, auf dem Rand von $\overline{U}_1$ liegende Punkte.

Sei nun M_{α_2} eine von den Mengen M_i, und zwar diejenige mit kleinstem Index α_2, die einen in $\overline{U}_1$, aber nicht auf M_1 liegenden Punkt des Kontinuums K_1 enthält. Sei M'_{α_2} die in $\overline{U}_1$ liegende Teilmenge von M_{α_2}. Wir wählen eine Zahl $\varepsilon_2 (> 0)$, die kleiner ist als der Abstand der Mengen M_{α_2} und $M_1 + M_2 + \cdots + M_{\alpha_2 - 1}$, und nehmen um M'_{α_2} eine ε_2-Umgebung $\overline{U}'_2$; wir bezeichnen mit $\overline{U}_2$ die in $\overline{U}_1$ liegende Teilmenge von $\overline{U}'_2$. Sei dann K_2 ein Teilkontinuum von K_1 in $\overline{U}_2$, welches einen Punkt von M'_{α_2} mit einem Randpunkt von $\overline{U}'_2$ verbindet, und sei M_{α_3} die Menge mit kleinstem Index, die einen in $\overline{U}_2$ liegenden, von M_{α_2} fremden Punkt von K_2 enthält usw. Auf diese Weise fortfahrend, erhalten wir eine Folge von ineinander enthaltenen beschränkten abgeschlossenen Mengen $\overline{U}_1, \overline{U}_2, \ldots,$ so daß $\overline{U}_i$ keinen Punkt der Mengen $M_1, M_2, \ldots, M_{\alpha_i - 1}$ enthält; dabei ist $\alpha_i \geq i$. Der Durchschnitt $\overline{U}_\omega$ der Mengen $\overline{U}_1, \overline{U}_2, \ldots$ besitzt sicher wenigstens einen Punkt; da ferner jede Menge $\overline{U}_i$ wenigstens einen Punkt von K enthält, so gibt es eine Folge zu K gehöriger Punkte $P_1, P_2, \ldots,$ wobei immer P_i einen in $\overline{U}_i$ liegenden Punkt von K bedeutet, die einen zu $\overline{U}_\omega$ gehörigen Limespunkt besitzt. Da K abgeschlossen ist, muß dieser Punkt ebenfalls zu K gehören; er kann aber zu keiner der Mengen M_i gehören, da nämlich U_{i+1} keinen Punkt der Mengen $M_1, M_2, \ldots, M_i$, und folglich $\overline{U}_\omega$ keinen Punkt der Mengen $M_1, M_2, \ldots$ enthalten kann. — Aus diesem Widerspruch folgern wir die obige Behauptung.

§ 4. Abzählbare Mengen.

Die Menge der rationalen Zahlen, wie auch die der rationalen Punkte der Ebene oder des n-dimensionalen Raumes sind abzählbare Mengen, welche auf der Geraden bzw. in der Ebene bzw. im n-dimensionalen Raume überall dicht liegen.

Wir werden zuerst zeigen, daß *alle linearen abzählbaren, überall dichten Mengen homöomorph sind,* mit anderen Worten, daß je zwei solche Mengen sich eineindeutig und beiderseits stetig aufeinander abbilden lassen. — Für diese Mengen ist eine natürliche lineare Anordnung durch ihre Lagen auf der Geraden gegeben; wir bestimmen also eine die Ordnungsrelationen erhaltende eineindeutige Abbildung dieser Mengen aufeinander, dann ist sie zugleich auch beiderseits stetig. — Sei $R = (r_1, r_2, \ldots)$ die Menge der rationalen Zahlen, und $M = (m_1, m_2, \ldots)$ eine beliebige andere lineare abzählbare, überall dichte Menge. Dem Punkt r_1 von R lassen wir den Punkt m_1 von M entsprechen; dem Punkt r_2 den Punkt m_{α_2} mit kleinstem Index α_2, der in bezug auf m_1 die gleiche Lage hat, wie r_2 in bezug auf r_1, d. h. für den $m_{\alpha_2} > m_1$ oder $m_{\alpha_2} < m_1$, je nachdem $r_2 > r_1$ oder $r_2 < r_1$ ist; dem Punkt r_3 lassen wir denjenigen Punkt m_{α_3} mit kleinstem Index α_3 entsprechen, der in bezug auf m_1 und m_2 dieselben Ordnungsrelationen besitzt, wie r_3 in bezug auf r_1 und r_2; und so fahren wir fort. Dabei wird jedem Punkt r_i von R ein und nur ein Punkt m_{α_i} von M entsprechen, und zwei verschiedenen Punkten von R entsprechen zwei verschiedene Punkte von M. Aber auch jedem Punkt m_i von M entspricht ein Punkt von R; wenn unter den Punkten $m_1, m_{\alpha_2}, \ldots, m_{\alpha_\sigma}$ sämtliche Punkte $m_1, m_2, \ldots, m_i$ vorkommen, nicht aber m_{i+1}, so läßt sich eine positive ganze Zahl λ derart angeben, daß $m_{i+1} = m_{\alpha_{\sigma+\lambda}}$ ist. Sei nämlich $r_{\sigma+\lambda}$ der Punkt von R mit kleinstem Index, der in bezug auf $r_1, r_2, \ldots, r_\sigma$ dieselben Ordnungsrelationen hat wie m_{i+1} in bezug auf $m_1, m_{\alpha_2}, \ldots, m_{\alpha_\sigma}$; diesem Punkt $r_{\sigma+\lambda}$ entspricht dann eben der Punkt m_{i+1}. — Die auf diese Weise erhaltene Beziehung zwischen den Punkten von M und R stellt eine eineindeutige und die Ordnungsrelationen erhaltende Abbildung dar. Daß die Abbildung auch beiderseits stetig ist, folgt daraus, daß bei einer linearen, natürlich geordneten, überall dichten Menge M jede Folge von Punkten $m_1, m_2, \ldots$ mit den Eigenschaften $m_1 < m_2 < m_3 \ldots$ und $m_i < m_0$ $(i = 1, 2, \ldots;\ m_0 = \text{fest})$ gegen einen

Punkt der Geraden konvergiert (in gewöhnlichem Sinne, d. h. die Abstände von m_i von diesem Punkt konvergieren gegen 0). — Der obige Satz und sein Beweis rühren von *Cantor* her.

Die so erhaltene Abbildung von R auf M läßt sich auf die ganze Gerade eineindeutig und stetig erweitern. Man läßt jedem nicht zu R gehörigen Punkt P der Geraden denjenigen Punkt Q der Geraden entsprechen, der in bezug auf die Punkte von M die gleichen Ordnungsrelationen hat, wie P in bezug auf die entsprechenden Punkte von R. So entsteht eine eineindeutige, die Ordnungsrelationen erhaltende Abbildung der Geraden auf sich selbst, die also auch beiderseits stetig ist, und die die Menge R in M überführt.

Ohne Änderung ergibt die obige Überlegung auch, daß jede abzählbare in sich dichte lineare Menge ohne Lücken, d. h. bei der jeder Punkt der Menge beiderseitiger Grenzpunkt der Menge ist, der Menge der rationalen Zahlen homöomorph ist.

Sei nun M eine abzählbare in sich dichte lineare Menge mit Lücken; wir werden sie auf eine Menge ohne Lücken abbilden, auf die folgende Weise. Seien $m_{\alpha_1}, m_{\alpha_2}, \ldots$ diejenigen von ihren Punkten, die nicht beiderseitige Grenzpunkte der Menge M sind. Sei $(m_{\alpha_1} - \varepsilon_1, m_{\alpha_1} + \varepsilon_1)$ ein hinreichend kleines Intervall um m_{α_1}, so daß etwa das Intervall $(m_{\alpha_1}, m_{\alpha_1} + \varepsilon_1)$ keinen Punkt der Menge M enthält. Sei dann $m^{(1)}, m^{(2)}, \ldots$ eine gegen m_{α_1} konvergierende Folge von Punkten von M in dem Interall $(m_{\alpha_1} - \varepsilon_1, m_{\alpha_1})$; zwischen je zwei Punkten $m^{(l)}$ und $m^{(l+1)}$ wählen wir einen nicht zu M gehörigen Punkt β_l. Jedem Punkt m von M zwischen β_{2l} und β_{2l+1} lassen wir sein Spiegelbild in bezug auf m_{α_1}, d. h. den Punkt $n = 2m_{\alpha_1} - m$ entsprechen, und jeden anderen Punkt von M lassen wir sich selbst entsprechen; so wird eine topologische Abbildung t_1 von M auf eine zweite Menge M_1 erklärt, bei welcher der Punkt m_{α_1} ein beiderseitiger Grenzpunkt ist; die nicht beiderseitigen Grenzpunkte von M_1 sind nur die Punkte $m^1_{\alpha_2}, m^1_{\alpha_3}, \ldots$, die die Bilder der Punkte $m_{\alpha_2}, m_{\alpha_3}, \ldots$ sind. — Wir erklären dann ähnlich eine Abbildung t_2 von M_1 auf eine Menge M_2, von welcher der Punkt $m^1_{\alpha_2}$ ein beiderseitiger Grenzpunkt ist; diese Abbildung t_2 betrifft wieder nur eine ε_2-Umgebung von $m^1_{\alpha_2}$ und läßt alle anderen Punkte von M_1 ungeändert. Wir fahren auf diese Weise fort, und wählen dabei die Zahlen ε_i derart, daß immer $\varepsilon_i < \frac{\varepsilon_{i-1}}{2}$ und zugleich $2\varepsilon_i$ kleiner ist als der Abstand von $m^{i-1}_{\alpha_i}$ von den Punkten $m_{\alpha_1}, m^1_{\alpha_2}, \ldots, m^{i-2}_{\alpha_{i-1}}$ (m^i soll das Bild von m bei der Abbildung t_i bedeuten). Sei m ein beliebiger Punkt von M, seien $m^1, m^2, \ldots$ seine Bilder bei den Abbildungen $t_1, t_2, \ldots$; diese Punkte konvergieren gegen einen Punkt n, den wir als Bild von m bei der eben zu definierenden Abbildung von M auf die Menge $N = [n]$ erklären. So entsteht eine eineindeutige und beiderseits stetige Abbildung der

Menge M auf eine Menge N, deren Punkte beiderseitige Grenzpunkte der Menge N sind. — Somit haben wir den folgenden von *Sierpiński* herrührenden Satz:

Jede abzählbare in sich dichte lineare Menge ist der Menge der rationalen Zahlen homöomorph.

Wir zeigen weiter nach *Borel*[1]), daß *jede abzählbare überall dichte Menge in der Ebene der Menge der rationalen Punkte der Ebene homöomorph ist.* — Sei M die gegebene Menge und sei R die Menge der rationalen Punkte der Ebene; wir legen die Geraden durch je zwei Punkte m_1 und m_2 von M und ebenso durch je zwei Punkte r_1 und r_2 von R, und auf jeder von ihnen eine senkrechte Gerade, so entsteht eine abzählbare Menge von Geraden. Wir können also für ein neues Koordinatensystem (x, y) der Ebene eine solche Gerade als x-Achse wählen, welche keiner der obigen Geraden parallel ist, und eine auf ihr senkrechte Gerade als y-Achse. Dann trifft also jede Gerade $x =$ konst. oder $y =$ konst. höchstens je einen Punkt der Mengen M und R. Durch das neue Koordinatensystem ist eine solche *zweifache Ordnung* für die Punkte m von M (und auch für die Punkte r von R) bestimmt, daß für je zwei verschiedene Punkte $m_1 = (x_1, y_1)$ und $m_2 = (x_2, y_2)$ eine und nur eine der folgenden vier Relationen besteht

$$\begin{aligned} x_1 &< x_2, \quad y_1 < y_2, \\ x_1 &< x_2, \quad y_1 > y_2, \\ x_1 &> x_2, \quad y_1 < y_2, \\ x_1 &> x_2, \quad y_1 > y_2. \end{aligned}$$

Nach dem obigen Verfahren von *Cantor* können wir nun eine die zweifachen Ordnungsrelationen erhaltende eineindeutige Abbildung von R auf M herstellen, welche zugleich beiderseits stetig ist. Seien $r_1, r_2, \ldots$ bzw. $m_1, m_2, \ldots$ die Punkte von R bzw. von M in einer beliebigen Reihenfolge. Dem Punkt r_1 von R lassen wir den Punkt m_1 von M entsprechen; dem Punkt r_2 denjenigen Punkt m_{α_2} von M mit kleinstem Index α_2, welcher in bezug auf m_1 dieselben Ordnungsrelationen hat, wie r_2 in bezug auf r_1; dem Punkt r_3 denjenigen Punkt m_{α_3} von M mit kleinstem Index α_3, der in bezug auf m_1 und m_{α_2} dieselben Ordnungsrelationen hat, wie r_3 in bezug auf r_1 und r_2; usw. — So erhalten wir eine topologische Abbildung der Menge R auf die Menge M. — Ebenso wie oben ergibt sich ferner, daß sich diese Abbildung zu einer topologischen Abbildung der ganzen Ebene auf sich selbst erweitern läßt.

Endlich wollen wir noch zeigen, daß *jede abzählbare, in der Ebene überall dicht liegende Punktmenge einer linearen überall dichten abzählbaren Menge homöomorph ist.* Dieser Satz und sein Beweis wurde von *Brouwer* gegeben.

---

[1]) Der Satz und Beweis ist dargestellt bei *Brouwer*.

Wir können uns dabei auf den Fall beschränken, daß die betrachteten Mengen beschränkt, und in einem Quadrat, bzw. in einem Intervall, in welchem sie liegen, überall dicht sind. Man kann ja die unendliche Gerade topologisch auf ein offenes Intervall: $-1 < x < 1$ abbilden, etwa mittels der Formel $x' = \frac{x}{1-x^2}$; und ebenso die unendliche Ebene auf das Innere des Kreises $r < 1$ etwa durch die Formeln $r' = \frac{r}{1-r^2}$, $\varphi' = \varphi$ (r, φ = Polarkoordinaten). Indem wir daran erinnern, daß eine Kreisscheibe sich topologisch auf einen Quadratbereich abbilden läßt, genügt es noch zu zeigen, daß es eine topologische Abbildung einer im Quadrat überall dichten abzählbaren Menge auf eine auf der Strecke (0 1) überall dichte abzählbare Menge angegeben werden kann.

Sei also T die Menge derjenigen reellen Zahlen t zwischen 0 und 1, deren unendliche triadische Entwicklung

$$t = \frac{t_1}{3} + \frac{t_2}{3^2} + \cdots \qquad (t_i = 0, 1, 2)$$

nur endlich viele von 1 verschiedene Ziffern t_i hat. Sei andererseits M die Menge derjenigen Punkte (x, y) des Quadrats $0 \leqq x \leqq 1$, $0 \leqq y \leqq 1$, deren Koordinaten

$$x = \frac{x_1}{3} + \frac{x_2}{3^2} + \cdots$$

$$y = \frac{y_1}{3} + \frac{y_2}{3^2} + \cdots$$

in triadischer Entwicklung nur endlich viele von 1 verschiedene Ziffern x_i bzw. y_i haben. Wie man unmittelbar erkennt, ist die Menge T im Intervall (0, 1) und ebenso M im Quadrat überall dicht. Eine eineindeutige und beiderseits stetige Abbildung von T auf M erhält man, indem man der Zahl

$$t = \frac{t_1}{3} + \frac{t_2}{3^2} + \cdots$$

von T den Punkt (x, y) von M mit den Koordinaten:

$$x = \frac{t_1}{3} + \frac{t_3}{3^2} + \frac{t_5}{3^3} + \cdots$$

$$y = \frac{t_2}{3} + \frac{t_4}{3^2} + \frac{t_6}{3^3} + \cdots$$

zuordnet. —

Es folgt endlich der Satz von *Sierpiński* in seiner allgemeinen Form, nämlich, daß *je zwei in sich dichte abzählbare Mengen homöomorph sind.* Es genügt, noch zu zeigen, daß jede in sich dichte abzählbare Menge einer linearen Menge homöomorph ist, welche dann natürlich ebenfalls in sich dicht ist. Dies ergibt sich so, daß man zu der gegebenen Menge die Menge der rationalen Punkte der Ebene hinzunimmt, die so entstehende, in der Ebene überall dichte abzählbare

Menge auf die Menge der rationalen Zahlen eineindeutig und beiderseits stetig abbildet, wodurch dann auch die gegebene Menge in eine lineare Menge übergeht.

Die oben für die Ebene dargestellten Überlegungen und Ergebnisse sind auch für beliebig viele Dimensionen gültig.

§ 5. Die Struktur der abgeschlossenen Punktmengen.

In diesem Paragraphen werden wir die *Brouwer*schen Resultate über die Struktur der abgeschlossenen Mengen darstellen,

Sei M eine beschränkte, abgeschlossene, ebene Punktmenge. Unter einem *Stück* von M verstehen wir ein solches Teilkontinuum von M (darunter auch einen einzigen Punkt), welches in keinem umfassenderen Teilkontinuum von M enthalten ist.

Sei $S_1, S_2, \ldots$ eine unendliche Folge von lauter verschiedenen Stücken der Menge M; diese Folge *konvergiert* gegen das Stück S von M, wenn die Abstände von S_k und S mit wachsendem k gegen 0 konvergieren. Ein Stück S von M, gegen welches wenigstens eine Folge von lauter verschiedenen Stücken der Menge M konvergiert, heißt ein *Grenzstück* von M. Die Menge der Stücke S von M ist ebenfalls kompakt und abgeschlossen wie die Menge der Punkte von M selbst. Die Menge (S) der Stücke von M bezeichnen wir als die zur Punktmenge M gehörige Stückmenge.

Unter einem *isolierten Stück* von M verstehen wir ein Stück S, welches von seiner Restmenge in M einen positiven Abstand besitzt, m. a. W. dessen Restmenge in M abgeschlossen ist.

Jedes Stück von M ist entweder Grenzstück oder isoliertes Stück. Sei nämlich S ein Stück von M, welches kein isoliertes Stück ist, dann gibt es zu jeder positiven Zahl ε wenigstens ein von S verschiedenes Stück S_1, dessen Abstand von S kleiner ist als ε. Sei $d_1 (> 0)$ der Abstand von S und S_1; wir wählen dann ein Stück S_2, dessen Abstand kleiner ist als $\frac{\varepsilon}{2}$ und auch kleiner als d_1 usw. Die so erhaltene Folge von Stücken $S_1, S_2, \ldots$ konvergiert gegen S, d. h. S ist ein Grenzstück von M.

Unter einer *perfekten Stückmenge* verstehen wir eine solche abgeschlossene Stückmenge, deren Stücke sämtlich Grenzstücke dieser Stückmenge sind.

Der *Cantor*sche *Hauptsatz der Punktmengenlehre* lautet:

Wenn man von einer abgeschlossenen Punktmenge einen isolierten Punkt abtrennt, von der Restmenge wieder einen isolierten Punkt abtrennt usw. durch die transfiniten Ordnungszahlen, so führt dieses Verfahren nach einer abzählbaren Anzahl von Schritten zu Ende.

Am Ende bleibt entweder kein Punkt übrig, dann ist die gegebene Menge abzählbar oder es bleibt eine perfekte Punktmenge übrig, die natürlich als Stückmenge nicht perfekt zu sein braucht.

Eine von *Schoenflies* ausgesprochene und von *Brouwer* bewiesene Verallgemeinerung dieses Satzes ist der folgende Satz:

Wenn man von einer abgeschlossenen Stückmenge ein isoliertes Stück abtrennt, dann von der Restmenge wieder ein isoliertes Stück abtrennt usw. durch die transfiniten Ordnungszahlen, so führt dieses Verfahren nach einer abzählbaren Anzahl von Schritten zu Ende.

Am Ende bleibt entweder kein Stück oder eine perfekte Stückmenge übrig, die natürlich auch als Punktmenge perfekt ist.

Wir beweisen den Satz nach *Brouwer* folgendermaßen. Sei q_0 ein Quadrat, welches die Menge M enthält; wir zerlegen q_0 in vier Teilquadrate durch seine beiden Mittellinien, jedes von diesen ebenso in vier Teilquadrate usw. Alle so erhaltenen Quadrate bilden eine abzählbare Menge μ. Sei μ_1 die ebenfalls abzählbare Teilmenge von μ, die aus sämtlichen solchen Quadraten von μ besteht, welche einen Punkt von M im Innern oder auf dem Rand enthalten. Der Fortlassung eines isolierten Punktes oder Stückes von M entspricht die Fortlassung wenigstens eines Quadrates von μ_1, nämlich eines solchen, welches einen Punkt des fortgelassenen Stückes enthält, und dessen doppelte Kantenlänge kleiner ist als der Abstand dieses Stückes von seiner Restmenge in M. Und da die Menge μ_1 abzählbar ist, so ist auch die Anzahl dieser Fortlassungen abzählbar, womit dann sowohl der *Cantor*sche Hauptsatz wie auch seine *Schoenflies*sche Verallgemeinerung bewiesen ist.

Brouwer formuliert das hiermit bewiesene Resultat noch in einer allgemeineren, vieler Anwendungen fähigen Form. Eine *Reduktion* einer abgeschlossenen Menge ist die Ersetzung dieser Menge durch eine abgeschlossene Teilmenge. Eine Folge von abgeschlossenen Mengen, deren jede eine Teilmenge der vorangehenden ist, soll eine *Reduktionsfolge* genannt werden, die Menge der sämtlichen Mengen der Folge gemeinsamen Punkte sei als *Grenzmenge* der Reduktionsfolge bezeichnet. Eine Eigenschaft α heißt *induzibel*, wenn sie auch der Grenzmenge einer Reduktionsfolge zukommt, falls sie für deren Elemente besteht. Dann folgt aus dem obigen Beweis der folgende

Reduktionssatz von Brouwer: Sei M eine abgeschlossene Punktmenge, die die induzible Eigenschaft α besitzt; sie kann durch eine abzählbare Anzahl von Reduktionen von einer bestimmten Art β auf eine abgeschlossene Teilmenge M_1 reduziert werden,[1] die die Eigenschaft α noch immer besitzt, aber durch jede weitere Reduktion von der Art β diese Eigenschaft verliert.

Eine von *Brouwer* gegebene Anwendung dieses Satzes ergibt den folgenden, von *Janiszewski* und *Mazurkiewicz* bewiesenen Satz.

Ein Kontinuum K heißt *irreduzibel* zwischen den Punkten A und B, wenn K die Punkte A und B enthält, aber kein Teilkontinuum von K existiert, welches beide Punkte A und B enthält. Der erwähnte Satz lautet:

Sei K ein Kontinuum und A und B zwei beliebige Punkte von K; es gibt ein zwischen A und B irreduzibles Teilkontinuum K_1 von K.

Als Eigenschaft α einer Teilmenge von K erklären wir die Eigenschaft, zusammenhängend zu sein und beide Punkte A und B zu enthalten. Als Reduktion von der Art β erklären wir die allgemeinste Reduktion. Laut des obigen Satzes gibt es also eine abgeschlossene Teilmenge K_1 von K, die zusammenhängend ist und beide Punkte A und B enthält, die aber keine Teilmenge mit den gleichen Eigenschaften besitzt; K_1 ist also ein irreduzibles Kontinuum zwischen A und B.

Wir untersuchen jetzt mit *Brouwer* die Struktur der abgeschlossenen Stückmengen. Sei M eine beschränkte abgeschlossene Punktmenge, (S) die zugehörige Stückmenge. Sei ε eine positive Zahl, und seien S und S' zwei beliebige Stücke von M. Wir sagen, daß S und S' zu derselben *ε-Kette* von (S) gehören, wenn es eine endliche Anzahl von Stücken $S_1 = S, S_2, S_3, \ldots, S_n = S'$ der Menge M gibt, von denen S und S' das erste und letzte Element sind, und von denen je zwei aufeinander folgende Stücke einen Abstand $\leqq \varepsilon$ haben. Gibt es zu S' und S'', und ebenso zu S'' und S''' eine sie verbindende ε-Kette von Stücken S, so bilden diese beiden Ketten zusammen eine S' und S''' verbindende ε-Kette von Stücken S. Auf diese Weise zerfällt die Menge M in eine gewisse endliche Anzahl von ε-Ketten, von denen je zwei einen Abstand $> \varepsilon$ haben. — Wenn $\varepsilon_1 < \varepsilon_2$ ist, so hat eine ε_1-Kette von M mit einer ε_2-Kette von M entweder kein Stück gemeinsam, oder aber die ε_1-Kette ist in der ε_2-Kette enthalten.

Es ist unmöglich, daß zwei Stücke S und S' von M für jedes positive ε zur gleichen ε-Kette von M gehören. Sonst gäbe es nämlich für jedes $\varepsilon > 0$ auch eine ε-Kette von zu M gehörigen Punkten, die einen Punkt von S mit einem Punkt von S' verbindet, es gäbe also eine verkettete abgeschlossene Menge von Punkten von M, d. h. ein Teilkontinuum von M, das S und S' enthält; dies widerspricht aber der Definition des Stückes. — Folglich gibt es zu je zwei Stücken S und S' eine Zahl $\varepsilon > 0$, so daß S und S' nicht zur gleichen ε-Kette von M gehören; insbesondere gibt es eine Zahl $\varepsilon_1 > 0$, so daß, wenn nur M nicht aus einem einzigen Stück besteht, M in wenigstens zwei ε_1-Ketten zerfällt.

Seien $M^{(1)}, M^{(2)}, \ldots, M^{(n)}$ die verschiedenen ε_1-Ketten, in welche M zerfällt. Wir wählen eine Zahl ε_2 $(0 < \varepsilon_2 < \varepsilon_1)$, so daß jede von diesen Mengen $M^{(i)}$, die wenigstens zwei Stücke enthält, in wenigstens zwei ε_2-Ketten zerfällt; seien $M^{(i1)}, M^{(i2)}, \ldots, M^{(ir)}$ die ε_2-Ketten, in welche $M^{(i)}$ zerfällt. Auf die gleiche Weise fahren wir fort; dabei wählen wir die Zahlen ε_k kleiner als $\frac{1}{2^k}$. Bei dem k-ten Schritt haben wir solche Mengen $M^{(\lambda_1 \lambda_2 \ldots \lambda_k)}$ mit k-gliedrigen oberen Indizes, von denen jede eine ε_k-Kette bildet, und von denen je zwei einen Abstand $> \varepsilon_k$ voneinander haben.

Die so erhaltenen Mengen werden wir jetzt auf die folgende Weise mit unteren Indizes versehen. Die Menge $M^{(1)}$ bezeichnen wir mit M_0, die Menge $M^{(2)} + M^{(3)} + \ldots + M^{(n)}$ mit M_2; dann die Menge $M^{(2)}$ mit M_{20}, und $M^{(3)} + M^{(4)} + \ldots + M^{(n)}$ mit M_{22} usw.; der Menge $M^{(n-1)}$ ordnen wir den $n-1$-gliedrigen Index $22\ldots20$, der Menge $M^{(n)}$ den ebenfalls $n-1$-gliedrigen Index $22\ldots22$ zu. Wir wiederholen bei jeder der Mengen $M^{(1)} = M_0$, $M^{(2)} = M_{20}$, $M^{(2)} = M_{220}, \ldots, M^{(n-1)} = M_{22\ldots20}$, $M^{(n)} = M_{22\ldots22}$ dasselbe Verfahren, d. h. wir setzen an die Indexfolge von $M^{(i)}$ diejenigen Folgen an, die den Mengen $M^{(i1)}, \ldots, M^{(ir)}$ zukommen, wenn wir dasselbe Verfahren auf $M^{(i)}$ anwenden. Wenn dabei eine Menge $M_{\alpha_1 \alpha_2 \ldots \alpha_k}$ aus einem einzigen Stück S besteht, erklären wir die Mengen $M_{\alpha_1 \ldots \alpha_k 0}, M_{\alpha_1 \ldots \alpha_k 00}, \ldots$ als miteinander und mit $M_{\alpha_1 \ldots \alpha_k}$ identisch, dagegen werden die Mengen $M_{\alpha_1 \ldots \alpha_k \beta_1 \beta_2 \ldots \beta_r}$, wo die β_ν nicht sämtlich 0 sind, überhaupt nicht definiert.

Diese Mengen $M_0, M_2; M_{00}, M_{02}, M_{20}, M_{22}; \ldots$ haben die folgenden Eigenschaften:

1. M_0 und M_2 sind zwei fremde Teilmengen von M, die zusammen M erschöpfen. $M_{\alpha_1 \ldots \alpha_k 0}$ und $M_{\alpha_1 \ldots \alpha_k 2}$ sind zwei fremde Teilmengen von $M_{\alpha_1 \ldots \alpha_k}$, die zusammen $M_{\alpha_1 \ldots \alpha_k}$ erschöpfen.

2. Wenn $\alpha_1 \alpha_2 \ldots$ eine beliebige Indexfolge ist, gibt es eine Folge von Anfangssegmenten $\alpha_1 \alpha_2 \ldots \alpha_{\nu_1}, \alpha_1 \alpha_2 \ldots \alpha_{\nu_2}, \ldots$ $(\nu_1 < \nu_2 < \cdots)$, so daß die Menge $M_{\alpha_1 \alpha_2 \ldots \alpha_{\nu_k}}$ aus einer einzigen ε_k-Kette besteht $(\varepsilon_k \to 0$ für $k \to \infty)$.

Folglich gibt es zu jedem Stück S von M eine bestimmte unendliche Indexfolge $\alpha_1 \alpha_2 \ldots$ $(\alpha_\nu = 0, 2)$, so daß S zu jeder der Mengen $M_{\alpha_1}, M_{\alpha_1 \alpha_2}, M_{\alpha_1 \alpha_2 \alpha_3}, \ldots$ gehört, und zu je zwei verschiedenen Stücken gehören zwei verschiedene Indexfolgen.

Eine Folge von Stücken $S_1, S_2, \ldots$ konvergiert dann und nur dann gegen das Stück S, wenn das in den Indexfolgen von S_ν und S übereinstimmende Anfangssegment für $\nu \to \infty$ unendlich zunimmt.

Betrachten wir jetzt die Menge μ derjenigen reellen Zahlen des Intervalls $(0\,1)$, deren triadische Entwicklung nur die Ziffern 0 und 2 enthält; diese ist eine perfekte, auf dem Intervall $(0\,1)$ nirgends dichte

Menge[1]). Wir ordnen jedem Stück S von M diejenige Zahl der Menge μ zu, deren triadische Entwicklung nach dem Komma mit der Indexfolge von S identisch ist. Auf diese Weise entspricht der Stückmenge (S) eine Teilmenge μ^* von μ. Die Beziehung zwischen den Stücken von (S) und den Zahlen von μ^* ist eineindeutig und auch stetig. In der Tat konvergiert eine Folge von Zahlen $x_1, x_2, \ldots$ der Menge μ dann und nur dann gegen eine Zahl x von μ, wenn das in den triadischen Entwicklungen von x_ν und x übereinstimmende Anfangssegment für $\nu \to \infty$ unendlich zunimmt. Einer Folge von Stücken $S_1, S_2, \ldots$, die gegen das Stück S von M konvergiert, entspricht eine Folge von Zahlen, die gegen die dem Stück S entsprechende Zahl konvergiert und umgekehrt.

Wenn (S) eine perfekte Stückmenge ist, entspricht jeder unendlichen Indexfolge ein und nur ein Stück S, so daß also das Bild von (S) auf dem Intervall $(0\,1)$ mit der ganzen Menge μ identisch ist. Wir haben so das Resultat, daß *jede beschränkte perfekte Stückmenge, insbesondere auch jede beschränkte nirgends zusammenhängende*[2]) *perfekte Punktmenge der obigen linearen nirgends dichten perfekten Menge homöomorph ist.*

Wir bemerken endlich, daß bei einer beschränkten nirgends zusammenhängenden abgeschlossenen Punktmenge M die Durchmesser der ε-Ketten von M mit ε unter jede positive Größe herabsinken. Wäre nämlich $\varepsilon_1 > \varepsilon_2 > \ldots$ eine gegen 0 konvergierende Folge von positiven Zahlen, und $P_1, P_2, \ldots$ eine Folge von Punkten von M, von denen jeder von einem Punkt P von M einen Abstand $> d$ hat ($d > 0$ fest), so daß der Punkt P_k mit P durch eine ε_k-Kette von M verbunden ist, so sei P_ω ein Grenzpunkt der Folge $P_1, P_2, \ldots$; P_ω und P sind dann für jede positive Zahl ε durch eine ε-Kette von M verbunden, so daß es eine verkettete abgeschlossene Teilmenge, d. h. ein Teilkontinuum von M gäbe, welches beide Punkte P und P_ω (die nicht zusammenfallen können, da ihr Abstand nicht kleiner als d ist) enthält. Das ist ein Widerspruch gegen unsere Annahme. — Aus dem *Heine-Borel*schen Überdeckungssatz folgt ferner, daß es zu jeder Zahl d (> 0) eine Zahl $\varepsilon (> 0)$ gibt, so daß jede ε-Kette von M einen Durchmesser $< d$ hat.

---

[1]) Eine konstruktive Herstellung dieser Menge ist die folgende. Man teilt das Intervall $(0\,1)$ in drei gleiche Teile und läßt den mittleren Teil $\frac{1}{3} < x < \frac{2}{3}$ fort; dann teilt man wieder jedes der übrigbleibenden Intervalle $0 \leqq x \leqq \frac{1}{3}$, $\frac{2}{3} \leqq x \leqq 1$ in drei gleiche Teile und läßt die mittleren $\frac{1}{9} < x < \frac{2}{9}$, $\frac{7}{9} < x < \frac{8}{9}$ fort usw. in inf. Was vom Intervall $(0\,1)$ übrigbleibt, ist eben die Menge μ derjenigen reellen Zahlen zwischen 0 und 1, deren triadische Entwicklung nur aus Ziffern 0 und 2 besteht.

[2]) Wir bezeichnen eine abgeschlossene Menge als *nirgends zusammenhängend,* wenn sie keinen aus mehr als einem Punkt bestehenden zusammenhängenden Teil besitzt, oder anders gesagt, wenn ihre Stückmenge aus lauter einzelnen Punkten besteht.

§ 6. Polygonapproximationen.

Sei M eine beschränkte, abgeschlossene Punktmenge und (S) die zugehörige Stückmenge. Wir setzen voraus, daß jedes Stück S von M in der Ebene ein einziges Restgebiet bestimmt. Wir zeigen zunächst, daß unter dieser Voraussetzung auch die Restmenge von M aus einem einzigen Gebiet besteht. Gesetzt, die Behauptung wäre nicht richtig; sei also g_0 ein von der Menge M bestimmtes beschränktes Gebiet. Der (abgeschlossene) Bereich, der aus dem Gebiet g_0 durch Hinzufügung seines Randes entsteht, bestimmt in der Ebene ein oder mehrere Gebiete, sei g_∞ dasjenige unter diesen, welches nicht beschränkt ist. Der Rand dieses Gebietes g_∞ ist (nach dem Satz auf S. 37) ein Kontinuum; er ist ferner eine Teilmenge von M, also entweder ein Stück S von M oder eine Teilmenge eines Stückes S von M. Dieses Stück S bestimmt dann wenigstens zwei Gebiete in der Ebene, gegen unsere Annahme. — Daraus folgt insbesondere, daß eine nirgends zusammenhängende abgeschlossene Punktmenge in der Ebene ein einziges Restgebiet bestimmt.

Zu der Menge M bestimmen wir nun eine sie approximierende Polygonfolge. — Dazu dient die folgende, von *Runge* eingeführte und seitdem klassisch gewordene Methode, zu einer beliebigen positiven Zahl ε Polygonbereiche anzugeben, die die Menge M im Abstand ε approximieren: man nimmt eine quadratische Teilung der Ebene mit der Seitenlänge $\frac{\varepsilon}{2}$, und nimmt aus ihr sämtliche Quadrate, die in ihrem Innern oder auf dem Rand einen Punkt von M enthalten; diese Quadrate bilden zusammen einen oder mehrere solche Polygonbereiche, die sämtliche Punkte der Menge M enthalten, und deren Punkte von der Menge M einen Abstand $\leqq \varepsilon$ besitzen. — Eine andere Art von approximierenden Polygonbereichen entsteht, wenn man zu diesen Bereichen noch sämtliche anstoßende Quadrate der Teilung hinzunimmt; die so entstehenden Polygonbereiche heißen *die die Menge M im mittleren Abstand ε approximierenden Polygonbereiche;* sie haben die Eigenschaft, daß jeder zu einem solchen Bereich gehörige Punkt einen Abstand $< \frac{3\varepsilon}{2}$ von der Menge M besitzt, und andererseits gehört auch jeder Punkt der Ebene, dessen Abstand von der Menge M kleiner als $\frac{\varepsilon}{2}$ ist, zu einem von diesen Polygonbereichen.

Wir wählen nun eine positive Zahl ε_1, so daß die Menge M in wenigstens zwei ε_1-Ketten zerfällt, wenn sie nur nicht aus einem einzigen Stück besteht. Wir unterziehen die Ebene einer quadratischen Teilung mit einer Seitenlänge $< \frac{\varepsilon_1}{2}$ und heben sämtliche Quadrate dieser Teilung heraus, die einen Punkt von M in ihrem Innern oder auf dem Rand enthalten. Diese Quadrate zusammen bilden gewisse Polygonbereiche. Wir modifizieren diese Bereiche derart, daß die ihre Ränder bildenden Polygone einander nicht treffen. Zwei solche Randpolygone können sich nämlich nur in einem solchen Eckpunkt treffen, in welchem zwei schräg gegenüberliegende Quadrate zu den Bereichen gehören, während die beiden anderen an diesem Eckpunkt anstoßenden Quadrate der Teilung keinen Punkt von M enthalten. Um diesen Eckpunkt nehmen wir ein hinreichend kleines Quadrat an, welches in seinem Innern und auf dem Rand keinen Punkt von M enthält, und lassen aus den Bereichen die im Innern dieses Quadrates liegenden Punkte fort. Durch diese Modifizierung erhält man solche Polygonbereiche, die von einander nicht treffenden Polygonen berandet sind, und deren Punkte von der Menge M einen Abstand $< \varepsilon_1$ haben; sämtliche Punkte von M liegen dabei im Innern dieser Bereiche.

Nehmen wir einen von diesen Polygonbereichen, der etwa von dem äußeren Randpolygon π_0 und von den inneren Randpolygonen $\pi_1, \pi_2, \ldots, \pi_r$ berandet ist. Wir ersetzen ihn durch einen Teilbereich, der von einem einzigen Polygon berandet wird, und welcher sämtliche in dem ersten Bereich liegende Punkte von M im Innern enthält. Da nämlich die Menge M in der Ebene ein einziges Restgebiet bestimmt, können wir π_0 mit π_1 durch einen M nicht treffenden Weg verbinden; wir nehmen einen zwischen π_0 und π_1 liegenden, diese beiden Polygone verbindenden Teil dieses Weges und bezeichnen ihn mit l. Dann nehmen wir einen zweiten Weg l' sehr nahe bei l, etwa aus zu den Strecken von l parallelen Strecken bestehend, so daß l und l' zusammen einen von M fremden Teilbereich von dem ursprünglichen Polygonbereich abtrennen. Das Innere dieses Teilbereiches lassen wir von dem ursprünglichen Polygonbereich fort. So entsteht ein anderer Polygonbereich, der ein Randpolygon weniger hat als der erste und der sämtliche im ersten liegende Punkte von M in seinem Innern enthält. Auf diese Weise fortfahrend bekommen wir endlich statt des von den Polygonen π_0, $\pi_1, \ldots, \pi_r$ berandeten Polygonbereiches einen solchen, dessen Rand aus einem einzigen Polygon besteht. Für die anderen Polygonbereiche verfahren wir ähnlich. Endlich bekommen wir n solche Polygone, die wir wieder mit $\pi_1, \pi_2, \ldots, \pi_n$ bezeichnen wollen, welche außerhalb voneinander liegen, in ihrem Innern sämtliche Punkte von M enthalten, und deren Rand- und innere Punkte von der Menge M einen Abstand $< \varepsilon_1$ haben. Diese Polygone bezeichnen wir als Polygone erster Ordnung.

Wir wählen jetzt eine positive Zahl ε_2 $\left(0 < \varepsilon_2 < \frac{\varepsilon_1}{2}\right)$ so klein, daß erstens ε_2 kleiner ist als der Abstand der Menge M von den Polygonen $\pi_1, \pi_2, \ldots, \pi_n$, und daß zweitens die in π_ν liegende Teilmenge von M, wenn nur sie aus wenigstens zwei Stücken besteht, in wenigstens zwei ε_2-Ketten zerfällt, für jedes $\nu = 1, 2, \ldots, n$. Wir unterziehen die Ebene einer quadratischen Teilung mit einer Seitenlänge $< \frac{\varepsilon_2}{2}$, und heben diejenigen Quadrate heraus, die einen Punkt von M in ihrem Innern oder auf dem Rand enthalten. So entstehen endlich viele Polygonbereiche, deren jeder im Innern eines Polygons erster Ordnung liegt. Mit diesen Bereichen verfahren wir genau wie oben und erhalten als Polygone zweiter Ordnung zu bezeichnende Polygone, die außerhalb voneinander und innerhalb der Polygone erster Ordnung liegen, M in ihrem Innern enthalten und deren Rand- und innere Punkte von der Menge M einen Abstand $< \varepsilon_2$ haben. Auf die gleiche Weise fahren wir fort und erhalten eine Folge von Polygonen der ersten, zweiten, ..., k-ten Ordnung mit den folgenden Eigenschaften:

1. Die Polygone k-ter Ordnung liegen alle außerhalb voneinander und im Innern der Polygone $k-1$-ter Ordnung.

2. Jedes Polygon enthält wenigstens einen Punkt von M in seinem Innern, und sämtliche Punkte von M sind in den Innern der Polygone k-ter Ordnung enthalten, für jedes $k = 1, 2, \ldots$.

3. Zu einem nicht auf M liegenden Punkt der Ebene gibt es eine Zahl k, so daß dieser Punkt außerhalb der Polygone k-ter Ordnung (und also auch $k+h$-ter Ordnung, $h > 0$) liegt.

Wir bemerken noch: wenn die im Innern eines Polygons k-ter Ordnung liegende Teilmenge von M nicht aus einem einzigen Stück besteht, so gibt es im Innern dieses Polygons k-ter Ordnung wenigstens zwei Polygone $k+1$-ter Ordnung; insbesondere ist dies immer der Fall, wenn die Stückmenge (S) perfekt ist. — Falls ferner die Menge M eine nirgends zusammenhängende Punktmenge ist, so konvergieren die Durchmesser der Polygone k-ter Ordnung mit wachsendem k gegen 0; das folgt aus der Tatsache, daß die ε-Ketten einer solchen Menge mit ε gegen 0 konvergierende Durchmesser haben. —

Mit Hilfe der obigen approximierenden Polygonfolge beweisen wir nach *Antoine* den von *F. Riesz* herrührenden Satz[1]), daß *durch jede beschränkte, nirgends zusammenhängende abgeschlossene Punktmenge eine einfache geschlossene Kurve gelegt werden kann.* Unter einer *einfachen geschlossenen Kurve* (auch *Jordansche Kurve* genannt) verstehen wir das topologische Bild einer Kreislinie. — Wir nehmen zuerst die Polygone erster Ordnung $\pi_1, \pi_2, \ldots, \pi_n$ und auf jedem Polygon π_k zwei Punkte A_k und B_k, und verbinden der Reihe

---

[1]) s. C. R. **141**, S. 650. 1905.

nach die Punkte A_n und B_1, A_1 und $B_2, \ldots, A_{n-1}$ und B_n durch im Äußern der Polygone π_k liegende Wege, die einander nicht treffen. Zugleich zerlegen wir die Kreislinie k in $2n$ gleiche Teile durch die Punkte $A_n', B_1', A_1', B_2', \ldots, A_{n-1}', B_n'$, die in der angegebenen zyklischen Reihenfolge aufeinander folgen, und bilden jeden Weg $A_\nu B_{\nu+1}$ auf denjenigen Bogen $A_\nu' B_{\nu+1}'$ ab (so daß die Endpunkte mit gleichem Namen einander entsprechen), welcher keinen weiteren Punkt A' oder B' enthält. Im Innern des Polygons π_ν nehmen wir auf jedem Polygon $\pi_{\nu\varrho}$ $(\varrho = 1, 2, \ldots, r)$ zweiter Ordnung zwei Punkte $A_{\nu\varrho}$ und $B_{\nu\varrho}$ an, und verbinden der Reihe nach die Punkte A_ν und $B_{\nu 1}$, $A_{\nu 1}$ und $B_{\nu 2}, \ldots, A_{\nu r}$ und B_ν miteinander durch einander nicht treffende Wege, die innerhalb des Polygons π_ν und außerhalb der Polygone zweiter Ordnung verlaufen. Den Kreisbogen $A_\nu' B_\nu'$ zerlegen wir in $2r + 1$ gleiche Teile durch die aufeinander folgenden Punkte $A_\nu', B_{\nu 1}', A_{\nu 1}', B_{\nu 2}', \ldots, A_{\nu r}', B_\nu'$, und bilden jeden Weg $A_{\nu\varrho} B_{\nu,\varrho+1}$ $(A_{\nu 0} = A_\nu$, $B_{\nu, r+1} = B_\nu)$ auf den entsprechenden Kreisbogen $A_{\nu\varrho}' B_{\nu,\varrho+1}'$ eineindeutig und stetig ab, so daß die Endpunkte mit gleichen Namen einander entsprechen. Auf diese Weise fortfahrend erhalten wir eine Folge von Wegen AB, die auf eine auf der Kreislinie k überall dichte Punktmenge eineindeutig und stetig abgebildet wird. Indem wir zu der Menge der auf diesen Wegen liegenden Punkte ihre sämtlichen Grenzpunkte hinzufügen, bekommen wir eine Menge j, die sämtliche Punkte von M enthält. Für die Menge j erweitert sich die ursprünglich nur für die Wege AB erklärte Abbildung in eineindeutiger und stetiger Weise, indem wir zu jedem Punkt von j, der nicht auf den Wegen AB liegt, eine gegen ihn konvergierende Folge von Endpunkten der Wege AB bestimmen und den Grenzpunkt der ihnen entsprechenden Punkte auf der Kreislinie als Bild dem betreffenden Punkt von j entsprechen lassen. Daß auf diese Weise eine topologische Abbildung der Menge j auf die Kreislinie erhalten wird, ist klar; denn sowohl die Wege AB als auch die ihnen entsprechenden Kreisbögen $A'B'$ haben bei dem Fortschreiten des Verfahrens unter jede positive Grenze herabsinkende Durchmesser. —

Wir werden hier noch eine andere Approximation der Stückmenge (S) angeben, die sich an die im vorigen Paragraphen dargestellte Zerlegung der Menge M in die sukzessiven Teilmengen $M_0, M_2; M_{00}, M_{02}, M_{20}, M_{22}; \ldots$ anschließt. — Sei also $M_0, M_2; M_{00}, M_{02}, M_{20}, M_{22}; \ldots$ eine Folge von abgeschlossenen Mengen mit den folgenden Eigenschaften:

1. Die Mengen M_0 und M_2 sind fremde abgeschlossene Teilmengen von M, die M zugleich erschöpfen. Die Mengen $M_{\alpha_1 \alpha_2 \ldots \alpha_\nu 0}$ und $M_{\alpha_1 \alpha_2 \ldots \alpha_\nu 2}$ sind zwei fremde abgeschlossene Teilmengen von $M_{\alpha_1 \alpha_2 \ldots \alpha_\nu}$, die zusammen $M_{\alpha_1 \alpha_2 \ldots \alpha_\nu}$ erschöpfen. Wenn $M_{\alpha_1 \alpha_2 \ldots \alpha_\nu}$

aus einem einzigen Stück besteht, so ist $M_{\alpha_1 \alpha_2 \ldots \alpha_\nu \beta_1 \beta_2 \ldots \beta_\varrho}$ nur für den Fall $\beta_1 = \beta_2 = \ldots = \beta_\varrho = 0$ definiert, und zwar ist

$$M_{\alpha_1 \alpha_2 \ldots \alpha_\nu 0} = M_{\alpha_1 \alpha_2 \ldots \alpha_\nu 00} = \ldots = M_{\alpha_1 \alpha_2 \ldots \alpha_\nu}.$$

2. Zu jeder unendlichen Indexfolge $\alpha_1 \alpha_2 \ldots$ gibt es eine Folge von Anfangssegmenten $\alpha_1 \alpha_2 \ldots \alpha_{\nu_1}$, $\alpha_1 \alpha_2 \ldots \alpha_{\nu_2}$, ... $(\nu_1 < \nu_2 < \ldots)$, so daß $M_{\alpha_1 \alpha_2 \ldots \alpha_{\nu_k}}$ aus einer einzigen ε_k-Kette besteht $(\varepsilon_1 > \varepsilon_2 > \ldots \to 0)$.

Zu dieser Folge von Mengen bestimmen wir eine Folge von Polygonen Π_0, Π_2; $\Pi_{00}, \Pi_{02}, \Pi_{20}, \Pi_{22}$; ... mit den folgenden Eigenschaften:

1. $\Pi_{\alpha_1 \alpha_2 \ldots \alpha_\nu 0}$ und $\Pi_{\alpha_1 \alpha_2 \ldots \alpha_\nu 2}$ liegen innerhalb von $\Pi_{\alpha_1 \alpha_2 \ldots \alpha_\nu}$ und außerhalb voneinander.

2. $\Pi_{\alpha_1 \alpha_2 \ldots \alpha_\nu}$ enthält die Menge $M_{\alpha_1 \alpha_2 \ldots \alpha_\nu}$ in seinem Innern.

3. Zu jedem nicht zu M gehörenden Punkt der Ebene gibt es einen Index n derart, daß dieser Punkt zu keinem der Polygonbereiche $\Pi_{\alpha_1 \alpha_2 \ldots \alpha_\nu}$ $(\nu > n)$ gehört.

Diese Polygonfolge konstruieren wir mit Hilfe der obigen approximierenden Polygonfolge. Sei ε_1 (> 0) der Abstand von M_0 und M_2. Wir nehmen eine quadratische Teilung der Ebene mit einer Seitenlänge $< \frac{\varepsilon_1}{4}$. Wir heben diejenigen Quadrate dieser Teilung heraus, die einen Punkt von M enthalten. Diese Quadrate bilden gewisse Polygonbereiche, von denen keiner zugleich Punkte von M_0 und von M_2 enthalten kann. Diese Polygonbereiche modifizieren wir genau so wie oben, und erhalten gewisse Polygone erster Ordnung $\pi_1, \pi_2, \ldots, \pi_k$ und $\pi_1', \pi_2', \ldots, \pi_l'$, die außerhalb voneinander liegen und die folgenden Eigenschaften haben: jeder Punkt von M_0 ist im Innern eines Polygons π_i, jeder Punkt von M_2 im Innern eines Polygons π_i' enthalten; jedes Polygon π_i (π_i') enthält in seinem Innern wenigstens einen Punkt von M; jeder im Innern von π_i (π_i') oder auf π_i (π_i') liegende Punkt hat einen Abstand $< \varepsilon_1$ von der Menge M.

Wir verbinden die Polygone π_1 und π_2, π_2 und $\pi_3, \ldots, \pi_{k-1}$ und π_k durch einander nicht treffende, im Äußern von $\pi_1, \ldots, \pi_k, \pi_1', \ldots, \pi_l'$ verlaufende Wege $l_1, l_2, \ldots, l_{k-1}$, dann nehmen wir bei jedem Weg l_i einen sehr nahe bei ihm verlaufenden Weg l_i', so daß die Wege $l_1, l_2, \ldots, l_{k-1}, l_1', l_2', \ldots, l_{k-1}'$ einander nicht treffen und l_i' zusammen mit l_i ein von den Polygonen π_i, π_i' fremdes Gebiet im Außengebiet dieser Polygone bestimmt. Nehmen wir diese Gebiete zu den Polygonbereichen $(\pi_1), (\pi_2), \ldots, (\pi_k)$ hinzu, so entsteht ein von einem einzigen Polygon Π_0 berandeter Bereich, der sämtliche Punkte von M_0 in seinem Innern, und sämtliche Punkte von M_2 in seinem Äußern hat. Auf die gleiche Weise erweitern wir die Polygonbereiche $(\pi_1'), (\pi_2'), \ldots, (\pi_l')$ zu einem von einem einzigen Polygon Π_2 berandeten Bereich. Π_0 enthält sämtliche Punkte von M_0, Π_2 die von M_2, und die Polygone Π_0 und Π_2 liegen außerhalb voneinander.

Wir nehmen jetzt die Mengen M_{00}, M_{02} und M_{20}, M_{22}, bestimmen eine Zahl $\varepsilon_2 > 0$, so daß M_{00} und M_{02} und ebenso M_{20} und M_{22} einen Abstand $> \varepsilon_2$ voneinander haben, und wählen ε_2 hinreichend klein, so daß jeder Punkt von M von den Polygonen Π_0 und Π_2 einen Abstand $> \varepsilon_2$ hat. Dann unterziehen wir die Ebene einer quadratischen Teilung mit einer Seitenlänge $< \frac{\varepsilon_2}{4}$, und heben diejenigen Quadrate heraus, die einen Punkt von M enthalten. Die Polygonbereiche, die von diesen Quadraten gebildet werden, modifizieren wir wie oben, so daß die Polygone zweiter Ordnung $\pi_{01}, \pi_{02}, \ldots$, $\pi'_{01}, \pi'_{02}, \ldots$; $\pi_{21}, \pi_{22}, \ldots$; $\pi'_{21}, \pi'_{22}, \ldots$ entstehen, die sämtlich außerhalb voneinander liegen und jeden Punkt von M in ihren Innern enthalten, und deren innere Punkte einen Abstand $< \varepsilon_2$ von der Menge M haben. Die Polygone $\pi_{01}, \pi_{02}, \ldots$, die die Punkte von M_{00} enthalten, erweitern wir zu einem von einem einzigen Polygon Π_{00} berandeten Bereich, und dasselbe machen wir auch mit den anderen Mengen $M_{\alpha_1 \alpha_2}$, bzw. den sie umfassenden Polygonen. Die einzige Beschränkung, die wir uns bei diesem Verfahren auferlegen, ist, daß wenn eine der Mengen $M_{\alpha_1 \alpha_2}$ im Innern eines einzigen Polygons erster Ordnung π_i bzw. π'_i liegt, dann die Bereiche, die die Polygone zweiter Ordnung zu dem einzigen Polygonbereich $\Pi_{\alpha_1 \alpha_2}$ erweitern, im Innern dieses Polygons erster Ordnung gewählt werden sollen. Auf diese Weise fahren wir fort. So erhalten wir eine Folge von Polygonen mit den obigen Eigenschaften 1., 2., 3. —

Seien M und M' zwei beschränkte abgeschlossene Punktmengen seien ferner (S) und (S') die zugehörigen Stückmengen, von denen wir voraussetzen, daß sie homöomorph sind, und daß jedes Stück S oder S' nur ein Gebiet in der Ebene bestimmt. Wir bestimmen eine Folge von Teilmengen M_0, M_2; $M_{00}, M_{02}, M_{20}, M_{22}; \ldots$ von M mit den oben angegebenen Eigenschaften 1., 2., etwa nach dem im vorigen Paragraphen angegebenen Verfahren. Laut der vorgelegten topologischen Beziehung zwischen den Stücken von M und M' entsprechen den Mengen $M_{\alpha_1 \alpha_2 \ldots \alpha_\nu}$ Teilmengen $M'_{\alpha_1 \alpha_2 \ldots \alpha_\nu}$ von M' mit den gleichen Eigenschaften 1. und 2. Nach der eben auseinandergesetzten Methode bestimmen wir die Polygonfolgen Π_0, Π_2; Π_{00}, $\Pi_{02}, \Pi_{20}, \Pi_{22}; \ldots$ und Π_0', Π_2'; $\Pi'_{00}, \Pi'_{02}, \Pi'_{20}, \Pi'_{22}; \ldots$ mit den obigen Eigenschaften. Wir erhalten auf diese Weise solche approximierenden Polygonfolgen, daß die in $\Pi_{\alpha_1 \alpha_2 \ldots \alpha_\nu}$ enthaltene Teilmenge von M laut der gegebenen topologischen Beziehung zwischen den Stücken S und S' der in $\Pi'_{\alpha_1 \alpha_2 \ldots \alpha_\nu}$ enthaltenen Teilmenge von M' entspricht. —

Sei nun M eine beschränkte abgeschlossene Punktmenge, von welcher wir nur voraussetzen, daß kein Stück von M durch ein anderes Stück von M vom Unendlichen getrennt wird. Wir ersetzen jedes Stück S von M durch ein Kontinuum, welches aus den Punkten von S und aus den Punkten der beschränkten Restgebiete von S besteht. So entsteht eine neue Stückmenge, für welche die obigen Betrachtungen gültig sind. Für die ursprüngliche Menge (S) erhalten wir somit das folgende Ergebnis: es läßt sich eine Folge von Polygonen $\Pi_0, \Pi_2; \Pi_{00}, \Pi_{02}, \Pi_{20}, \Pi_{22}; \ldots$ angeben mit den obigen Eigenschaften 1. und 2., ferner:

3'. Zu jedem Punkt P, welcher durch kein Stück S vom Unendlichen getrennt wird, gibt es eine Zahl n, so daß P außerhalb der Polygone $\Pi_{\alpha_1 \alpha_2 \ldots \alpha_\nu}$ $(\nu > n)$ liegt. —

Wir erwähnen noch einen später zu gebrauchenden Hilfssatz, der sich aus den obigen Betrachtungen leicht ergibt.

Sei M eine beschränkte, aus lauter isolierten Punkten bestehende Punktmenge, deren Ableitung M' eine nirgends zusammenhängende (abgeschlossene) Punktmenge ist; sei N eine andere ebensolche Punktmenge, deren Ableitung N' mit M' homöomorph ist, und sei α eine topologische Abbildung von M' auf N'. Dann läßt sich eine topologische Abbildung von $M + M'$ auf $N + N'$ angeben, die auf M' mit α übereinstimmt.

Nach dem oben (S. 51) bewiesenen Satz von *F. Riesz* läßt sich eine einfache geschlossene Kurve j_1 durch die Punkte von $M + M'$ legen. Durch die Punkte $N + N'$ legen wir eine solche einfache geschlossene Kurve j_2, daß die Punkte von N' auf j_2 die gleiche zyklische Ordnung haben, wie die ihnen laut α entsprechenden Punkte von M' auf j_1.[1]) Auf der Kreislinie k_1 bzw. k_2, deren topologisches Bild j_1 bzw. j_2 ist, betrachten wir die Menge, die $M + M'$ bzw. $N + N'$ entspricht; wir bezeichnen sie wieder mit den gleichen Zeichen. Auf k_1 nehmen wir ein topologisches Bild von $M + M'$, so daß jeder Punkt von M' sich selbst entspricht und die Menge M in eine solche Menge M_0 übergeht, daß jeder Punkt von M' auf k_1 beiderseitiger Grenzpunkt von M_0 ist (vgl. § 4); dasselbe machen wir mit $N + N'$. Sei nun b_1 ein solcher Bogen von k_1, dessen Endpunkte beide zu M' gehören, und der bis auf seine Endpunkte von M' fremd ist; dem Bogen b_1 entspricht ein Bogen b_2 von k_2, dessen Endpunkte die den Endpunkten von b_1 laut α entsprechenden Punkte von N' sind, und der sonst von N' frei ist. Die auf dem Bogen b_1 liegenden Punkte von $M_0 + M'$ lassen wir den auf b_2 liegenden Punkten von $N_0 + N'$ entsprechen, mit Erhaltung der linearen Ordnungsrelationen auf b_1 bzw. b_2, so daß dabei in den Punkten von M' (d. h.

---

[1]) Die darin liegende leichte Erweiterung des *Riesz*schen Satzes ergibt sich aus dem oben für denselben dargestellten Beweis, indem wir statt der daselbst gebrauchten Polygone π die Polygonfolge $\Pi_0, \Pi_2, \ldots$ zugrunde legen und die auf der vorigen Seite gemachte Bemerkung, betreffend die an eine topologische Abbildung anschließenden approximierenden Polygonfolgen, berücksichtigen.

in den Endpunkten von b_1) die Beziehung mit α übereinstimmt. Behandeln wir alle Bogen b_1 (deren Gesamtheit eine abzählbare Menge bildet) genau so, so bekommen wir eine topologische Abbildung von $M_0 + M'$ auf $N_0 + N'$, die auf M' mit α übereinstimmt; dadurch ist auch zwischen $M + M'$ und $N + N'$ eine auf M' bzw. N' mit α übereinstimmende topologische Beziehung erhalten.

§ 7. Die Charakteristiken abgeschlossener Mengen.

Sei M eine abgeschlossene nirgends zusammenhängende, beschränkte Punktmenge. Die Menge M_0 der isolierten Punkte von M bezeichnen wir als *Adhärenz* 0-ter Ordnung von M. Die Ableitung von M, d. h. die Menge M^1 der Grenzpunkte von M, ergibt zusammen mit der Menge M_0 die ganze Menge $M = M_0 + M^1$. Ähnlicherweise bilden wir die Menge M_1 der isolierten Punkte von M^1, die als Adhärenz erster Ordnung und deren Punkte als Punkte erster Ordnung von M bezeichnet werden. Auf diese Weise fortfahrend definieren wir die Mengen M_n bzw. die Punkte n-ter Ordnung von M, für jede endliche Zahl n. — Die Grenzmenge der Ableitungen $M^1, M^2, \ldots$ erklären wir als Ableitung ω-ter Ordnung von M, wir bezeichnen sie mit M^ω, ihre Adhärenz als Adhärenz ω-ter Ordnung von M. — Ebenso erklären wir die Adhärenz α-ter Odnung für jede abzählbare Ordnungszahl α. — Nach dem in § 5 dargestellten Reduktionssatz von *Cantor* gibt es eine solche kleinste abzählbare Ordnungszahl α, daß die Adhärenz α-ter Ordnung von M keinen Punkt besitzt. Entweder bilden die Punkte von M, die zu keiner der Adhärenzen M_ν $(\nu < \alpha)$ gehören, eine perfekte Menge M^Ω — dies ist dann immer und nur dann der Fall, wenn die Menge M nicht abzählbar ist; oder, wenn M abzählbar ist, so ist die kleinste abzählbare Ordnungszahl α, für welche die Adhärenz α-ter Ordnung verschwindet, keine Limeszahl[1]), und jeder Punkt von M gehört zu einer (und nur zu einer) der Adhärenzen M_ν $(\nu < \alpha)$.

Als Charakteristik der Menge M bezeichnen wir das Zahlentripel (α, β, γ), wo α die oben erklärte kleinste abzählbare Ordnungszahl bedeutet, für welche die Adhärenz M_α die Nullmenge ist; β bedeutet die Anzahl der Punkte der Adhärenz $\alpha - 1$-ter Ordnung (sie ist endlich oder abzählbar unendlich), oder wenn α eine Limeszahl ist, so bedeutet β die Mächtigkeit einer abzählbaren Menge; γ ist 0, oder die Mächtigkeit c des Kontinuums, je nachdem nach der Ab-

---

[1]) Sei nämlich $\nu_1 < \nu_2 < \ldots$ eine gegen α konvergierende Folge von abzählbaren Ordnungszahlen; die abgeschlossenen Mengen $M^{\nu_1}, M^{\nu_2}, \ldots$, von denen jede eine Teilmenge der vorangehenden ist, haben wenigstens einen gemeinsamen Punkt, welcher also zugleich ein Punkt von M^α ist.

trennung sämtliche Adhärenzen kein Punkt von M oder eine perfekte Menge übrigbleibt.

Seien M und N zwei abgeschlossene, nirgends zusammenhängende beschränkte Punktmengen. Wenn zwischen den Punkten von M und N eine eineindeutige stetige Beziehung besteht, so entsprechen dabei die Punkte ν-ter Ordnung von M den Punkten ν-ter Ordnung von N für jede abzählbare Ordnungszahl ν; ferner entspricht dem perfekten Kern von M, der nach der Abspaltung der Adhärenzen übrigbleibt, der perfekte Kern von N. Die beiden Mengen M und N haben also gleiche Charakteristiken. — Wenn die Charakteristik $(\alpha, \beta, \gamma) = (\alpha, n, 0)$ oder $(0, 0, c)$ ist, d. h. wenn die Menge M abzählbar oder perfekt ist, so besteht von dieser Behauptung auch die Umkehrung, nämlich daß in diesen beiden Fällen für die Homöomorphie der Mengen M und N die Übereinstimmung ihrer Charakteristiken auch hinreichend ist. In anderen Fällen bildet aber die Gesamtheit der zur gleichen Charakteristik gehörigen, topologisch verschiedenen Punktmengen eine Menge von der Mächtigkeit des Kontinuums.

Wir wollen nur zeigen, daß die Menge der topologisch verschiedenen nirgends zusammenhängenden abgeschlossenen Punktmengen die Mächtigkeit c des Kontinuums besitzt. Man kann leicht Mengen M angeben, bei denen die n-te Adhärenz von M auf dem perfekten Kern M^{Ω} von M einen solchen Grenzpunkt besitzt, der für die Adhärenzen M_ν $(\nu > n)$ kein Grenzpunkt ist; wir bezeichnen ihn als einen eigenen Grenzpunkt von M_n auf M^{Ω}. Ähnlich können wir jedem dyadischen Bruch $t = 0, t_1 t_2 \ldots$ eine solche Menge M zuordnen, deren n-te Adhärenz (n = endliche Zahl) auf dem perfekten Kern von M einen eigenen Grenzpunkt besitzt, oder nicht, je nachdem $t_n = 1$ oder 0 ist[1]). Die Mengen, die auf diese Weise den

[1]) Auf dem Intervall $0 \leq y \leq 1$ können wir eine abzählbare Menge M_n angeben, deren n-te Ableitung aus dem einzigen Punkt $y = 0$ besteht; als M_1 nehmen wir die Menge:

$$\frac{1}{2^{m_1}} \qquad (m_1 = 1, 2, \ldots);$$

M_2 sei die Menge:

$$\frac{1}{2^{m_1}} + \frac{1}{2^{m_2}} \qquad (m_1 < m_2);$$

im allgemeinen sei M_n die Menge:

$$\frac{1}{2^{m_1}} + \frac{1}{2^{m_2}} + \cdots + \frac{1}{2^{m_n}} \qquad (m_1 < m_2 < \cdots < m_n).$$

Sei nun $t = 0, t_1 t_2 \ldots$ eine beliebige reelle Zahl zwischen 0 und 1 in dyadischer Entwicklung. Nehmen wir eine Menge M, die aus der Menge M_0 der Zahlen des Intervalls $0 \leq x \leq 1$, deren triadische Entwicklung nur die Ziffern 0 und 2 enthält, derart entsteht, daß wir auf der Strecke verschiedenen dyadischen Brüchen t entsprechen, sind sämtlich voneinander topologisch verschieden, und folglich bilden sie eine Teilmenge von der Mächtigkeit des Kontinuums der Gesamtheit von sämtlichen topologisch verschiedenen nirgends zusammenhängenden abgeschlossenen Mengen.

Andererseits hat die Menge sämtlicher abgeschlossener ebener Punktmengen die Mächtigkeit des Kontinuums, nach einem Satze von *F. Bernstein.* Wir werden hier nur noch zeigen, daß sie Teilmenge einer Menge von der Mächtigkeit des Kontinuums ist. — Jede abgeschlossene Menge läßt sich als Ableitung einer abzählbaren Menge darstellen; wir wählen nämlich eine Folge von sukzessiven quadratischen Teilungen der Ebene und heben aus jeder Teilung diejenigen (endlich oder abzählbar unendlich vielen) Quadrate heraus, die Punkte der Menge M enthalten; diese Quadrate ordnen wir in eine gewöhnliche Folge. Dann nehmen wir in jedem von diesen Quadraten der Reihe nach je einen von den bereits gewählten verschiedenen Punkt und erhalten so eine abzählbare Menge, deren Ableitung mit M identisch ist. Die Gesamtheit der abgeschlossenen Mengen ist somit äquivalent einer Teilmenge der Menge der abzählbaren Mengen. Letztere hat die Mächtigkeit $c^{\aleph_0} = c$, da sie als Belegung[1]) einer abzählbaren Menge mit den Elementen einer Menge von der Mächtigkeit c des Kontinuums (nämlich mit den Punkten der Ebene) entsteht. Nach dem *Bernsteinschen Äquivalenzsatz*[2]) folgt endlich die obige Behauptung, nämlich, daß *die Menge der topologisch verschiedenen nirgends zusammenhängenden abgeschlossenen Punktmengen die Mächtigkeit des Kontinuums besitzt.*

$$x = \frac{3^n - 1}{3^n}, \qquad 0 \leqq y \leqq 1$$

die Menge M_n anbringen, oder nicht, je nachdem $t_n = 1$ bzw. 0 ist, und diese Mengen M_n zu M_0 hinzunehmen.

[1]) Siehe *Schoenflies,* Bericht I, S. 13 und 58, und *Hausdorff:* Grundzüge S. 37 und 67.

[2]) Der *Bernstein*sche Äquivalenzsatz lautet: Wenn eine Menge M mit einer Teilmenge N' der Menge N, und N mit einer Teilmenge M' von M gleiche Mächtigkeit hat, so haben die Mengen M und N gleiche Mächtigkeit. Siehe *Schoenflies,* Bericht I, und *Hausdorff,* Grundzüge S. 48.

Zweiter Abschnitt.

Kurven.

§ 1. Der *Jordan*sche Kurvensatz.

Als eine *einfache geschlossene Kurve* (oder *Jordan*sche *Kurve*) wird das topologische Bild einer Kreislinie bezeichnet. Wir setzen hier voraus, daß sie in der Ebene liegt, dann können wir sie durch zwei eindeutige stetige Funktionen eines Parameters t $(0 \leqq t \leqq 1)$ ausdrücken:

$$x = x(t),$$
$$y = y(t),$$

wobei gleichzeitig $x(t) = x(t')$ und $y(t) = y(t')$, für $t < t'$, dann und nur dann besteht, wenn $t = 0$, $t' = 1$ ist. — Unter einem *einfachen Bogen* verstehen wir das topologische Bild eines abgeschlossenen Intervalls, unter End- bzw. inneren Punkten des Bogens die Bilder der End- bzw. inneren Punkte des Intervalls.

Der grundlegende Satz von *Jordan* besagt, daß *eine einfache geschlossene Kurve in der Ebene zwei Gebiete bestimmt, deren gemeinsamen Rand sie bildet.*

Wir bringen hier einen Beweis dieses Satzes, aus dem sich auch die weiterhin zu nennenden Zusätze ergeben.

Sei j' ein Kreis, j ein topologisches Bild von j' in der Ebene. Da j beschränkt ist, können wir ein hinreichend großes Quadrat q angeben, welches j in seinem Innern enthält. Einen Punkt R des Quadrates q verbinden wir mit einem Punkte von j durch eine Strecke und nehmen von R aus ihren ersten auf j liegenden Punkt U; die Strecke RU bezeichnen wir mit l. Sei U' der U entsprechende Punkt von j', und seien P_1', P_2', Q_1', Q_2' beliebige Punkte auf j', die mit U' zusammen die zyklische Ordnung $(P_1', P_2', Q_1', U', Q_2')$ bilden. Die abgeschlossenen Kreisbögen $P_1' P_2'$, $P_2' Q_1'$, $Q_1' Q_2'$, $Q_2' P_1'$ bezeichnen wir mit c_1', d_1', c_2', d_2'; die entsprechenden Bilder auf j mit den gleichen Buchstaben ohne Strich.

Weil d_1' und d_2' keinen gemeinsamen Punkt haben, sind auch ihre Bilder, die Bögen d_1 und d_2 fremd, da sie ferner abgeschlossene beschränkte Mengen sind, so haben sie einen nicht verschwindenden Abstand; ebenso die beiden Mengen c_1 und $c_2 + l$; sei $\delta\,(>0)$ der kleinere von diesen beiden Abständen. Das Quadrat q zerlegen wir durch sukzessive Seitenhalbierungen in Teilquadrate mit einer Seitenlänge $< \frac{\delta}{4}$; wir können dabei voraussetzen, daß P_1 und P_2 im Innern je eines solchen Quadrates π_1 bzw. π_2 liegen. π_1 und π_2 sind voneinander fremd, ferner kann π_1 die Menge $d_1 + c_2 + l$ und π_2 die Menge $d_2 + c_2 + l$ nicht treffen (s. Fig. 3). Die Menge

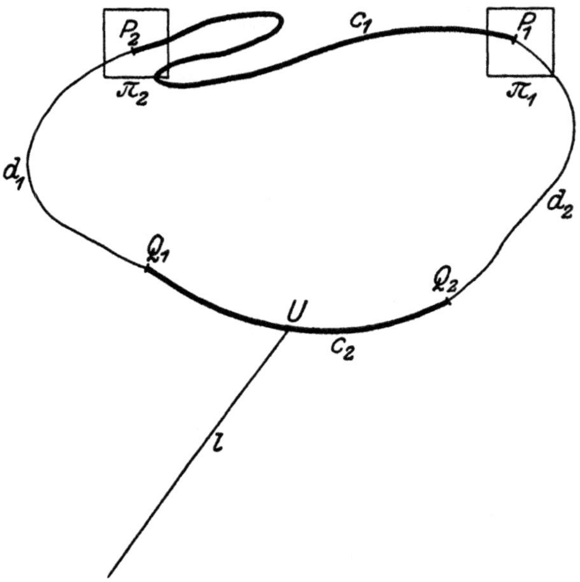

Fig. 3.

derjenigen Punkte von c_1 bzw. d_1 bzw. d_2, die nicht zum Innern von π_1 oder von π_2 gehören, bezeichnen wir mit c_1^* bzw. d_1^* bzw. d_2^*. Da c_1 und d_1 nur den einzigen Punkt P_2 gemeinsam haben, so sind die Mengen c_1^* und d_1^* voneinander fremd, ebenso auch die Mengen c_1^* und d_2^*; folglich haben die (abgeschlossenen) Mengen c_1^* und $d_1^* + d_2^*$ einen Abstand $\delta^* > 0$. Wir nehmen eine Unterteilung der obigen quadratischen Teilung, mit einer Seitenlänge $< \frac{\delta^*}{4}$, und μ sei die Menge derjenigen Quadrate, die einen Punkt von c_1^* im Innern oder auf dem Rand haben; diese Quadrate sind von $d_1^* + d_2^* + c_2 + l$, also auch von $d_1 + d_2 + c_2 + l$ frei. Sie bilden zusammen mit π_1 und π_2 einen Polygonbereich, dessen äußerer Rand von einem Polygon Π gebildet wird.

Das Polygon Π enthält den Bogen c_1 in seinem Innern; ferner liegt c_2 im Äußern von Π, da nämlich das Kontinuum $c_2 + l$ von Π frei ist und einen Punkt R außerhalb von Π hat. Wir werden zeigen, daß Π sich in vier solche Wege $u_1 + v_1 + u_2 + v_2$ zerlegen läßt, von denen u_1 und u_2 von j, v_1 von d_1, und v_2 von d_2 frei ist. Zu diesem Zweck genügt es einzusehen, daß es auf Π genau zwei Wege u_1 und u_2 gibt, die π_1 mit π_2 verbinden. Zuerst ist es klar, daß π_1 (und ebenso π_2) wenigstens einen Punkt auf Π besitzt; denn derjenige zusammenhängende Teil von d_2^*, der den Punkt Q_2 enthält, liegt im Äußern von Π und besitzt einen Grenzpunkt auf π_1. — Wir gehen nun von einem zu π_1 gehörigen Punkte C von Π in einer Richtung auf Π bis zum ersten zu π_2 gehörigen Punkt A, dann von diesem Punkt in der umgekehrten Richtung bis zum ersten Punkte B von π_1; so bekommen wir einen Weg $AB = u_1$, der einen Endpunkt auf π_1, den anderen auf π_2 hat, sonst aber weder π_1 noch π_2 trifft. Vom Punkte C in der anderen Richtung ausgehend, bekommen wir einen anderen ebensolchen Weg $DE = u_2$ von Π. Den Weg BCD von Π bezeichnen wir mit v_1, und denjenigen Weg AE von Π, der den Punkt C nicht enthält, mit v_2 (s. Fig. 4). v_2 enthält

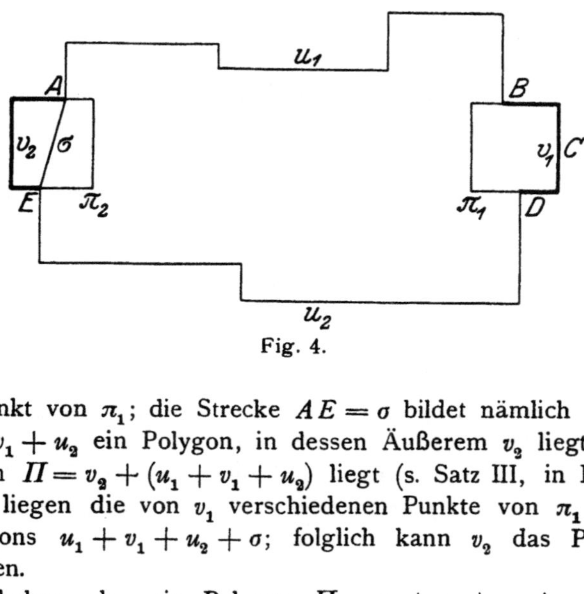

Fig. 4.

keinen Punkt von π_1; die Strecke $AE = \sigma$ bildet nämlich zusammen mit $u_1 + v_1 + u_2$ ein Polygon, in dessen Äußerem v_2 liegt, da σ im Innern von $\Pi = v_2 + (u_1 + v_1 + u_2)$ liegt (s. Satz III, in I § 1); andererseits liegen die von v_1 verschiedenen Punkte von π_1 innerhalb des Polygons $u_1 + v_1 + u_2 + \sigma$; folglich kann v_2 das Polygon π_1 nicht treffen.

Wir haben also ein Polygon $\Pi = u_1 + v_1 + u_2 + v_2$ mit den folgenden Eigenschaften: c_1 liegt innerhalb, c_2 außerhalb von Π; die beiden Wege u_1 und u_2 von Π sind von j frei, der Weg v_1 ist von d_1, und v_2 von d_2 frei.

Sei M_1 ein Punkt von u_1, und M_2 ein Punkt von u_2. Wir behaupten, daß jeder Weg w, der M_1 und M_2 verbindet, die Kurve j

trifft. — Gesetzt, dies wäre nicht der Fall; sei also w ein j nicht treffender Weg, der M_1 und M_2 verbindet; die beiden Wege $M_1 M_2$ und $M_2 M_1$ von Π bezeichnen wir mit w_1 und w_2. Dann werden c_1 und c_2 voneinander entweder durch $w_1 + w$ oder durch $w_2 + w$ getrennt; sei nämlich C_1 bzw. C_2 je ein Punkt von c_1 bzw. von c_2, w_1' und w_2' je ein die Punkte C_1 und C_2 verbindender Weg, von denen w_1' von $w_2 + w$, und w_2' von $w_1 + w$ frei ist. Wir können voraussetzen, daß w_1' und w_2' nur die beiden Punkte C_1 und C_2 gemeinsam haben, also zusammen ein Polygon bilden[1]), welches laut der Voraussetzung w nicht trifft. Nach Satz IV in I § 1 folgt aber, daß von den beiden Punkten M_1 und M_2 einer im Innern, der andere im Äußern von $w_1' + w_2'$ liegt, es ist also unmöglich, daß der die Punkte M_1 und M_2 verbindende Weg w die Wege w_1' und w_2' nicht trifft. — Seien also c_1 und c_2 etwa durch $w_1 + w$ voneinander getrennt. Das Kontinuum $c_1 + d_1 + c_2$ trifft die Wege w_1 und w nicht, folglich können seine beiden Punkte C_1 und C_2 nicht durch $w_1 + w$ voneinander getrennt werden. — Aus diesem Widerspruch ergibt sich die Unmöglichkeit der obigen Annahme, nämlich daß w die Kurve j nicht trifft.

Wir bemerken gleich, daß man für c_1 einen beliebigen Bogen von j in einer beliebig kleinen Umgebung eines willkürlichen Punktes von j wählen und dann die Konstruktion des Polygons Π derart ausführen kann, daß es ebenfalls in einer beliebigen Umgebung dieses Punktes liegt. So haben wir also den folgenden Satz:

I. *Eine einfache geschlossene Kurve bestimmt in der Ebene wenigstens zwei Gebiete, und jede Umgebung eines beliebigen seiner Punkte enthält zu zwei verschiedenen Gebieten gehörige Punkte.*

Wir werden ferner zeigen, daß j höchstens zwei Gebiete bestimmt, oder, was dasselbe ist, daß j höchstens ein einziges beschränktes Gebiet bestimmt. Seien l_1 und l_2 zwei parallele, vom Quadrat q nach den Punkten U_1 und U_2 von j führende Strecken, die j sonst nicht treffen. Seien ferner M_1 und M_2 zwei beliebige, vom Unendlichen durch j getrennte Punkte; wir werden zeigen, daß sie sich durch einen j nicht treffenden Weg verbinden lassen. Zu diesem Zwecke legen wir durch M_1 und M_2 zwei parallele Strecken $h_1 = S_1 T_1$ und $h_2 = S_2 T_2$, deren Endpunkte auf j liegen, die sonst aber j nicht treffen (s. Fig. 5). Wir werden voraussetzen, daß jeder der beiden Bögen $\widehat{U_1 U_2}$ und

[1]) Sonst nehmen wir von C_1 aus den ersten auf w_1 liegenden Punkt von w_1' und von dort zurückkehrend den ersten auf w_2' liegenden Punkt D_1 von w_1'; diesen Punkt D_1 nehmen wir statt des Punktes C_1; ebenso ersetzen wir den Punkt C_2 durch einen Punkt D_2 und die Wege w_1' und w_2' durch die Wege w_1'', w_2'', die Teile von w_1' bzw. w_2' sind, die Punkte D_1 und D_2 verbinden und sich sonst nicht treffen. Für diese gilt dann die im Text gegebene Überlegung.

$\widehat{U_2 U_1}$ von j wenigstens je einen von den Punkten S_1, T_1, S_2, T_2 enthält[1]). Wir können also vier Bögen c_1, d_1, c_2, d_2 von j, wie oben, bestimmen, mit der Bedingung, daß c_1 und c_2 je einen Punkt der Paare (U_1, U_2), (S_1, T_1) und (S_2, T_2) enthalten. Wir konstruieren dann wieder ein Polygon Π, welches c_1 im Innern, c_2 im Äußern hat, und sich in zwei solche Wege $w_1 + w_2$ zerlegen läßt, von denen

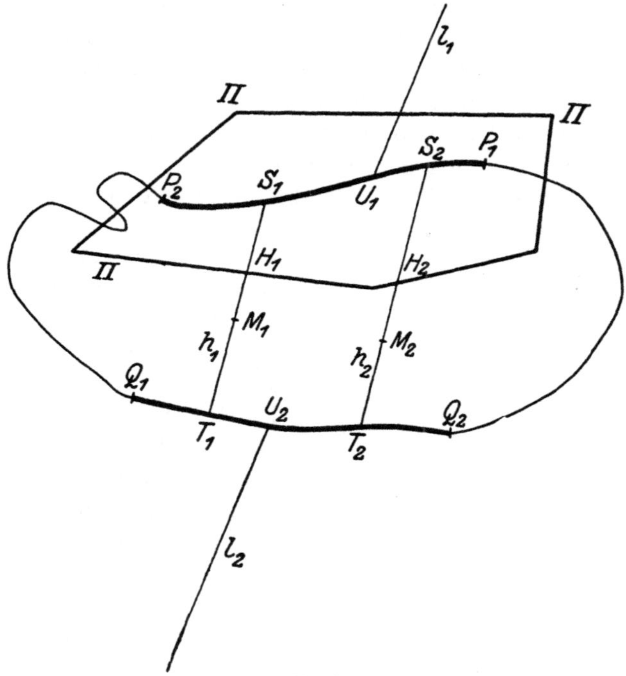

Fig. 5.

w_1 von d_1 und w_2 von d_2 fremd ist. Ferner setzen wir voraus, daß Π mit den Wegen l_1, h_1, h_2 nur je einen gemeinsamen Punkt L_1 bzw. H_1 bzw. H_2 hat; dies ist durch eine leichte Modifizierung der obigen Konstruktion zu erreichen[2]).

---

[1]) Wäre dies nicht der Fall, lägen also alle vier Punkte auf demselben Bogen $\widehat{U_1 U_2}$, so wählen wir in der Nähe eines Punktes von $\widehat{U_2 U_1}$ einen vom Unendlichen getrennten Hilfspunkt M_3 und zwei Strecken $M_3 S_3$, $M_3 T_3$, deren Endpunkte auf $\widehat{U_2 U_1}$ liegen; für M_1 und M_3, und ebenso für M_2 und M_3 ergibt dann der Beweis des Textes, daß sie zum gleichen Gebiet gehören, also folgt dasselbe auch für M_1 und M_2.

[2]) Wir nehmen eine erste quadratische Teilung und heben von ihr die fünf Quadrate heraus, welche die Punkte P_1, P_2, S_1, S_2, U_1 enthalten; die übrigbleibenden Punkte von c_1 haben von den übrigbleibenden Teilen von d_1, d_2, l_1, h_1, h_2 einen positiven Abstand; das Viertel des kleinsten von diesen Abständen ist als Seitenlänge der zweiten quadratischen Teilung zu wählen.

Wir zerlegen das Polygon Π wieder in vier Wege $u_1 + v_1 + u_2 + v_2$, so daß v_1 von d_1, und v_2 von d_2 fremd sei, ferner u_1 und u_2 die Kurve j nicht treffen, abgesehen von ihren Endpunkten, die auf j liegen sollen. — Wir werden zunächst zeigen, daß keiner von den Punkten H_1, H_2, L_1 auf dem Weg v_1 oder v_2 liegen kann. Setzen wir voraus, daß etwa H_1 auf dem Weg v_1 liegt; sei w derjenige, den Punkt H_1 enthaltende Weg von v_1, dessen Endpunkte beide auf j, also auf d_2 liegen, welcher aber keinen weiteren Punkt mit j gemeinsam hat. Der durch die Endpunkte von w bestimmte Teilbogen σ von d_2 bildet zusammen mit w eine einfache geschlossene Kurve $\tau = \sigma + w$. Nach Satz I bestimmt τ wenigstens zwei Gebiete und enthält jede Umgebung eines beliebigen Punktes von τ zu zwei verschiedenen Gebieten gehörige Punkte. Wendet man dies auf den Punkt H_1 von τ an, und nimmt man zwei Punkte H_1' und H_1'' von h_1 (s. Fig. 6), die in einer hinreichend kleinen Umgebung von H_1 und auf verschiedenen Seiten des Weges w liegen (d. h. einer von diesen im Innern, der andere im Äußern von Π liegt), dann werden also diese beiden Punkte durch die Kurve $\tau = \sigma + w$ voneinander getrennt. Andererseits hat man aber ein Kontinuum, das aus den Strecken $H_1'T_1$, $H_1''S_1$, und aus dem Bogen $c_1 + d_1 + c_2$ von j besteht, und welches weder den Weg w noch σ trifft. — Aus diesem Widerspruch folgern wir die obige Behauptung.

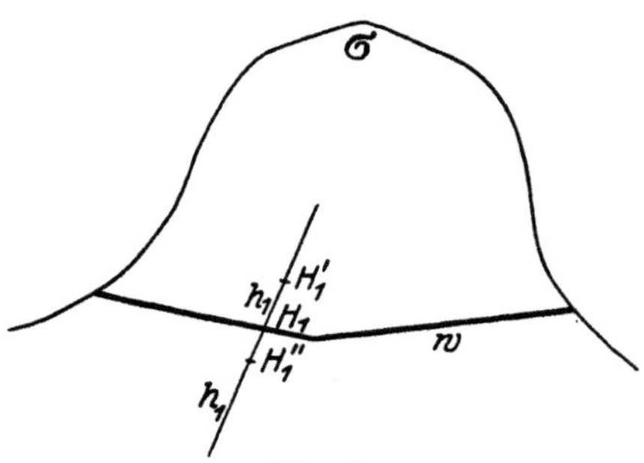

Fig. 6.

Die drei Punkte H_1, H_2, L_1 liegen also auf den beiden Wegen u_1 und u_2; und da wir vorausgesetzt haben, daß M_1 und M_2, also auch H_1 und H_2 vom Unendlichen durch j getrennt werden, können die Punkte H_1 und L_1, oder H_2 und L_1 nicht auf demselben Weg u_1 oder u_2 liegen. Die beiden Punkte H_1 und H_2 liegen also auf demselben Weg, etwa auf u_1, und also bildet der Weg $(M_1 h_1 H_1 u_1 H_2 h_2 M_2)$ einen von j freien, M_1 und M_2 verbindenden Weg.

Wir haben somit den folgenden Satz:

II. *Eine einfache geschlossene Kurve bestimmt in der Ebene höchstens ein einziges beschränktes Gebiet.*

Aus den Sätzen I und II ergibt sich, daß j genau zwei Gebiete bestimmt, und da nach I jede Umgebung eines beliebigen Punktes von j zu verschiedenen Gebieten gehörige Punkte enthält, folgt also, daß jeder Punkt von j Grenzpunkt von beiden Gebieten ist. Somit haben wir den folgenden Satz bewiesen:

III. *Jordan*scher *Kurvensatz: Eine einfache geschlossene Kurve bestimmt in der Ebene zwei Gebiete, und ist mit dem Rand jedes dieser Gebiete identisch.*

Das von der Kurve j bestimmte beschränkte bzw. unbeschränkte Gebiet bezeichnen wir als *Inneres* bzw. *Äußeres* der Kurve j.

Aus dem obigen Beweis ergeben sich zugleich die folgenden von *Schoenflies* herrührenden Erweiterungen des *Jordan*schen Kurvensatzes. — Im allgemeinen sagen wir von einem Randpunkt P eines Gebietes g, daß er in g *erreichbar* ist, wenn ein in g liegender Streckenzug[1]) $s = s_1 + s_2 + \ldots$ existiert, dessen Eckpunkte gegen den Punkt P konvergieren. Dann gilt der folgende Satz:

IV. *Jeder Punkt einer einfachen geschlossenen Kurve ist sowohl im Inneren, wie auch im Äußeren der Kurve erreichbar.*

Ferner nennen wir den Rand eines Gebietes g in dem Randpunkte P *glatt*[2]) für das Gebiet g, wenn es zu jeder ε-Umgebung ($\varepsilon > 0$) von P eine δ-Umgebung ($\delta > 0$) von P gibt, so daß je zwei in der δ-Umgebung liegende Randpunkte von g sich durch einen in der ε-Umgebung liegenden einfachen Bogen verbinden lassen, der abgesehen von seinen Endpunkten im Gebiet g verläuft. Sodann gilt der Satz:

V. *Eine einfache geschlossene Kurve ist in jedem ihrer Punkte glatt sowohl für das Innere wie auch für das Äußere der Kurve.*

Wir konstruieren (genau so wie oben das Polygon Π) eine Folge von Polygonen $\Pi_1, \Pi_2, \ldots$, deren Durchmesser gegen 0 konvergieren, so daß Π_{i+1} und P für jedes i im Innern von Π_i liegen; das Polygon Π_i läßt sich in vier solche Wege $u_1^i + v_1^i + u_2^i + v_2^i$ zerlegen, daß von den beiden Endpunkten von u_1^i bzw. von u_2^i einer auf dem Bogen $\widehat{PQ}$ von j, der andere auf dem Bogen $\widehat{QP}$ von j liegt, wobei Q irgendeinen außerhalb von Π_1 liegenden Punkt von j bedeutet. Von den beiden Wegen u_1^i und u_2^i sei immer u_1^i der im Innern von j, u_2^i der im Äußern von j gelegene. Sei nun b^i bzw. b^{i+1} der von den Endpunkten von u_1^i bzw. u_1^{i+1} bestimmte, den Punkt P enthaltende Teilbogen von j. $b^i + u_1^i$ bildet eine einfache geschlossene Kurve,

---

[1]) Darunter verstehen wir eine Folge von Strecken mit den folgenden Eigenschaften: jede Strecke s_ν liegt in g, der Anfangspunkt von $s_{\nu+1}$ fällt mit dem Endpunkt von s_ν zusammen, sonst aber treffen sich keine zwei Strecken. Ein solcher Streckenzug, dessen Endpunkte gegen einen Punkt P konvergieren, bildet mit P zusammen einen einfachen Bogen; man bilde nämlich jede Strecke s_ν auf das Intervall $\frac{1}{\nu} \geq x \geq \frac{1}{\nu+1}$ und den Punkt P auf 0 ab.

[2]) Statt der üblichen Bezeichnung „*unbewallt*" wollen wir diesen Ausdruck gebrauchen.

deren Inneres ein Teil des Inneren von j ist[1]). Wenn wir einen im Innern von $b^i + u_1^i$ liegenden Punkt mit einem im Innern von j und im Äußern von $b^i + u_1^i$ liegenden Punkt innerhalb von j verbinden, wird der verbindende Weg den Weg u_1^i treffen. Wenn wir also einen innerhalb von $b^{i+1} + u_1^{i+1}$ liegenden Punkt mit einem außerhalb von $b^i + u_1^i$ liegenden Punkt des Innengebietes von j innerhalb von j verbinden, wird der verbindende Weg beide Wege u_1^i und u_1^{i+1} treffen; ein Teil davon bildet einen Weg σ^i, der u_1^i und u_1^{i+1} verbindet, und abgesehen von seinen Endpunkten im Zwischengebiet von Π_i und Π_{i+1}, und zugleich vollständig im Innern von j liegt. Nehmen wir für jedes i einen solchen Weg σ^i und außerdem den zwischen dem Anfangspunkt von σ^{i+1} und dem Endpunkt von σ^i liegenden Weg von u_1^i, so entsteht auf diese Weise ein im Inneren von j verlaufender Streckenzug, dessen Eckpunkte gegen den Punkt P konvergieren. —

Sei ferner ε eine beliebige positive Zahl; wir nehmen einen Bogen b der Kurve j, der P als inneren Punkt enthält und dessen Durchmesser $< \frac{\varepsilon}{2}$ ist. Sei $d\,(>0)$ der Abstand des Punktes P von dem Bogen $j-b$; wir wählen ein Polygon Π_i aus der obigen Folge, dessen Durchmesser kleiner ist als d. Sei dann β ein ganz im Innern von Π_i liegender Teilbogen von b, der P als inneren Punkt enthält, und sei $\delta\,(>0)$ der Abstand des Punktes P von dem Bogen $j-\beta$. Wenn Q_1 und Q_2 zwei beliebige Punkte von j sind, deren Abstand von P kleiner ist als δ, so liegen die Punkte Q_1 und Q_2 auf dem Bogen β von j. Wir zerlegen das Polygon Π_i in vier Wege $u_1^i + v_1^i + u_2^i + v_2^i$, so daß u_1^i und u_2^i abgesehen von ihren Endpunkten von j fremd sind, während v_1^i nur den Bogen $\widehat{PR}$ und v_2^i nur den Bogen $\widehat{RP}$ von j trifft, wobei R einen beliebigen außerhalb von Π_i liegenden Punkt der Kurve j bedeutet. Sei b^i der von den Endpunkten von u_1^i bestimmte Teilbogen von j, welcher den Punkt P enthält; vom Innern der einfachen geschlossenen Kurve $u_1^i + b^i$ legen wir einen Streckenzug nach den Punkten Q_1 und Q_2 und verbinden die innerhalb von $u_1^i + b^i$ liegenden Endpunkte dieser Streckenzüge innerhalb von $u_1^i + b^i$, so entsteht ein Streckenzug, der die beiden Punkte Q_1 und Q_2 innerhalb von j und in der ε-Umgebung von P verbindet.

---

[1]) Diese Behauptung folgt leicht aus dem Satz III. Ein Punkt von $j-b^i$ läßt sich nämlich mit dem Unendlichen verbinden, außerhalb von j, also ohne b^i und u_1^i zu treffen; ein Punkt im Innern von j, sehr nahe bei $j-b^i$ gehört somit zum Äußern von $u_1^i + b^i$. Ferner läßt sich jeder im Innern von $u_1^i + b^i$ liegende Punkt mit u_1^i innerhalb von $u_1^i + b^i$ verbinden, dieser Weg kann $j-b^i$ nicht treffen, folglich liegt er ganz im Innern von j.

Genau so ergibt sich die Erreichbarkeit und die Glattheit auch in bezug auf das Äußere der Kurve.

Im Anschluß an die obigen Betrachtungen bringen wir hier einige Hilfssätze über einfache Bögen.

VI. Sei j eine einfache geschlossene Kurve und b ein einfacher Bogen, der zwei Punkte von j innerhalb von j verbindet. Seien b_1 und b_2 die beiden durch die Endpunkte von b bestimmten Teilbögen von j. Das Innere von j wird durch b in zwei Gebiete zerlegt; eines von diesen ist das Innere der einfachen geschlossenen Kurve $b + b_1$, das andere das Innere von $b + b_2$.

Sei P ein beliebiger von den Endpunkten verschiedener Punkt des Bogens b_1, und sei U eine hinreichend kleine Umgebung von P, die keinen Punkt von b und b_2 enthält. Die in U liegenden Punkte des Innengebietes von j gehören zum Innern von $b + b_1$. Zufolge des Satzes V gibt es nämlich eine Umgebung U' von P, so daß unter je drei Punkten von U', die nicht auf $b + b_1$ liegen, wenigstens zwei Punkte sich durch einen in U verlaufenden, $b + b_1$ nicht treffenden Weg verbinden lassen. Sei nun Q_1 ein im Äußern von j, Q_2 ein im Innern von $b + b_1$, und Q_3 ein beliebiger im Innern von j liegender Punkt von U'. Da Q_1 im Äußern von $b + b_1$ liegt, muß jeder Q_1 und Q_2 verbindende Weg $b + b_1$ treffen; ebenso muß jeder in U verlaufende Weg, der Q_1 und Q_3 verbindet, die Kurve j, also den Bogen b_1 treffen. Folglich gibt es einen Weg, der Q_2 und Q_3 in U verbindet und $b + b_1$ nicht trifft. — Sei nun R ein beliebiger, im Innern von j und im Äußern von $b + b_1$ liegender Punkt. Von R legt man einen Weg, nach einem Punkt von b_2, der $j + b$ sonst nicht trifft; ein sehr nahe bei b_2 liegender Punkt dieses Weges gehört zum Innern der Kurve $b + b_2$, folglich auch der ganze Weg und auch der Punkt R.

VII. Sei j eine einfache geschlossene Kurve und sei b ein einfacher Bogen, der zwei Punkte von j außerhalb von j verbindet. Seien b_1 und b_2 die beiden durch die Endpunkte von b bestimmten Teilbögen von j. Einer von diesen Bögen, etwa b_1, bildet mit b zusammen eine solche einfache geschlossene Kurve $b + b_1$, die den anderen Bogen b_2 in ihrem Innern enthält.

Sei etwa b_1 im Äußern der einfachen geschlossenen Kurve $b + b_2$; dann gehört ein innerhalb von j sehr nahe bei b_1 liegender Punkt zum Innern von $b + b_1$. Ein Bogen, der diesen Punkt im Innern von j mit einem Punkt von b_2 verbindet, trifft die Kurve $b + b_1$ nicht, so daß er ganz im Innern von $b + b_1$ liegt, also liegt auch der Bogen b_2 im Innern von $b + b_1$.

VIII. *Ein einfacher Bogen zerlegt die Ebene nicht.*

Sei b ein einfacher Bogen mit den Endpunkten A und B. Sei P ein beliebiger innerer Punkt von b, und sei k eine hinreichend kleine Kreislinie um P, die die Punkte A und B in ihrem Äußern hat. Wir nehmen einen solchen Bogen σ des Kreises k, der, abgesehen von seinen Endpunkten, den Bogen b nicht trifft, und von dessen Endpunkten einer auf dem Bogen $\widehat{AP}$ von b, der andere auf dem Bogen $\widehat{PB}$ von b liegt. Den durch die Endpunkte von σ bestimmten Teilbogen von b bezeichnen wir mit β. Die Bögen σ und β bilden zusammen eine einfache geschlossene Kurve. Seien Q_1 und Q_2 zwei Punkte von β, die auf β durch P getrennt sind, so nahe bei P, daß sie sich durch je einen innerhalb von k und im Innern bzw. im Äußern von $\sigma + \beta$ verlaufenden Bogen β_1 bzw. β_2 verbinden lassen, der b sonst nicht trifft. Die einfache geschlossene Kurve $\beta_1 + \beta_2$ enthält den Bogen $\widehat{Q_1 Q_2}$ von b in ihrem Innern; die Punkte A und B liegen außerhalb von $\beta_1 + \beta_2$.

Seien g_1 und g_2 diejenigen von b bestimmten Gebiete, in denen die Bögen β_1 bzw. β_2 liegen. Der Punkt P kann für kein anderes von b bestimmtes Gebiet Randpunkt sein, ebensowenig die inneren Punkte des Teilbogens $\widehat{Q_1 Q_2}$ von b, die andererseits sämtlich zum Rand derjenigen Gebiete gehören, die P zum Randpunkt haben.

Das Innere von $\beta_1 + \widehat{Q_1 Q_2}$ bzw. von $\beta_2 + \widehat{Q_1 Q_2}$ bezeichnen wir als die beiden Seiten des Bogens b in der Nähe von P.

Da der Rand von g_1 und g_2 abgeschlossen ist, gehört der ganze Bogen b zum Rand jedes dieser Gebiete.

Sei nun $\varkappa$ ein hinreichend kleiner Kreis um A, in dessen Außengebiet B liegt. Wir nehmen einen ganz im Innern von $\varkappa$ liegenden Teilbogen $\widehat{PA}$ von b. Um P bestimmen wir eine innerhalb von $\varkappa$ liegende einfache geschlossene Kurve $\beta_1 + \beta_2$, die einen Teilbogen $\widehat{R_1 R_2}$ von b in ihrem Innern, die Bögen $\widehat{AR_1}$ und $\widehat{R_2 B}$ von b in ihrem Äußern hat. Einen außerhalb von $\varkappa$ liegenden Punkt von b verbinden wir mit dem Unendlichen durch eine b sonst nicht treffende Gerade l und konstruieren ein Polygon Π, indem wir zuerst aus einer quadratischen Teilung der Ebene — mit hinreichend kleiner Seitenlänge — die beiden Quadrate[1]) π_1 und π_2, die die Punkte P und A enthalten, herausheben; dabei wählen wir die Teilung so eng, daß π_1 ganz im Innern von $\beta_1 + \beta_2$ liegt; dann heben wir aus einer hinreichend feinen Unterteilung der ersten Teilung diejenigen Quadrate heraus, die die außerhalb von π_1 und π_2 liegenden Punkte des Bogens $\widehat{PA}$ enthalten, und von denen wir voraussetzen, daß sie von dem Bogen $\widehat{BP}$ wie auch von der Geraden l frei sind. Das Polygon Π, welches der äußere Rand des durch diese Quadrate gebildeten Polygonbereiches ist, hat den Punkt B in seinem Äußern und enthält den Bogen $\widehat{PA}$

[1]) Wir dürfen voraussetzen, daß P und ebenso auch A je im Innern eines Quadrates der Teilung liegt.

in seinem Innern. Von π_2 ausgehend, nehmen wir in beiden Richtungen auf Π die ersten auf π_1 liegenden Punkte von Π; der durch diese Punkte bestimmte, sonst von π_1 fremde Weg v von Π führt vom Innern der Kurve $\beta_1 + \widehat{R_1 R_2}$ in das Innere von $\beta_2 + \widehat{R_1 R_2}$. Daraus folgt insbesondere, daß die beiden Bögen β_1 und β_2 nicht durch b voneinander getrennt werden, daß also der Bogen b nur ein einziges Gebiet in der Ebene bestimmt.

Sei v' ein außerhalb von $\beta_1 + \beta_2$ liegender Teilweg von v, dessen Endpunkte auf β_1 bzw. β_2 liegen. v' bildet mit einem Bogen von $\beta_1 + \beta_2$ zusammen eine einfache geschlossene Kurve, die b in einem einzigen Punkt trifft und von einer Seite von b auf die andere führt.

Man nehme eine Folge von einfachen geschlossenen, voneinander fremden Kurven $j_1, j_2, \ldots$ (von denen jede im Innern der vorangehenden liegt), deren Durchmesser gegen 0 konvergieren, von denen jede den Bogen b in je einem einzigen Punkt trifft und von einer Seite von b auf die andere führt. Wir verbinden einen innerhalb von j_{i+1} liegenden Punkt mit einem außerhalb von j_i liegenden Punkt durch einen b nicht treffenden Weg, und nehmen einen zwischen j_i und j_{i+1} liegenden Teil σ_i dieses Weges, der einen j_i und j_{i+1} verbindenden Weg bildet. Zu diesen Wegen $\sigma_1, \sigma_2, \ldots$ nehmen wir für jedes i den durch die Endpunkte von σ_i und σ_{i+1} bestimmten, von b freien Teilbogen von j_{i+1} hinzu. So entsteht ein einfacher Bogen, der einen Punkt von j_1 innerhalb von j_1 mit A verbindet, ohne b sonst zu treffen. Ebenso legen wir einen einfachen Bogen nach B und verbinden die Endpunkte dieser Bögen durch einen von b und von diesen Bögen sonst fremden Weg; diese bilden zusammen mit b eine einfache geschlossene Kurve. So haben wir das Ergebnis:

IX. *Jeder einfache Bogen läßt sich zu einer einfachen geschlossenen Kurve ergänzen.*

§ 2. Erweiterung der Abbildung auf die Ebene.

In diesem Paragraphen werden wir zeigen, daß sich jede topologische Abbildung einer einfachen geschlossenen Kurve auf eine andere solche Kurve zu einer topologischen Abbildung der Ebene auf sich selbst erweitern läßt; m. a. W. es läßt sich eine topologische Abbildung der Ebene auf sich selbst bestimmen, die auf der Kurve mit der im voraus gegebenen Abbildung übereinstimmt.

Die Frage ist gelöst, sobald man weiß, daß jeder Kurvenbereich (d. h. das Innere einer beliebigen einfachen geschlossenen Kurve, mit dem Rand zusammen) auf eine Kreisscheibe topologisch abgebildet werden kann. Sei nämlich t eine topologische Abbildung der Kurve j auf den Kreis, und τ eine topologische Abbildung des Kurvenbereiches (j) auf die

Kreisscheibe. $\tau^{-1}t$ stellt eine topologische Abbildung der Kreislinie auf sich selbst dar; diese Abbildung läßt sich zu einer topologischen Abbildung der Kreisscheibe auf sich selbst erweitern, indem man zu jedem Punkt (r, φ) als Bild denjenigen Punkt (r', φ') zuordnet, für den $r' = r$ ist und die Zuordnung zwischen φ und φ' mit der auf dem Umfang durch $\tau^{-1}t$ vermittelten Abbildung übereinstimmt. Diese Abbildung σ der Kreisscheibe auf sich selbst ergibt mit der Abbildung τ zusammen eine Abbildung $\tau\sigma$ des Kurvenbereiches auf die Kreisscheibe, die auf der Kurve selbst mit der Abbildung t übereinstimmt. — Für das Äußere der Kurve j kann man auf Grund dieses Ergebnisses analog verfahren. Wir nehmen einen hinreichend großen Kreis K, der sowohl den Kreis k wie auch die Kurve j im Innern enthält. Zwei Punkte von K verbinden wir mit zwei Punkten von j zwischen K und j, durch zwei einander nicht treffende einfache Bögen b und c (die etwa zwei Strecken einer durch zwei Punkte von j laufenden Geraden sein mögen [s. Fig. 7]). Diese Bögen

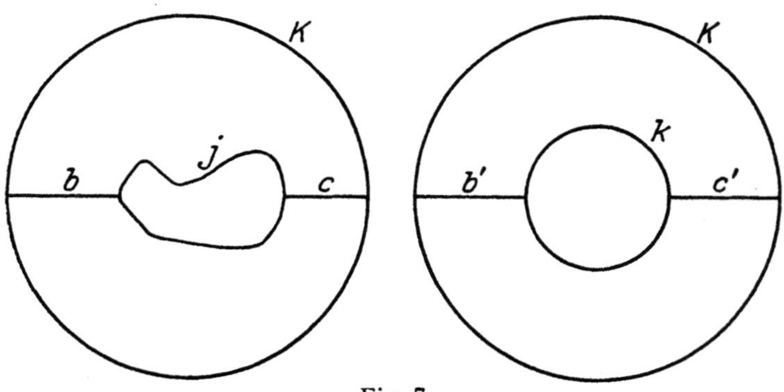

Fig. 7.

bilden mit den Bögen von j und K zwei außerhalb voneinander liegende einfache geschlossene Kurven; für diese Kurven erklären wir die Abbildung derart, daß sie auf K die Identität, auf j die gegebene Abbildung t sei und daß die beiden Bögen b und c in zwei die entsprechenden Punkte von K und k verbindende Bögen b', c' übergehen. Dann läßt sich diese Abbildung auf das Innere von jeder der beiden außerhalb voneinander liegenden einfachen geschlossenen Kurven, die aus K, j und aus den Bögen b, c zusammengesetzt werden, topologisch erweitern. So entsteht eine topologische Abbildung der Ebene auf sich selbst, die außerhalb von K und auf K die Identität ist, und die auf der Kurve j mit der im voraus gegebenen Abbildung t übereinstimmt.

Es handelt sich also um die Aufgabe, den Bereich einer beliebigen einfachen geschlossenen Kurve j auf eine Kreisscheibe topologisch abzubilden[1]). Zu diesem Zwecke bestimmen wir eine Folge von gegen j konvergierenden Polygonen $\pi_1, \pi_2, \ldots$ auf die folgende Weise. Wir zerlegen die Kurve j in $l^{(1)}$ Bögen $b_1, b_2, \ldots, b_{l^{(1)}}$, von denen jeder einen Durchmesser $< \varepsilon^{(1)} (> 0)$ hat. Auf jedem dieser Bögen b_ν wählen wir einen von seinen Endpunkten verschiedenen Punkt P_ν. Sei Q_ν ein Punkt im Innern von j, dessen Abstand von P_ν kleiner ist als der halbe Abstand des Punktes P_ν von den anderen Bögen $b_{\nu+k}$. Auf der Strecke $\overline{Q_\nu P_\nu}$ sei S_ν der erste Punkt von j (der notwendig auf dem Bogen b_ν liegt); die Strecke $\overline{Q_\nu S_\nu}$ bezeichnen wir mit $\lambda_\nu^{(1)}$. Seien $\lambda_\nu^{(1)}$ und $\lambda_{\nu+1}^{(1)}$ zwei auf diese Weise bestimmte Strecken; um den gemeinsamen Endpunkt von b_ν und $b_{\nu+1}$ nehmen wir eine Umgebung mit dem Radius $4\varepsilon^{(1)}$; diese Umgebung enthält beide Strecken $\lambda_\nu^{(1)}$ und $\lambda_{\nu+1}^{(1)}$; wir verbinden die freien (d. h. nicht auf j liegenden) Endpunkte Q_ν und $Q_{\nu+1}$ dieser Strecken durch einen Weg $\mu_\nu^{(1)}$, der diese Wege sonst nicht trifft und innerhalb von j und zugleich innerhalb der $4\varepsilon^{(1)}$-Umgebung liegt; die Möglichkeit einer solchen Verbindung ist etwa durch die Konstruktion des Polygons Π in § 1 gesichert. So bestimmen wir für jedes ν einen Weg $\mu_\nu^{(1)}$, der die anderen außer in den gemeinsamen Endpunkten Q_ν nicht treffen soll. Auf diese Weise entsteht ein solches Polygon $\Pi^{(1)} = \mu_1^{(1)} + \mu_2^{(1)} + \ldots + \mu_{l^{(1)}}^{(1)}$, daß $\Pi^{(1)}$ und j überall einen Abstand $< 4\varepsilon^{(1)}$ voneinander haben. Der zwischen $\Pi^{(1)}$ und j liegende Bereich wird durch die Wege $\lambda_\nu^{(1)}$ in Bereiche $\beta_\nu^{(1)}$ zerlegt, deren jeder von einer einfachen geschlossenen Kurve berandet ist und einen Durchmesser $< 4\varepsilon^{(1)}$ hat.

Wir nehmen jetzt eine positive Zahl $\varepsilon^{(2)} < \frac{\varepsilon^{(1)}}{2}$ und zerlegen jeden Bogen $\widehat{S_\nu S_{\nu+1}}$ von j in $l^{(2)}$ Bögen, deren jeder einen Durchmesser $< \varepsilon^{(2)}$ hat. Wie oben werden die Wege $\lambda_\sigma^{(2)}$ konstruiert, die einander und die Wege $\lambda_\nu^{(1)}$, $\mu_\nu^{(1)}$ nicht treffen. Wir nehmen die freien Endpunkte von $\lambda_\sigma^{(2)}$, und auf den Wegen $\lambda_\nu^{(1)}$ je einen Punkt; diese Punkte verbinden wir durch geeignet gewählte Wege $\mu_\sigma^{(2)}$; so entsteht ein Polygon $\Pi^{(2)}$. Fahren wir so fort, so bekommen wir bei dem n-ten Schritt ein Polygon $\Pi^{(n)}$, so daß $\Pi^{(n)}$ und j überall einen Abstand $< 4\varepsilon^{(n)} < 4\frac{\varepsilon^{(1)}}{2^{n-1}}$ voneinander haben, und der Bereich zwischen $\Pi^{(n)}$ und j in einfache Kurvenbereiche $\beta_\nu^{(n)}$ vom Durchmesser $< 4\varepsilon^{(n)}$ zerlegt

[1]) Es ist aus der Funktionentheorie bekannt, daß man das Innere einer einfachen geschlossenen Kurve auf das Innere des Kreises eineindeutig und sogar konform abbilden kann, wobei dann auch die Randpunkte einander eineindeutig und beiderseits stetig entsprechen. Hier handelt es sich um einen topologischen Beweis dieses Satzes (ohne die Behauptung der Konformität).

wird. Dabei soll jedes Polygon $\Pi^{(n)}$ zwischen $\Pi^{(n-1)}$ und j liegen (was durch geeignete Wahl von $\varepsilon^{(n)}$ erreicht wird).

Wir bestimmen eine topologische Abbildung des Polygonbereiches von $\Pi^{(1)}$ auf den Kreisbereich mit dem Radius $\frac{1}{2}$, so daß dabei die auf $\Pi^{(1)}$ liegenden Endpunkte der Wege $\lambda_\nu^{(1)}$ in die Punkte des Kreises mit den Winkeln $\frac{2\nu\pi}{l^{(1)}}$ übergehen. Dann nehmen wir eine an diese Abbildung anschließende Abbildung des von $\Pi^{(1)}$ und $\Pi^{(2)}$ berandeten Bereiches auf den Kreisring $\frac{1}{2} \leqq r \leqq \frac{2}{3}$, $0 \leqq \varphi < 2\pi$, so daß dabei die auf $\Pi^{(2)}$ liegenden Endpunkte der Wege $\lambda_\sigma^{(2)}$ in die Punkte $\varphi = \frac{2\sigma\pi}{l^{(1)}\,l^{(2)}}$, und die zwischen $\Pi^{(1)}$ und $\Pi^{(2)}$ liegenden Teile der Wege $\lambda_\nu^{(1)}$ in die Radialen: $\varphi = \frac{2\nu\pi}{l^{(1)}}$, $\frac{1}{2} \leqq r \leqq \frac{2}{3}$ übergehen (das ist derart durchzuführen, daß man für jeden zwischen $\Pi^{(1)}$ und $\Pi^{(2)}$ liegenden, von den $\lambda_\nu^{(1)}$ bestimmten Polygonbereich die Abbildung einzeln bestimmt) — und so weiter. Auf diese Weise entsteht eine topologische Abbildung des Inneren von j auf das Innere des Einheitskreises. — Es läßt sich aber gleich zeigen, daß diese Abbildung sich auch für den Rand in eineindeutiger und stetiger Weise erweitern läßt. Zu diesem Zwecke gehen wir zu den Kurvenbereichen $\beta_\nu^{(i)}$ $(\nu = 1, 2, \ldots, l^{(1)}\,l^{(2)} \ldots l^{(i)})$ zurück, die zwischen $\Pi^{(i)}$ und j von den Wegen $\lambda_\nu^{(i)}$ und $\lambda_{\nu+1}^{(i)}$ bestimmt werden. Den Bereich, der im Kreise durch die Formeln: $\frac{\nu}{i+1} \leqq r \leqq 1$, $\frac{2\nu\pi}{l^{(1)} \ldots l^{(i)}} \leqq \varphi \leqq \frac{2(\nu+1)\pi}{l^{(1)} \ldots l^{(i)}}$ erklärt ist, bezeichnen wir mit $\overline{\beta_\nu^{(i)}}$. Laut der oben erklärten Abbildung entspricht einem nicht auf j liegenden Punkt von $\beta_\nu^{(i)}$ ein nicht auf dem Kreis liegender Punkt in $\overline{\beta_\nu^{(i)}}$. Sei $\beta_{\nu_1}^{(1)}$, $\beta_{\nu_2}^{(2)}$, ... eine beliebige Folge von ineinander enthaltenen Bereichen $\beta_\nu^{(i)}$; diese konvergieren gegen einen einzigen Punkt von j, da nämlich ihre Durchmesser gegen 0 konvergieren; diesem Punkt lassen wir als Bildpunkt den Grenzpunkt der Bereiche $\overline{\beta_{\nu_1}^{(1)}}$, $\overline{\beta_{\nu_2}^{(2)}}$, ... im Kreis entsprechen. Auf diese Weise entsteht also eine eineindeutige und beiderseits stetige Beziehung zwischen den Punkten von j und von k, die zusammen mit der bereits erklärten Abbildung des Innern von j auf das Innere von k eine topologische Abbildung des Kurvenbereiches von j auf die Kreisscheibe ergibt.

Aus dem Bewiesenen folgt ferner: wenn $j_1, j_2, \ldots, j_n$ ein System einander nicht treffender einfacher geschlossener Kurven, und $j_1', j_2', \ldots, j_n'$ ein anderes System bedeutet, deren entsprechende Kurven gleiche Lage haben, d. h. so liegen, daß j_k' im Innern bzw. im Äußern von j_l' liegt, wenn j_k im Innern bzw. im Äußern von j_l liegt, so läßt sich eine topologische Abbildung der Ebene auf sich selbst bestimmen, so daß dabei jede Kurve j_k in die Kurve j_k' übergeht. Man verbindet einfach die Kurven $j_1, j_2, \ldots, j_n$ miteinander durch einander nicht treffende Wege, und ähnlich die Kurven $j_1', j_2', \ldots, j_n'$ und wendet auf jeden der so entstehenden Kurvenbereiche den obigen Satz an. Dafür haben wir oben bereits ein Beispiel (für $n = 2$) betrachtet, welches auch hier die notwendige Aufklärung gibt. — Indem wir den erst im II § 5 zu erklärenden Begriff des positiven bzw. negativen Umlaufes um eine einfache geschlossene Kurve benutzen, können wir aus den obigen Betrachtungen noch die folgende Erweiterung des eben formulierten Ergebnisses erhalten:

Seien $j_1, j_2, \ldots, j_n$ und $j_1', j_2', \ldots, j_n'$ zwei Systeme von einfachen geschlossenen Kurven, so daß die Kurven $j_1, j_2, \ldots, j_n$ einander nicht treffen, und ebenso die Kurven $j_1', j_2', \ldots, j_n'$ voneinander fremd sind; setzen wir voraus, daß die entsprechenden Kurven der beiden Systeme gleiche Lage haben im oben erklärten Sinne. Sei ferner für jedes i eine topologische Abbildung von j_i auf j_i' bestimmt, die entweder für jedes i dem positiven Umlauf von j_i den positiven Umlauf von j_i' oder aber für jedes i dem positiven Umlauf von j_i den negativen Umlauf von j_i' entsprechen läßt. Unter diesen Bedingungen gibt es eine solche topologische Abbildung der Ebene auf sich selbst die auf den Kurven $j_1, j_2, \ldots, j_n$ mit den im voraus gegebenen Abbildungen dieser Kurven auf die Kurven j_i' übereinstimmt.

Nach *Antoine* unterscheidet man drei Fälle der Homöomorphie zweier ebenen Mengen M und M':

a) Es gibt eine topologische Abbildung der Ebene auf sich selbst, die die Menge M in M' überführt.

b) Es gibt keine topologische Abbildung der ganzen Ebene auf sich selbst, die M in M' überführt, es gibt aber eine topologische Abbildung einer ebenen Umgebung von M auf eine Umgebung von M', die M in M' überführt.

c) Es gibt keine topologische Abbildung einer Umgebung von

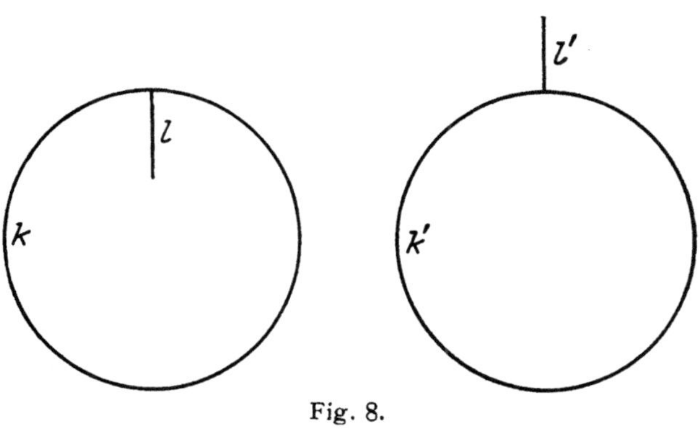

Fig. 8.

M auf eine Umgebung von M', die M in M' überführt, aber eine topologische Abbildung von M auf M'.

Zu a) gehört der Fall von zwei einfachen geschlossenen Kurven, und auch der von zwei nirgends zusammenhängenden beschränkten abgeschlossenen und einander homöomorphen Punktmengen (vgl. I § 6 und III § 4). Für den Fall b) gibt Fig. 8 ein Beispiel; der Kreis k und die nach innen gerichtete Strecke l ergibt eine dem Kreis k' und der nach außen gerichteten Strecke l' homöomorphe

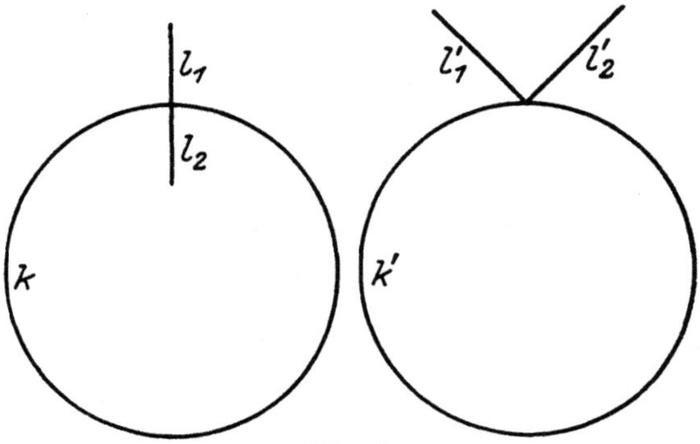

Fig. 9.

Punktmenge; ihre Abbildung läßt sich nicht auf die ganze Ebene erweitern (dann müßte nämlich das Innere von k in das Innere von k' übergehen), wohl aber für je eine Umgebung von $k + l$ und $k' + l'$. Für den Fall c) gibt Fig. 9 ein Beispiel, wie man leicht einsieht.

Falls man statt topologischer Abbildungen nur eindeutige stetige Abbildungen betrachtet, findet man andere Verhältnisse. Wir betrachten eine beschränkte abgeschlossene Menge M und eine auf M überall dichte Menge M_1. Dann gilt zunächst der von *Brodén* herrührende Satz:

Jede auf M_1 gleichmäßig stetige eindeutige Funktion $f(P)$ läßt sich zu einer auf M stetigen eindeutigen Funktion erweitern.

Zu jedem Punkt von M, der nicht zu M_1 gehört, gibt es wenigstens eine gegen ihn konvergierende Punktfolge von M_1. Zufolge der gleichmäßigen Stetigkeit von $f(P)$ auf M_1 gibt es zu jedem positiven ε ein positives δ, so daß für je zwei Punkte P_1 und P_2 von M_1, deren Abstand kleiner ist als δ, $|f(P_1) - f(P_2)| < \varepsilon$ besteht. Wenn P ein beliebiger Punkt von M und $P_1, P_2, \ldots$ eine gegen P konvergierende Folge von M_1 ist, so gibt es zu jedem positiven δ einen Index n_0, so daß, wenn $n > n_0$ und $m > n_0$, der Abstand von P_m und P_n kleiner als δ, also $|f(P_m) - f(P_n)| < \varepsilon$ ist. Die Folge $f(P_1), f(P_2), \ldots$ hat also einen Grenzwert. Wenn man zwei gegen P konvergierende

Punktfolgen von M_1 hat, so kann man aus diesen eine gegen P konvergierende Punktfolge zusammenstellen. Wenn wir also den Wert, gegen welchen die Werte $f(P_i)$ für $P_i \to P$ konvergieren, als den Wert der Funktion $f(P)$ im Punkt P erklären, erhalten wir eine auf M eindeutige stetige Funktion $f(P)$, die in den Punkten von M_1 mit der im voraus gegebenen Funktion übereinstimmt. —

Sei $f(P)$ eine eindeutige stetige Funktion auf einer beschränkten abgeschlossenen Punktmenge M. Es läßt sich eine in der ganzen Ebene stetige eindeutige Funktion $F(P)$ angeben, die in den Punkten von M mit der gegebenen Funktion $f(P)$ übereinstimmt.

Für diesen Satz geben wir einen einfachen Beweis von *F. Riesz* wieder[1]). Es sei $f(P)$ eine reelle, nicht negative Funktion[2]). Wir erklären die Funktion F folgendermaßen:

$$F(P) = f(P), \text{ wenn } P \text{ in } M \text{ liegt,}$$

$$F(Q) = \operatorname*{Max}_{(P \text{ in } M)} \frac{(Q, M)}{(Q, P)} \cdot f(P) = (Q, M) \operatorname*{Max}_{(P \text{ in } M)} \frac{f(P)}{(Q, P)}, \quad \text{wenn } Q \text{ außerhalb von } M \text{ liegt,}$$

wobei (Q, M) bzw. (Q, P) den Abstand des Punktes Q von der Menge M bzw. von dem Punkt P bedeutet. — Da (Q, M) und auch (Q, P) für einen festen Punkt P stetige Funktionen von Q sind, ferner $(Q, P) \neq 0$, wenn Q von M fremd ist, so ist auch $F(Q)$ in jedem nicht zu M gehörigen Punkt der Ebene stetig. Ist also P_0 ein beliebiger Punkt von M, so ist noch zu zeigen, daß es zu jedem positiven ε ein positives δ gibt, so daß für jeden Punkt Q, für welchen $(Q, P_0) < \delta$ ist, $|F(Q) - F(P_0)| < \varepsilon$ besteht.

Sei K ein Kreis um P_0 mit einem hinreichend kleinen Radius $r > 0$, so daß für jeden im Innern von K liegenden Punkt P von M $|f(P) - f(P_0)| < \varepsilon$ besteht. Wir nehmen um P_0 einen anderen Kreis k mit einem Radius $\delta < \frac{r}{2}$. Ist Q ein beliebiger, nicht zu M gehöriger Punkt innerhalb von k, und ist P_1 ein Punkt von M, dessen Abstand von Q unter den Punkten von M am kleinsten ist, so hat man

$$\frac{(Q, M)}{(Q, P_1)} \cdot f(P_1) = f(P_1),$$

folglich

$$F(Q) = \operatorname*{Max}_{(P \text{ in } M)} \frac{(Q, M)}{(Q, P)} f(P) \geqq f(P_1) \geqq f(P_0) - \varepsilon.$$

---

1) Diesen Beweis, der sich übrigens nur leicht von den von *Tietze* (Journ. f. d. r. u. a. Math. **145**, S. 9ff., 1915) und von *Hahn* (Theorie der reellen Funktionen, Leipzig, 1921, S. 140) gegebenen Beweisen unterscheidet, verdanke ich einer brieflichen Mitteilung von Herrn *F. Riesz*.

2) Wenn die (reelle) Funktion $f(P)$ auch negative Werte annimmt, betrachten wir statt $f(P)$ die Funktion $f(P) + C$, wobei C eine solche positive Größe bedeutet, daß $-C$ kleiner ist als das Minimum von $f(P)$ auf M.

Andererseits ist der Wert von

$$\frac{(Q, M)}{(Q, P)} \leqq \frac{\delta}{r-\delta}$$

für die außerhalb von k liegenden Punkte P von M, so daß für dieselben Punkte von M

$$\frac{(Q, M)}{(Q, P)} f(P) \leqq \frac{\delta}{r-\delta} m$$

ist, wobei m das Maximum von $f(P)$ in M bedeutet; dieser Wert ist beliebig klein, wenn nur δ hinreichend klein gewählt wird. — Für die innerhalb von k liegenden Punkte P von M besteht

$$\frac{(Q, M)}{(Q, P)} \leqq 1 \quad \text{und} \quad f(P) \leqq f(P_0) + \varepsilon,$$

so daß

$$F(Q) = \operatorname*{Max}_{(P \text{ in } M)} \frac{(Q, M)}{(Q, P)} f(P) \leqq f(P_0) + \varepsilon.$$

Wenn also δ hinreichend klein gewählt wird, so gilt für jeden innerhalb von k liegenden Punkt Q

$$f(P_0) - \varepsilon \leqq F(Q) \leqq f(P_0) + \varepsilon.$$

Die durch die obige Vorschrift erklärte Funktion F ist also in der ganzen Ebene eindeutig und stetig, sie ist ferner in den Punkten von M mit der gegebenen Funktion f identisch.

§ 3. Die Invarianz der Dimensionenzahl und die Gebietsinvarianz als Folgerungen des *Jordan*schen Kurvensatzes.

Wie bekannt, kann man eine eineindeutige Beziehung zwischen den reellen Zahlen und den Punkten der Ebene (oder auch des n-dimensionalen Raumes) herstellen; diese Beziehung ist jedoch nicht stetig. Andererseits läßt sich eine Gerade auf die Ebene eindeutig und stetig, nicht aber eineindeutig abbilden. Daß eine eineindeutige und stetige Beziehung zwischen den Punkten der Geraden und der Ebene unmöglich ist, ist ein Spezialfall des folgenden von *Brouwer* bewiesenen Satzes:

Es gibt keine topologische Abbildung zwischen den Punkten eines m-dimensionalen und eines $m+h$-dimensionalen $(h > 0)$ Raumes.

Sei zuerst $m = 1$, und wenn $h > 1$, nehmen wir eine im Bildraum liegende Ebene E. Sei (k) eine Kreisscheibe in E; da (k) ein beschränktes Kontinuum ist, entspricht ihm auf der Geraden g als Bild ein beschränktes Kontinuum, also ein Intervall (A, B). Seien A' und B' die Bilder von A und B; die Strecke $A'B'$ wird dann ebenfalls auf ein beschränktes, die Punkte A und B enthaltendes Teilkontinuum von g, also auf das ganze Intervall (A, B) abgebildet; folglich kann das Bild des Intervalls (A, B) nicht die Kreisscheibe (k) erschöpfen.

Für $m = 2$ beweisen wir den Satz nach *Hausdorff*[1]) auf die folgende Weise. Setzen wir etwa voraus, daß $h = 1$ ist. Durch eine Kugelfläche des 3-dimensionalen Raumes R_3 legen wir parallele Schnitte, so haben wir eine *nichtabzählbare* Menge von Parallelkreisen k; jedem Kreis k entspricht in der Bildebene E eine einfache geschlossene Kurve j. Diese Bildkurven können nicht alle außerhalb voneinander liegen, sonst wäre nämlich ihre Menge abzählbar. Es gibt also zwei Kurven j_1 und j_2, von denen j_2 im Innern von j_1 liegt, und ebenso folgt, daß es drei solche Kurven j_1, j_2, j_3 gibt, von denen j_3 innerhalb von j_2, und j_1 außerhalb von j_2 liegt. Die ihnen entsprechenden Kreise k_1, k_2, k_3 können zu je zwei durch eine Strecke, die innerhalb der Kugelfläche liegt und also den dritten Kreis nicht trifft, verbunden werden. Eine Strecke, die k_1 und k_3 verbindet, wird auf einen j_1 und j_3 verbindenden und j_2 nicht treffenden einfachen Bogen in der Ebene abgebildet. Mit diesem Widerspruch ist der Beweis fertig. —

Wir werden zweitens den folgenden von *Schoenflies* herrührenden Satz beweisen:

Das topologische Bild eines Gebietes in der Ebene ist wieder ein Gebiet.

Dazu genügt es, die folgende Behauptung zu beweisen: sei P ein beliebiger Punkt des Gebietes g, und q ein Quadrat um P, das mit seinem Innern zusammen zu g gehört; die einfache geschlossene Kurve j, die das Bild von q darstellt, gehört mit ihrem Innern zur Bildmenge von g.

Sei Q ein beliebiger Punkt im Innern von q und P', Q' die Bilder von P, Q; der Strecke $\overline{PQ}$ entspricht ein einfacher Bogen $\widehat{P'Q'}$, der j nicht trifft, da auch $\overline{PQ}$ von q fremd ist. Wenn also der Bildpunkt Q' eines beliebigen Punktes Q des Quadratinnern im Innern bzw. im Äußern von j liegt, so liegt das Bild jedes anderen Punktes des Quadratinnern ebenfalls im Innern bzw. im Äußern von j. Wir werden zeigen, daß der letztere Fall unmöglich ist.

Gesetzt also, das Innere von q wäre auf eine außerhalb von j liegende Menge abgebildet. Seien l_1 und l_2 die beiden Mittellinien des Quadrates q, und k_1 und k_2 die beiden, durch die Endpunkte von l_1 bestimmten Wege von q; die Bilder von k_1, k_2, l_1, l_2 bezeichnen wir mit k_1', k_2', l_1', l_2'. Der einfache Bogen l_1' verbindet zwei Punkte von $j = k_1' + k_2'$ im Äußern von j; einer der Bögen k_1', k_2', etwa k_1', bildet also mit l_1' zusammen eine den anderen Bogen k_2' im Innern enthaltende, einfache geschlossene Kurve (II § 1 Satz VII, s. Fig. 10). Die Punkte von l_2, die hinreichend nahe bei k_1 liegen, werden auf Punkte von l_2' abgebildet, die hinreichend nahe bei k_1', außerhalb von $j = k_1' + k_2'$, also auch außerhalb von $k_1' + l_1'$ liegen.

[1]) Grundzüge, S. 377.

Unter den beiden Rechtecken $k_1 + l_1$ und $k_2 + l_1$ gibt es also ein solches (im gegenwärtigen Fall ist dies $k_1 + l_1 = q_1$), daß das Innere von q_1 auf eine außerhalb der Bildkurve von q_1 liegende Bildmenge abgebildet wird, und zwar so, daß das Bild von q_1 das Bild von q im Innern enthält. — Halbieren wir q_1, so daß zwei Quadrate entstehen, so gibt es unter diesen wieder ein solches q_2, dessen Inneres

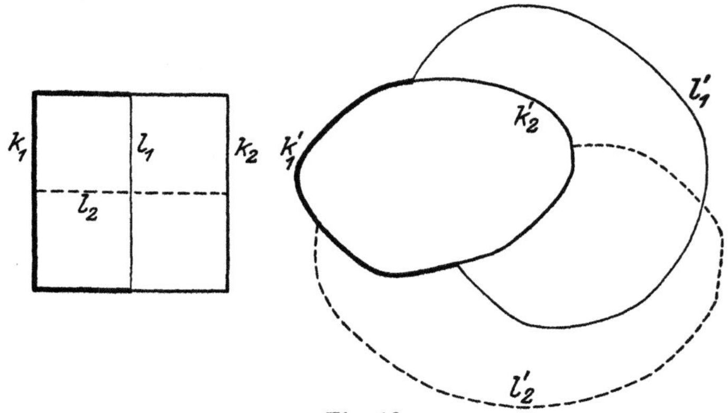

Fig. 10.

auf das Äußere der Bildkurve von q_2 abgebildet wird und dessen Bildkurve das Bild von q_1 im Innern enthält. — Auf diese Weise fortfahrend bekommen wir eine Folge ineinander enthaltener Rechtecke $q_1, q_2, q_3, \ldots$, deren Durchmesser gegen 0 konvergieren, von der Beschaffenheit, daß das Bild von q_{i+1} das Bild von q_i im Innern enthält. Diese Rechtecke konvergieren gegen einen Punkt. In diesem Punkte kann die Abbildung nicht stetig sein, da ein Rechteck q_i mit beliebig kleinem Durchmesser auf eine die Kurve j im Innern enthaltende Bildkurve abgebildet wird, deren Durchmesser also oberhalb einer festen positiven Zahl bleibt. — Aus diesem Widerspruch folgt, daß das Bild des Quadratinnern (q) im Innern der Bildkurve j von q liegt.

Daß jeder Punkt innerhalb von j ein Bildpunkt ist, ergibt sich sofort. Sei etwa R' ein innerhalb von j liegender Punkt, der nicht zur Bildmenge des Quadratbereiches (q) gehört. Sei $R'S'$ ein in j liegender Weg, der abgesehen von S' keinen Bildpunkt von (q) enthält, und sei S derjenige Punkt von (q), dessen Bild S' ist. Um S schlagen wir einen hinreichend kleinen Kreis c, so daß das Bild der Kreisscheibe (c) einen Durchmesser kleiner als der Abstand $R'S'$ hat. Das Bild des Kreises c ist eine einfache geschlossene Kurve c', welche — wie wir oben gesehen haben — den Punkt S im Innern enthält. Andererseits liegt R' im Äußern von c', da der Abstand der Punkte R' und S' größer ist als der Durchmesser der Kurve c'.

Also würde die Kurve c' den Weg $R'S'$ treffen, gegen die Annahme, daß dieser Weg abgesehen von S' keinen Bildpunkt enthält.

Die gleichen Beweise sind für beliebig viele Dimensionen gültig, wenn der *Jordan*sche Satz für den betreffenden Raum schon bewiesen ist.

§ 4. Die Umkehrung des *Jordan*schen Kurvensatzes.

Wir haben gesehen, daß eine einfache geschlossene Kurve (d. h. das topologische Bild des Kreises) in der Ebene zwei Gebiete bestimmt, und jeder ihrer Punkte in beiden Gebieten erreichbar ist. Die von *Schoenflies* herrührende Umkehrung des Satzes besagt:

Eine beschränkte abgeschlossene Punktmenge, die in der Ebene zwei Gebiete bestimmt, und deren Punkte in beiden Gebieten erreichbar sind, ist eine einfache geschlossene Kurve, d. h. sie läßt sich topologisch auf einen Kreis abbilden.

Wir bezeichnen mit $\mathfrak{J}$ bzw. $\mathfrak{A}$ das von der gegebenen Menge j bestimmte beschränkte bzw. unbeschränkte Gebiet.

Seien P und Q zwei Punkte von j; wir legen in $\mathfrak{J}$ von einem Punkte von $\mathfrak{J}$ zwei einfache Streckenzüge, deren Eckpunkte gegen P bzw. Q konvergieren; von diesen können wir voraussetzen, daß sie sich abgesehen von ihrem gemeinsamen Anfangspunkt, sonst nicht treffen. So haben wir einen einfachen Streckenzug $s = \ldots + s_{-2} + s_{-1} + s_0 + s_1 + s_2 + \ldots$, welcher P und Q innerhalb von $\mathfrak{J}$ verbindet (die Eckpunkte von $s_1, s_2, \ldots$ konvergieren gegen P, die von $s_{-1}, s_{-2}, \ldots$ gegen Q). Durch einen ebensolchen Streckenzug $s' = \ldots + s'_{-1} + s_0' + s_1' + \ldots$ verbinden wir P und Q innerhalb von $\mathfrak{A}$. Die Streckenzüge s und s' zusammen zerlegen die Ebene in zwei Teile[1]). Ein Weg w, der einen (in $\mathfrak{A}$ liegenden) Punkt von s' mit einem (in $\mathfrak{J}$ liegenden) Punkt von s innerhalb von $\pi = s + s'$ verbindet, besitzt wenigstens einen Randpunkt von $\mathfrak{J}$, d. h. einen Punkt

---

[1]) Diese Behauptung ist leicht aus dem in I § 1 dargestellten Polygonsatz der Ebene herzuleiten. Seien erstens A und B zwei Punkte auf verschiedenen Seiten einer Strecke s_i, hinreichend nahe bei ihr; jeder A und B verbindende Weg w trifft $\pi = s + s'$; wenn w von den Punkten P und Q frei ist, können wir je einen Teil von π hinreichend nahe bei P und Q durch je eine Strecke ersetzen; das so entstehende Polygon trifft den Weg w und zwar nicht auf den neu hinzugenommenen Strecken. Seien ferner A und B zwei Punkte, die beide im Innern eines Polygons liegen, welches aus $s + s'$ durch die obige Modifizierung entsteht; falls die Abstände der Punkte A und B von den Punkten P und Q größer sind als ε, andererseits die Modifizierung von $s + s'$ zu einem Polygon in einer ε-Umgebung von P und von Q geschieht, wird ein außerhalb von diesen Umgebungen die beiden Punkte A und B im Polygoninnern verbindender Weg auch von $s + s'$ frei bleiben; das gleiche gilt für das Äußere.

von j; ebenso ergibt sich, daß j auch im Äußern von π Punkte besitzt. j wird also durch π in die Teilmengen M_1 und M_2 der innerhalb bzw. außerhalb von π liegenden Punkte von j zerlegt; M_1 und M_2 haben nur die beiden Punkte P und Q für gemeinsame Grenzpunkte.

Sei R ein innerhalb und S ein außerhalb von π liegender Punkt von j, und s_1 bzw. s_1' je ein diese Punkte in $\mathfrak{J}$ bzw. in $\mathfrak{A}$ verbindender Streckenzug. Ihre Gesamtheit $s_1 + s_1'$ zerlegt die Ebene in zwei Teile und (wie es sich leicht aus dem Satz IV von I § 1 ergibt) von den beiden Punkten P und Q liegt einer im Innern, der andere im Äußern von $s_1 + s_1'$, da nämlich s nur s_1 (nicht aber s_1'), und s' nur s_1' (nicht aber s_1) trifft. — Folglich ist die Eigenschaft, daß die Punkte R und S durch zwei, die Punkte P und Q in $\mathfrak{J}$ bzw. in $\mathfrak{A}$ verbindende, Streckenzüge $\pi = s + s'$ voneinander getrennt werden, nur von diesen Punkten selbst und nicht von der speziellen Wahl von π abhängig. Wir werden demgemäß sagen, daß R und S voneinander durch P und Q getrennt werden; aus der obigen Bemerkung folgt, daß dann auch P und Q voneinander durch R und S getrennt werden.

Wir bekommen auf diese Weise eine zyklische Anordnung für die Punkte von j, die wir folgendermaßen deuten wollen. Sei P_∞ ein beliebig aber fest gewählter Punkt von j; seien P_1 und P_2 zwei andere Punkte von j, für diese setzen wir die lineare Ordnungsrelation $P_1 < P_2$ fest; für jeden Punkt P_3 von j, der von P_∞ durch P_1 und P_2 getrennt wird, setzen wir $P_1 < P_3 < P_2$ und sagen, daß P_3 zwischen P_1 und P_2 liegt; die Gesamtheit der zwischen P_1 und P_2 liegenden Punkte bezeichnen wir als das Intervall $(P_1 P_2)$. Sei P_4 ein nicht zwischen P_1 und P_2 liegender Punkt von j; wir setzen $P_4 < P_1$ bzw. $P_4 > P_2$, je nachdem ob die Punkte P_3 und P_4 (wobei P_3 einen Punkt des Intervalles $(P_1 P_2)$ bedeutet) den Punkt P_1 von P_∞, oder den Punkt P_2 von P_∞ trennen. Diese Ordnungsrelationen sind durch die betreffenden Punkte eindeutig bestimmt und haben die Eigenschaft der Transitivität, d. h. aus $P_1 < P_2$ und $P_2 < P_3$ folgt auch $P_1 < P_3$, wie man unmittelbar einsieht. — Wir haben ferner gesehen, daß es zu je zwei Punkten P_1 und P_2 $(P_1 < P_2)$ Punkte P gibt, für welche $P_1 < P < P_2$ bzw. $P < P_1$ bzw. $P > P_2$ besteht.

Von einer Folge von Punkten $P_1, P_2, \ldots$ werden wir sagen, daß sie im Sinne der zyklischen Anordnung gegen den Punkt P $(\neq P_\infty)$ konvergiert, wenn sie die folgende Bedingung erfüllt: ist (Q, R) ein beliebiges, P enthaltendes Intervall, so liegen sämtliche Punkte der Folge, abgesehen von endlich vielen, im Intervall (Q, R). (Falls $P = P_\infty$, ist die Definition so zu fassen, daß jedes Intervall (Q, R) nur endlich viele Punkte der Folge enthält).

Wir werden zeigen, daß für unsere geordnete Menge j die Konvergenz im zyklischen Sinne mit der gewöhnlichen Konvergenz übereinstimmt. — Sei erstens $P_1, P_2, \ldots$ eine im zyklischen Sinne gegen P konvergierende Folge. Konvergierte diese Folge im gewöhnlichen Sinne nicht gegen P, so könnten wir eine Teilfolge $P_{\alpha_1}, P_{\alpha_2}, \ldots$ bestimmen, die gegen einen von P verschiedenen Punkt Q konvergiert (der notwendig zu j gehört, da j abgeschlossen ist); wir setzen dem einfacheren Ausdruck zuliebe voraus, daß P und Q von P_∞ verschieden sind. — Sei R ein beliebiger Punkt von j zwischen P und Q und s und s' zwei Streckenzüge, die R und P_∞ in $\mathfrak{J}$ bzw. in $\mathfrak{A}$ verbinden. Durch $\pi = s + s'$ werden die Punkte P und Q voneinander getrennt. Wenn etwa Q im Äußern von π liegt, können wir eine außerhalb von π liegende Umgebung um Q bestimmen, die laut der Voraussetzung sämtliche Punkte der Teilfolge $P_{\alpha_1}, P_{\alpha_2}, \ldots$ von einem gewissen Index ab enthält; diese unendlich vielen Punkte P_{α_i} sind also von P durch R und P_∞ getrennt, gegen die Annahme, daß die Folge $P_1, P_2, \ldots$ im zyklischen Sinne gegen P konvergiert. — Sei zweitens $P_1, P_2, \ldots$ eine im gewöhnlichen Sinne gegen P konvergierende Punktfolge; wir werden zeigen, daß sie auch im zyklischen Sinne gegen P konvergiert. Seien nämlich Q und R zwei beliebige Punkte, die P und P_∞ voneinander trennen. Zwei Streckenzüge s und s', die Q und R in $\mathfrak{J}$ bzw. in $\mathfrak{A}$ verbinden, bilden ein Polygon π, das etwa P im Innern, P_∞ im Äußern hat. Eine hinreichend kleine Umgebung um P, die ebenfalls im Innern von π liegt, enthält sämtliche Punkte der Folge mit Ausnahme von endlich vielen; die in dieser Umgebung liegenden Punkte von j liegen im Intervall (Q, R), also auch sämtliche Punkte der Folge $P_1, P_2, \ldots$, bis auf endlich viele.

Wir haben somit das Ergebnis, daß es zu jedem Intervall (Q, R), welches den Punkt P enthält, eine Umgebung um P gibt, deren Durchschnitt mit j zu (Q, R) gehört; und umgekehrt gibt es zu jeder Umgebung von P ein P enthaltendes Intervall (Q, R), welches ganz in dieser Umgebung liegt.

Wir wählen jetzt eine abzählbare, auf j überall dicht liegende Teilmenge $\{P_i\}$ von j.[1]) Laut der nachgewiesenen Übereinstimmung der zyklischen und der gewöhnlichen Umgebungsbeziehungen ist diese Menge zugleich überall dicht auf j im Sinne der zyklischen Anordnung, d. h. jedes Intervall (Q, R) von j enthält wenigstens einen Punkt von $\{P_i\}$. Auf dem Kreise wählen wir ebenfalls eine abzählbare überall dichte Menge $\{P'_i\}$, etwa die Menge der Punkte, deren Winkel mit π kommensurabel sind. Zwischen den beiden Mengen $\{P_i\}$ und $\{P'_i\}$

[1]) Etwa auf die folgende Weise: wir nehmen eine sukzessive Folge von quadratischen Teilungen der Ebene, aus jeder heben wir diejenigen endlich vielen Quadrate heraus, die Punkte von j enthalten, diese Quadrate ordnen wir in einer gewöhnlichen Folge, und in jedem Quadrat der Folge wählen wir der Reihe nach einen von den vorher gewählten verschiedenen Punkt von j (wenn es einen solchen gibt).

bestimmen wir eine die Ordnungsrelationen erhaltende eineindeutige Beziehung (s. I § 4); ferner auf Grund derselben eine die Ordnungsrelationen erhaltende Beziehung zwischen j und k, indem wir jedem Punkte von j denjenigen Punkt von k zuordnen, der in bezug auf die Punkte von $\{P_i'\}$ die gleichen Ordnungsrelationen hat, wie der betreffende Punkt von j in bezug auf die entsprechenden Punkte von $\{P_i\}$. — Diese Beziehung stellt zugleich eine stetige Abbildung von j auf k dar, zufolge der Übereinstimmung der zyklischen und der gewöhnlichen Konvergenzbeziehungen. — Wir erhalten auf diese Weise eine topologische Abbildung von j auf k.

Die obige Beweismethode rührt von *Hilbert* her und wurde für den *Schoenflies*schen Satz von *F. Riesz* dargestellt. Der *Schoenflies*sche Beweis des Satzes benutzt Approximationspolygone.

Wir bemerken noch, daß der Begriff der Erreichbarkeit nicht erweitert wird, wenn wir statt der obigen Erklärung die folgende einführen: ein Randpunkt P des Gebietes g heiße von g erreichbar, wenn es ein (wenigstens zwei Punkte enthaltendes) Kontinuum K gibt, welches den Punkt P enthält und, abgesehen von diesem Punkte, in g liegt. — Wir werden zeigen, daß, wenn ein Randpunkt P von g in diesem Sinne in g erreichbar ist, auch ein in g liegender Streckenzug $s = s_1 + s_2 + \ldots$ existiert, dessen Eckpunkte gegen P konvergieren. — Sei K ein den Punkt P enthaltendes und sonst in g liegendes Kontinuum; jedem Punkt von K außer P ordnen wir eine in g liegende Umgebung zu, deren Radius kleiner ist als der halbe Abstand dieses Punktes vom Rand von g; die Menge der in diesen Umgebungen enthaltenen Punkte bildet ein oder mehrere Gebiete; sei γ_1 ein solches Gebiet, welches in keinem umfassenderen solchen Gebiet enthalten ist. Die Grenzpunkte von γ_1 liegen in g, mit Ausnahme von P; da ferner auf dem Rand von γ_1 kein von P verschiedener Punkt des Kontinuums K liegt, so muß γ_1 den Punkt P zum Randpunkt haben (sonst würden die in γ_1 liegenden Punkte von K und die übrigen Punkte von K zwei fremde abgeschlossene Teilmengen von K ausmachen, die K zusammen erschöpfen). — Sei k_1 ein hinreichend kleiner Kreis um P, der nicht das ganze Gebiet γ_1 enthält und γ_2 ein innerhalb von k_1 liegendes Teilgebiet von γ_1, welches den Punkt P zum Randpunkt hat und in keinem umfassenderen solchen Gebiet enthalten ist. — Sei $k_1, k_2, \ldots$ eine Folge von Kreisen um P, deren Radien monoton gegen 0 konvergieren; für jedes ν bestimmen wir ein in k_ν liegendes Teilgebiet $\gamma_{\nu+1}$ von γ_ν (wie oben γ_2 von γ_1). In diesen Gebieten γ_ν wählen wir je einen Punkt P_ν. Da P_ν und $P_{\nu+1}$ beide im Gebiet γ_ν liegen, können wir sie durch einen innerhalb von γ_ν liegenden Weg verbinden. Die Gesamtheit dieser Wege bildet einen Streckenzug s, dessen Eckpunkte gegen P konvergieren.

Entweder durch geeignete Konstruktion der aufeinander folgenden Wege oder nachher durch Fortlassung von gewissen Teilwegen von s können wir erreichen, daß der entstehende Streckenzug sich selbst nicht schneidet.

§ 5. Hilfssätze über Kurven und Kurvenbögen.

Unter einer *geschlossenen stetigen Kurve* $\varkappa$ verstehen wir das eindeutige stetige Bild einer Kreislinie:

$$r = 1, \quad \varphi = 2\lambda\pi, \quad (0 \leqq \lambda \leqq 1;\ r, \varphi = \text{Polarkoordinaten}).$$

λ bezeichnen wir als Parameter der Kurve $\varkappa$.

Sei $\varkappa$ eine geschlossene stetige Kurve in der Ebene und sei O ein nicht auf $\varkappa$ liegender Punkt der Ebene. Da $\varkappa$ eine abgeschlossene Menge ist, gibt es eine solche positive Zahl d, daß der Abstand des Punktes O von der Kurve $\varkappa$ größer ist als d. Wir zerlegen die Kreislinie in n Bögen $\lambda_i \leqq \lambda \leqq \lambda_{i+1}$ $(i = 0, 1, 2, \ldots, n-1;\ \lambda_0 = 0,\ \lambda_n = 1)$, deren jeder auf eine Menge vom Durchmesser $< d$ abgebildet ist. Der Vektor, dessen Anfangspunkt O und dessen Endpunkt der dem Parameterwert $\lambda_0 = 0$ entsprechende Punkt P_0 von $\varkappa$ ist, bildet mit der positiven x-Achse einen Winkel, den wir mit $\theta(0)$ bezeichnen und unter den bis auf Vielfache von 2π bestimmten Werten so wählen, daß $0 \leqq \theta(0) < 2\pi$ ist. Jedem Punkt P_λ mit einem Parameterwert λ: $\lambda_0 \leqq \lambda \leqq \lambda_1$ ordnen wir denjenigen Wert des von dem Vektor $\overrightarrow{OP}$ mit der positiven x-Achse gebildeten Winkels zu, der sich von $\theta(0)$ um weniger als $\frac{\pi}{2}$ unterscheidet. Für $\theta(\lambda_2)$ nehmen wir denjenigen Wert, der sich von dem erhaltenen Wert $\theta(\lambda_1)$ um weniger als $\frac{\pi}{2}$ unterscheidet; usw. Auf diese Weise erhalten wir einen bei einem Umlauf $0 \leqq \lambda \leqq 1$ sich stetig ändernden Winkelwert $\theta(\lambda)$, der von den Zwischenwerten λ_i des Parameters offenbar unabhängig ist und in dem Punkt $P(1) = P(0)$ einen von $\theta(0)$ um ein Vielfaches von 2π verschiedenen Wert $\theta(1)$ ergibt. Die durch die Gleichung

$$\theta(1) - \theta(0) = \pm 2n\pi$$

definierte nichtnegative Zahl n (die von der speziellen Parameterdarstellung der Kurve offenbar unabhängig ist) bezeichnen wir als die *Ordnung des Punktes O in bezug auf die Kurve $\varkappa$* und schreiben: $n = \underset{\varkappa}{\mathrm{Ord}}(O)$[1].

---

[1]) Wenn wir der Kreislinie einen bestimmten Umlaufssinn zuordnen, wird auch der Kurve $\varkappa$ ein Umlaufssinn zugeordnet; wir bezeichnen die bei einem solchen Umlauf entstehende Änderung des Winkels θ dividiert durch 2π als die Ordnung des Punktes O in bezug auf die *gerichtete* geschlossene stetige Kurve $\varkappa$.

Sei $\varkappa'$ eine andere geschlossene stetige Kurve mit der Eigenschaft, daß je zwei Punkte P und P' von $\varkappa$ und $\varkappa'$, die demselben Punkt des Kreises (oder demselben Wert des Parameters) entsprechen, mmer einen kleineren Abstand haben, als die Abstände dieser Punkte von dem Punkt O. (Insbesondere ist diese Bedingung erfüllt, wenn der Abstand von je zwei entsprechenden Punkten von $\varkappa$ und $\varkappa'$ kleiner ist als der Abstand des Punktes O von den Kurven $\varkappa$ und $\varkappa'$.) Der zwischen 0 und 2π liegende Wert des von den Vektoren $\overrightarrow{OP}$ und $\overrightarrow{OP'}$ gebildeten Winkels ist dann kleiner als $\frac{\pi}{2}$. Nachdem wir auf $\varkappa$ schon die Werte $\theta(\lambda)$ bestimmt haben, ordnen wir dem Punkt P_0' von $\varkappa'$ denjenigen Wert $\theta'(0)$ zu, der sich von $\theta(0)$ um weniger als $\frac{\pi}{2}$ unterscheidet. Wenn wir diese Bestimmung längs der Kurven $\varkappa$ und $\varkappa'$ stetig fortsetzen, erhalten wir für jeden Wert von λ einen solchen Wert $\theta'(\lambda)$, der sich von $\theta(\lambda)$ um weniger als $\frac{\pi}{2}$ unterscheidet; endlich erhalten wir für $\theta'(1)$ einen Wert, für den ebenfalls $\theta'(1) - \theta(1) | < \frac{\pi}{2}$ ist. Folglich ist $\theta'(1) - \theta'(0)$ von $\theta(1) - \theta(0)$ um weniger als π verschieden, und da beides ganze Vielfache von 2π sind, sind sie einander gleich. Die Ordnung des Punktes O in bezug auf $\varkappa$ und $\varkappa'$ ist also dieselbe. Ebenso folgt, daß die Ordnung der Punkte O und O', deren Abstand voneinander kleiner ist, als die Abstände dieser Punkte von der Kurve $\varkappa$, in bezug auf $\varkappa$ die gleiche Ordnung haben. (Diese Behauptung ist in der obigen enthalten).

Sei j eine einfache geschlossene Kurve. Ein außerhalb von j liegender Punkt O, dessen Abstand von j größer ist als der Durchmesser von j, hat sicher die Ordnung 0 in bezug auf j, da nämlich für je zwei Punkte P_1 und P_2 von j der zwischen 0 und 2π liegende Wert des Winkels von $\overrightarrow{OP_1}$ und $\overrightarrow{OP_2}$ kleiner ist als $\frac{\pi}{2}$, so daß auch $\theta(1) - \theta(0) < \frac{\pi}{2}$, also $= 0$ sein muß. Dann gilt aber die gleiche Behauptung für jeden außerhalb von j liegenden Punkt. Wie wir eben gesehen haben, läßt sich nämlich um jeden nicht auf j liegenden Punkt eine Umgebung angeben, in welcher jeder Punkt in bezug auf j die gleiche Ordnung hat; ferner lassen sich je zwei außerhalb von j liegende Punkte durch einen j nicht treffenden Weg verbinden, so daß jeder Punkt dieses Weges in bezug auf j die gleiche Ordnung haben muß. (In entgegengesetztem Fall gäbe es einen Punkt auf diesem Weg, dessen Umgebung immer Punkte verschiedener Ordnungen enthält.) Daraus folgt, daß jeder außerhalb von j liegende Punkt in bezug auf j die Ordnung 0 besitzt.

Andererseits läßt sich zeigen, daß jeder innerhalb von j liegende Punkt in bezug auf j die Ordnung 1 hat. — Sei O ein innerhalb von j liegender Punkt; um O beschreiben wir einen kleinen Kreis k, der ebenfalls im Innern von j liegt, und von O legen wir eine Strecke l nach einem Punkt P von j, die j sonst nicht trifft. Wir nehmen einen kleinen Bogen b von j, der P als inneren Punkt enthält, und dessen Durchmesser kleiner ist als der Abstand OP. Der ganze Bogen b kann nicht auf der durch l bestimmten Geraden liegen, es gibt also eine Strecke l', die den Punkt O mit einem Punkt P' des Bogens b verbindet, und sonst von j frei ist. Seien Q und Q' die Schnittpunkte von l und l' mit der Kreislinie k, und sei $\widehat{QQ'}$ derjenige Bogen von k, der größer ist als der halbe Umfang von k. Nun lassen wir aus j den Teilbogen PP' von b fort, und nehmen zu den beiden Bögen $\widehat{P'P}$ von j und $\widehat{QQ'}$ von k die beiden Strecken PQ, $P'Q'$ hinzu; sie bilden zusammen eine einfache geschlossene Kurve σ. Der Punkt O liegt im Äußern von σ, da O sich mit einem Punkt des Teilbogens $\widehat{PP'}$ von b, und dieser sich mit dem Unendlichen verbinden läßt, ohne σ zu treffen. Die Ordnung von O in bezug auf σ ist also gleich 0. Daraus folgt, daß die Winkeländerung des Radiusvektors längs j dieselbe ist wie die längs k. —

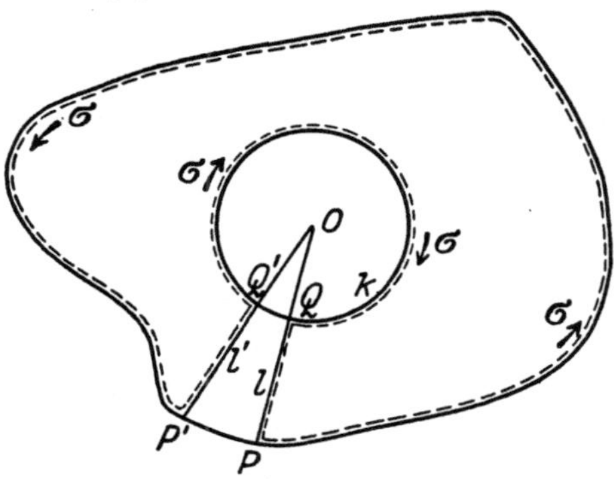

Fig. 11.

Sei nämlich $\theta(P)$ der Wert des Winkels in P; bei einem Umlauf um den Bogen $\widehat{P'P}$ von j bekommen wir in P' einen gewissen Wert $\theta(P')$; längs l' ändert sich θ nicht, es ist also

$$\theta(Q') = \theta(P'),$$

und nach einem Umlauf um den größeren Kreisbogen $\widehat{QQ'}$ von Q' bis Q erhalten wir für $\theta(Q)$ den Wert $\theta(Q) = \theta(P)$. Sei andererseits $\bar\theta(P)$ bzw. $\bar\theta(Q)$ der Endwert, den man aus $\theta(P)$ bzw. $\theta(Q)$ nach einem vollständigen Umlauf um j bzw. k unter Beibehaltung des Umlaufssinns bekommt. Dann ist

$$|\bar\theta(Q) - \theta(Q')| < \frac{\pi}{2},$$

$$|\bar\theta(P) - \theta(P')| < \frac{\pi}{2},$$

und da $\bar\theta(P) - \theta(P)$ ein ganzzahliges Vielfaches von 2π ist, folgt

$$\bar\theta(P) - \theta(P) = -\bar\theta(Q) + \theta(Q).$$

Für die Kreislinie k hat man offenbar

$$\operatorname*{Ord}_k(O) = 1,$$

so daß auch

$$\operatorname*{Ord}_{j}(O) = 1$$

ist.

Bei einem Umlauf des Punktes P um die Kurve j ändert sich der Winkel des Vektors $\overrightarrow{OP}$, wobei O einen im Innern von j liegenden Punkt bedeutet, um $\pm 2\pi$. Wir verstehen unter einem *positiven Umlauf* der Kurve j denjenigen, bei welchem diese Änderung gleich $+2\pi$ ist, den anderen bezeichnen wir als einen *negativen Umlauf*.

Sei j eine einfache geschlossene Kurve, und t eine topologische Abbildung von j auf sich selbst, die keinen Fixpunkt hat, d. h. keinen Punkt sich selbst entsprechen läßt[1]. Wir verbinden einen Punkt P mit seinem Bildpunkte P' durch eine gerichtete Strecke $\overrightarrow{PP'}$; sei θ der Winkel, den dieser Vektor $\overrightarrow{PP'}$ mit der Richtung der positiven x-Achse bildet. Wir betrachten die Änderung des Winkels θ, während der Punkt P einmal in positivem Sinne die Kurve j umläuft.

Wenn j eine Kreislinie ist, ist diese Änderung offenbar gleich 2π. In diesem Fall nimmt nämlich der Wert des Winkels, den der Vektor $\overrightarrow{OP}$ mit der positiven x-Achse bildet, monoton zu, und nimmt in zwei verschiedenen Lagen niemals um ganzzahlige Vielfache von 2π verschiedene Werte an, was aus leichten elementargeometrischen Überlegungen folgt.

Sei nun j eine beliebige einfache geschlossene Kurve. Wir können j durch eine *topologische Deformation* in eine Kreislinie überführen. Darunter verstehen wir folgendes: jedem Punkt P der Kurve j ordnen wir eine stetige Kurve (P_t) $(0 \leqq t \leqq 1)$ zu, die als eindeutiges stetiges Bild des Intervalls $0 \leqq t \leqq 1$ erklärt wird, so daß dem Parameterwert $t = 0$ der Punkt P entspricht, und die Beziehung zwischen den Punkten P und P_t für jedes t $(0 \leqq t \leqq 1)$ eine topologische Ab-

[1]) Es ist klar, daß t den Umlaufssinn von j nicht ändern kann, d. h. daß einem positiven Umlauf des Punktes P um j ebenfalls ein positiver Umlauf des Bildpunktes P' entspricht. Im anderen Fall gibt es genau zwei Fixpunkte. Setzen wir voraus, daß j eine Kreislinie ist, sei φ der Polarwinkel des Punktes P $(0 \leqq \varphi < 2\pi)$, φ' der seines Bildpunktes. Während φ von 0 bis 2π geht, ändert sich φ' von φ_0' bis $\varphi_0' - 2\pi$, wobei φ_0' den Winkel des Bildpunktes von P_0 $(\varphi = 0)$ bedeutet. Ist φ_0' von 0 verschieden (mod 2π), $0 < \varphi_0' < 2\pi$, so ist die eindeutige stetige reelle Funktion $\varphi' - \varphi$ für $\varphi = 0$ positiv, für $\varphi = \varphi_0'$ negativ, im Intervall $0 < \varphi < \varphi_0'$ gibt es also wenigstens einen Wert φ_1, für den $\varphi_1' = \varphi_1$ ist; da ferner φ und auch $-\varphi'$ monoton wachsende Funktionen von φ sind, so gibt es in diesem Intervall auch nur einen solchen Punkt. Ebenso gibt es in dem Intervall $\varphi_0' < \varphi < 2\pi$ einen und nur einen Wert φ_2, für welchen $\varphi_2' = \varphi_2$ ist. Der Bogen $\varphi_1 \leqq \varphi \leqq \varphi_2$ geht bei der Abbildung in den Bogen $\varphi_1 + 2\pi \geqq \varphi \geqq \varphi_2$ über.

bildung der Kurve j darstellt. Dem Wert $t = 1$ soll dabei eine Kreislinie entsprechen. — Diese Deformation können wir mit Hilfe der in II § 2 besprochenen Sätze angeben. Sei k eine Kreislinie, die j in ihrem Innern hat, und seien j' und k' zwei konzentrische Kreise, von denen j' im Innern von k' liegt. Wir bilden die Ebene auf sich selbst topologisch ab, so daß k in k' und j in j' übergeht. Wir nehmen die radialen Wege, die je einen Punkt von j' und k' verbinden, und deformieren j' längs dieser Linien in k', so daß bei jedem Parameterwert t $(0 \leqq t \leqq 1)$ dem Kreis j' ein konzentrischer Kreis entspricht. Seien etwa (r, φ) Polarkoordinaten mit dem gemeinsamen Mittelpunkt von j' und k' als Anfangspunkt und seien r_0 bzw. r_1 $(r_1 > r_0)$ die Radien von j' bzw. von k'. Jedem Punkt (r_0, φ) von j' und dem Parameterwert t ordnen wir den Punkt (r_t, φ_t)

$$\begin{cases} r_t = r_0 + t(r_1 - r_0) \\ \varphi_t = \varphi \end{cases}$$

zu. Dieser Deformation entspricht vermöge der Abbildung der Ebene auf sich eine Deformation von j in k, bei welcher immer zwei verschiedene Punkte von j zwei verschiedene Bildpunkte haben. Bei dieser Deformation ändern sich die Punkte P und P' stetig, sie bleiben immer voneinander verschieden, folglich ändert sich auch die Richtung des Vektors stetig. Die Richtungsänderung von $\overrightarrow{PP'}$ bei einem positiven Umlauf um j ist ein ganzzahliges Vielfaches von 2π, das sich bei der Deformation von j in k stetig ändert, so daß es wie für die Endlage k auch für die Kurve j den Wert 2π besitzt. Bei einem negativen Umlauf ist die Richtungsänderung von $\overrightarrow{PP'}$ gleich -2π.

Wir beweisen hier einige im folgenden nötige Hilfssätze über Systeme von einfachen geschlossenen Kurven.

I. *Seien $j_1, j_2, \ldots, j_n$ endlich viele einfache geschlossene Kurven, von denen je zwei einander in wenigstens zwei Punkten treffen. Der Rand eines beliebigen, von der Menge $j_1 + j_2 + \ldots + j_n$ bestimmten Gebietes besteht aus einer einfachen geschlossenen Kurve.*

Zuerst betrachten wir den Fall $n = 2$. Seien j_1 und j_2 zwei einrache geschlossene Kurven, die wenigstens zwei gemeinsame Punkte haben. Unter einem Bogen β verstehen wir entweder einen gemeinsamen Bogen von j_1 und j_2, der in keinem umfassenderen solchen Bogen enthalten ist, oder einen von j_2 freien Bogen von j_1, dessen Endpunkte auf j_2 liegen, oder einen von j_1 freien Bogen von j_2, dessen Endpunkte auf j_1 liegen. Die Bögen β bilden eine abzählbare Menge. Die Punkte von j_1 (bzw. von j_2), die nicht zu den Bögen β gehören, liegen auf j_1 (bzw. auf j_2) nirgends dicht.

Sei g ein beliebiges von dem Kontinuum $j_1 + j_2$ bestimmtes Gebiet; der Rand ϱ von g ist ein Kontinuum (s. S. 37). Wenn ein Bogen β einen von seinen Endpunkten verschiedenen Punkt auf dem Rand ϱ besitzt, gehört auch jeder Punkt von β zu ϱ. Sei nämlich P ein zu ϱ gehöriger innerer Punkt von β; wir können einen einfachen Bogen b bestimmen, dessen Endpunkte Q_1 und Q_2 auf dem Bogen β liegen und auf β durch P getrennt werden, und welcher abgesehen von seinen Endpunkten die Kurven j_1 und j_2 nicht trifft. Wir wählen diesen Bogen b derart, daß er einen Punkt in g besitzt, dann verläuft b ganz in g und folglich sind sämtliche Punkte des Teilbogens $\widehat{Q_1 Q_2}$ von β Randpunkte von g. Nun ist aber die Menge der zu ϱ gehörigen Punkte von β abgeschlossen, so daß der ganze Bogen β zu ϱ gehört.

Für die zu dem Rand ϱ von g gehörigen Bögen β besteht eine natürliche zyklische Anordnung. Seien β_1 und β_2 zwei Bögen auf ϱ, und sei s ein in g verlaufender Streckenzug, der einen inneren Punkt von β_1 mit einem inneren Punkt von β_2 verbindet. Dieser Streckenzug zerlegt das Gebiet g in zwei Teilgebiete g_1 und g_2.[1]) Ein Bogen β_3 auf ϱ gehört entweder zu g_1 oder zu g_2, aber nicht zu beiden. Seien β_3 und β_4 zwei beliebige Bögen β auf ϱ; je nachdem ob β_3 und β_4 in g durch s getrennt werden, oder nicht, werden wir sagen, daß das Paar (β_3, β_4) durch (β_1, β_2) getrennt wird, oder nicht; das Paar (β_1, β_2) ist alsdann durch das Paar (β_3, β_4) ebenfalls getrennt, bzw. nicht getrennt. — Jedem Bogen β können wir eine Richtung zuschreiben, nachdem wir für einen Bogen die Richtung beliebig angenommen haben, so daß der Anfangspunkt von β_1 und der Endpunkt von β_2 durch den zwei innere Punkte von β_1 und β_2 verbindenden Streckenzug s in g nicht getrennt werden, während der Anfangspunkt von β_1 von dem Anfangspunkt von β_2 getrennt wird. Auf diese Weise erhalten wir eine zyklische Anordnung der gerichteten Bögen β auf dem Rand ϱ von g (vgl. auch II § 4).

Seien $(\beta_1, \beta_2, \ldots)$ diejenigen Bögen β, die auf dem Rand ϱ von g liegen. Wir bestimmen eine Abbildung dieser Bögen auf eine Menge $(\beta_1', \beta_2', \ldots)$ von Kreisbögen auf die folgende Weise. Wir können voraussetzen, daß keine zwei von den ersten drei Bögen β_1, β_2, β_3 einen gemeinsamen Punkt haben[2]). Wir zerlegen die Kreislinie k in 6 gleiche Bögen, seien β_1', β_2', β_3' drei von diesen Bögen, die paarweise voneinander fremd sind; wir bilden die gerichteten Bögen β_1, β_2, β_3 topologisch auf die positiv gerichteten Bögen β_1', β_2', β_3' ab, so daß der Anfangs- bzw. der Endpunkt von β_1, β_2, β_3

[1]) Dieser Satz wird erst in III § 1 bewiesen werden; hier setzen wir ihn als bewiesen voraus.

[2]) Für den Fall, daß nur endlich viele Bögen β_i vorhanden sind, ist nunmehr der obige Hilfssatz unmittelbar klar.

dem Anfangs- bzw. dem Endpunkt des entsprechenden Kreisbogens entspricht. Wenn nun β_4 etwa zwischen β_1 und β_2 liegt, d. h. durch β_1 und β_2 von β_3 getrennt wird, bilden wir β_4 auf einen zwischen β_1' und β_2' liegenden Kreisbogen β_4' ab; dieser Bogen β_4' ist entweder mit dem ganzen Bogen zwischen β_1' und β_2', oder mit einer Hälfte davon, oder mit dem mittleren Drittel identisch, je nachdem ob β_4 beide Bögen β_1, β_2, oder nur einen, oder aber keinen von ihnen trifft. Auf die gleiche Weise fortfahrend bekommen wir eine topologische Abbildung der in $(\beta_1, \beta_2, \ldots)$ enthaltenen Punkte auf eine auf der Kreislinie überall dichte Punktmenge, bei welcher die Ordnungsbeziehungen ungeändert bleiben. Diese Abbildung erweitert sich zu einer topologischen Abbildung von ϱ auf k. In der Tat gibt es zu jedem Punkt P von ϱ, der nicht auf einem Bogen β liegt, eine Folge von Bögen $\beta^{(1)}$, $\overline{\beta^{(1)}}$; $\beta^{(2)}$, $\overline{\beta^{(2)}}$; ..., die gegen diesen Punkt konvergieren, und von denen immer $\beta^{(i-1)}$ und $\beta^{(i+1)}$ durch $(\beta^{(i)}, \overline{\beta^{(i)}})$ voneinander getrennt werden. Auf der Kreislinie entspricht dieser Folge eine ähnliche Folge von Kreisbögen, die gegen einen Punkt konvergieren. Daraus folgt ähnlich, wie im vorigen Paragraphen, daß die Abbildung zwischen ϱ und k eineindeutig und stetig ist.

Für mehr als zwei Kurven ergibt sich daraus die Behauptung ohne weiteres. Sei j_3 eine dritte Kurve, die jede der Kurven j_1 und j_2 wenigstens zweimal trifft. Sei g_1 ein beliebiges von $j_1 + j_2 + j_3$ bestimmtes Gebiet; sei g das durch $j_1 + j_2$ bestimmte Gebiet, zu welchem g_1 gehört; der Rand ϱ von g ist eine einfache geschlossene Kurve; g_1 ist ein durch die beiden einfachen geschlossenen Kurven ϱ und j_3 bestimmtes Gebiet, also ist sein Rand eine einfache geschlossene Kurve. Durch Schluß von n auf $n+1$ ergibt sich somit die Behauptung für jede endliche Zahl n. —

II. *Sei j eine einfache geschlossene Kurve, und seien $b_1, b_2, \ldots, b_n$ endlich viele einfache Bögen. Je zwei innerhalb von j und nicht auf den Bögen $b_1, b_2, \ldots, b_n$ liegende Punkte A und B lassen sich durch einen innerhalb von j verlaufenden einfachen Bogen verbinden, der mit den Bögen $b_1, b_2, \ldots, b_n$ nur endlich viele gemeinsame Punkte hat.*

Wir ergänzen die Bögen $b_1, b_2, \ldots, b_n$ zu einfachen geschlossenen Kurven $j_1, j_2, \ldots, j_n$, die nicht durch die Punkte A und B gehen. — Wir bezeichnen mit $\{Q\}$ die Menge derjenigen Punkte Q von j, deren Umgebung immer sowohl zu j_i $(i = 1, 2, \ldots, n)$ gehörige, wie auch von derselben Kurve j_i freie Punkte von j enthält; diese Menge $\{Q\}$ ist nirgends dicht auf j.

Wir zeigen nun: wenn C und D zwei beliebige nicht zu $\{Q\}$ gehörige Punkte von j sind, so lassen sie sich durch einen einfachen Bogen verbinden, der innerhalb von j verläuft, und mit den Kurven $j_1, j_2, \ldots, j_n$ nur endlich viele Punkte gemeinsam hat. Daraus folgt dann leicht der obige Hilfssatz.

Wir betrachten die Bögen von j_1, die C und D innerhalb von j voneinander trennen; es gibt nur endlich viele solche Bögen. Wir können nämlich um C und um D je einen von $\{Q\}$ freien Bogen von j angeben; die beiden übrigbleibenden Bögen von j haben einen positiven Abstand voneinander, andererseits muß jeder Bogen von j_1, der C und D im Innern von j voneinander trennt, diese beiden Bögen von j verbinden; auf j_1 gibt es aber nur eine endliche Anzahl von fremden Bögen, deren Durchmesser eine feste positive Zahl überschreitet. Folglich gibt es endlich viele solche Gebiete, die von j und j_1 bestimmt werden, und die C und D innerhalb von j voneinander trennen; seien diese Gebiete $g_1, g_2, \ldots, g_r$. Der Rand jedes solchen Gebietes besteht aus je einer einfachen geschlossenen Kurve. Wir nehmen $r-1$ solche Punkte $C_1, C_2, \ldots, C_{r-1}$, von denen C_i ein im Innern von j, d. h. auf j_1 liegender gemeinsamer Randpunkt von g_i und g_{i+1} ist, und der nicht zur Menge derjenigen Punkte von j_1 gehört, deren Umgebung immer mit j_i $(i = 2, 3, \ldots, n)$ gemeinsame, und auch von derselben Kurve j_i fremde Punkte von j_1 enthält. Wir verbinden die Punkte $C, C_1, C_2, \ldots, C_{r-1}, D$ miteinander durch einfache Bögen innerhalb von j, die j_1 sonst nicht treffen. Wir können also die Punkte C und D innerhalb von j durch einen einfachen Bogen verbinden, der j_1 nur in endlich vielen Punkten trifft.

Nehmen wir die Kurve j_2, und wenden wir dieses Ergebnis auf je zwei Punkte C, C_1; C_1, C_2; $\ldots$; C_{r-1}, D an, dann erhalten wir einen C und D verbindenden einfachen Bogen innerhalb von j, der j_1 und auch j_2 nur in endlich vielen Punkten trifft. Die gemeinsamen Punkte dieses Bogens mit j_2 wählen wir wieder derart, daß sie nicht in jeder Umgebung mit j_i gemeinsame und auch von derselben Kurve j_i fremde Punkte von j_2 besitzen. Auf diese Weise fortfahrend erhalten wir endlich einen einfachen Bogen, der C und D innerhalb von j verbindet, und die Kurven $j_1, j_2, \ldots, j_n$ nur in endlich vielen Punkten trifft. — Daraus folgt der oben formulierte Hilfssatz und auch die folgende Erweiterung:

Sei j eine einfache geschlossene Kurve, und seien $b_1, b_2, \ldots, b_n$ endlich viele einfache Bögen. Seien ferner A, B und C drei beliebige Punkte im Innern von j, die nicht auf den Bögen b_i liegen. Es läßt sich eine im Innern von j liegende einfache geschlossene Kurve angeben, die durch die Punkte A, B, C geht und die Bögen $b_1, b_2, \ldots, b_n$ nur in endlich vielen Punkten trifft. —

§ 6. Geschlossene Kurven.

Als eine *geschlossene Kurve* wird nach *Schoenflies* eine beschränkte Punktmenge bezeichnet, die in der Ebene zwei Gebiete bestimmt und mit dem Rand jedes dieser beiden Gebiete identisch ist. Eine spezielle Gattung davon bilden die einfachen geschlossenen Kurven, deren Punkte sämtlich in beiden Gebieten erreichbar sind; der *Jordan*sche Kurvensatz und die *Schoenflies*sche Umkehrung desselben haben uns gezeigt, daß diese Definition mit der Erklärung der einfachen geschlossenen Kurven als topologischer Bilder des Kreises übereinstimmt.

Eine geschlossene Kurve γ bildet, als identischer Rand von zwei Gebieten, eine zusammenhängende perfekte Punktmenge (s. S. 37). Bezeichnen wir als das Innere $\mathfrak{J}$ bzw. das Äußere $\mathfrak{A}$ von γ das von γ bestimmte beschränkte bzw. unbeschränkte Gebiet. Die von $\mathfrak{J}$ (und ebenso die von $\mathfrak{A}$) erreichbaren Punkte von γ liegen auf γ überall dicht. Sei nämlich P ein beliebiger Punkt von γ, U_P eine beliebige Umgebung um P, Q ein in U_P liegender Punkt von $\mathfrak{J}$, und R der erste auf γ liegende Punkt der Strecke $\overrightarrow{QP}$; R ist dann ein von $\mathfrak{J}$ erreichbarer Punkt von γ.

Die von $\mathfrak{J}$ (bzw. von $\mathfrak{A}$) erreichbaren Punkte bilden auf dem Rand von $\mathfrak{J}$ eine zyklisch geordnete Menge. Sei nämlich q ein einfacher Streckenzug in $\mathfrak{J}$, dessen Endpunkte P und Q auf γ liegen, und seien R und S zwei von P und Q verschiedene von $\mathfrak{J}$ erreichbare Punkte von γ; falls dann jeder die Punkte R und S in $\mathfrak{J}$ verbindende Streckenzug den Streckenzug q trifft, so sagen wir, daß die Punktpaare (P, Q) und (R, S) sich auf dem Rand von $\mathfrak{J}$ trennen. Wenn P und Q zusammenfallen, enthält das Innere von q keinen Punkt von γ, so daß es kein trennendes Punktpaar (R, S) gibt. Wenn dagegen P und Q voneinander verschieden sind, zerlegt q das Gebiet $\mathfrak{J}$ in zwei Teilgebiete g_1 und g_2,[1]) deren jedes auf dem Rand wenigstens je einen Punkt von γ besitzt; wenn R einen erreichbaren Randpunkt von g_1 auf γ, und S einen ebensolchen Randpunkt von g_2 bedeutet, trennen sich die Punktpaare (P, Q) und (R, S) auf dem Rand von $\mathfrak{J}$.

Sei (η) die zyklisch geordnete Menge der von $\mathfrak{J}$ erreichbaren Punkte von γ. Ähnlich wie in II § 4 nehmen wir einen Punkt P_∞ von (η), und bezeichnen als Intervall (PQ) die Menge derjenigen Punkte von (η), die durch (P, Q) von P_∞ getrennt sind. Ein Schnitt von (η) wird definiert durch eine Folge ineinander enthaltener Intervalle $(P_1 Q_1), (P_2 Q_2), \ldots$, die jeden Punkt von (η) oder jeden mit Ausnahme eines einzigen auslassen (d. h. es gibt entweder keinen oder nur einen einzigen Punkt von (η), der in sämtlichen Intervallen $(P_i Q_i)$ der Folge enthalten ist). Zwei Intervallfolgen $(P_1 Q_1), (P_2 Q_2), \ldots$ und $(P_1' Q_1'), (P_2' Q_2'), \ldots$ definieren dann und nur dann denselben Schnitt, wenn jedes Intervall $(P_i Q_i)$ ein Intervall

[1]) Diesen Satz werden wir erst in III § 1 ausführlich beweisen; hier sei er als bereits bewiesen vorausgesetzt.

$(P_j' Q_j')$ enthält, und umgekehrt. Durch zwei verschiedene Schnitte wird (η) in zwei Teilmengen (η_1) und (η_2) zerlegt. Die Ableitung eines solchen Teiles (η_1) oder (η_2) bezeichnen wir als einen *Kurvenbogen* von γ. Er heißt ein *eigentlicher Kurvenbogen*, wenn er nicht mit der ganzen Kurve γ identisch ist, sonst heißt er ein *uneigentlicher Kurvenbogen*. — Auf die gleiche Weise definiert man Kurvenbögen mit Hilfe der von $\mathfrak{A}$ erreichbaren Punkte.

Hier werden wir ein von *Brouwer* gegebenes Beispiel für eine *geschlossene Kurve, die sich nicht in zwei eigentliche Kurvenbögen zerlegen läßt*, wiedergeben[1]). Wir werden die beiden Gebiete $\mathfrak{J}$ und $\mathfrak{A}$ konstruieren, deren Ränder identisch sind, und die beide, zusammen mit dem Rand, die Ebene erschöpfen; der Rand ist also eine geschlossene Kurve. — Für die auf Fig. 12 schematisch gezeichnete Kurve wird $\mathfrak{A}$ gebildet von demjenigen Teil der Ebene, welcher außerhalb des Hauptrechteckes liegt, sowie von den schwarz schraffierten Teilgebieten des Hauptrechteckes; $\mathfrak{J}$ ist das rot schraffierte Teilgebiet des Hauptrechteckes.

Das erste schwarze Gebiet ist ein in der Mitte der Grundlinie des Hauptrechteckes in der Weise aufgerichtetes Teilrechteck, daß der zweimal umgebogene weiße Streifen, welcher übrigbleibt, in seinen drei Teilen dieselbe Breite besitzt. — Das Verhältnis seiner Grundlinie zu der des Hauptrechteckes sei $1:(2\alpha+1)$ (auf der Fig. 12 ist $2\alpha+1=11$); dann hat der weiße Streifen eine Breite $\frac{\alpha}{2\alpha+1}$, wenn 1 die Länge der Grundlinie des Hauptrechteckes ist.

Jetzt zeichnen wir den zwischen den Querschnitten $P_1 P_1'$ und $Q_1 Q_1'$ enthaltenen Teil des roten Gebietes. Es besteht aus einem Streifen von der Breite $\frac{1}{2\alpha+1}\cdot\frac{\alpha}{2\alpha+1}$ und sein Rand verläuft überall im Abstande $\left(\frac{\alpha}{2\alpha+1}\right)^2$ parallel dem Rand des eben genannten weißen Streifens, in dem er enthalten ist.

Das zweite schwarze Gebiet wird jetzt in der Weise um den bisher gezeichneten Teil des roten Gebietes außen herumgelegt, daß links auf der Grundlinie des Hauptrechteckes angefangen und rechts auf der Höhe von $Q_1 Q_1'$ aufgehört wird. Die Breite dieses Streifens ist wieder der $2\alpha+1$-te Teil von der des weißen Streifens, in dessen Mitte er hineingelegt wird.

Die beiden jetzt vorhandenen schwarzen Gebiete lassen im Hauptrechteck einen sechsmal umgebogenen Streifen frei, und das rote Gebiet wird jetzt in der Weise fortgesetzt, daß es auch die bisher von ihm freien Teile durchzieht, und zwar diese in ihrer Mitte und unter Hinwegnahme des $2\alpha+1$ ten Teiles ihrer Breite. Das

---

[1]) Diese Konstruktion entnehmen wir (wörtlich) aus der *Brouwer*schen Arbeit, Math. Ann. **68**, S. 423, 1910.

rote Gebiet wird also fortgesetzt vom Querschnitt $Q_1 Q_1'$ bis zum Querschnitt $Q_2 Q_2'$, welcher denselben Abstand von der Grundlinie des

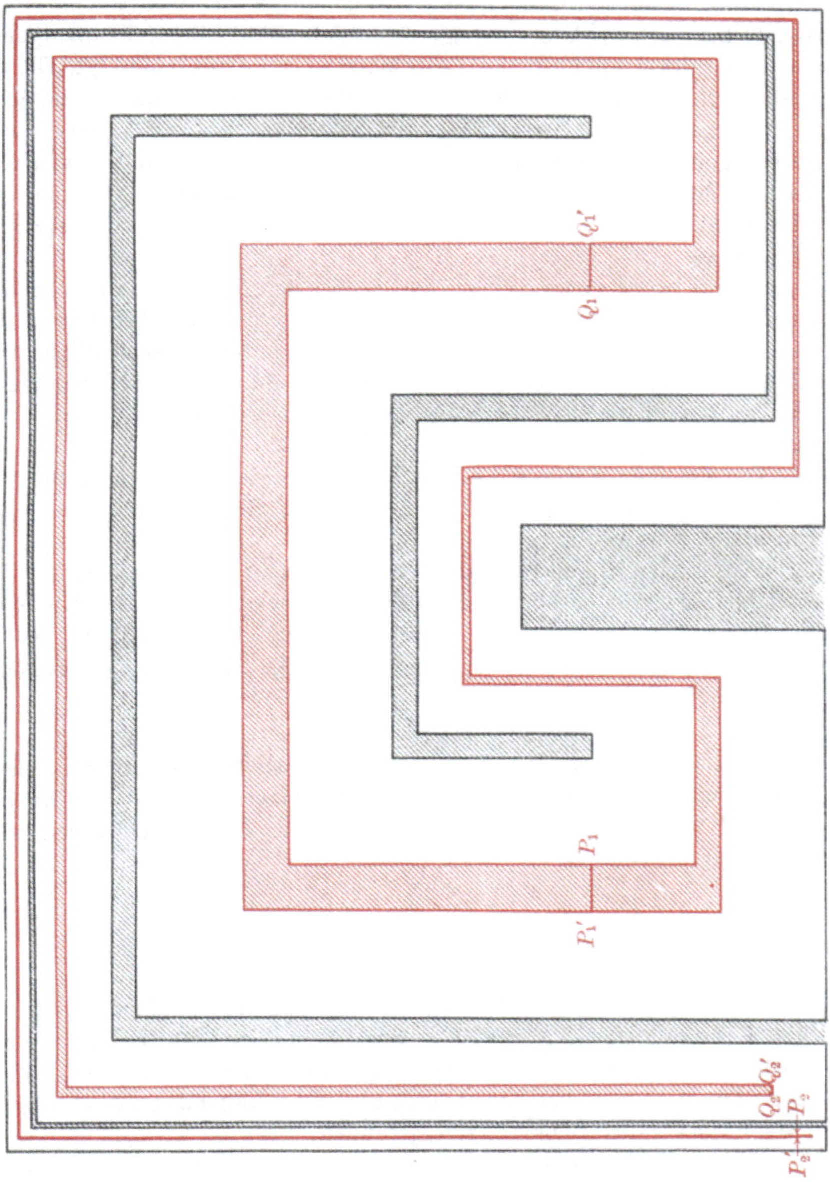

Fig. 12.

Hauptrechteckes besitzt, wie die vertikale Linie in Q_2 vom zweiten schwarz schraffierten Gebiet.

In dieser Weise fahren wir fort. Abwechselnd wird ein neues schwarzes Gebiet um den schon vorhandenen Teil des roten Gebietes außen herumgelegt, wobei ganz links auf der Grundlinie des Hauptrechteckes angefangen, und auf derselben Höhe mit dem bisher fertigen Teile des roten Gebietes aufgehört wird, und sodann das rote Gebiet in der Weise fortgesetzt, daß es in alle Teilkanäle des von den schwarzen Gebieten freigelassenen Streifens eindringt. Diese Verlängerungen des roten Gebietes geschehen abwechselnd auf beiden Seiten: nach einer Fortsetzung von $Q_n Q'_n$ bis $Q_{n+1} Q'_{n+1}$ folgt eine Fortsetzung von $P_n P'_n$ bis $P_{n+1} P'_{n+1}$. Von jedem weißen Streifen, welcher neu durchzogen wird, sei es von einem roten oder von einem schwarzen Gebiet, wird der $2\alpha + 1$-te Teil der Breite in Anspruch genommen.

Jedem Randpunkte eines der schwarzen Gebiete kommt nach genügender Fortsetzung des Verfahrens das rote Gebiet beliebig nahe, und jedem Randpunkte des roten Gebietes kommen schließlich die schwarzen Gebiete beliebig nahe, während durch den vollständigen Rand γ des roten Gebietes das rote und das schwarze Gebiet voneinander getrennt werden.

Die Restmenge von γ besteht aus den beiden Gebieten $\mathfrak{J}$ und $\mathfrak{A}$; γ ist der gemeinsame Rand dieser beiden Gebiete, also eine geschlossene Kurve.

Wählt man Q_1 und Q'_1 als Schnitte der für das innere Gebiet $\mathfrak{J}$ erreichbaren Punkte, so werden dadurch zwei uneigentliche Kurvenbögen bestimmt. Eine kurze Überlegung zeigt ferner, daß bei jeder Zerlegung von γ in zwei Kurvenbögen wenigstens einer von beiden uneigentlich ist.

Den *Schoenflies*schen Satz von der *Invarianz der geschlossenen Kurve,* laut dessen jedes topologische Bild einer geschlossenen Kurve in der Ebene auch selbst eine geschlossene Kurve ist, werden wir erst in III § 6 beweisen.

§ 7. Stetige Kurven.

Unter einer *stetigen Kurve* versteht man das eindeutige stetige Bild des Intervalls $0 \leqq x \leqq 1$. Es erhebt sich die Frage, unter welchen Bedingungen eine Punktmenge eine stetige Kurve ist. Für ebene Punktmengen hat zuerst *Schoenflies* die folgenden notwendigen und hinreichenden Bedingungen gefunden:

M soll ein beschränktes Kontinuum sein, mit den folgenden Eigenschaften:

1. *Unter den von M bestimmten Gebieten gibt es nur eine endliche Anzahl von solchen, deren Durchmesser eine beliebig gegebene positive Größe ε überschreitet.*

2. *Jeder Punkt von M ist allseitig erreichbar in denjenigen Gebieten, zu deren Rand er gehört.*

Die *allseitige Erreichbarkeit* wird folgendermaßen erklärt: sei g ein Gebiet und P ein Randpunkt von g; sei ferner q ein beliebiger einfacher Bogen, der abgesehen von seinen beiden auf dem Rand von g liegenden Endpunkten in g verläuft. q bestimmt in g ein oder mehrere Gebiete[1]. Wenn g_1 ein beliebiges von q bestimmtes Teilgebiet von g_1 ist, zu dessen Rand der Punkt P gehört, soll P ein erreichbarer Randpunkt von g_1 sein. Wenn diese Bedingung immer erfüllt ist, wie auch sonst q gewählt wird, sagen wir, daß P in g allseitig erreichbar ist.

Zum Beispiel nehmen wir das Gebiet g, welches aus dem Innern des Quadrats:

$$\begin{cases} 0 \leqq x \leqq 1 \\ 0 \leqq y \leqq 1 \end{cases}$$

entsteht, wenn wir die Strecken l_n mit den Endpunkten

$$l_0 : (x, y) = (0, \tfrac{1}{2}), (\tfrac{1}{2}, \tfrac{1}{2})$$

$$l_n : (x, y) = (0, \tfrac{1}{2}), \left(\frac{1}{2}, \frac{1}{2} + \frac{1}{2^{n+1}}\right) \qquad (n = 1, 2, \ldots)$$

fortlassen (s. Fig. 13). Der Punkt $P : (0, \frac{1}{2})$ ist allseitig erreichbar; der Punkt $Q : (\frac{1}{4}, \frac{1}{2})$ ist im Gebiet g erreichbar, aber nicht allseitig erreichbar. —

Wegen des Beweises des oben formulierten Satzes von *Schoenflies* verweisen wir den Leser auf Bericht II, S. 199 ff.

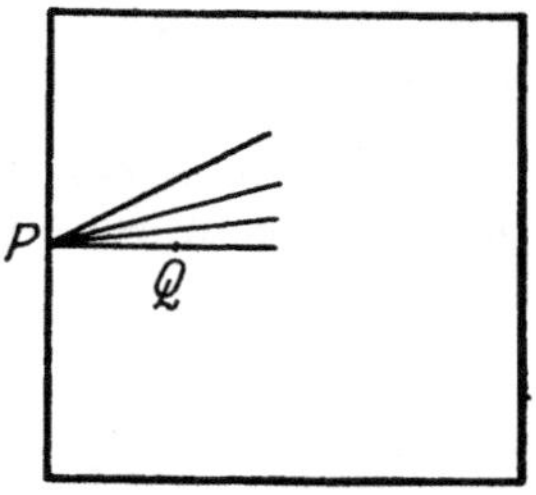

Fig. 13.

Wir bringen hier eine andere, allgemeinere Charakterisierung der stetigen Kurven, die von *Hahn* und *Mazurkiewicz* gegeben wurde. Zu diesem Zweck erklären wir den Begriff des *Zusammenhanges im Kleinen* folgendermaßen:

Ein beschränktes Kontinuum K heißt im Punkt P von K *zusammenhängend im Kleinen*, wenn es zu jeder positiven Zahl ε eine positive Zahl δ gibt, so daß jeder in der δ-Umgebung von P liegende Punkt von K durch ein in der ε-Umgebung von P liegendes Teilkontinuum von K mit P verbunden ist (siehe den Rand des in der obigen Figur gegebenen Gebietes, der im Punkt Q nicht zusammenhängend im Kleinen ist). Wenn ein Kontinuum K in

[1] Wie wir in III §§ 1, 3 sehen werden, ein oder zwei Gebiete.

jedem seiner Punkte im Kleinen zusammenhängend ist, sagen wir, daß K im Kleinen zusammenhängend ist[1]).

Aus dem Überdeckungssatz von *Heine* und *Borel* folgt, daß, wenn diese Eigenschaft für ein beschränktes Kontinuum K besteht, dann sie zugleich gleichmäßig besteht, im folgenden Sinne: wenn $\varepsilon > 0$ beliebig gegeben ist, läßt sich $\delta > 0$ so bestimmen, daß je zwei Punkte Q_1 und Q_2 von K, deren Abstand $< \delta$ ist, durch ein Teilkontinuum von K vom Durchmesser $< \varepsilon$ verbunden sind. — Bestimmen wir in der Tat um jeden Punkt P von K eine Umgebung mit einem Radius δ_P, so daß jeder in der $2\,\delta_P$-Umgebung von P liegende Punkt von K mit P durch ein in der $\frac{\varepsilon}{2}$-Umgebung von P liegendes Teilkontinuum von K verbunden ist. Unter diesen Umgebungen gibt es eine endliche Zahl von Umgebungen, die das ganze Kontinuum K bedecken; sei $\delta\,(> 0)$ der Radius der kleinsten von diesen endlich vielen Umgebungen. Wenn dann zwei Punkte Q_1 und Q_2 von K einen Abstand $< \delta$ voneinander haben, so gibt es eine unter den endlich vielen Umgebungen, etwa mit dem Mittelpunkt P, die den Punkt Q_1 enthält; die $2\,\delta$-Umgebung von P enthält dann beide Punkte Q_1 und Q_2, beide sind also mit P durch je ein Teilkontinuum von K vom Durchmesser $< \frac{\varepsilon}{2}$, und also beide miteinander durch ein Teilkontinuum von K vom Durchmesser $< \varepsilon$ verbunden.

Die von *Hahn* und *Mazurkiewicz* herrührende Charakterisierung der stetigen Kurven besagt:

Dafür, daß eine Punktmenge M eine stetige Kurve ist, ist es notwendig

---

[1]) Dieser Begriff, sowie auch der unten zu formulierende Satz, die sich nur auf innere Eigenschaften der Menge beziehen, übertragen sich für den n-dimensionalen Raum, ferner auch für die *Fréchet*schen *normalen D-Räume* (classes D normales) (sogar auch für allgemeinere abstrakte Räume). Ein *D-Raum* wird erklärt als eine Menge von Elementen, Punkte dieses Raumes genannt; je zwei Punkten A und B ist eine nicht negative reelle Zahl $(A, B) = (B, A)$ zugeordnet, mit den folgenden Eigenschaften: $(A, B) = 0$ dann und nur dann, wenn A und B identisch sind; für irgend drei Punkte A, B, C besteht die Beziehung $(A, C) \leq (A, B) + (B, C)$. — Ein D-Raum heißt *normal*, wenn die folgenden Bedingungen erfüllt sind: 1. Das Bestehen des *Cauchy*schen Konvergenzprinzips: wenn eine Folge von Punkten $P_1, P_2, \ldots$ die Eigenschaft hat, daß es zu jeder positiven Zahl ε einen Index n_0 gibt, so daß für je zwei Punkte P_m und P_n der Folge, für welche $m > n_0$, $n > n_0$ ist, $(P_m, P_n) < \varepsilon$ besteht, so gibt es einen (und nur einen) Punkt $P_{\vec{\omega}}$ im Raum, gegen den diese Folge konvergiert, in dem Sinne, daß $\lim\limits_{n=\infty} (P_n, P_\omega) = 0$ ist. 2. Es gibt eine abzählbare Menge von Punkten des Raumes, deren Ableitung den ganzen Raum ergibt; dabei rechnen wir einen Punkt P des Raumes zur Ableitung einer Menge M, wenn es eine Folge von lauter verschiedenen Punkten $P_1, P_2, \ldots$ von M gibt, für welche $\lim (P_n, P) = 0$ ist.

und hinreichend, daß sie ein beschränktes, im Kleinen zusammenhängendes Kontinuum ist[1]).

Zuerst zeigen wir, daß die Bedingung notwendig ist. Laut I § 3 ist das eindeutige stetige Bild des Intervalls $0 \leqq x \leqq 1$ ein beschränktes Kontinuum; es ist noch zu zeigen, daß es im kleinen zusammenhängend ist. — Gesetzt P wäre ein Punkt von M und $P_1, P_2, \ldots$ eine gegen P konvergierende Folge verschiedener Punkte von M, mit der Eigenschaft, daß jedes P_i und P enthaltende Teilkontinuum von K einen Durchmesser $> \varepsilon$ hat ($\varepsilon > 0$, fest). Sei $P_1', P_2', \ldots$ eine Menge von solchen Punkten des Intervalls, daß der Bildpunkt von P_i' der Punkt P_i ist; die Punkte $P_1', P_2', \ldots$ sind zufolge der Eindeutigkeit der Abbildung voneinander verschieden. Sei $P'_{\alpha_1}, P'_{\alpha_2}, \ldots$ eine Teilfolge von $P_1', P_2', \ldots$, welche gegen einen Punkt P' konvergiert. Dem Punkt P' entspricht als Bild der Punkt P, zufolge der Stetigkeit der Abbildung. Zufolge der Stetigkeit gibt es ferner ein Intervall $(Q' R')$, das P im Innern enthält und dessen Bild einen Durchmesser $< \varepsilon$ hat. Für hinreichend großes i gehört der Punkt P_i' zu diesem Intervall; das Bild des Intervalls $(Q' R')$ ist also ein Teilkontinuum von M vom Durchmesser $< \varepsilon$, welches die Punkte P und P_i verbindet, gegen unsere Annahme.

Ferner zeigen wir, daß die Bedingung hinreichend ist, indem wir die die obigen Eigenschaften besitzende Menge M als eindeutiges stetiges Bild des Intervalles $0 \leqq x \leqq 1$ darstellen.

Sei P ein Punkt von M und r eine beliebige positive Zahl; wir nehmen um P die Umgebung U mit dem Radius r. Wir betrachten die Menge derjenigen Punkte von M, die innerhalb von U liegen und innerhalb von U durch ein Teilkontinuum von M mit P verbunden sind; diese Menge, erweitert durch ihre Grenzpunkte, bezeichnen wir mit $M^* = M^*(P, r)$. M^* ist eine beschränkte abgeschlossene Teilmenge von M, von welcher ferner leicht zu sehen ist, daß sie zusammenhängend ist; jeder Punkt Q von M ist nämlich entweder mit P durch ein Teilkontinuum von M^* verbunden, oder aber Grenzpunkt von solchen Punkten; in beiden Fällen gibt es zu einem beliebigen $\varepsilon > 0$ eine P und Q verbindende ε-Kette zu M^* gehöriger Punkte.

Wir behaupten ferner, daß *M^* im Kleinen zusammenhängend ist.* Für die im Innern von U liegenden Punkte von M^* ist dies klar; sei nämlich Q ein im Innern von U liegender Punkt von M^*; um Q gibt es eine ε-Umgebung, die ebenfalls ganz im Innern von U liegt, und eine zu ihr bestimmbare δ-Umgebung mit der Eigenschaft, daß jeder in der δ-Umgebung liegende Punkt von M durch ein in der

[1]) Für normale D-Räume tritt an die Stelle der Beschränktheit die Eigenschaft der Kompaktheit.

ε-Umgebung, und also insbesondere innerhalb von U liegendes Teilkontinuum von M mit Q verbunden wird; die in der δ-Umgebung von Q liegenden Punkte von M gehören also zu M^*, und so ist der Zusammenhang im Kleinen im Punkt Q auch für die Menge M^* erfüllt.

Sei nun Q ein beliebiger Punkt von M^* auf dem Rand von U; setzen wir voraus, die Menge M^* wäre im Punkte Q nicht zusammenhängend im Kleinen. Sei also $Q_1, Q_2, \ldots$ eine gegen Q konvergierende Folge von zu M^* gehörenden Punkten, von der Art, daß jedes Teilkontinuum von M^*, welches Q_i und Q verbindet, einen Durchmesser $> \varepsilon\ (> 0)$ besitzt (für jedes $i = 1, 2, \ldots$). Wir nehmen eine Kreisscheibe k um Q mit einem Radius $< \frac{\varepsilon}{3}$, so klein, daß P außerhalb von k liegt, und betrachten für jedes i die Menge derjenigen Punkte von M^*, die mit Q_i in k durch ein Teilkontinuum von M^* verbunden sind; diese Menge, erweitert durch ihre Grenzpunkte, bildet ein Kontinuum ϱ_i. Da jeder Punkt Q_i mit dem außerhalb von k liegenden Punkt P durch ein Teilkontinuum von M^* verbunden ist, besitzt jede Menge ϱ_i wenigstens einen Punkt auf dem Rand von k[1]). Wir betrachten die Grenzmenge ϱ der Mengen $\varrho_1, \varrho_2, \ldots$, d. h. die Menge derjenigen Punkte, deren Umgebungen sämtlich Punkte von unendlich vielen ϱ_i enthalten. Die Menge ϱ gehört zu M^*, da die Mengen ϱ_i Teilmengen von M^* sind, und M^* abgeschlossen ist. Zu dieser Menge ϱ gehört offenbar der Punkt Q, ferner auch wenigstens ein Punkt des Randes von k. Ferner ist ϱ zusammenhängend laut des Satzes von S. 38.

Liegt ein Punkt R von ϱ im Innern von U, so gibt es eine hinreichend kleine Umgebung u von R, so daß jeder in u liegende Punkt von M^* mit R durch ein Teilkontinuum von M^* vom Durchmesser $< \frac{\varepsilon}{3}$ verbunden werden kann. In der Umgebung u gibt es einen Punkt R_i einer der Mengen ϱ_i, so daß ein R_i und R verbindendes Teilkontinuum von M^* zusammen mit den Kontinua ϱ_i und ϱ ein die Punkte Q_i und Q verbindendes Teilkontinuum von M^* vom Durchmesser $< \varepsilon$ ergibt, gegen unsere Annahme.

Liegt aber kein Punkt von ϱ im Innern von U, so muß die Grenzmenge ϱ — da sie sowohl den Punkt Q wie auch einen Randpunkt von k enthält — einen Bogen des Randes von U enthalten, der den Punkt Q mit einem oder mit dem anderen gemeinsamen Punkt der Ränder von U und k verbindet. Sei dann R ein innerer Punkt dieses Bogens, und sei u' eine hinreichend kleine Umgebung um diesen Punkt (vom Durchmesser $< \frac{\varepsilon}{3}$), die weder den Punkt Q noch einen gemeinsamen Randpunkt von U und k ent-

[1]) Vgl. etwa S. 39.

hält, und sei u eine zweite Umgebung um R, mit der Eigenschaft, daß jeder in u liegende Punkt von M sich durch ein in u' liegendes Teilkontinuum von M mit R verbinden läßt. Sei ϱ_i eine der Mengen ϱ_i, die einen Punkt R_i in u besitzt, und sei $(R_i R)$ ein R_i und R in u' verbindendes Teilkontinuum von M. Entweder liegt $(R_i R)$ in U und dann gehört es zu M^*, oder aber wir nehmen die Menge derjenigen Punkte von $(R_i R)$, die mit R_i innerhalb von U durch ein Teilkontinuum von $(R_i R)$ verbunden sind, erweitert durch ihre Grenzpunkte. Auf diese Weise bekommen wir ein Teilkontinuum von M^*, welches R_i entweder mit R oder überhaupt mit ϱ verbindet und ganz in der Umgebung u' liegt; dieses Kontinuum bildet zusammen mit ϱ_i und ϱ ein Teilkontinuum von M^* vom Durchmesser $< \varepsilon$, welches die Punkte Q_i und Q verbindet, gegen unsere Annahme.

Somit ist gezeigt, daß die Menge $M^*(P, r)$ im Kleinen zusammenhängend ist[1]. —

Wir nehmen jetzt eine Folge von gegen 0 konvergierenden positiven Zahlen $r_1 > r_2 > \ldots.$ Um jeden Punkt P von M bilden wir die Menge $M^*(P, r_1)$. Es gibt eine gewisse δ-Umgebung von P, in welcher sämtliche Punkte von M zu $M^*(P, r_1)$ gehören. Nach dem Überdeckungssatz von *Heine* und *Borel* läßt sich eine endliche Anzahl von solchen δ-Umgebungen und also auch eine endliche Anzahl von Mengen $M^*(P, r_1): M_{\alpha_1}, M_{\alpha_2}, \ldots, M_{\alpha_r}$ angeben, die sämtliche Punkte von M enthalten.

---

[1]) Für mehr als zwei Dimensionen sind die analog erklärten Mengen $M^*(P, r)$ nicht notwendig zusammenhängend im Kleinen, wie man aus dem folgenden Beispiel von *Hahn* erkennt: Sei k_0 ein Kreis vom Radius 1, seien $k_1, k_2, \ldots, k_1', k_2', \ldots$ mit k_0 konzentrische Kreise in der Ebene von k_0 mit den Radien:

$$k_n\colon\ r = \frac{n}{n+1}$$

$$k_n'\colon\ r = \frac{n+1}{n}.$$

Sei d ein Durchmesser von k_0 und g die ihn enthaltende Gerade. Die Kreise k_n und k_n' drehen wir um g um einen Winkel $+\frac{\pi}{n}$; die Menge M enthalte die von ihnen beschriebenen Flächen, ferner den Kreisring, den sie in der Endlage in der neuen Ebene beranden, den Kreisring in der Ebene von k_0, der von k_0 und k_1' berandet ist, und endlich den Durchmesser d von k_0. M ist ein beschränktes Kontinuum, welches ferner im Kleinen zusammenhängend ist, wie man leicht einsieht. Die Menge $M^*(P, 1)$ derjenigen Punkte von M, die mit dem Mittelpunkt P von k_0 innerhalb der Kugel um P mit dem Radius 1 durch ein Teilkontinuum der Menge M verbunden sind, erweitert durch sämtliche Grenzpunkte, ist ein Kontinuum, welches in den von den Endpunkten von d verschiedenen Punkten von k_0 nicht im Kleinen zusammenhängend ist.

Für den Fall von mehrdimensionalen und abstrakten Räumen läßt *Hahn* an die Stelle der Mengen M^* gewisse mit Hilfe derselben konstruierte Mengen M^{**} treten, die die Eigenschaft des Zusammenhanges im Kleinen besitzen.

Diese Mengen können wir in einer Folge

$$M_1^{(1)}, M_2^{(1)}, \ldots, M_r^{(1)}$$

derart anordnen, daß je zwei aufeinanderfolgende wenigstens einen gemeinsamen Punkt haben; dabei kann eine Menge eventuell auch öfters in dieser Folge vorkommen, aber es soll auch jede der obigen Mengen wenigstens einmal vorkommen. — Sei nämlich $M_1^{(1)}$ eine von diesen Mengen; dann haben $M_1^{(1)}$ und $M - M_1^{(1)}$ wenigstens einen gemeinsamen Grenzpunkt, sei also $M_2^{(1)}$ eine solche unter den obigen Mengen, die einen zu $M_1^{(1)}$ gehörigen Grenzpunkt besitzt. Die Menge $M - (M_1^{(1)} + M_2^{(1)})$ hat wieder einen zu $M_1^{(1)} + M_2^{(1)}$ gehörigen Grenzpunkt; wir nehmen eine solche unter den obigen Mengen, die einen zu $M_1^{(1)} + M_2^{(1)}$ gehörigen Grenzpunkt von $M - (M_1^{(1)} + M_2^{(1)})$ enthält und nennen diese Menge $M_3^{(1)}$ bzw. $M_4^{(1)}$, je nachdem ob sie mit $M_2^{(1)}$ einen gemeinsamen Punkt besitzt oder nicht; im letzteren Fall nehmen wir als $M_3^{(1)}$ wieder die Menge $M_1^{(1)}$. Auf diese Weise fortfahrend bekommen wir eine Folge $M_1^{(1)}, M_2^{(1)}, \ldots, M_r^{(1)}$ von Mengen M^*, von denen je zwei aufeinanderfolgende einen gemeinsamen Punkt haben und die sämtliche Punkte der Menge M enthalten. Wenn eine der obigen Mengen M_{α_i} noch nicht in dieser Folge vorkommt, gibt es wenigstens eine Menge $M_\nu^{(1)}$ in der bereits vorliegenden Folge, die einen Punkt mit M_{α_i} gemeinsam hat; wir fügen dann in die obige Folge zwischen $M_\nu^{(1)}$ und $M_{\nu+1}^{(1)}$ als zwei neue Glieder M_{α_i} und $M_\nu^{(1)}$ ein. Auf diese Weise fortfahrend bekommen wir endlich eine Folge, die nunmehr sämtliche Mengen M_{α_i} enthält, und in welcher je zwei aufeinanderfolgende Mengen einen gemeinsamen Punkt haben. — Wir können diese Folge noch so modifizieren, daß das erste und das letzte Glied zwei beliebige von diesen Mengen sein sollen: sei etwa $M_\nu^{(1)}$ eine beliebige von diesen Mengen und $M_1^{(1)}, M_2^{(1)}, \ldots, M_\nu^{(1)}$ das Anfangssegment in der obigen Folge bis $M_\nu^{(1)}$; dann nehmen wir $\nu - 1$ neue Glieder vor der obigen Folge:

$$M_\nu^{(1)}, M_{\nu-1}^{(1)}, M_{\nu_1-2}^{(1)}, \ldots, M_2^{(1)},$$

so entsteht eine neue Folge, deren erstes Glied $M_\nu^{(1)}$ ist. Ebenso können wir das letzte Glied der Folge beliebig annehmen. Wir können ferner die Anzahl der Glieder vermehren, indem wir das letzte Glied der Folge wiederholt zu ihr hinzufügen. —

Wir können also k_1 solche Mengen $M^*(P, r_1)$:

$$M_1^{(1)}, M_2^{(1)}, \ldots, M_{k_1}^{(1)}$$

angeben, daß jeder Punkt von M in wenigstens einer von ihnen enthalten ist und je zwei aufeinander folgende Mengen dieser Folge wenigstens einen gemeinsamen Punkt haben. — Das Intervall $0 \leqq x \leqq 1$ zerlegen wir in k_1 gleiche Teile:

$$\frac{\nu-1}{k_1} \leqq x \leqq \frac{\nu}{k_1} \qquad (\nu = 1, 2, \ldots, k_1),$$

und ordnen dem ν-ten Intervall die ν-te Menge $M_\nu^{(1)}$ zu.

Für jedes ν nehmen wir jetzt k_2 Teilmengen $M^*(P, r_2)$ von $M_\nu^{(1)}$, die zusammen $M_\nu^{(1)}$ erschöpfen, und ordnen sie in einer Folge

$$M_{(\nu-1)k_2+1}^{(2)}, M_{(\nu-1)k_2+2}^{(2)}, \ldots, M_{\nu k_2}^{(2)},$$

in der je zwei aufeinanderfolgende Mengen einen gemeinsamen Punkt haben und $M_{(\nu-1)k_2+1}^{(2)}$ mit der Menge $M_{(\nu-1)k_2}^{(2)}$ von $M_{\nu-1}^{(1)}$ und ebenso $M_{\nu k_2}^{(2)}$ mit der Menge $M_{\nu k_2+1}^{(2)}$ von $M_{\nu+1}^{(1)}$ einen gemeinsamen Punkt hat. Die so erhaltenen Mengen bilden eine solche Folge

$$M_1^{(2)}, M_2^{(2)}, \ldots, M_{k_2}^{(2)}, \ldots, M_{(k_1-1)k_2+1}^{(2)}, M_{(k_1-1)k_2+2}^{(2)}, \ldots, M_{k_1 k_2}^{(2)},$$

von welcher je zwei aufeinanderfolgende Mengen einen gemeinsamen Punkt haben und erschöpfen zusammen M. Wir zerlegen das Intervall

$$i_\nu^{(1)}: \quad \frac{\nu-1}{k_1} \leqq x \leqq \frac{\nu}{k_1}$$

in k_2 gleiche Teile:

$$i_{(\nu-1)k_2+\nu'}^{(2)}: \quad \frac{\nu-1}{k_1} + \frac{\nu'-1}{k_1 k_2} \leqq x \leqq \frac{\nu-1}{k_1} + \frac{\nu'}{k_1 k_2} \qquad (\nu' = 1, 2, \ldots, k_2),$$

und ordnen dem ν'-ten Intervall $i_{(\nu-1)k_2+\nu}^{(2)}$ die Menge $M_{(\nu-1)k_2+\nu'}^{(2)}$ zu. — Auf die gleiche Weise fahren wir fort.

Einer Folge von Intervallen $i_{\nu_1}^{(1)}, i_{\nu_2}^{(2)}, \ldots,$ deren jedes ein Teil des vorangehenden ist, entspricht eine Folge von Mengen $M_{\nu_1}^{(1)}, M_{\nu_2}^{(2)}, \ldots,$ von denen jede eine Teilmenge der vorangehenden ist, und deren Durchmesser, ebenso wie die der entsprechenden Intervalle $i_{\nu_\varkappa}^{(\varkappa)}$, gegen 0 konvergieren. Jedem Punkt des Intervalles $0 \leqq x \leqq 1$, der zu einer solchen Intervallfolge $i_{\nu_1}^{(1)}, i_{\nu_2}^{(2)}, \ldots$ gehört, lassen wir den gemeinsamen Punkt der entsprechenden Folge von Mengen $M_{\nu_1}^{(1)}, M_{\nu_2}^{(2)}, \ldots$ entsprechen. So entspricht jedem Wert x ein und nur ein Punkt von M, ferner haben zwei Punkte x_1 und x_2 des Intervalls $0 \leqq x \leqq 1$ beliebig nahe beieinander liegende Bildpunkte auf M, wenn nur der Abstand der beiden Punkte x_1 und x_2 hinreichend klein ist.

Auf diese Weise haben wir eine eindeutige stetige Abbildung des Intervalls $0 \leqq x \leqq 1$ auf die Menge M erhalten; hiermit ist der Satz von *Hahn* und *Mazurkiewicz* bewiesen. —

Aus diesem Satz folgt gleich, daß etwa ein Quadratbereich sich durch eine stetige Kurve vollständig ausfüllen läßt; eine solche ist die sogenannte *Peanosche Kurve*. Hier werden wir eine von *Pólya*[1]) herrührende Konstruktion einer den Bereich eines Dreieckes ausfüllenden stetigen Kurve wiedergeben, die außer der Einfachheit der Kon-

---

[1]) Bull. de l'Ac. des Sc. de Cracovie, Sc. math., juin 1913.

struktion noch den Vorteil hat, daß die Kurve nur dreifache Punkte besitzt, oder anders gesagt, daß ein beliebiger Punkt des Bereiches höchstens drei Punkten des Intervalles entspricht.

Wir nehmen ein rechtwinkliges Dreieck $\triangle$ mit einem spitzen Winkel φ, so daß $\sin\varphi$ transzendent ist; die Höhe des Dreiecks sei 1. Sei dann $\alpha = 0, \alpha_1 \alpha_2 \ldots$ $(\alpha_i = 0, 1)$ eine beliebige Zahl des Intervalls $(0, 1)$ in dyadischer Entwicklung; den ihr entsprechenden Punkt bestimmen wir so (s. Fig. 14), daß wir zuerst vom Fußpunkt D der Höhenlinie von $\triangle$ ein Lot in das größere bzw. in das kleinere Dreieck richten, je nachdem ob $\alpha_1 = 1$ bzw. 0 ist; dann aus dem Endpunkte dieses Lotes wieder in das größere oder in das kleinere der beiden anschließenden Dreiecke, je nachdem $\alpha_2 = 1$ bzw. 0 ist, usw. Die Fußpunkte dieser Lote konvergieren gegen einen Punkt P des Dreieckes, diesen Punkt P lassen wir als Bild der Zahl α entsprechen.

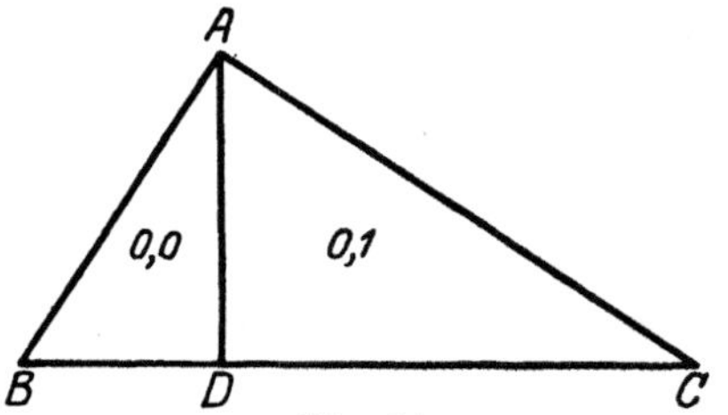

Fig. 14.

Seien A, B, C die bei dem rechten bzw. bei dem größeren und kleineren spitzen Winkel liegenden Eckpunkte des Dreieckes. Dem Punkt B entspricht die Zahl $0{,}000\ldots$, da eine sukzessive Folge von Loten dann und nur dann gegen den Punkt B konvergiert, wenn bei jedem Schritt das Lot in das kleinere Dreieck gerichtet wird. Ebenso entspricht dem Punkt C die Zahl $0{,}111\ldots$ Dem Punkt A entsprechen zwei Folgen von Loten, nämlich die zu den beiden Entwicklungen der Zahl $0{,}01111 = 0{,}10000\ldots$ gehörigen. Dem Fußpunkt D der Höhenlinie entsprechen zwei Zahlen $0{,}01000\ldots = 0{,}00111\ldots$ und $0{,}11000\ldots = 0{,}10111\ldots$ Den beiden Intervallen $0 < x < \frac{1}{2}$ bzw. $\frac{1}{2} < x < 1$ entspricht das kleinere bzw. größere Dreieck. Wenn wir die beiden Lote von D aus fällen, entspricht jedes der auf diese Weise entstehenden vier Dreiecke einem bestimmten Intervall $\frac{p}{4} < x < \frac{p+1}{4}$ $(p = 0, 1, 2, 3)$, usw. — Bezeichnen wir mit $\triangle_{\alpha_1 \alpha_2 \ldots \alpha_\varkappa}$ das Dreieck, welches dem Intervall $(0{,}\alpha_1 \alpha_2 \ldots \alpha_\varkappa,\ 0{,}\alpha_1 \alpha_2 \ldots (\alpha_\varkappa + 1))$ entspricht; die Längen der Hypotenusen dieser Dreiecke sinken mit wachsendem $\varkappa$ unter jede positive Größe. Daraus folgt, daß die durch diese Konstruktion angegebene eindeutige Abbildung des Intervalls $(0\,1)$ auf das Dreieck stetig ist. — Ein Punkt P, der im Innern einer unendlichen Folge von Dreiecken $\triangle_{\alpha_1}, \triangle_{\alpha_1 \alpha_2}, \ldots$ liegt, entspricht nur der einzigen Zahl $\alpha = 0{,}\alpha_1 \alpha_2 \ldots$; solche Punkte gibt es in jedem Dreieck $\triangle_{\alpha_1 \ldots \alpha_\varkappa}$, folglich ist ihre Menge in $\triangle$ überall dicht. — Auf der Höhe AD gibt es nur zweifache und dreifache Punkte, d. h. solche, die zwei bzw. drei Zahlen α entsprechen. Wenn nämlich ein

Punkt von AD für keines der von rechts errichteten Lote ein Endpunkt ist, so entspricht diesem Punkt eine und nur eine Zahl mit der ersten Ziffer $\alpha_1 = 1$; wenn aber ein rechtes Lot in diesem Punkte eintrifft, so gibt es zwei solche Zahlen. Dasselbe gilt in bezug auf die linken Lote und die erste Ziffer $\alpha_1 = 0$. Ein Punkt P von AD entspricht also entweder zwei Zahlen, wenn nämlich in P weder ein rechtes noch ein linkes Lot eintrifft, oder aber drei Zahlen, wenn in P ein rechtes oder ein linkes Lot eintrifft. Daß in P nicht zugleich ein rechtes und ein linkes Lot eintreffen kann (dann wäre P ein vierfacher Punkt), ist eine Folge der Voraussetzung, daß $\sin\varphi$ transzendent ist; wäre nämlich P gleichzeitig Endpunkt eines rechten und auch eines linken Lotes, so würde dies das Bestehen einer algebraischen Gleichung für $\sin\varphi$ nach sich ziehen. — Die gleichen Bemerkungen wie für AD gelten auch für die weiteren Lote.

Wir haben so eine eindeutige stetige Abbildung des Intervalls $(0\ 1)$ auf den Dreiecksbereich bekommen. Jedem inneren Punkte des Dreieckes, der Endpunkt eines Lotes ist, entsprechen drei Zahlen, jedem inneren Punkte, der auf einem Lot liegt, aber kein Endpunkt eines Lotes ist, und jedem auf dem Rand liegenden Lotendpunkt entsprechen zwei Zahlen, allen übrigen Punkten je eine Zahl. Die Menge der letzteren Punkte ist im Dreieck überall dicht, ebenso die Menge der ihnen entsprechenden Zahlen auf dem Intervall $(0\ 1)$.

Schließlich erwähnen wir den folgenden Satz:

Sei $\varkappa$ eine stetige Kurve und seien A und B zwei beliebige Punkte von $\varkappa$. Es gibt einen einfachen Bogen b, dessen Endpunkte A und B sind, und welcher aus lauter Punkten von $\varkappa$ besteht[1]).

Sei (A') bzw. (B') die Menge derjenigen Punkte des Intervalls, deren Bild der Punkt A bzw. B ist. (A') und (B') sind abgeschlossene voneinander fremde Mengen. Sei A' bzw. B' ein solcher Punkt von (A') bzw. von (B'), daß das Intervall $A'B'$ keinen weiteren Punkt von diesen Mengen enthält. Wir setzen voraus, daß A' mit 0 und B' mit 1 zusammenfällt. Wir zerlegen das Intervall $0 \leqq x \leqq 1$ in zwei Teilintervalle

$$i_0:\quad 0 \leqq x \leqq \tfrac{1}{2};\qquad i_1:\quad \tfrac{1}{2} \leqq x \leqq 1,$$

und betrachten in i_0 die Menge derjenigen Punkte Q', die mit einem Punkt Q'' von i_1 das gleiche Bild haben; die Menge dieser Punkte ist abgeschlossen, A' gehört nicht zu denselben, folglich gibt es einen solchen Punkt Q' dieser Menge, daß in dem Intervall $A'Q'$ kein innerer Punkt R' mit einem Punkt R'' von i_1 das gleiche Bild hat. Sei Q'' derjenige Punkt von i_1, welcher mit Q' das gleiche

[1]) Dieser Satz zusammen mit dem im Text dargestellten Beweis wurde in einer ungarisch veröffentlichten Arbeit von *Kaluzsay* gegeben; nachher wurde er unabhängig davon auch von *Tietze* bewiesen.

Bild hat, und unter sämtlichen solchen Punkten von i_1 am nächsten bei B' liegt. — Wir ersetzen das Intervall $A'Q'$ durch das Intervall i_0, so daß $A' = 0$ sich selbst und jeder Punkt x $(0 \leqq x \leqq \frac{1}{2})$ demjenigen Punkt x' von $A'Q'$ entspricht, für welchen $x' : x = 2 \cdot \overline{A'Q'}$ ist. Ebenso nehmen wir statt des Intervalles $Q''B'$ das Intervall $i_1 : \frac{1}{2} \leqq x \leqq 1$. Indem wir die ursprünglich gegebene Abbildung des Intervalls $0 \leqq x \leqq 1$ auf $\varkappa$ durch diese Abbildung von $A'Q' + Q''B'$ auf $0 \leqq x \leqq 1$ transformieren, d. h. für die entsprechenden Punkte übertragen, erhalten wir eine eindeutige stetige Abbildung des Intervalls $0 \leqq x \leqq 1$ auf eine Teilmenge von $\varkappa$, bei welcher kein Punkt $x \leqq \frac{1}{2}$ mit einem Punkt $x > \frac{1}{2}$ dasselbe Bild hat. Wir zerlegen das Intervall i_0: $0 \leqq x \leqq \frac{1}{2}$ in die Teilintervalle

$$i_{00}: \quad 0 \leqq x \leqq \tfrac{1}{4}, \qquad i_{01}: \quad \tfrac{1}{4} \leqq x \leqq \tfrac{1}{2},$$

und nehmen wieder zwei Punkte R' und R'' mit gleichem Bild, so daß kein Punkt des Intervalles von 0 bis R' dasselbe Bild hat wie ein Punkt des Intervalles $(R'', \frac{1}{2})$. Das Intervall $R'R''$ ersetzen wir durch den einzigen Punkt $\frac{1}{4}$ (wie oben), genau so verfahren wir mit dem Intervall i_1: $\frac{1}{2} \leqq x \leqq 1$; so entsteht eine eindeutige stetige Abbildung des Intervalls (0 1) auf eine Teilmenge von $\varkappa$, bei welcher zwei Punkte x und x' nur dann dasselbe Bild haben können, wenn sie zu demselben von den Intervallen $i_{00}, i_{01}, i_{10}, i_{11}$ gehören. — Auf diese Weise fortfahrend bekommen wir schließlich eine solche stetige Abbildung des Intervalls $0 \leqq x \leqq 1$ auf eine Teilmenge von $\varkappa$, bei welcher immer zwei verschiedene Punkte zwei verschiedene Bildpunkte haben. Wir erhalten also einen einfachen Bogen, dessen Endpunkte die Punkte A und B sind und welcher in der gegebenen stetigen Kurve $\varkappa$ enthalten ist. (Wie man sieht, ist der Beweis unabhängig davon, ob die Kurve $\varkappa$ in der Ebene liegt oder nicht.)

Bemerkung. In diesem Abschnitt haben wir verschiedene Begriffe für Kurven kennen gelernt, nämlich einfache geschlossene Kurve, geschlossene Kurve, stetige Kurve; alle diese haben gegenüber topologischen Abbildungen invarianten Charakter (für die geschlossene Kurve wird dies erst in III § 6 bewiesen). Dasselbe gilt von der sogenannten *Cantorschen Kurve*, die als ein in der Ebene nirgends dicht liegendes Kontinuum definiert wird (vgl. hierzu den in II § 3 dargestellten Satz von der Gebietsinvarianz). In dieser Hinsicht durchaus zu verwerfen ist die Definition von ***W. H.*** und ***G. C. Young*** (Theory of sets of points, S. 219, Cambridge, 1906), die eine Kurve als eine in der Ebene nirgends dichte zusammenhängende Menge erklärt. Man nehme etwa eine abzählbare, auf dem Intervall $0 \leqq x \leqq 1$, $y = 0$ nirgends dichte Menge M, die in sich dicht ist, und verbinde jeden Punkt von M mit dem Punkt $x = \frac{1}{2}$, $y = 1$ durch je eine Strecke; so entsteht eine „Kurve". Sei dann N eine auf dem Intervall $0 \leqq x \leqq 1$, $y = 0$ überall dichte abzählbare Menge; nach jedem Punkt von N lege man von $x = \frac{1}{2}$, $y = 1$ eine Strecke, so entsteht eine im Dreieck (0, 0) (1, 0), $(\frac{1}{2}, 1)$ überall dichte Menge, die also keine „Kurve" ist. Wohl sind aber diese beiden Gebilde umkehrbar eindeutig und stetig aufeinander abbildbar (s. I § 4).

Dritter Abschnitt.

Gebiete.

§ 1. Einfach zusammenhängende Gebiete.

Sei g ein Gebiet, d. h. eine aus lauter inneren Punkten bestehende zusammenhängende Punktmenge. Wir bezeichnen g als *einfach zusammenhängend*, wenn mit jedem in g liegenden Polygon zusammen auch das Innere oder das Äußere des Polygons (oder beide) zu g gehört. Laut dieser Erklärung bildet die ganze Ebene ebenfalls ein einfach zusammenhängendes Gebiet. Ist das Gebiet g nicht mit der ganzen Ebene identisch, so gibt es wenigstens einen Randpunkt von g, d. h. einen nicht zu g gehörigen Grenzpunkt von g. Im folgenden werden wir nur diesen Fall betrachten und setzen im allgemeinen voraus, daß der Rand beschränkt ist.

Das Innere und auch das Äußere einer einfachen geschlossenen Kurve bildet ein einfach zusammenhängendes Gebiet. Allgemeiner ist jedes Gebiet einfach zusammenhängend, dessen Rand aus einem Kontinuum besteht. — Sei nämlich π ein in g liegendes Polygon; wenn sowohl das Innere wie auch das Äußere von π von g fremde Punkte besitzt, so gibt es sowohl im Innern wie auch im Äußern von π Randpunkte von g, während π selber von dem Rand von g frei ist; dies ist ein Widerspruch gegen die Annahme, daß der Rand von g ein Kontinuum ist. — Umgekehrt läßt sich ebenso leicht zeigen, daß der Rand eines einfach zusammenhängenden Gebietes, wenn er beschränkt ist, aus einem Kontinuum besteht. Wäre dies nicht der Fall, so könnten wir ein den Rand nicht treffendes Polygon π bestimmen, das sowohl im Innern wie auch im Äußern Punkte des Randes besitzt. In beliebiger Nähe eines im Innern bzw. im Äußern liegenden Randpunktes können wir je einen Punkt des Gebietes g nehmen, der also ebenfalls im Innern bzw. im Äußern von π liegt; ein diese Punkte von g in g verbindender Weg trifft das Polygon π, folglich hat π in g wenigstens einen Punkt, und da π den Rand von g nicht trifft, liegt π ganz in g. Dann haben wir aber einen Widerspruch gegen die Annahme, daß g einfach zusammenhängend ist, da weder das Innere noch das Äußere des in g liegenden Polygons π ganz zu g gehört.

Unter einem *Querschnitt* des Gebietes g verstehen wir einen in g liegenden Streckenzug, dessen Endpunkte (die auch zusammenfallen können) beide auf dem Rand von g liegen. — Wir behaupten, daß ein einfach zusammenhängendes Gebiet g durch jeden Querschnitt in zwei einfach zusammenhängende Gebiete zerlegt wird (d. h. daß die nicht zum Querschnitt gehörigen Punkte von g zwei fremde einfach zusammenhängende Gebiete bilden). Sei ϱ der Rand von g und q ein Querschnitt von g, welcher also zwei Punkte von ϱ in g verbindet. Die Restmenge von q in g besteht nur aus inneren Punkten (da jeder Punkt von g, der nicht auf q liegt, von q einen positiven Abstand hat), bildet also ein oder mehrere Gebiete. Wir nehmen zunächst an, q bestimmte nur ein einziges Gebiet. Zwei Punkte M und N von g hinreichend nahe bei q und auf verschiedenen Seiten[1]) lassen sich dann durch einen q nicht treffenden Weg w in g verbinden; die Punkte M und N verbinden wir in der Nähe von q durch einen Weg w', der q in einem einzigen Punkte trifft, und mit w zusammen ein in g liegendes Polygon π bildet. Wenn wir eine kleine Strecke, welche den mit w' gemeinsamen Punkt von q enthält, fortlassen, bleiben von q zwei Streckenzüge übrig, die π nicht treffen und von denen einer ganz im Innern von π, der andere im Äußern von π liegt. Diese Streckenzüge haben je einen Punkt mit ϱ gemeinsam. Es gibt also sowohl im Innern wie auch im Äußern des in g liegenden Polygons π Punkte von ϱ, gegen unsere Voraussetzung. — Andererseits kann man ebenso leicht einsehen, daß q in g genau zwei Gebiete bestimmt, da nämlich zwei Punkte von g, die auf derselben Seite von q liegen, sich durch einen sehr nahe bei q verlaufenden, q nicht treffenden Weg in g verbinden lassen. — Daß jedes von diesen beiden Gebieten g_1 und g_2 wieder einfach zusammenhängend ist, ergibt sich aus der Bemerkung, daß ein in g_1 liegendes Polygon zugleich ein Polygon in g ist und weil q ein mit ϱ zusammenhängendes Kontinuum ist, $q + \varrho$ liegt also entweder ganz im Innern oder ganz im Äußern dieses Polygons. — Die gleichen Behauptungen lassen sich ebenso beweisen, wenn man unter einem Querschnitt einen in g liegenden einfachen Bogen versteht, dessen Endpunkte auf dem Rand ϱ liegen. — Die Umkehrung des eben Bewiesenen wollen wir noch erwähnen, nämlich daß ein Gebiet, welches durch jeden Querschnitt zerlegt wird, einfach zusammenhängend ist; wäre es nicht so, dann sei π ein Polygon, dessen Inneres und Äußeres von g fremde Punkte, also auch Randpunkte von g enthalten. Ein Weg innerhalb von π, der einen Punkt von π mit einem Punkt von ϱ verbindet und sonst in g liegt, würde dann zusammen mit einem ähnlichen außerhalb von

[1]) Sei etwa s eine Strecke von q, in ihrem Mittelpunkt legen wir eine kleine senkrechte Strecke w', die ganz in g liegt und q sonst nicht trifft; die Endpunkte von w' seien M und N.

π liegenden Weg einen Querschnitt von g bilden, welcher g nicht zerlegt, da π von einer Seite desselben auf die andere führt.

Für Gebiete werden wir insbesondere zwei spezielle Formen betrachten. Die erste ist ein beschränktes Gebiet; wie wir wissen, läßt sich nämlich die Ebene auf das Innere eines Kreises topologisch abbilden, dadurch geht ein unbeschränktes Gebiet in ein beschränktes Gebiet über. — Die zweite Form ist ein unbeschränktes Gebiet mit beschränktem Rand; wenn (x_0, y_0) ein beliebiger innerer Punkt des Gebietes ist, erklären wir eine Abbildung der Ebene durch die Formeln

$$x' = \frac{x - x_0}{(x - x_0)^2 + (y - y_0)^2}, \qquad y' = \frac{y_0 - y}{(x - x_0)^2 + (y - y_0)^2};$$

sie ist eineindeutig und stetig, abgesehen vom Punkte (x_0, y_0), und führt das Gebiet in ein unbeschränktes Gebiet mit beschränktem Rand über. In diesem Fall erklären wir auch den unendlich fernen Punkt der Ebene als einen Punkt des Gebietes und das Äußere eines hinreichend großen Kreises als eine Umgebung desselben.

Sei g ein beschränktes einfach zusammenhängendes Gebiet, sein Rand ϱ besteht also aus einem Kontinuum. Das Gebiet g werden wir auf das Innere des Einheitskreises topologisch abbilden. Zu diesem Zweck nehmen wir eine Folge $\zeta_1, \zeta_2, \ldots$ von sukzessiven quadratischen Teilungen der Ebene. Aus der ersten Teilung heben wir sämtliche Quadrate heraus, die zusammen mit ihrem Rand in g liegen, diese bilden einen oder mehrere Polygonbereiche; sei (π_1) einer von diesen (welcher in keinem umfassenderen solchen Bereich liegt). Sein äußerer Rand wird von einem in g liegenden Polygon π_1 gebildet; das Innere von π_1 gehört zu g, folglich gehören alle innerhalb von π_1 liegenden Quadrate der ersten Teilung zum Bereich (π_1). Die Quadrate der zweiten Teilung, die ganz in g liegen, bilden gewisse Polygonbereiche; unter diesen sei (π_2) derjenige, welcher (π_1) enthält. Auf diese Weise fortfahrend bekommen wir eine Folge von Polygonen $\pi_1, \pi_2, \ldots$, so daß immer π_i im Bereich von π_{i+1} liegt. — Wir behaupten, daß es zu jedem Punkt P des Gebietes g ein Polygon π_k der obigen Folge gibt, welches den Punkt P im Innern enthält. Sei nämlich w ein beliebiger Weg, der P mit einem Punkte von (π_1) innerhalb von g verbindet; w hat vom Rand ϱ von g einen Abstand $\delta > 0$; bei einer quadratischen Teilung ζ_i, deren Kantenlänge $< \frac{\delta}{4}$ ist, liegen sämtliche Quadrate, die Punkte von w enthalten, innerhalb von g, andererseits hängen sie mit (π_1) zusammen, gehören also zum Polygonbereich (π_i). Ebenso zeigt man, daß es ein Polygon π_{a_2} der obigen Folge gibt, welches das Polygon π_1 in seinem Innern enthält. — Sei also $\pi_1, \pi_{a_2}, \ldots$ eine solche Teilfolge, daß π_{a_k} ganz im Innern von $\pi_{a_{k+1}}$ liegt. Den Polygonbereich (π_1)

bilden wir dann topologisch auf die Kreisscheibe ($r \leqq \frac{1}{2}$, $0 \leqq \varphi < 2\pi$) ab, den Bereich zwischen π_1 und π_{a_2} auf den Kreisring ($\frac{1}{2} \leqq r \leqq \frac{2}{3}$), so daß die Abbildung auf π_1 mit der ersten übereinstimmt, usw. Auf diese Weise entsteht eine topologische Abbildung des Gebietes g auf das Innere des Einheitskreises.

Aus der obigen Erschöpfung von g durch Quadrate läßt sich eine *Dreieckssteilung* von g bestimmen. Zu diesem Zwecke ziehen wir in jedem Quadrat des Bereiches (π_1) die beiden Diagonalen; dann in jedem Quadrat von (π_{a_2}) zwischen π_1 und π_{a_2} die beiden Diagonalen; dadurch entstehen auf π_1 neue Eckpunkte, nämlich die Endpunkte der neuen Diagonalen; jeden von diesen Punkten verbinden wir durch eine Strecke mit dem Mittelpunkt desjenigen Quadrates von (π_1), zu welchem er gehört. Das ähnliche Verfahren bei dem dritten Schritte betrifft nicht mehr den Bereich (π_1), sondern nur diejenigen Quadrate von (π_{a_2}), die an den Rand von (π_{a_2}) anstoßen. Auf diese Weise fortfahrend bekommen wir eine Folge von Dreiecken $\triangle_1, \triangle_2, \ldots$, von denen die folgenden Eigenschaften leicht einzusehen sind:

1. Ein innerer Punkt eines Dreieckes gehört nur zu diesem einzigen Dreieck.

2. Eine Seite eines Dreieckes gehört zu genau zwei Dreiecken; diese sollen als benachbart bezeichnet werden.

3. Ein Eckpunkt eines Dreieckes gehört zu einer endlichen Anzahl von Dreiecken, die einen Zyklus bilden, so daß je zwei aufeinanderfolgende Dreiecke eine zu diesem Eckpunkt gehörige Seite gemeinsam haben.

4. Zu je zwei Dreiecken $\triangle$ und $\triangle^*$ gibt es eine endliche Anzahl von Dreiecken, $\triangle^{(1)} = \triangle, \triangle^{(2)}, \ldots, \triangle^{(n)} = \triangle^*$, von denen je zwei aufeinanderfolgende benachbart sind; wir nennen sie eine die Dreiecke $\triangle$ und $\triangle^*$ verbindende Dreieckskette.

Es ist ferner klar, daß die Dreiecke $\triangle_1, \triangle_2, \ldots$ das Gebiet g erschöpfen, und keine von g fremden Punkte enthalten.

Die Dreiecksteilung des Gebietes, welche auch für beliebige (nicht nur für einfach zusammenhängende) Gebiete ähnlich durchgeführt werden kann, interessiert uns vom Gesichtspunkte der später zu behandelnden Flächentopologie.

§ 2. Über den Rand eines einfach zusammenhängenden Gebietes.

In diesem Paragraphen untersuchen wir den Rand eines einfach zusammenhängenden Gebietes nach *Carathéodory;* zum Ausgangspunkt wählen wir die von *Study* und *Koebe* gegebenen Betrachtungen und schließen nachher unsere Darstellung an die *Carathéodory*schen Untersuchungen an.

Sei g ein beschränktes, einfach zusammenhängendes Gebiet und ϱ sein Rand. Jedem in g verlaufenden einfachen Bogen b, dessen Anfangspunkt in g und dessen Endpunkt in einem Punkt P_η des Randes ϱ liegt, lassen wir ein „Ende η" entsprechen, wobei wir folgendes festsetzen: Zwei Bögen b und b' definieren dann und nur dann dasselbe Ende η, wenn ihre auf ϱ liegenden Punkte zusammenfallen und außerdem: 1. entweder die Bögen b und b' sich in jeder Umgebung des auf ϱ liegenden gemeinsamen Punktes treffen oder 2. wenn dies nicht der Fall ist, so seien b_1 und b_1' zwei den gemeinsamen Endpunkt P_η enthaltende, sonst fremde Teilbögen von b und b', und sei c_1 ein einfacher Bogen, der ihre in g liegenden Endpunkte in g verbindet, ohne sie sonst zu treffen; die einfache geschlossene Kurve $b_1 + c_1 + b_1'$ soll in ihrem Innern keinen Punkt von ϱ enthalten. — Jedem Ende η entspricht ein einziger Punkt P_η von ϱ, aber ein Punkt von ϱ kann auch mehreren (auch unendlich vielen) Enden η entsprechen. Die Menge der auf diese Weise erklärten Enden bezeichnen wir mit (η).

Seien $\eta_1, \eta_2, \eta_3, \eta_4$ vier beliebige, voneinander verschiedene Enden; wir legen in g vier diese Enden definierende, hinreichend kleine Bögen b_1, b_2, b_3, b_4, die einander nicht treffen, abgesehen von den auf ϱ eventuell zusammenfallenden Endpunkten. Die in g liegenden Endpunkte von b_1 und b_2 verbinden wir durch einen einfachen Bogen c innerhalb von g, der diese Bögen sonst nicht und die Bögen b_3 und b_4 überhaupt nicht trifft. Wenn der auf diese Weise entstehende Querschnitt $b_1 + c + b_2$ von g die Bögen b_3 und b_4 in g voneinander trennt, sagen wir, daß das Paar (η_3, η_4) durch das Paar (η_1, η_2) getrennt wird; dann wird auch (η_1, η_2) durch (η_3, η_4) getrennt. Auf diese Weise entsteht eine zyklische Anordnung für die Elemente der Menge (η) (vgl. auch II § 4). — Die zyklisch geordnete Menge (η) ist in sich dicht, d. h. zwischen je zwei Elementen von (η) gibt es wenigstens ein weiteres Element von (η); es ist leicht einzusehen, daß in jedem Intervall von (η) weitere Elemente von (η) in der Mächtigkeit des Kontinuums vorhanden sind (vgl. die analoge Frage in II § 6, S. 91).

Jedem Schnitt der zyklisch geordneten Menge (η) ordnen wir ein *Randelement*[1]) E von g zu, durch die folgende Erklärung: sei $(\eta_1, \bar{\eta}_1), (\eta_2, \bar{\eta}_2), \ldots$ eine den Schnitt definierende Folge von ineinander enthaltenen Intervallen der Menge (η), die jedes Ende η oder jedes mit Ausnahme eines einzigen auslassen[2]); ein Punkt P von ϱ gehört dann und nur dann zu dem durch diesen Schnitt definierten Randelement E, wenn es eine Folge von Enden $\eta^{(1)}, \eta^{(2)}, \ldots$ gibt,

[1]) Bei *Carathéodory* als *Primende* bezeichnet.

[2]) D. h. jedes Element von (η), mit Ausnahme höchstens eines einzigen gehört nur zu endlich vielen von diesen Intervallen.

von denen immer $\eta^{(i)}$ zu dem Intervall $(\eta_i, \overline{\eta}_i)$ gehört, und deren entsprechende Punkte $P_{\eta^{(1)}}, P_{\eta^{(2)}}, \ldots$ gegen den Punkt P konvergieren.

Ein Randelement E besitzt entweder ein oder kein Ende η, je nachdem der das Randelement definierende Schnitt von (η) ein Schnittelement η besitzt oder nicht; im ersteren Fall heißt das Randelement *erreichbar*, im zweiten Fall *nicht-erreichbar*.

Die Menge (E) der Randelemente ist zufolge ihrer Definition ebenfalls zyklisch geordnet; sie ist ferner *vollständig* in dem Sinne, daß zu jedem Schnitt von (E) ein Schnittelement E von (E) gehört. Aus der Tatsache, daß in (η) zwischen je zwei Elementen von (η) weitere Elemente von (η) und zwar in der Mächtigkeit des Kontinuums liegen, folgt ferner, daß die zyklisch geordnete Menge (E) in sich dicht ist, und in jedem Intervall erreichbare Randelemente in der Mächtigkeit des Kontinuums enthält.

Wir werden jetzt eine solche topologische Abbildung des Gebietes g auf das Innere des Einheitskreises angeben, bei welcher auch die Randelemente von g den Randpunkten der Kreisscheibe eineindeutig und stetig entsprechen, in einem gleich zu präzisierenden Sinne[1]).

Nehmen wir eine Folge von sukzessiven quadratischen Teilungen der Ebene. Sei ε_1 eine positive Zahl, und sei ζ_1 eine solche Teilung der Folge, deren Seitenlänge $< \frac{\varepsilon_1}{8}$ ist, und die wenigstens ein ganz zu g gehöriges Quadrat besitzt. Die Quadrate von ζ_1, die mit ihrem Rand zusammen zu g gehören, bilden einen oder mehrere Polygonbereiche, deren jeder von einem Polygon berandet ist; die nicht zu diesen Polygonbereichen gehörigen Punkte von g haben vom Rand ϱ von g einen Abstand $< \frac{\varepsilon_1}{4}$. Wir verbinden diese Polygonbereiche durch gewisse in g verlaufende Wege, bezeichnen den Abstand, den die aus diesen Wegen und aus den Polygonbereichen gebildete Punktmenge von ϱ besitzt, mit δ_1, und nehmen eine solche Unterteilung ζ_1' von ζ_1, deren Seitenlänge $< \frac{\delta_1}{4}$ ist; wir heben sämtliche Quadrate von ζ_1' heraus, die ganz in g liegen, und nehmen unter den von diesen Quadraten gebildeten Polygonbereichen denjenigen, der die bei ζ_1 betrachteten Polygonbereiche und die sie verbindenden Wege enthält; sein Rand wird von einem Polygon π_1 gebildet, welches überall einen Abstand $< \frac{\varepsilon_1}{4}$ von ϱ besitzt; ferner gehört jeder Punkt von g, dessen Abstand von ϱ größer ist als $\frac{\varepsilon_1}{4}$, zum Innern von π_1. — Auf diesem Polygon π_1 nehmen wir ν_1 Punkte $Q_1^{(1)}, Q_2^{(1)}, \ldots, Q_{\nu_1}^{(1)}$, in der angegebenen zyklischen Reihenfolge, die das Poly-

[1]) Bei einer eineindeutigen konformen Abbildung von g auf das Kreisinnere ist dies immer der Fall, wie *Carathéodory* bewiesen hat.

gon π_1 in ν_1 Wege: $\mu_i^{(1)} = Q_i^{(1)} Q_{i+1}^{(1)}$ $(i = 1, 2, \ldots, \nu_1;\ Q_{\nu_1+1}^{(1)} = Q_1^{(1)})$ vom Durchmesser $< \frac{\varepsilon_1}{4}$ zerlegen. Von jedem Punkt $Q_i^{(1)}$ legen wir eine geradlinige Strecke $\lambda_i^{(1)} = Q_i^{(1)} P_i^{(1)}$ der Länge $< \frac{\varepsilon_1}{4}$, die abgesehen von ihrem auf ϱ liegenden Endpunkt $P_i^{(1)}$ ganz in g liegt; ferner setzen wir voraus, daß diese Strecken $\lambda_1^{(1)}, \lambda_2^{(1)}, \ldots, \lambda_{\nu_1}^{(1)}$ einander nicht treffen[1]).

Wir konstruieren nun ein π_1 in seinem Innern enthaltendes Polygon π_2, das sich von ϱ nicht weiter als um $\frac{\varepsilon_2}{4}$ entfernt, und das jeden Punkt von g, der von ϱ einen Abstand $> \frac{\varepsilon_2}{4}$ hat, in seinem Innern enthält; ferner soll π_2 jede Strecke $\lambda_\nu^{(1)}$ in einem einzigen Punkt treffen, und zwar in einem solchen, dessen Abstand von dem Punkt $P_\nu^{(1)}$ kleiner ist als $\frac{\varepsilon_2}{4}$. — Zur Konstruktion dieses Polygons nehmen wir eine Unterteilung ζ_2 der vorigen quadratischen Teilung ζ_1, deren Seitenlänge $< \frac{\varepsilon_2}{8}$ ist, wobei $2\,\varepsilon_2 < \varepsilon_1$ und zugleich kleiner als der Abstand von π_1 und ϱ ist. Diejenigen Quadrate von ζ_2, die mit ihrem Rand zusammen in g liegen, bilden einen oder mehrere Polygonbereiche; im letzteren Fall verbinden wir je zwei solche Polygonbereiche durch einen Weg in g, bezeichnen den Abstand der aus diesen Wegen und aus den genannten Polygonbereichen bestehenden Punktmenge von ϱ mit δ_2 und nehmen eine Unterteilung ζ_2' von ζ_2, deren Seitenlänge $< \frac{\delta_2}{4}$ ist. Wir heben sämtliche Quadrate von ζ_2' heraus, die mit ihrem Rand zusammen zu g gehören, und nehmen unter den von diesen Quadraten gebildeten Polygonbereichen denjenigen, der die bei ζ_2 betrachteten Polygon-

[1]) Zur Konstruktion solcher Strecken bemerken wir folgendes. Als Punkte $Q_i^{(1)}$ wählen wir die auf π_1 liegenden Mittelpunkte der Kanten der Teilung ζ_1'. Jeder Punkt $Q_i^{(1)}$ liegt auf dem Rand eines nicht zu (π_1) gehörigen Quadrates q, welches somit notwendig einen Punkt von ϱ enthält. Wenn im Innern von q wenigstens ein Punkt von ϱ liegt, so können wir die auf dem Rand von q liegenden Punkte $Q_i^{(1)}$ (deren Anzahl ≤ 3 ist) mit je einem innerhalb von q liegenden Punkt von ϱ durch einander nicht treffende Strecken verbinden. Wenn aber ein Quadrat q nur einen Punkt von ϱ (und diesen dann notwendig auf seinem Rand), und mehr als einen Punkt $Q_i^{(1)}$ besitzt oder wenn sogar zwei oder drei Quadrate q nur einen Punkt von ϱ, aber mehrere Punkte $Q_i^{1)}$ besitzen, so nehmen wir in einer kleinen Umgebung dieses Punktes von ϱ (deren Radius kleiner ist als der vierte Teil der Seitenlänge von ζ_1') so viele verschiedene Punkte von ϱ, wie Punkte $Q_i^{(1)}$ zu diesen Quadraten gehören, ordnen diese Punkte den Punkten $Q_i^{(1)}$ zu, in der Weise, daß jeder Punkt $Q_i^{(1)}$ sich mit dem zugeordneten Punkt von ϱ durch eine Strecke verbinden läßt, die die anderen Strecken nicht trifft. Auf diesen Strecken nehmen wir dann immer von $Q_i^{(1)}$ aus den ersten zu ϱ gehörigen Punkt $P_i^{(1)}$.

bereiche und die sie verbindenden Wege enthält; sein Rand wird von einem Polygon π_2' gebildet, das überall einen Abstand $< \frac{\varepsilon_2}{4}$ von ϱ besitzt; ferner liegt das Polygon π_1, wie auch jeder Punkt von g, dessen Abstand von ϱ größer als $\frac{\varepsilon_2}{4}$ ist, im Innern von π_2'. — Sei γ_ν dasjenige von den Strecken $\lambda_\nu^{(1)}$ und $\lambda_{\nu+1}^{(1)}$ zwischen π_1 und ϱ bestimmte Gebiet, das von den weiteren Strecken $\lambda_\mu^{(1)}$ frei ist. Sei u_ν ein solcher Weg von π_2', der einen Punkt von $\lambda_\nu^{(1)}$ mit einem Punkt von $\lambda_{\nu+1}^{(1)}$ in γ_ν verbindet, und durch keinen ähnlichen Weg von π_2' in γ_ν von ϱ getrennt ist. Diesen Weg können wir noch der folgenden Modifizierung unterwerfen: sei A der auf $\lambda_\nu^{(1)}$ liegende Endpunkt von u_ν, und B ein Punkt der Strecke $A P_\nu^{(1)}$, im Abstand $< \frac{\varepsilon_2}{4}$ von $P_\nu^{(1)}$; wir nehmen einen Punkt C von u_ν sehr nahe bei A, so daß das Dreieck $A B C$ ganz zu γ_ν gehört, und ersetzen die Strecke $A C$ von u_ν durch die Strecke $B C$. — Durch diese Modifizierung konstruieren wir aus den Wegen u_ν $(\nu = 1, 2, \ldots, \nu_1)$ ein Polygon π_2, welches die oben verlangten Eigenschaften hat.

Jeden Weg von π_2, dessen Endpunkte auf den Strecken $\lambda_\nu^{(1)}$ und $\lambda_{\nu+1}^{(1)}$ liegen $(\nu = 1, 2, \ldots, \nu_1)$, und der von den anderen Strecken $\lambda_\mu^{(1)}$ frei ist, zerlegen wir in ν_2 Wege $\mu_\sigma^{(2)} = Q_\sigma^{(2)} Q_{\sigma+1}^{(2)}$ vom Durchmesser $< \frac{\varepsilon_2}{4}$, durch gewissse Teilungspunkte $Q_\sigma^{(2)}$, von denen wir einander nicht treffende Strecken $\lambda_\sigma^{(2)}$ von der Länge $< \frac{\varepsilon_2}{4}$ nach ϱ legen; wir können voraussetzen, daß für jedes ν der zwischen $\lambda_\nu^{(1)}$ und $\lambda_{\nu+1}^{(1)}$ liegende Weg von π_2 in die gleiche Zahl ν_2 von Wegen zerlegt wird.

Wie oben konstruieren wir ein Polygon π_3, welches das Polygon π_2 in seinem Innern hat, jede Strecke $\lambda_\sigma^{(2)}$ (worunter auch die π_2 und ϱ verbindenden Teilstrecken von $\lambda_\nu^{(1)}$ zu verstehen sind) nur einmal trifft, so daß ferner jeder Punkt von π_3 einen Abstand $< \frac{\varepsilon_3}{4}$ $\left(\varepsilon_3 < \frac{\varepsilon_2}{2}\right)$ von ϱ besitzt, und jeder Punkt von g, dessen Abstand von ϱ größer ist als $\frac{\varepsilon_3}{4}$, innerhalb von π_3 liegt usw.

Nun bilden wir den Polygonbereich (π_1) (der aus aus dem Polygon π_1 und aus seinem Innern besteht) auf die Kreisscheibe $r \leqq \frac{1}{2}$, $0 \leqq \varphi < 2\pi$ topologisch ab, so daß dabei die Punkte $Q_\nu^{(1)}$ in die Punkte mit den Winkeln $\varphi = \frac{2\nu\pi}{\nu_1}$ übergehen; dann den von π_1 und π_2 berandeten Polygonbereich mittels einer an dieselbe anschließenden topologischen Abbildung auf den Kreisring $\frac{1}{2} \leqq r \leqq \frac{2}{3}$, $0 \leqq \varphi < 2\pi$, so daß die in diesem Bereich liegenden Teile der Strecken $\lambda_\nu^{(1)}$ in die radialen Strecken $\varphi = \frac{2\nu\pi}{\nu_1}$, $\frac{1}{2} \leqq r \leqq \frac{2}{3}$, und die Punkte $Q_\sigma^{(2)}$ in die Punkte mit den Winkeln $\varphi = \frac{2\sigma\pi}{\nu_1\nu_2}$ übergehen usw. So erhalten wir eine topologische Abbildung des Gebietes g auf das Kreisinnere. Wir werden weiter zeigen, daß bei dieser Abbildung die Randelemente von g und die Randpunkte des Kreises einander eineindeutig und stetig entsprechen.

Wir betrachten diejenigen Enden η' in der zyklisch geordneten Menge (η), die durch die Strecken $\lambda^{(i)}$ definiert sind. Wir behaupten, daß die Menge (η') dieser Enden in der Menge (η) überall dicht liegt, d. h. daß jedes Intervall von (η) wenigstens ein Element von (η') enthält. Unter einem Querschnitt $\mathfrak{q}_k$ verstehen wir einen Querschnitt von g, der aus einem Weg $\mu_\nu^{(k)}$ (des Polygons π_k) und aus den beiden in den Endpunkten von $\mu_\nu^{(k)}$ anschließenden Strecken $\lambda_\nu^{(k)}$ und $\lambda_{\nu+1}^{(k)}$ oder aber aus zwei benachbarten Wegen $\mu_\nu^{(k)} + \mu_{\nu+1}^{(k)}$ und aus den in ihren nicht gemeinsamen Endpunkten anschließenden Strecken $\lambda_\nu^{(k)}$ und $\lambda_{\nu+2}^{(k)}$ besteht; ein Querschnitt $\mathfrak{q}_k$ hat also einen Durchmesser $< \varepsilon_k \left(< \frac{\varepsilon_1}{2^{k-1}}\right)$. Seien nun η_1 und η_2 zwei beliebige, voneinander verschiedene Elemente von (η), seien P_1 und P_2 die ihnen entsprechenden erreichbaren Randpunkte von g, und b_1 und b_2 zwei hinreichend kleine Bögen, die einander nicht treffen (abgesehen von den eventuell zusammenfallenden Endpunkten P_1 und P_2) und die Enden η_1 und η_2 definieren; wir nehmen einen Bogen c_1, der die beiden in g liegenden Endpunkte von b_1 und b_2 verbindet, ohne diese Bögen sonst zu treffen; den Querschnitt $b_1 + c_1 + b_2$ bezeichnen wir mit b. Von den beiden Intervallen (η_1, η_2) und (η_2, η_1) von (η) nehmen wir eines, etwa (η_1, η_2); in diesem Intervall gibt es wenigstens ein solches Ende η, daß der ihm entsprechende erreichbare Randpunkt P von den Punkten P_1 und P_2 verschieden ist; wir werden kürzer sagen, daß η von η_1 und η_2 örtlich verschieden ist; sei c ein dieses Ende η definierender, von b fremder einfacher Bogen in g, mit den Endpunkten Q (in g) und P (auf ϱ). Sei $\delta (> 0)$ der Abstand des Punktes Q von dem Rand ϱ; es läßt sich eine solche Zahl n_0 bestimmen, daß wenn $n > n_0$, das Polygon π_n der oben konstruierten Folge jeden Punkt von g, dessen Abstand von ϱ nicht kleiner ist als δ, in seinem Innern hat; der Punkt Q von c liegt also innerhalb von π_n $(n > n_0)$, c trifft also das Polygon π_n. Sei $\delta' (> 0)$ der Abstand des Bogens c von dem Bogen b; wir können in der Folge der Zahlen $\varepsilon_1, \varepsilon_2, \ldots$, welche oben zur Konstruktion der Polygone $\pi_1, \pi_2, \ldots$ dienten, so weit gehen, daß $\varepsilon_n < \frac{\delta'}{2}$ ist. Nehmen wir dann einen solchen Querschnitt $\mathfrak{q}_n$, der einen Punkt von c enthält;

dieser Querschnitt $\mathfrak{q}_n$ kann nicht den Bogen b treffen, folglich liegen die durch $\mathfrak{q}_n$ definierten beiden Enden η' in demselben durch b in g bestimmten Gebiet wie η, mithin liegen sie im Intervall (η_1, η_2) von (η).

Jedem durch eine Folge ineinander enthaltener Intervalle $(\eta_1 \bar{\eta}_1)$, $(\eta_2, \bar{\eta}_2), \ldots$ in (η) bestimmten Schnitt entspricht eine bestimmte Folge von Elementepaaren $(\eta_1', \bar{\eta}_1')$, $(\eta_2', \bar{\eta}_2'), \ldots$ von (η'), welche eine denselben Schnitt von (η) definierende Folge von ineinander enthaltenen Intervallen bildet, wobei immer η_k' und $\bar{\eta}_k'$ die beiden durch einen Querschnitt $\mathfrak{q}_k$ definierten Enden bedeuten. Das Intervall $(\eta_k', \bar{\eta}_k')$ bzw. $(\bar{\eta}_k' \eta_k')$ von (η) gehört örtlich[1]) zum Rand eines oder des anderen durch den Querschnitt $\mathfrak{q}_k$ bestimmten Teilgebietes von g. Die örtliche Grenzmenge[2]) der Intervallfolge $(\eta_k', \bar{\eta}_k')$ von (η) ist somit identisch mit der Grenzmenge der Ränder von $\mathfrak{g}_1, \mathfrak{g}_2, \ldots$, wobei $\mathfrak{g}_k$ dasjenige von $\mathfrak{q}_k$ bestimmte Teilgebiet von g bedeutet, welches den Querschnitt $\mathfrak{q}_{k+1}$ dieser Folge (und also auch sämtliche weitere Querschnitte $\mathfrak{q}_{k+2}, \mathfrak{q}_{k+3} \ldots$) enthält.

Durch die obige Überlegung wird es nahegelegt, die Definition der Randelemente nach *Carathéodory* auch folgendermaßen zu führen.

Unter einer *Fundamentalfolge von Querschnitten* verstehen wir eine solche Folge einander fremder[3]) Querschnitte $q_1, q_2, \ldots$, deren Durchmesser gegen 0 konvergieren[4]), und von denen jeder Querschnitt $q_k (k > 1)$ die Querschnitte q_{k-1} und q_{k+1} voneinander in g trennt. Für jedes k soll g_k dasjenige von q_k bestimmte Teilgebiet von g bezeichnen, welches q_{k+1} enthält; g_{k+1} ist immer ein Teilgebiet von g_k. — Seien $q_1, q_2, \ldots$ und $q_1', q_2', \ldots$ zwei Fundamentalfolgen von Querschnitten, seien $g_1, g_2, \ldots$, bzw. $g_1', g_2', \ldots$ die zugehörigen Gebietsfolgen; die beiden Folgen (q_k) und (q_k') heißen *äquivalent*, wenn jedes Gebiet g_k sämtliche Querschnitte q_l' mit Ausnahme von endlich vielen enthält und jedes Gebiet g_l' alle Querschnitte q_n bis auf endlich viele. — Jede Fundamentalfolge von Querschnitten definiert ein Randelement, zwei Fundamentalfolgen definieren dann und nur dann dasselbe Randelement, wenn sie äquivalent sind. Die Menge der zu einem Randelement gehörigen Punkte ist die Grenzmenge der Ränder der Gebiete $g_1, g_2, \ldots$, wobei $g_1, g_2, \ldots$ die zu einer dieses Randelement definierenden Fundamentalfolge von Querschnitten gehörige Gebiets-

---

1) In ähnlichem Sinne wie oben: die Punkte P_η, die den im Intervall $(\eta_k', \bar{\eta}_k')$ von (η) enthaltenen Enden η entsprechen, liegen auf dem Rand des Gebietes $\mathfrak{g}_k$.

2) Siehe S. 38 (I § 3).

3) Auch die Endpunkte von q_i und von q_j sollen verschieden sein.

4) Man kann die Definition auch so fassen: die Querschnitte $q_1, q_2, \ldots$, von denen immer q_{k-1} und q_{k+1} voneinander durch q_k in g getrennt werden, sollen gegen einen Punkt konvergieren; aus einer Folge von Querschnitten, deren Durchmesser gegen 0 konvergieren, läßt sich nämlich eine Teilfolge auswählen, die gegen einen Punkt konvergiert.

folge ist. — Die Übereinstimmung dieser Definition mit der oben gegebenen sieht man leicht ein; ferner ist klar, daß es genügt, zu definierenden Querschnittsfolgen die obigen Querschnitte $\mathfrak{q}_k$ zu nehmen, da, wie wir gezeigt haben, die durch dieselben definierten Enden η' in der zyklisch geordneten Menge der Enden (η) überall dicht liegen.

Sei $q_1, q_2, \ldots$ eine Fundamentalfolge von Querschnitten, die das Randelement E definiert; sei $g_1, g_2, \ldots,$ die zugehörige Gebietsfolge. Von einer Punktfolge $P_1, P_2, \ldots$ werden wir sagen, daß sie *gegen E konvergiert*, wenn jedes Gebiet g_k sämtliche Punkte P_l der Folge mit Ausnahme von endlich vielen enthält. Wir sagen, daß das Gebiet g_0 das Randelement E enthält, wenn sämtliche Querschnitte einer das Randelement E definierenden Fundamentalfolge abgesehen von endlich vielen in g_0 liegen. — Eine *Folge von Randelementen $E_1, E_2, \ldots$ konvergiert* gegen das durch die Fundamentalfolge $q_1, q_2, \ldots$ definierte Randelement E, wenn jedes Gebiet g_k (welches durch q_k in g bestimmt ist und q_{k+1} enthält) sämtliche Randelemente $E_1, E_2, \ldots,$ mit Ausnahme von endlich vielen, enthält. — Offenbar sind alle diese Erklärungen von den speziellen Fundamentalfolgen unabhängig.

Wir kehren zu der oben konstruierten Abbildung des Gebiets g auf das Kreisinnere zurück, und wollen das durch die Formeln

$$\frac{n}{n+1} < r < 1, \quad \frac{2\pi\nu}{\nu_1\,\nu_2\ldots\nu_n} < \varphi < \frac{2\pi(\nu+1)}{\nu_1\,\nu_2\ldots\nu_n}$$

erklärte Gebiet der Kreisscheibe mit $\bar{\mathfrak{g}}_n^{(\nu)}$ bezeichnen. Jedem Gebiet $\mathfrak{g}_n$ in g entspricht laut der obigen Abbildung eindeutig ein Gebiet $\bar{\mathfrak{g}}_n$ in der Kreisscheibe, und jeder Folge von ineinander enthaltenen Gebieten $\mathfrak{g}_n, \mathfrak{g}_{n+1}, \ldots$ eine Folge von ineinander enthaltenen Gebieten $\bar{\mathfrak{g}}_n, \bar{\mathfrak{g}}_{n+1}, \ldots.$ Sei $\mathfrak{q}_1, \mathfrak{q}_2, \ldots$ eine das Randelement E definierende Fundamentalfolge und $\mathfrak{g}_1, \mathfrak{g}_2, \ldots$ die zugehörige Gebietsfolge; die ihr entsprechende Gebietsfolge $\bar{\mathfrak{g}}_1, \bar{\mathfrak{g}}_2, \ldots$ in der Kreisscheibe konvergiert gegen einen Randpunkt der Kreisscheibe. Auf diese Weise entspricht jedem Randelement E von g ein und auch nur ein Randpunkt der Kreisscheibe, zwei verschiedenen Randelementen von g entsprechen zwei verschiedene Randpunkte der Kreisscheibe. Diese eineindeutige Beziehung zwischen den Punkten des Kreises und den Randelementen des Gebietes g ist stetig in dem Sinne, daß einer gegen einen Punkt P konvergierenden Folge von Punkten des Kreises eine gegen das dem Punkt P entsprechende Randelement von g konvergierende Folge von Randelementen entspricht, und umgekehrt. Ferner schließt sich diese Beziehung zwischen den Randelementen in stetiger Weise an die Abbildung des Gebiets g auf das Kreisinnere an; wenn nämlich $P_1, P_2, \ldots$ eine gegen das Randelement E konvergierende Folge von Punkten von g ist, so konvergiert die Folge der Bildpunkte $P_1', P_2', \ldots$ gegen denjenigen Punkt der Kreisperipherie, der dem Randelement E von g entspricht.

So erscheinen die Randelemente eines Gebietes, die zufolge ihrer Definition in der Ebene nirgends dichte Kontinua darstellen, als die einfachsten Bestandteile, aus denen man den Rand eines Gebietes aufbauen kann.

Wegen der Weiterbildung dieser Begriffe verweisen wir den Leser auf *Carathéodorys* eigene Darstellung; hier werden wir noch die dargestellten Begriffe an einigen Beispielen erläutern, um dadurch in die verschiedenen gestaltlichen Möglichkeiten einen Einblick zu gewinnen.

1. Im einfachsten Fall, wo der Rand des Gebietes g von einer einfachen geschlossenen Kurve gebildet wird, ist die Menge der Enden η (oder genauer gesagt: die Menge der ihnen entsprechenden erreichbaren Randpunkte) mit dem vollständigen Rand identisch und ein Randelement besteht immer aus einem einzigen Punkt.

2. Betrachten wir das von den Linien

$$\gamma: \begin{cases} 0 < x \leqq \frac{2}{3\pi}, & y = \sin\frac{1}{x} \\ x = \frac{2}{3\pi}, & -1 \geqq y \geqq -2 \\ \frac{2}{3\pi} \geqq x \geqq 0, & y = -2 \\ x = 0, & -2 \leqq y \leqq +1 \end{cases}$$

berandete beschränkte Gebiet g (s. Fig. 15). Die durch die punktierten Linien dargestellten Querschnitte q_k konvergieren gegen den Punkt B; sei $g_1, g_2, \ldots$ die zugehörige Gebietsfolge; der Rand eines jeden Gebietes g_k enthält die Strecke AB. Die Punkte von AB gehören zu dem durch diese Folge $q_1, q_2, \ldots$ definierten Randelement E. Man betrachte die zyklisch geordnete Menge (η) der Enden von g; unter den ihnen entsprechenden erreichbaren Randpunkten P_η kommt auch der Punkt B vor. Bildet man mit dem B entsprechenden Ende η_B als Schnittelement einen Schnitt in (η), so wird jedes η_B enthaltende Intervall von (η) sowohl Punkte der Strecke BC, wie auch Punkte der Wellenlinie $E_1 F_1 E_2 F_2 \ldots$ enthalten; die Grenzmenge einer solchen Intervallfolge besteht, was die auf BC liegenden Punkte betrifft, aus dem einzigen Punkt B, was die auf der Wellenlinie liegenden Teile betrifft, aus der Strecke AB. Das durch diesen Schnitt definierte Randelement E ist erreichbar. — Der Punkt B ist ein *Hauptpunkt* des Randelementes E; darunter verstehen wir, daß es eine E definierende, gegen den Punkt B

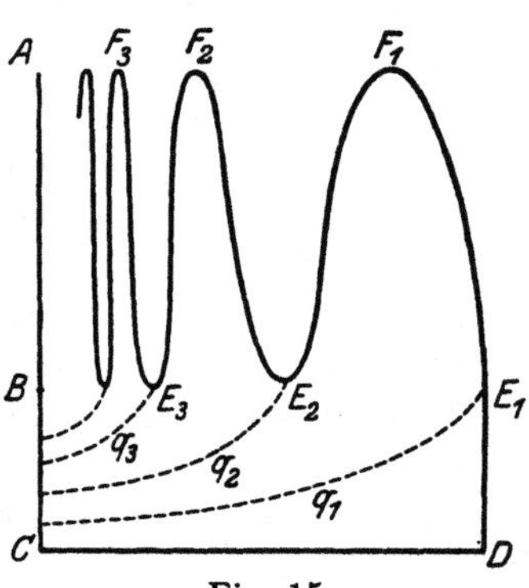

Fig. 15.

konvergierende Fundamentalfolge von Querschnitten gibt; die übrigen Punkte von E sind *Nebenpunkte*; wenn P ein beliebiger von B verschiedener Punkt von E ist, so gibt es keine gegen den Punkt P konvergierende, dieses Randelement E definierende Fundamentalfolge von Querschnitten.

Die gleichen Überlegungen beziehen sich auch auf das Äußere der geschlossenen Kurve γ (die den Rand von g bildet). Erweitern wir das Außengebiet in geeigneter Weise durch den unendlich fernen Punkt der Ebene, so erhalten wir zwei Gebiete, nämlich das Innere und das Äußere der geschlossenen Kurve γ, die beide einfach zusammenhängend und folglich einander homöomorph sind; ebenso sind ihre Ränder homöomorph (sogar identisch). Der von der Kurve γ und ihrem Inneren gebildete Bereich ist jedoch nicht homöomorph dem aus der Kurve und aus ihrem Äußeren bestehenden Bereich, da nämlich jeder Punkt des letzteren von dem Gebiet erreichbar ist, während dies für den ersten Bereich nicht der Fall ist[1]).

3. Nehmen wir im Innern des Einheitskreises die beiden Linien

$$0 \leqq r < 1, \quad \varphi = \pm \operatorname{tg}(r\pi), \quad (r, \varphi = \text{Polarkoordinaten}),$$

die vom Koordinatenanfangspunkt ausgehend sich um die Kreislinie $k(r = 1)$ spiralartig herumwinden; sie beide zusammen bestimmen in der Kreisscheibe zwei Gebiete g und g', deren Ränder miteinander identisch sind und außer diesen Linien aus dem Kreis k bestehen. (Auf Fig. 16 ist g' schraffiert, g weiß.) Wir nehmen einen Radius $0 \leqq r \leqq 1$, $\varphi = \text{konst.}$ und betrachten seine nicht zu g' gehörigen Teile, welche Querschnitte von g sind, und die wir der Reihe nach (von innen nach außen) mit $q_1, q_2, \ldots$ bezeichnen. Diese Querschnitte bilden in der angegebenen Reihenfolge eine Fundamentalfolge von Querschnitten, die gegen einen Punkt B der Kreislinie konvergieren. Die Kreislinie k gehört bei jedem ν zum Rand des von q_ν bestimmten, $q_{\nu+1}$ enthaltenden Teilgebietes g_ν von g. Das

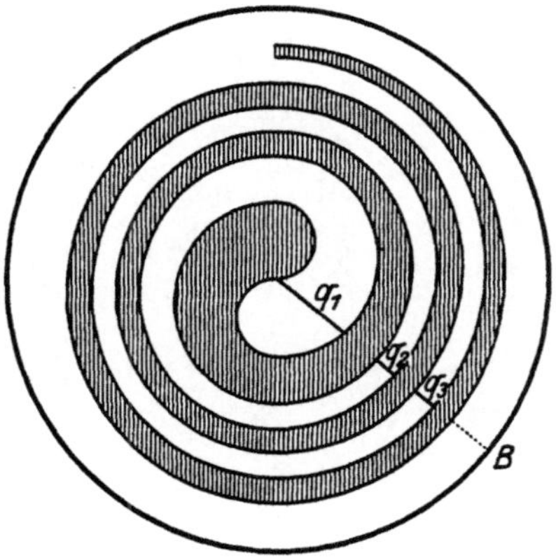

Fig. 16.

[1]) Die Invarianz der Erreichbarkeit in dem im Text gemeinten Sinne ergibt sich leicht; ein im Bereich verlaufender einfacher Bogen, der abgesehen von einem seiner beiden Endpunkte aus inneren Punkten des Bereiches besteht, geht bei einer topologischen Abbildung des Bereiches in einen ebensolchen Bogen des Bildbereiches über; die inneren Punkte des Bereiches werden nämlich wieder in innere Punkte des Bildbereiches übergeführt, dem Satz von der Gebietsinvarianz zufolge (II § 3).

durch diese Querschnittsfolge definierte Randelement besteht aus sämtlichen Punkten von k. Wie man leicht einsieht, ist dies ein nichterreichbares Randelement. Jeder von seinen Punkten ist ein Hauptpunkt; der Punkt B ist auf der Kreislinie ja ganz beliebig gewählt, und die dieses Randelement definierende Fundamentalfolge von Querschnitten $q_1, q_2, \ldots$ konvergiert gegen den Punkt B.

Fig. 17.

4. Als weiteres Beispiel betrachte man das durch die Fig. 12 (S. 93) dargestellte rote Gebiet, wobei ein durch die Querschnittsfolge $Q_1 Q_1', Q_2 Q_2', \ldots$ definiertes Randelement sämtliche Randpunkte des Gebietes enthält.

5. Hier wollen wir noch ein von *Brouwer* herrührendes Beispiel über Gebietsränder angeben, welche der Anschauung wenig zugänglich sind. Es handelt sich um eine Zerlegung des Innern eines Rechteckes in *drei fremde Gebiete, deren Ränder völlig iden-*

tisch sind und die mit ihrem Rand zusammen das Rechteck erschöpfen[1]).

Wir nehmen ein Hauptrechteck mit einer Grundseite der Länge 1 und legen in seine Mitte ein Rechteck mit einer Grundseite der Länge $\frac{1}{2\alpha+1}$ (auf Fig. 17 ist $2\alpha+1=11$), welches wir auf der Fig. 17 schwarz stark schraffiert darstellen, von der Art, daß der übrigbleibende weiße Teil des Hauptrechteckes in seinen vier Teilen dieselbe Breite $\frac{\alpha}{2\alpha+1}$ habe; dieses erste schwarze Gebiet ist ein Teil des zu konstruierenden Gebietes g_1. Als ersten Teil des Gebietes g_2 wählen wir den zweimal umgebogenen, rot stark schraffierten Streifen, so daß links in der Höhe der unteren Seite des schwarzen Rechteckes angefangen und rechts in der gleichen Höhe aufgehört wird und daß dieser rote Streifen den $2\alpha+1$-ten Teil der Breite des weißen Streifens in Anspruch nimmt, in dessen Mitte er hineingelegt wird. Nun fangen wir links oben in der Höhe des nunmehr fertigen Teiles des roten Gebietes an und legen den stark schraffierten grünen Streifen, der sechsmal umgebogen endlich in der Höhe des Anfangs aufhört; dieser ist als der erste Teil zum Gebiet g_3 zu nehmen. — Nun beginnen wir mit einem schwarzen Streifen links unten in der Höhe des nunmehr fertigen Teiles des grünen Gebietes und setzen ihn mit 10 Umbiegungen bis zur selben Höhe nach rechts unten fort, dann fügen wir zu diesem Teil noch den anschließenden viermal umgebogenen Streifen hinzu, der sich schließt und in seinem Innengebiet das erste schwarze Gebiet enthält; den nunmehr erhaltenen schwarzen Streifen und sein Innengebiet betrachten wir als eine zweite Annäherung von g_1. Ähnlich verfahren wir mit einem roten Streifen, der links oben in der Höhe des bisher fertigen Teiles des schwarzen Gebietes angefangen zuerst mit 18 Umbiegungen nach rechts oben geführt wird, und dann fortgesetzt, so daß er das erste rote Gebiet mit einem achtmal umgebogenen Streifen umschließt; der zweite rote Streifen gehört mit seinem Innengebiet zu g_2. Mit einem grünen Streifen wird links unten angefangen; er wird zuerst mit 30 Umbiegungen nach rechts unten geführt und dann fortgesetzt, bis er nach 16 weiteren Umbiegungen das erste grüne Gebiet umschließt. — Bei der Fortsetzung des Verfahrens wird links abwechselnd oben und unten angefangen; jeder Streifen nimmt den $2\alpha+1$-ten Teil der Breite des weißen Streifens, in dessen Mitte er hineingelegt wird, in Anspruch; der hinzugefügte Streifen, der das zuletzt erhaltene Gebiet von gleicher

[1]) Wie *Brouwer* bemerkt, läßt sich das Innere des Rechteckes ebenso in beliebig viele, sogar in abzählbar unendlich viele fremde Gebiete mit identischem Rand zerlegen.

Farbe umschließt, fängt rechts oben bzw. unten an und seine Berandung besteht in der Nähe der oberen bzw. unteren Seite des Hauptrechteckes aus einer einzigen geraden Strecke. Auf diese Weise wird fortgegangen, und in zyklischer Reihenfolge werden die drei Farben immer vorgenommen. — Dadurch wird das Hauptrechteck erschöpft, so daß jeder Punkt in seinem Innern oder auf seinem Rande entweder zu einem der Gebiete g_1, g_2, g_3 gehört oder Randpunkt eines solchen Gebietes ist. Jeder Randpunkt eines von diesen Gebieten ist Randpunkt auch für die beiden anderen; bei genügend weiter Fortsetzung des Verfahrens haben nämlich die bereits erhaltenen Teile der drei Gebiete die Eigenschaft, daß in beliebiger Nähe eines Randpunktes, etwa des schwarzen Teilgebietes, sich sowohl ein Punkt des roten wie auch einer des grünen Gebietes befindet (und ähnlich für die beiden anderen Farben).

Auf dem Titelbild haben wir die analoge Zerlegung der Kreisscheibe dargestellt, die vielleicht deutlicher ist. Dies entsteht aus der obigen so, daß man das Hauptrechteck auf eine Kreisscheibe abbildet, wobei die linke Seite des Rechteckes in den Kreismittelpunkt, die rechte in die Peripherie und die beiden Grundseiten in einen Radius des Kreises übergehen.

§ 3. Gebiete von endlichem Zusammenhang.

Ein beschränktes Gebiet g heißt *n-fach zusammenhängend*, wenn es unter n beliebigen im Gebiet g und außerhalb voneinander liegenden Polygonen wenigstens ein solches gibt, dessen Inneres ganz zum Gebiet g gehört, während es $n-1$ außerhalb voneinander liegende Polygone in g gibt, von denen keines diese Eigenschaft hat. — Diese von *Carathéodory* herrührende Definition hat den Vorteil, daß sie die Zusammenhangszahl n als innere Eigenschaft des Gebietes erklärt.

Der Rand eines n-fach zusammenhängenden beschränkten Gebietes besteht aus n fremden Kontinua. — Seien nämlich $\pi_1, \pi_2, \ldots, \pi_{n-1}$, $n-1$ außerhalb voneinander liegende solche Polygone in g, daß keines von ihnen ein ganz zu g gehöriges Innengebiet hat. Die in π_i liegenden Randpunkte von g bilden ein Kontinuum. Sonst könnte man nämlich zwei fremde abgeschlossene Teilmengen des Randes von g bestimmen, die in π_i liegen, und zugleich die in π_i liegende Teilmenge des Randes erschöpfen; diese beiden Teile können wir innerhalb von π_i in zwei außerhalb voneinander liegende Polygone π_i' und π_i'' einschließen und so hätten wir n außerhalb voneinander liegende Polygone $\pi_1, \pi_2, \ldots, \pi_{i-1}, \pi_i', \pi_i'', \pi_{i+1}, \ldots, \pi_{n-1}$ in g, von denen jedes im Innern Randpunkte von g enthält; dies verstößt aber gegen unsere Annahme. Die innerhalb von π_i liegenden Randpunkte von g bilden also ein Kontinuum. — Außer diesen hat das Gebiet g noch andere Randpunkte, die außerhalb von allen Polygonen π_i liegen; diese bilden wieder ein Kontinuum. Sonst könnte man nämlich zwei abgeschlossene fremde Teilmengen derselben durch ein den Rand von g nicht treffendes Polygon π voneinander trennen; von diesem Polygon können wir voraussetzen, daß es die Polygone $\pi_1, \pi_2, \ldots, \pi_{n-1}$ nicht trifft. Da es im Innern und auch im Äußern von π Punkte des Randes von g gibt, so gibt es auch Punkte von g innerhalb und außerhalb von π. Ein Weg w, der zwei solche Punkte von g in g verbindet, trifft das Polygon π, π hat also wenigstens einen Punkt in g, und weil π den Rand von g nicht trifft, liegt π ganz in g. Dann wären aber $\pi, \pi_1, \pi_2, \ldots, \pi_{n-1}$ n außerhalb voneinander liegende Polygone in g, deren jedes in seinem Innern Randpunkte von g enthält, was wieder gegen unsere Annahme verstößt. — Somit ist gezeigt, daß der Rand eines n-fach zusammenhängenden beschränkten Gebietes aus n fremden Kontinua $K_1, K_2, \ldots, K_n$ besteht. — Aus der obigen Überlegung erhellt zugleich die Umkehrung dieser Behauptung, nämlich daß ein beschränktes Gebiet, dessen Rand aus n fremden Kontinua besteht, n-fach zusammenhängend ist.

Sei q ein *Querschnitt* von g, d. h. ein einfacher Streckenzug, der abgesehen von seinen auf dem Rand von g liegenden Endpunkten ganz in g verläuft. Eine Wiederholung der in § 1 dargestellten Überlegungen ergibt, daß q das Gebiet g in zwei Gebiete zerlegt oder nur ein einziges Gebiet in g bestimmt, je nachdem die beiden Endpunkte von q auf demselben oder auf zwei verschiedenen Kontinua des Randes von g liegen.

Sei q_1 ein Querschnitt des n-fach zusammenhängenden Gebietes g, der zwei verschiedene Kontinua K_1 und K_2 des Randes von g verbindet, welcher also in g ein einziges Restgebiet g_1 bestimmt. Der Rand von g_1 besteht aus $n-1$ Kontinua, nämlich $K_1 + q_1 + K_2$, $K_3, \ldots, K_n$; das Gebiet g_1 ist also $n-1$-fach zusammenhängend. Wenn wir zwei verschiedene Kontinua des Randes von g_1 durch einen Querschnitt q_2 in g_1 verbinden, bekommen wir ein Gebiet g_2, welches von $n-2$ Kontinua berandet, also $n-2$-fach zusammenhängend ist. Auf diese Weise fortfahrend können wir durch $n-1$ fremde Querschnitte $q_1, q_2, \ldots, q_{n-1}$ das Gebiet g in ein einfach zusammenhängendes Gebiet verwandeln; darunter soll verstanden werden, daß von $q_1 + q_2 + \ldots + q_{n-1}$ in g ein einziges Restgebiet bestimmt wird und dies einfach zusammenhängend ist. —

Die Zusammenhangszahl eines Gebiets kann auch definiert werden als die um eins vermehrte Anzahl der Querschnitte, durch welche das Gebiet in ein einfach zusammenhängendes Gebiet verwandelt werden kann. Der Nachweis für die Äquivalenz mit der oben gegebenen Definition liegt auf der Hand.

Ein n-fach zusammenhängendes Gebiet läßt sich auf ein von

n Kreisen berandetes Gebiet topologisch abbilden; wenn insbesondere das Gebiet g von n einfachen geschlossenen Kurven berandet ist, so läßt sich das Gebiet g mit dem Rande zusammen auf einen von n Kreisen berandeten Kreisbereich topologisch abbilden, wie es aus den Resultaten II § 2 folgt.

§ 4. Gebiete von unendlich hohem Zusammenhang.

Von den Gebieten, die in diesem Paragraphen betrachtet werden, setzen wir voraus, daß sie unbeschränkt sind und beschränkten Rand haben. — Gebiete, die keine endliche Zusammenhangszahl haben, können durch ihre Ränder charakterisiert werden. — Der Rand des Gebietes bildet eine abgeschlossene und, gemäß unserer Voraussetzung, beschränkte Punktmenge. Wir betrachten die aus ihr gebildete Stückmenge (s. I § 5): ein Kontinuum von Randpunkten, welches in keinem umfassenderen solchen Kontinuum enthalten ist, bezeichnen wir als ein *Randstück* des Gebietes g, die Menge der Randstücke als *Randmenge* von g. Von diesen Randstücken ist es klar, daß ein Stück s zwei andere Stücke s' und s'' nicht voneinander trennen, d. h. in verschiedenen Restgebieten haben kann. Wir können also die in I § 6 erklärte Approximation durch Polygone anwenden. Wir betrachten eine Folge von Polygonen Π_0, Π_2; Π_{00}, Π_{02}, Π_{20}, Π_{22}; ..., mit den folgenden Eigenschaften:

1. Die Polygone k-ter Ordnung (d. h. die mit k-gliedrigen Indizes) liegen außerhalb voneinander und enthalten in ihrem Innern sämtliche Punkte des Randes (für jedes $k = 1, 2, \ldots$).

2. Wenn $\Pi_{\alpha_1 \alpha_2 \ldots \alpha_k}$ nur ein einziges Randstück enthält, so ist unter $\Pi_{\alpha_1 \alpha_2 \ldots \alpha_k 0}$ und $\Pi_{\alpha_1 \alpha_2 \ldots \alpha_k 2}$ nur das erstere erklärt, sonst beide; die Polygone $\Pi_{\alpha_1 \ldots \alpha_k \alpha_{k+1}}$ ($\alpha_{k+1} = 0, 2$) liegen innerhalb von $\Pi_{\alpha_1 \alpha_2 \ldots \alpha_k}$, und jedes von diesen enthält in seinem Innern wenigstens einen Randpunkt von g.

3. Zu jedem Punkt P des Gebietes g gibt es eine Zahl k, so daß P außerhalb aller Polygone k-ter Ordnung liegt.

Wenn nun g' ein anderes unbeschränktes Gebiet mit beschränktem Rand bedeutet, auf welches g topologisch abgebildet ist (dabei soll der unendlich ferne Punkt in sich übergehen), entspricht der Polygonfolge $\{\Pi_{\alpha_1 \alpha_2 \ldots \alpha_k}\}$ eine Folge von einfachen geschlossenen Kurven $\Pi'_{\alpha_1 \alpha_2 \ldots \alpha_k}$ mit den gleichen Eigenschaften 1., 2., 3. Durch diese Abbildung ist also zugleich eine eineindeutige und beiderseits stetige Beziehung zwischen den Randstücken von g und von g' erklärt.

Seien andererseits g und g' zwei beliebige Gebiete, deren Randmengen ϱ und ϱ' (als Stückmengen) homöomorph sind; sei α eine topologische Beziehung zwischen ϱ und ϱ'. Wir wählen die oben erklärte Polygonfolge $\Pi_{a_1 a_2 \ldots a_k}$ in g beliebig und die Polygone $\Pi'_{a_1 a_2 \ldots a_k}$ derart, daß immer die in $\Pi'_{a_1 a_2 \ldots a_k}$ enthaltene Teilmenge von ϱ' laut α der in $\Pi_{a_1 a_2 \ldots a_k}$ enthaltenen Teilmenge von ϱ entspricht (s. S. 54). Sei noch Π ein hinreichend großes Polygon, welches die Polygone Π_0, Π_2 und Π_0', Π_2' enthält. Wir erklären eine topologische Abbildung t folgendermaßen: außerhalb von Π und auf Π sei t die Identität; der Polygonbereich (Π, Π_0, Π_2) soll in den Polygonbereich (Π, Π_0', Π_2') übergehen, so daß jeder Punkt von Π ungeändert bleibt und Π_0 in Π_0', Π_2 in Π_2' übergeht; der Polygonbereich $(\Pi_0, \Pi_{00}, \Pi_{02})$ soll in $(\Pi_0', \Pi_{00}', \Pi_{02}')$ übergehen, und diese Abbildung soll auf Π_0 mit der bereits erklärten Abbildung übereinstimmen usw. — Auf diese Weise entsteht eine topologische Abbildung von g auf g', wobei die Beziehung zwischen den Stückmengen ϱ und ϱ' mit der im voraus gegebenen topologischen Beziehung α übereinstimmt. Wir haben somit das Resultat:

Die notwendige und hinreichende Bedingung, dafür, daß die beiden Gebiete g und g' homöomorph sind, besteht darin, daß ihre Randmengen (als Stückmengen) homöomorph sind. Die Menge der topologisch verschiedenen Gebiete hat also die Mächtigkeit des Kontinuums[1].

§ 5. Fundamentalsysteme von Kurven.

Sei g ein $n+1$-fach zusammenhängendes Gebiet, dessen Rand von $n+1$ einfachen geschlossenen Kurven $j_0, j_1, j_2, \ldots, j_n$ gebildet wird; die Kurven $j_1, \ldots, j_n$ sollen außerhalb voneinander und innerhalb der Kurve j_0 liegen.

Sei $(c_1, c_2, \ldots, c_n)$ ein System von einfachen geschlossenen Kurven in g, die sämtlich durch einen Punkt P laufen, sonst aber keinen gemeinsamen Punkt haben. Wir setzen voraus, daß im Innern einer jeden Kurve c_i wenigstens eine Randkurve von g liegt; wenn ferner eine Kurve c_i im Innern von c_j liegt, soll zwischen c_i und c_j wenigstens eine Randkurve von g liegen. Wir bezeichnen das System $(c_1, c_2, \ldots, c_n)$ als ein *Fundamentalsystem von Kurven* in g. Als ein einfachstes System wählen wir ein solches, bei welchem jede Kurve c_i die Randkurve j_i von g im Innern, alle anderen Randkurven von g im Äußern hat.

Wir nehmen eine geschlossene stetige Kurve γ in g, d. h. ein eindeutiges stetiges Bild der Kreislinie

$$r = \text{konst.}, \quad \varphi = 2\pi t \quad (0 \leqq t \leqq 1);$$

indem wir auf der Kreislinie einen Umlaufssinn bestimmen, und auf Grund dessen auch der Kurve γ einen Umlaufssinn zuordnen, erhalten wir eine gerichtete geschlossene stetige Kurve.

[1]) s. I §§ 5 und 7.

Den *Parameterabstand* von zwei geschlossenen stetigen Kurven γ und γ' erklären wir nach *Fréchet* folgendermaßen. Durch die Parameterdarstellung von γ und γ' wird zwischen γ und γ' eine Beziehung erklärt; zwei Punkte P und P' von γ und γ' entsprechen dabei einander, wenn sie demselben Parameterwert t (oder demselben Punkt des Kreises) entsprechen. — Indem wir die Parameterdarstellung von γ' abändern, mittels einer topologischen Abbildung des Kreises auf sich, bekommen wir eine andere Beziehung zwischen γ und γ', dabei nehmen wir den Maximalabstand entsprechender Punkte. Die untere Grenze dieser Maximalabstände bei allen möglichen solchen Beziehungen zwischen γ und γ' nennen wir den *Parameterabstand* der Kurven γ und γ'. — Der Parameterabstand von zwei *gerichteten* geschlossesen stetigen Kurven γ und γ' wird als die untere Grenze der Maximalabstände von zwei entsprechenden Punkten von γ und γ' erklärt, bei sämtlichen solchen Parameterdarstellungen von γ', die aus der ursprünglichen durch den Umlaufssinn erhaltende topologische Abbildungen des Kreises auf sich hervorgehen.

Seien γ und γ' zwei gerichtete geschlossene stetige Kurven in g; wir werden sagen, daß γ und γ' in g durch eine *stetige Deformation* ineinander übergehen oder einander in g *homotop* sind (im Zeichen $\gamma \approx \gamma'$), wenn es eine von einem Parameter λ $(0 \leqq \lambda \leqq 1)$ stetig abhängende Menge von in g liegenden gerichteten geschlossenen stetigen Kurven γ_λ gibt, sodaß dabei den Parameterwerten $\lambda = 0$ bzw. $\lambda = 1$ die beiden gegebenen Kurven γ und γ' entsprechen. Zu jedem Wert λ $(0 \leqq \lambda \leqq 1)$ soll also eine Kurve γ_λ gehören, und wenn die Parameterwerte $\lambda_1, \lambda_2, \ldots$ gegen λ_0 konvergieren, so sollen die entsprechenden Kurven $\gamma_{\lambda_1}, \gamma_{\lambda_2}, \ldots$ gegen γ_{λ_0} konvergieren, in dem Sinne, daß der Parameterabstand der gerichteten Kurven γ_{λ_i} und γ_{λ_0} mit wachsendem i gegen 0 konvergiert.

Zwei geschlossene stetige Kurven in g heißen homotop in g, wenn sie nach Bestimmung von geeigneten Umlaufssinnen als gerichtete Kurven homotop sind. — Eine Kurve heißt homotop 0 in g, wenn sie sich durch stetige Deformation in g in einen Punkt von g überführen läßt.

Die obige Erklärung der stetigen Deformation können wir auch folgendermaßen formulieren: jeder Punkt $P(t)$ der Kurve γ soll im Zeitintervall $0 \leqq \lambda \leqq 1$ eine stetige Kurve $P_\lambda(t)$ $(0 \leqq \lambda \leqq 1)$ in g beschreiben (ein Punkt soll dabei mehrfach gerechnet werden, wenn er mehreren Punkten des Kreises $r =$ konst. $\varphi = 2\pi t$ entspricht), und in jedem Zeitpunkt λ sollen die Punkte $P_\lambda(t)$ $(0 \leqq t \leqq 1)$ eine geschlossene stetige Kurve γ_λ bilden. — Es genügt ferner vorauszusetzen, daß zu jeder positiven Zahl ε eine endliche Anzahl in g liegender geschlossener stetiger Kurven $\gamma_1 = \gamma, \gamma_2, \ldots, \gamma_n = \gamma'$ gibt, von denen je zwei aufeinander folgende einen Parameterabstand $< \varepsilon$ haben.

Wir beschränken uns auf solche Kurven, die aus einer endlichen Anzahl von aufeinander folgenden einfachen Bögen $b_1, b_2, \ldots, b_\nu$ zusammengesetzt sind (deren Endpunkte evtl. zusammenfallen können), wobei der Anfangspunkt von b_{i+1} mit dem Endpunkt von b_i und ebenso der Anfangspunkt von b_1 mit dem Endpunkt von b_ν zusammenfällt. M. a. W. es soll möglich sein, die Kreislinie $r = \text{konst.}$, $\varphi = 2\pi t$ $(0 \leqq t \leqq 1)$ in eine endliche Anzahl von Bögen: $0 \leqq t < t_1$, $t_1 \leqq t < t_2, \ldots, t_{\nu-1} \leqq t < 1$ zu zerlegen, so daß je zwei Punkte desselben Bogens zwei verschiedene Bildpunkte haben.

Zu jeder in g liegenden geschlossenen stetigen Kurve γ gibt es eine Kurve γ' in g der eben beschriebenen Art, deren Parameterabstand von γ kleiner ist als eine beliebige positive Zahl ε. Wir zerlegen nämlich den Kreis, dessen eindeutiges stetiges Bild γ ist, in endlich viele Bögen $\widehat{P_1 P_2}, \widehat{P_2 P_3}, \ldots, \widehat{P_k P_1}$, so daß für jedes i das Bild von $\widehat{P_i P_{i+1}}$ $(P_{k+1} = P_1)$, einen Durchmesser $< \frac{\varepsilon}{2}$ hat. Seien $P_1', P_2', \ldots, P_k'$ die Bilder von $P_1, P_2, \ldots, P_k$. Wir bilden den Kreisbogen $\widehat{P_i P_{i+1}}$ auf die geradlinige Strecke $\overline{P_i' P_{i+1}'}$ topologisch ab, so daß P_i in P_i' übergeht; die von den aufeinander folgenden Strecken $\overline{P_1 P_2}, \overline{P_2 P_3}, \ldots, \overline{P_k P_1}$ gebildete geschlossene stetige Kurve γ' hat von γ einen Parameterabstand $< \varepsilon$.

Unter einer *kanonischen Kurve*

$$c_{\nu_1}^{\alpha_1} c_{\nu_2}^{\alpha_2} \ldots c_{\nu_s}^{\alpha_s} \quad (\alpha_1, \ldots, \alpha_s = \text{ganze Zahlen})$$

verstehen wir diejenige aus $|\alpha_1| + |\alpha_2| + \ldots + |\alpha_s|$ Bögen zusammengesetzte geschlossene stetige Kurve, deren erste $|\alpha_1|$ Bögen durch je einen positiven bzw. negativen Umlauf (je nachdem α_1 positiv oder negativ ist) um c_{ν_1} (vom Punkt P bis zum selben Punkt), die folgenden $|\alpha_2|$ Bögen durch je einen Umlauf um c_{ν_2} usw. gegeben sind.

Unser Zweck ist, nachzuweisen, daß *jede geschlossene stetige Kurve in g mittels einer stetigen Deformation in g in eine kanonische Kurve übergeführt werden kann.*

Zunächst bemerken wir, daß auf der Kreisscheibe jede geschlossene stetige Kurve $\gamma \approx 0$ ist. Die Kreisscheibe läßt sich mittels einer stetigen Deformation auf ihren Mittelpunkt zusammenziehen; das soll folgendes bedeuten: man ordne jedem Wert λ $(0 \leqq \lambda \leqq 1)$ des „Zeitparameters" λ die Abbildung

$$r' = r(1 - \lambda), \quad \varphi' = \varphi$$

der Kreisscheibe $r \leqq 1$ auf die Kreisscheibe $r \leqq 1 - \lambda$ zu; dabei ändert sich das Bild irgendeines Punktes in λ stetig; zwei Kurven γ_λ und $\gamma_{\lambda'}$, die aus γ durch diese Deformation in den Zeitpunkten λ und λ' entstehen, haben einen beliebig kleinen Parameterabstand (nämlich $|\lambda - \lambda'|$), wenn nur $|\lambda - \lambda'|$ hinreichend klein ist.

Sei nun g ein von den konzentrischen Kreisen k_1 und k_2 berandeter Kreisring und c sein Mittelkreis mit dem positiven Umlaufssinn versehen. Ähnlich wie oben deformiert man den Kreisring (k_1, c) längs der Radien in den Kreis c und ebenso den Kreisring (k_2, c); daraus ergibt sich, daß sich jede in g liegende geschlossene stetige Kurve γ durch stetige Deformation in g in eine auf c liegende geschlossene stetige Kurve γ' überführen läßt. Diese letztere Kurve läßt sich in c^n, d. h. in den n-mal umlaufenen Kreis c überführen. Zuerst können wir nämlich jeden Bogen von γ' von hinreichend kleinem Durchmesser, wenn seine beiden Endpunkte zusammenfallen, durch diesen einzigen Punkt ersetzen; durch Wiederholung dieses Verfahrens bekommen wir also durch eine stetige Abänderung von γ' eine geschlossene stetige Kurve γ'', auf welcher die Endpunkte irgendeines Bogens nur dann zusammenfallen, wenn der betreffende Bogen den ganzen Kreis c umläuft; diese Kurve γ'' ist also der n-mal in positivem Sinne (oder wenn $n < 0$, der $-n$-mal in negativem Sinne) umlaufene Kreis c.

Genau so verfährt man im Falle eines von $n+1$ Kreisen berandeten Gebietes. Auf Fig. 18 ist der Fall des von vier Kreisen berandeten Gebietes dargestellt; man zieht die von den Fundamentalkurven c_1, c_2, c_3 bestimmten Teilgebiete längs der punktierten Linien auf die Kurven c_1, c_2, c_3 zusammen und fährt wie oben fort. — Daraus ergibt sich ferner, daß jede geschlossene stetige Kurve in g, deren Anfangs- und Endpunkt im gemeinsamen Punkt P der Fundamentalkurven liegt, durch eine den Anfangs- und Endpunkt der Kurve festhaltende stetige Deformation in g in eine kanonische Kurve übergeführt werden kann.

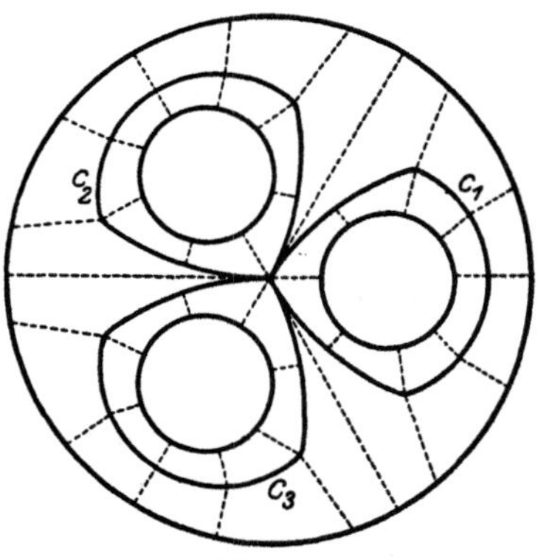

Fig. 18.

Daß wir hier bequemeren Ausdrucks wegen Kreisgebiete betrachten, bedeutet keine Einschränkung; wie wir wissen, läßt sich ein beliebiger, von $n+1$ einfachen geschlossenen Kurven berandeter Bereich auf einen von $n+1$ Kreisen berandeten Bereich topologisch abbilden (s. III § 3).

§ 6. Die Invarianz der geschlossenen Kurve.

Ein Kontinuum bestimmt in der Ebene, wie wir wissen, eine endliche oder abzählbare Menge von Gebieten. Die Anzahl dieser Restgebiete werden wir nach *Brouwer* aus den Eigenschaften des Kontinuums selbst bestimmen; daraus wird sich dann ihre Invarianz gegenüber topologischen Abbildungen ergeben und als eine weitere Folgerung der schon im vorigen Abschnitt (II § 6) erwähnte *Schoenflies*sche Satz von der Invarianz der geschlossenen Kurve.

Unter einer (geschlossenen) Kette verstehen wir eine zyklisch geordnete endliche Menge von Punkten; wenn je zwei aufeinanderfolgende Punkte derselben einen Abstand $< \varepsilon$ haben, bezeichnen wir sie als eine ε-Kette. — Unter einer ε'-Abänderung einer Kette $\varkappa$ verstehen wir folgendes: 1. eine solche Verrückung $< \varepsilon'$ eines Punktes von $\varkappa$, durch welche $\varkappa$ in eine ε'-Kette übergeht; 2. eine solche Zwischenfügung eines neuen Punktes zwischen zwei aufeinanderfolgende Punkte von $\varkappa$, durch welche $\varkappa$ in eine ε'-Kette übergeht. — Wenn bei einer solchen Abänderung zwei aufeinander folgende Punkte der ursprünglichen Kette in einen Punkt zusammenfallen, werden wir diesen als einen einzigen Punkt der neuen Kette betrachten. Bei einer solchen Abänderung bleibt also die Anzahl der Punkte der Kette ungeändert oder sie nimmt um eins zu oder ab.

Sei K ein beschränktes Kontinuum, das in der Ebene $n+1$ Gebiete bestimmt. In jedem dieser Gebiete bestimmen wir je ein Polygon, $\pi_0, \pi_1, \ldots, \pi_n$, welche K im mittleren Abstand ε approximieren[1]). Sei g_ε das von diesen Polygonen berandete $n+1$-fach zusammenhängende Gebiet, und ε_2 der größte Abstand, den die Punkte von g_ε von der Menge K haben. Wir konstruieren in g_ε ein System von n Fundamentalkurven $c_1, c_2, \ldots, c_n$ mit einem einzigen gemeinsamen Punkt P.

Es läßt sich eine Zahl ε_1 $(0 < \varepsilon_1 < \varepsilon)$ so wählen, daß zwei beliebige ε_1-Ketten $\varkappa_1$ und $\varkappa_2$ auf der Kurve c_i durch eine endliche Folge von ε-Abänderungen auf c_i ineinander übergeführt werden können. Wir zerlegen nämlich die Kurve c_i durch die Punkte $P_1, P_2, \ldots, P_r$ in r Teilbögen $\widehat{P_1 P_2}, \widehat{P_2 P_3}, \ldots, \widehat{P_r P_1}$, deren jeder einen Durchmesser $< \frac{\varepsilon}{2}$ hat, und wählen die positive Zahl ε_1 kleiner als der Abstand irgend zweier nicht aufeinanderfolgender Bögen. Sei $\varkappa_1$ eine beliebige ε_1-Kette auf c_i; jeder Bogen $\widehat{P_k P_{k+1}}$ enthält wenigstens einen Punkt der Kette $\varkappa_1$; einen solchen Punkt verrücken wir in den Punkt P_{k+1}, dies ist offenbar eine ε-Abänderung, da erstens die Verrückung kleiner als ε, zweitens die entstehende Kette eine ε-Kette ist; durch Wiederholung desselben Schrittes zuerst für jeden auf dem Bogen $\widehat{P_k P_{k+1}}$ liegenden Punkt der Kette, und dann der Reihe nach auf den anderen Bögen $\widehat{P_{k+1} P_{k+2}}$ usw. erhalten wir endlich eine Abänderung von $\varkappa_1$ in die Kette $(P_1, P_2, \ldots, P_r)$. Durch die Umkehrung desselben Verfahrens, wobei wenn nötig die Punkte P_k in die Ketten als neue Punkte einzuschalten sind, gelangt

[1]) Siehe S. 49.

man nach einer endlichen Anzahl von ε-Abänderungen zur Kette $\varkappa_2$. — Die kleinste der Zahlen ε_1, die für die verschiedenen Kurven c_i auf diese Weise erklärt werden, bezeichnen wir wieder mit ε_1.

Auf jeder Kurve c_i konstruieren wir je eine als *Fundamentalkette* zu bezeichnende ε_1-Kette $\varkappa_i$ und nennen eine Kette *kanonisch,* wenn sie sich aus einer endlichen Anzahl von Ketten $\varkappa_i$ zusammensetzt, von denen je zwei aufeinanderfolgende im Punkte P zusammenhängen.

Sei nun $\varkappa$ eine willkürliche in K liegende ε-Kette (d. h. eine solche, deren Punkte sämtlich zu K gehören). Indem wir je zwei aufeinander folgende Punkte von $\varkappa$ geradlinig verbinden, erhalten wir eine geschlossene stetige Kurve σ in g_ε, die wir mittels einer stetigen Deformation α innerhalb von g_ε in eine kanonische Kurve φ überführen. Diejenigen Punkte von σ, die von α in den Punkt P übergeführt werden, fügen wir nacheinander in die Kette $\varkappa$ ein. Sodann fügen wir so viele weitere Punkte von σ in die Kette $\varkappa$ ein, daß die entstehende Kette während des ganzen Verlaufes eine ε_1-Kette bleibt. Wir können dann eine endliche Anzahl von Lagen der Kurve σ während der Deformation α bestimmen, so daß die erste mit σ, die letzte mit φ identisch ist und bei je zwei aufeinanderfolgenden Lagen die einander entsprechenden Punkte einen Abstand $< \varepsilon$ haben.

Somit ist gezeigt, daß n Fundamentalketten in g_ε existieren, mit der Eigenschaft, daß es zu einer willkürlichen in K liegenden ε-Kette $\varkappa$ eine endliche Kettenfolge $\varkappa, \varkappa', \ldots, \varkappa^s$ gibt, deren letztes Element eine kanonische Kette ist, während je zwei aufeinanderfolgende Ketten $\varkappa^\nu$ und $\varkappa^{\nu+1}$ durch eine ε-Abänderung ineinander übergehen.

Nun können wir die hiermit erkannte Eigenschaft von ihrer Beziehung zum Gebiet g_ε befreien. Der größte Abstand ε_2, den ein Punkt von g_ε von K hat, strebt mit ε gegen 0; wir setzen $\varepsilon' = \varepsilon + 2\varepsilon_2$. — In der obigen Kettenfolge $\varkappa, \varkappa', \ldots, \varkappa^s$ ersetzen wir jeden Punkt durch einen ihm möglichst nahe liegenden Punkt von K. So entsteht eine Folge von ε'-Ketten, von denen je zwei aufeinander folgende durch endlich viele ε'-Abänderungen ineinander übergehen; die letzte Kette der Folge ist wieder eine kanonische Kette. Wir haben also das folgende Ergebnis: wenn das beschränkte Kontinuum K in der Ebene $n+1$ Gebiete bestimmt, so kann man zu jeder positiven Zahl ε eine solche, mit ε unter jede Grenze herabsinkende Größe $\varepsilon' > 0$, und n solche in K liegende Fundamentalketten mit einem gemeinsamen Punkt P bestimmen, daß eine willkürliche in K liegende ε-Kette mittels einer endlichen Anzahl von ε'-Abänderungen in eine kanonische Kette übergeführt werden kann, die aus einer endlichen Anzahl von Fundamentalketten besteht, von denen je zwei aufeinanderfolgende im Punkte P zusammenhängen. — Wir werden kurz sagen: *Das Kontinuum K besitzt eine n-fache Basis der Zyklosis.*

Es ist noch zu zeigen, daß das Kontinuum K, das in der Ebene $n+1$ Gebiete bestimmt, keine $n-1$-fache Basis der Zyklosis haben kann. — Wählen wir in jedem der n beschränkten, von K bestimmten Gebieten je einen Punkt $P_1, P_2, \ldots, P_n$. Sei $\varkappa$ eine ε-Kette in K und σ die geschlossene stetige Kurve, die entsteht, wenn wir je zwei aufeinanderfolgende Punkte von $\varkappa$ durch eine Strecke verbinden. Sei $\varkappa'$ eine Kette, die aus $\varkappa$ durch eine ε'-Abänderung entsteht, und σ' die zugehörige geschlossene stetige Kurve. Die Ordnung jedes Punktes P_i ist in bezug auf σ und σ' dieselbe, wenn nur ε' hinreichend klein ist. Wenn wir also ε hinreichend klein wählen, müssen die zu diesem ε gehörigen Fundamentalketten durch ihre Kompositionen für die Ordnungen von P_i alle möglichen Systeme von n ganzen Zahlen liefern. Wir wählen nämlich n ε-Ketten, $\varkappa_1', \varkappa_2', \ldots, \varkappa_n'$, so daß die Ordnung von P_i in bezug auf $\varkappa_i'$ gleich 1, in bezug auf jede andere Kette $\varkappa_j'$ gleich 0 ist. Seien andererseits $\varkappa_1, \varkappa_2, \ldots, \varkappa_{n-1}$ die $n-1$ der Größe ε entsprechenden Fundamentalketten und sei ω_{ij} die Ordnung von P_i in bezug auf die zu $\varkappa_j$ gehörige Kurve σ_j; zu jedem i $(=1, 2, \ldots, n)$ gäbe es dann $n-1$ ganze Zahlen $\alpha_{i1}, \alpha_{i2}, \ldots, \alpha_{i,\,n-1}$, so daß

$$\alpha_{i1}\,\omega_{j1} + \alpha_{i2}\,\omega_{j2} + \cdots + \alpha_{i,\,n-1}\,\omega_{j,\,n-1} = \begin{cases} 1 & (i=j) \\ 0 & (i \neq j) \end{cases}$$

ist. Das ist aber unmöglich.

So haben wir die folgenden Sätze:

I. *Ein beschränktes Kontinuum, welches in der Ebene eine endliche Anzahl $n+1$ von Gebieten bestimmt, besitzt eine n-fache, nicht aber eine $n-1$-fache Basis der Zyklosis.*

II. *Ein beschränktes Kontinuum, welches in der Ebene unendlich viele Gebiete bestimmt, besitzt keine endliche Basis der Zyklosis.*

Die Anzahl der beschränkten Restgebiete, die ein beschränktes Kontinuum K bestimmt, kann also auch definiert werden als der Grad n der Basis der Zyklosis. Die letztere Definition hat den Vorteil, daß ihre Invarianz gegenüber topologischen Abbildungen unmittelbar zu erkennen ist. Sei nämlich K ein beschränktes Kontinuum und K_1 sein topologisches Bild; wenn K eine n-fache Basis der Zyklosis hat, so gibt es also zu jedem $\varepsilon > 0$ eine Zahl $\varepsilon' > 0$, und n Fundamentalketten, so daß jede ε-Kette in K durch ε'-Abänderungen in eine kanonische Kette übergeführt werden kann. Zufolge der gleichmäßigen Stetigkeit der Abbildung gibt es zwei positive Zahlen ε_1 und ε_1', die mit ε und ε' gegen 0 konvergieren, so daß jeder ε_1-Kette in K_1 eine ε-Kette in K, jeder ε_1'-Abänderung in K_1 eine ε'-Abänderung in K entspricht. Dasselbe gilt auch in bezug von der inversen Abbildung. Folglich sind die zugehörigen Basen der Zyklosis vom gleichen Grad.

Aus den obigen Sätzen I und II ergibt sich also der folgende Satz:

III. *Die Gebietsmengen, die von zwei homöomorphen beschränkten Kontinua in der Ebene bestimmt sind, haben dieselbe Anzahl (die endlich oder abzählbar unendlich ist).*

Aus diesem Satz folgt die *Invarianz der geschlossenen Kurve.* Sei K ein beschränktes Kontinuum, welches in der Ebene zwei Gebiete bestimmt, mit deren Rand es identisch ist. Sein topologisches Bild K' ist ebenfalls ein beschränktes Kontinuum, welches in der Ebene zwei Gebiete bestimmt. Es ist noch zu zeigen, daß jeder Punkt von K' für beide von ihm bestimmten Gebiete Randpunkt ist. Wäre dies nicht der Fall, so sei P' ein Punkt von K' und U' eine Umgebung von P', welche mit einem der von K' bestimmten Gebiete keinen Punkt gemeinsam hat. Es gibt somit ein außerhalb von U' liegendes Teilkontinuum K_1' von K, welches in der Ebene ebenfalls zwei Gebiete bestimmt. Sei K_1 das Teilkontinuum von K, dessen Bild K_1 ist, und P der dem Punkt P' entsprechende Punkt. K_1 bestimmt in der Ebene ein einziges Gebiet; in beliebiger Nähe von P gibt es nämlich Punkte von beiden durch K bestimmten Gebieten; zwei solche Punkte können in einer kleinen Umgebung von P, d.h. durch einen K_1 nicht treffenden Weg verbunden werden. — Laut des obigen Satzes ist es aber unmöglich, daß K_1 ein einziges Gebiet und sein topologisches Bild K_1' zwei Gebiete bestimmt. Unsere Annahme, daß es solche Punkte von K' gibt, die nicht beiderseitige Randpunkte sind, hat zu einem Widerspruch geführt. Somit haben wir den Satz:

IV. *Das topologische Bild einer geschlossenen Kurve in der Ebene ist selbst eine geschlossene Kurve.*

Topologie der Flächen.

Vierter Abschnitt.

Polyederflächen.

§ 1. Begriff der Fläche.

Die Flächen werden wir zuerst abstrakt definieren und nachher für sie Darstellungen als Punktmengen in der Ebene bzw. im Raume angeben. Wir setzen die Fläche aus einfachen Elementen zusammen, die wir *Dreiecke* nennen und folgendermaßen erklären: ein Dreieck $\triangle$ ist eine Menge von Elementen, die als Punkte des Dreieckes bezeichnet werden und die zu den Punkten eines gewöhnlichen Dreiecks der Zahlenebene in eineindeutiger Beziehung stehen. Die Bezeichnungen: innerer Punkt, Kante, Eckpunkt, Umgebung, Strecke usw. übertragen wir auf diejenigen Mengen von Punkten des Dreiecks $\triangle$, die laut dieser Beziehung einem inneren Punkt, den Punkten einer Seite, einem Eckpunkt usw. des Zahlendreieckes entsprechen. — Für den speziellen Fall, daß $\triangle$ eine im Raume liegende Punktmenge ist, werden wir im allgemeinen voraussetzen, daß die ihm laut der Beziehung mit dem Zahlendreieck zukommenden Umgebungsbeziehungen, mit denen übereinstimmen, die ihm als Punktmenge im Raume zukommen, mit anderen Worten, daß es ein topologisches Bild des Zahlendreieckes in diesem Raume darstellt.

Unter dem Ausdruck, daß die Dreiecke $\triangle_1$ und $\triangle_2$ eine Kante gemeinsam haben, verstehen wir immer, daß für je eine Kante der entsprechenden Zahlendreiecke eine topologische Beziehung festgesetzt ist und je zwei dabei entsprechenden Punkten der beiden Kanten ein und derselbe Punkt als gemeinsamer Kantenpunkt der Dreiecke $\triangle_1$ und $\triangle_2$ entspricht. Einem solchen Punkt von $\triangle_1$ und $\triangle_2$ schreiben wir je eine Halbumgebung zu, die das Bild einer halben Kreisscheibe in dem entsprechenden Zahlendreieck ist, und ihre Vereinigung erklären wir als eine Umgebung dieses Punktes auf $\triangle_1 + \triangle_2$. Zwei Dreiecke, die eine Kante gemeinsam haben, werden als *benachbart* bezeichnet.

Eine *Fläche* definieren wir durch eine Menge von Dreiecken mit den folgenden Eigenschaften:

1. Ein innerer Punkt eines Dreieckes gehört nur zu diesem einzigen Dreieck.

2. Eine Kante eines Dreieckes gehört zu genau zwei Dreiecken, die diese Kante, sonst aber keinen Punkt gemeinsam haben.

3. Ein Eckpunkt eines Dreieckes gehört zu einer endlichen, zyklisch geordneten Menge von Dreiecken $(\triangle_1, \triangle_2, \ldots, \triangle_n)$, von denen je zwei aufeinanderfolgende Dreiecke $\triangle_i$ und $\triangle_{i+1}$ (auch $\triangle_n$ und $\triangle_1$) eine diesen Eckpunkt enthaltende Kante gemeinsam haben.

4. Zu je zwei Dreiecken $\triangle$ und $\triangle'$ gibt es eine endliche Folge von Dreiecken $\triangle_1 = \triangle, \triangle_2, \ldots, \triangle_n = \triangle'$, deren erstes und letztes Element sie sind und von denen je zwei aufeinanderfolgende Dreiecke eine gemeihsame Kante haben.

Die in den Dreiecken enthaltenen Punkte werden als *Punkte der Fläche* bezeichnet. Ein gemeinsamer Kantenpunkt zweier benachbarter Dreiecke und ebenso ein gemeinsamer Eckpunkt eines Zyklus von Dreiecken gilt als ein einziger Punkt der Fläche. — Die Umgebungen auf der Fläche werden folgendermaßen erklärt: für einen inneren Punkt eines Dreieckes wird sie als eine Umgebung des Punktes in diesem Dreieck erklärt; für einen gemeinsamen Kantenpunkt von zwei Dreiecken als die Gesamtheit von je einer Halbumgebung in den beiden Dreiecken; für einen Eckpunkt als die Gesamtheit von je einer Sektorumgebung[1]) in jedem Dreieck des zugehörigen Zyklus. Eine Umgebung ist also immer ein topologisches Bild einer Kreisscheibe der Zahlenebene.

Es ist zu bemerken, daß den obigen Bedingungen zufolge die Menge der Dreiecke $\triangle$, die die Fläche bilden, abzählbar ist. Wir können nämlich diese Dreiecke in einer gewöhnlichen Folge darstellen: als erstes Element nehmen wir ein beliebiges Dreieck $\triangle_1$; dann nehmen wir diejenigen endlich vielen weiteren Dreiecke, die eine Kante oder einen Eckpunkt mit $\triangle_1$ gemeinsam haben, diese seien $\triangle_2, \triangle_3, \ldots, \triangle_n$; dann diejenigen weiteren, die mit diesen letztgenannten eine Kante oder einen Eckpunkt gemeinsam haben usw. Zufolge der Bedingung 4 werden dadurch alle Dreiecke $\triangle$ erschöpft.

Falls die Anzahl der Dreiecke endlich ist, bezeichnen wir die Fläche als *geschlossen*, im anderen Falle als *offen*. Die Punkte einer geschlossenen Fläche bilden eine kompakte Menge, d. h. jede unendliche Folge $P_1, P_2, \ldots$ von Punkten der Fläche hat einen Grenzpunkt; unter den endlich vielen Dreiecken gibt es nämlich wenigsten eines,

---

[1]) Sie soll als Bild eines Kreissektors im Zahlendreieck erklärt werden, dessen Ecke der betreffende Eckpunkt und dessen Seiten Teile der zugehörigen Kanten sind. Für zwei benachbarte Sektorumgebungen soll in beiden derselbe Teil der gemeinsamen Kante in Anspruch genommen werden.

das unendlich viele Punkte dieser Folge enthält und dieses Dreieck ist, als eineindeutiges und (im Sinne der Übertragung des Umgebungsbegriffes) stetiges Bild eines Zahlendreieckes, kompakt. Auf einer offenen Fläche dagegen gibt es eine Folge voneinander verschiedener Punkte $P_1, P_2, \ldots$, wobei P_i immer einen inneren Punkt eines von $\triangle_1$, $\triangle_2, \ldots, \triangle_{i-1}$ verschiedenen Dreieckes $\triangle_i$ bezeichnet, ohne Grenzpunkt.

Wir erklären noch folgendermaßen *berandete Flächen* (die im Sinne der obigen Definition keine Flächen sind): sie besteht aus einer *endlichen* Anzahl von Dreiecken mit den Eigenschaften:

1. Jeder innere Punkt eines Dreieckes gehört zu diesem einzigen Dreieck.

2. Jede Kante gehört entweder zu einem einzigen Dreieck oder zu zwei Dreiecken, deren gemeinsame Kante sie dann ist, und die sonst keinen gemeinsamen Punkt haben. Es soll dabei wenigstens eine Kante geben, die nur zu einem Dreieck gehört.

3. Jeder Eckpunkt gehört zu einer endlichen linear oder zyklisch geordneten Menge von Dreiecken, von denen je zwei aufeinanderfolgende eine diesen Eckpunkt enthaltende Kante gemeinsam haben.

4. Zu je zwei Dreiecken gibt es eine sie verbindende Dreieckskette (wie oben).

Die Punkte derjenigen Kanten, welche nur zu einem Dreieck und die Eckpunkte, die zu einer linearen Menge von Dreiecken gehören bilden den *Rand der Fläche.* Er besteht aus endlich vielen fremden Polygonen, die wir als *Konturen,* und deren Zahl wir als *Konturenzahl* der berandeten Fläche bezeichnen.

Die geschlossenen und die berandeten Flächen bezeichnen wir als *Polyederflächen.*

Die Fläche haben wir oben durch eine *Dreiecksteilung* dargestellt. Um die Eigenschaften der Fläche unabhängig von der speziellen Dreiecksteilung betrachten zu können, definieren wir nach *Dehn* und *Heegaard interne Transformationen* der triangulierten Fläche folgendermaßen: wir nehmen einen Kantenpunkt und verbinden ihn in den Dreiecken $\triangle_1$ und $\triangle_2$, zu denen er gehört[1]), mit den beiden nicht auf dieser Kante liegenden Eckpunkten durch je einen einfachen Bogen; auf diese Weise werden die Dreiecke $\triangle_1$ und $\triangle_2$ in je zwei Dreiecke $\triangle_1'$ und $\triangle_1''$ bzw. $\triangle_2'$ und $\triangle_2''$ zerlegt, welche wir in der Dreiecksteilung der Fläche statt $\triangle_1$ und $\triangle_2$ einführen. Die so erklärte *elementare Transformation* wiederholen wir für die neu entstehende Flächenform, jedoch unter der Beschränkung, daß sie in jedem Dreieck der ursprünglichen Dreiecksteilung nur eine endliche Zahl von Malen angewendet wird. Auf diese Weise erhalten wir eine neue

[1]) Im Fall der berandeten Flächen, falls der betreffende Kantenpunkt ein Randpunkt ist, nur in dem einen Dreieck, zu welchem er gehört.

Dreiecksteilung der Fläche, die wir als eine *Unterteilung* der ursprünglichen bezeichnen. Eine *interne Transformation* besteht im Übergang von einer Dreiecksteilung zu einer anderen Dreiecksteilung, die beide eine solche gemeinsame Unterteilung haben; ferner in einer endlichen Anzahl von Wiederholungen desselben Schrittes.

Unterteilung einer vorgelegten Teilung soll auch jede Dreiecksteilung der Fläche genannt werden, in welcher sämtliche Eckpunkte der ursprünglichen Teilung als Eckpunkte der neuen Teilung und sämtliche Kanten derselben als Vereinigung von endlich vielen Kanten der neuen Teilung auftreten. Es ist leicht zu zeigen, daß jede Unterteilung mittels einer internen Transformation aus der ursprünglichen Teilung entsteht, man braucht dies nur bei einem Dreieck einzusehen.

Wir werden zeigen, daß man *aus einer gegebenen Dreiecksteilung einer Fläche durch interne Transformationen zu jeder anderen Dreiecksteilung derselben übergehen kann.* — Erstens ist dies klar für den Fall, daß jedes Dreieck der ersten Teilung nur eine endliche Anzahl von Bögen enthält, die zu den Kanten der zweiten Teilung gehören und welche, abgesehen von ihren auf dem Dreiecksrand liegenden Endpunkten, im Innern dieses Dreieckes liegen. Diese Bögen zerlegen dann das Dreieck in endlich viele Polygonbereiche, und jeden von diesen können wir durch weitere Bögen in Dreiecke zerlegen. Indem wir noch dafür sorgen, daß jeder Eckpunkt eines Dreieckes auch für die anderen diesen Punkt enthaltenden Dreiecke ein Eckpunkt ist, was durch Anwendung von weiteren Bögen erreicht wird, bekommen wir eine gemeinsame Unterteilung der beiden vorgelegten Teilungen. — Wenn zweitens ein Dreieck der ersten Teilung unendlich viele solche Bögen enthält, die zu den Kanten der zweiten Teilung gehören und die bis auf ihre Endpunkte im Innern dieses Dreieckes liegen, so bestimmen wir eine dritte Teilung, deren einzelne Kanten die Kanten der ersten und der zweiten Teilung je nur in endlich vielen Punkten treffen, womit dann dieser Fall auf den eben erledigten zurückgeführt wird. Dies geschieht aber folgendermaßen. Wir nehmen ein Dreieck $\triangle$ der ersten Teilung; in den Dreiecken der ersten Teilung, die eine Kante oder einen Eckpunkt mit $\triangle$ gemeinsam haben, ziehen wir die Mittellinien, die zu den auf $\triangle$ liegenden bzw. von $\triangle$ fremden Kante parallel sind; so entsteht ein Polygon π. Denjenigen Teil (π) der Fläche, der aus dem Dreieck $\triangle$ und aus den daran anstoßenden Hälften der neben ihm liegenden Dreiecke besteht, bilden wir auf einen ebenen Polygonbereich (π') topologisch ab[1]), so daß $\triangle$ in ein Zahlendreieck

[1]) Diese Abbildung ist hier selbstverständlich; man nehme ein Dreieck $\triangle'$ in der Ebene, von jedem Eckpunkt von $\triangle'$ aus ziehe man so viele Strecken ins Äußere von $\triangle'$, wie Kanten in den Eckpunkten von $\triangle$ der Reihe nach eintreffen (abgesehen von den Kanten von $\triangle$), dann ziehe man ein konvexes

und die zugehörigen halben Kanten der ersten Teilung in gerade Strecken übergehen. Nun nehmen wir sämtliche Kanten der zweiten Teilung, die Punkte in $\triangle$ haben; die in (π) liegenden Teile dieser Kanten werden auf endlich viele einfache Bögen im Polygonbereich (π') abgebildet. Wir nehmen dann drei Punkte A', B', C' in (π') in hinreichend kleinen Umgebungen (die von den $\triangle$ nicht treffenden Kanten der zweiten Teilung frei sind) der Eckpunkte von $\triangle$, die weder auf den Bildern der Kanten der ersten Teilung, noch auf denen der zweiten Teilung liegen und verbinden diese Punkte miteinander innerhalb von (π') durch solche einfache Bögen $(A'B')$, $(B'C')$, $(C'A')$, die einander außer in ihren Endpunkten nicht treffen und die mit jedem Bogen, der das Bild einer Kante der ersten oder der zweiten Teilung ist, nur endlich viele gemeinsame Punkte haben; dies ist laut des in II § 5 bewiesenen Hilfssatzes (S. 90) möglich. Das Bild dieses Dreieckes $(A'B'C')$ nehmen wir als ein Dreieck $\triangle'$ der zu konstruierenden dritten Dreiecksteilung. Für die mit $\triangle$ benachbarten Dreiecke der ersten Teilung verfahren wir ähnlich, nur setzen wir fest, daß bei den neu einzuführenden Dreiecken der dritten Teilung immer die bereits erhaltenen Dreieckskanten der dritten Teilung auftreten sollen. Auf diese Weise erhalten wir eine Dreiecksteilung von der oben genannten Art, die sich also in jede dieser beiden Teilungen durch interne Transformation überführen läßt.

Zwei Flächen, deren Dreiecksteilungen übereinstimmen, können immer, mittels der Abbildungen ihrer Dreiecke auf Zahlendreiecke, eineindeutig und stetig aufeinander abgebildet werden, folglich sind auch je zwei Flächen, deren Dreiecksteilungen durch interne Transformationen ineinander übergeführt werden können, topologische Bilder voneinander, oder wie wir kürzer sagen, homöomorph. Andererseits überträgt sich eine gegebene Dreiecksteilung der Fläche bei jeder topologischen Abbildung derselben auf die Bildmenge, die somit als eine durch die gleiche Dreiecksteilung dargestellte Fläche erscheint.

Wir erwähnen hier noch einige Beispiele für Flächen. — Ein Tetraeder liefert uns ein Beispiel für eine geschlossene Fläche. — Auf der Kugel wird durch die Zentralprojektion der Kanten eines eingeschriebenen Tetraeders eine Zerlegung in vier Dreiecke dargestellt; die Kugelfläche ist hiermit als der Tetraederfläche homöomorph erkannt. — Eine offene Fläche wird laut III § 1 durch jedes ebene Gebiet dargestellt. Ein Beispiel für eine berandete Fläche bildet etwa ein von endlich vielen einfachen geschlossenen Kurven berandeter, beschränkter (abgeschlossener) ebener Bereich.

Polygon π', dessen Eckpunkte auf diesen Strecken liegen; den durch π bestimmten, an $\triangle$ anstoßenden Hälften der an $\triangle$ anstoßenden Dreiecke entspricht je ein durch die vorher gegebenen Strecken bestimmter Teil zwischen π' und $\triangle'$. — (Vgl. auch S. 141.)

§ 2. Orientierbarkeit und Nichtorientierbarkeit.

Gegeben sei eine Fläche in einer gewissen Dreiecksteilung. Für ein Dreieck $\triangle_1$ bestimmen wir eine positive Indikatrix; sie erteilt jeder Kante des Dreieckes eine bestimmte Richtung. Ist $\triangle_2$ ein benachbartes Dreieck, so ordnen wir ihm diejenige Indikatrix zu, die der gemeinsamen Kante die entgegengesetzte Richtung erteilt; die so bestimmte Indikatrix von $\triangle_2$ nennen wir die mit der angegebenen Indikatrix von $\triangle_1$ zusammengehörige Indikatrix von $\triangle_2$. Sei $\triangle_1$, $\triangle_2, \ldots, \triangle_n, \triangle_1$ eine beliebige Folge von benachbarten Dreiecken; wenn wir die in $\triangle_1$ bestimmte positive Indikatrix längs dieser geschlossenen Dreieckskette fortsetzen, so daß immer die gemeinsame Kante von $\triangle_i$ und $\triangle_{i+1}$ in den beiden Dreiecken entgegengesetzt gerichtet wird, bekommen wir endlich in $\triangle_1$ wieder eine Indikatrix, die entweder mit der ursprünglichen Indikatrix von $\triangle_1$ übereinstimmt oder ihr entgegengesetzt ist. Wenn es eine geschlossene Dreieckskette auf der Fläche gibt, für welche das letztere der Fall ist — wir bezeichnen sie als eine die Indikatrix umkehrende Dreieckskette —, so sagen wir, daß die Fläche *nichtorientierbar* ist; sonst heißt sie *orientierbar*[1]). Bei einer orientierbaren Fläche läßt sich also auf der Fläche eine Indikatrix bestimmen, d. h. jedem Dreieck eine bestimmte Indikatrix zuweisen, so daß zwei benachbarte Dreiecke immer zusammengehörige Indikatrizes haben; bei nichtorientierbaren Flächen ist dies nicht möglich.

Es ist zu zeigen, daß die Orientierbarkeit bzw. Nichtorientierbarkeit eine Eigenschaft der Fläche selbst ist, und von ihrer speziellen Dreiecksteilung unabhängig ist. Laut des vorigen Paragraphen genügt es, die Invarianz dieser Eigenschaften bei einer elementaren Transformation nachzuweisen. Für eine solche ist dies aber klar; sei nämlich $\triangle$ ein beliebiges Dreieck mit einer positiven Indikatrix; für jedes Dreieck einer Unterteilung von $\triangle$ überträgt sich diese Indikatrix in eindeutiger Weise, und auch umgekehrt ist durch zusammengehörige Indikatrizes der Teildreiecke von $\triangle$ eine Indikatrix von $\triangle$ bestimmt, die die Kanten von $\triangle$ im selben Sinn richtet. Wenn also für eine Dreiecksteilung der Fläche eine Indikatrixbestimmung möglich ist, so ist dies auch für jede Unterteilung der Fall, und umgekehrt. — Eine positive Indikatrix einer orientierbaren Fläche in einer gegebenen Dreiecksteilung überträgt sich mittels der internen Transformationen auf jede andere Dreiecksteilung der Fläche.

So haben wir das Ergebnis, daß *die Orientierbarkeit bzw. Nichtorientierbarkeit eine topologische Invariante der Flächen ist,* in dem Sinne, daß zwei homöomorphe Flächen entweder beide orientierbar oder beide nichtorientierbar sind.

---

[1]) Statt der Bezeichnung *ein-* oder *zweiseitig* werden wir diese Bezeichnungen anwenden.

Wie für den Fall der Ebene, kommt jedem Kreis in einem Dreieck $\triangle$ durch eine Indikatrixbestimmung von $\triangle$ ein bestimmter Umlaufssinn zu. Folglich wird durch eine Indikatrixbestimmung einer orientierbaren Fläche jedem in einer Umgebung liegenden Kreis ein bestimmter Umlaufssinn zugewiesen.

Sei F eine nichtorientierbare Fläche, und $\triangle_1, \triangle_2, \ldots, \triangle_n, \triangle_1$ eine die Indikatrix umkehrende Dreieckskette. Aus ihr werden wir eine die Indikatrix umkehrende einfache, d. h. solche Dreieckskette auswählen, in welcher je zwei Glieder zwei verschiedene Dreiecke darstellen. Sei $\triangle_k$ das erste Glied der Kette, welches dasselbe Dreieck ist, wie ein früheres Glied $\triangle_j$ $(j < k)$ der Kette. Die Dreiecke $\triangle_j, \triangle_{j+1}, \ldots, \triangle_{k-1}, \triangle_k = \triangle_j$ bilden eine einfache geschlossene Dreieckskette; wenn längs ihr sich die Indikatrix umkehrt, werden wir diese Kette nehmen; im andern Fall lassen wir die Glieder $\triangle_{j+1}$, $\triangle_{j+2}, \ldots, \triangle_{k-1}$ aus der ursprünglichen Kette fort und verfahren mit der Kette $\triangle_1, \triangle_2, \ldots, \triangle_j = \triangle_k, \triangle_{k+1}, \ldots, \triangle_n, \triangle_1$ ebenso. Falls keine solche Teilkette $\triangle_{j_1}, \ldots, \triangle_{k_1}$ die Indikatrix umkehrt, wird nach Fortlassung sämtlicher solcher Teilketten eine einfache Kette $\triangle_1, \ldots,$ $\triangle_{j-1}, \triangle_j = \triangle_k, \triangle_{k+1}, \ldots, \triangle_{j_1-1}, \triangle_{j_1} = \triangle_{k_1}, \triangle_{k_1+1}, \ldots, \triangle_n, \triangle_1$ zurückbleiben, längs ihr sich die Indikatrix umkehrt; ihre Glieder werden wir wieder mit $\triangle_1, \triangle_2, \ldots, \triangle_n, \triangle_1$ bezeichnen.

Seien $k_1, k_2, \ldots, k_n$ die gemeinsamen Kanten von bzw. $\triangle_n$ und $\triangle_1$, $\triangle_1$ und $\triangle_2$, $\triangle_2$ und $\triangle_3$ usw. Die Mittelpunkte von k_i und k_{i+1} verbinden wir in $\triangle_i$ durch die Strecke l_i, sämtliche Strecken l_i bilden zusammen ein (einfaches) Polygon π. In jedem der Dreiecke $\triangle_i$ nehmen wir zwei zu l_i parallele Strecken l_i' und l_i'' auf beiden Seiten von l_i, so daß die auf k_{i+1} liegenden Endpunkte von l_i' und l_i'' mit denen von l_{i+1}' und l_{i+1}'' zusammenfallen. Wenn wir die Kanten $k_1, k_2, \ldots, k_n$ der Reihe nach so richten, daß k_i und k_{i+1} für das Dreieck $\triangle_i$ entgegengesetzte Richtungen haben, bekommen wir nach dieser Fortsetzung endlich für die Kante k_1 die zu der ihr ursprünglich zugewiesenen entgegengesetzte Richtung. Nehmen wir von den beiden Strecken l_1' und l_1'' diejenige, deren auf k_1 liegender Endpunkt von dem Mittelpunkt von k_1 in der durch $\vec{k_1}$ festgesetzten Richtung liegt — sei dies etwa l_1' — und sei l_2' ähnlich erklärt, dann haben l_1' und l_2' einen gemeinsamen Endpunkt; so fortfahrend erhalten wir einen Streckenzug $l_1' + l_2' + \ldots + l_n'$; der Endpunkt von l_n' befindet sich auf k_1 in der anderen Richtung vom Mittelpunkt von k_1 als der Anfangspunkt von l_1'. — Diese Wege $l_1', l_2', \ldots, l_n', l_1'', l_2'', \ldots, l_n''$ bilden also zusammen ein einziges Polygon. Indem wir l_i' und l_i'' als die beiden Ufer von l_i betrachten, können wir auch sagen, daß der Streckenzug $l_1' + l_2' + \ldots + l_n'$ von einem Ufer von l_1 auf das andere führt, und auch daß das Polygon π *ein einziges Ufer hat.*

Aus der obigen Überlegung geht zugleich hervor, daß wenn das Polygon π nur ein Ufer hat, die zugehörige Dreieckskette die Indikatrix umkehrt. Indem wir ferner bemerken, daß zu einem beliebig gegebenen Polygon π eine solche Dreiecksteilung der Fläche angegeben werden kann, in welcher es als Mittellinie einer geschlossenen Dreieckskette erscheint, können wir in der Eigenschaft der auf der Fläche liegenden Polygone, zwei oder ein Ufer zu haben, die charakteristische Eigenschaft der Orientierbarkeit bzw. Nichtorientierbarkeit der Fläche erkennen: *eine Fläche ist dann und nur dann orientierbar, wenn jedes Polygon auf ihr zwei Ufer hat.*

Die am Ende des § 1 erwähnten Flächen sind orientierbar. Einige Beispiele für nichtorientierbare Flächen werden wir hier erwähnen.

1. *Die projektive Ebene.* Sie wird definiert als die Menge der Verhältniswerte von drei reellen Zahlen $\xi_1 : \xi_2 : \xi_3$. Sie entsteht bekanntlich

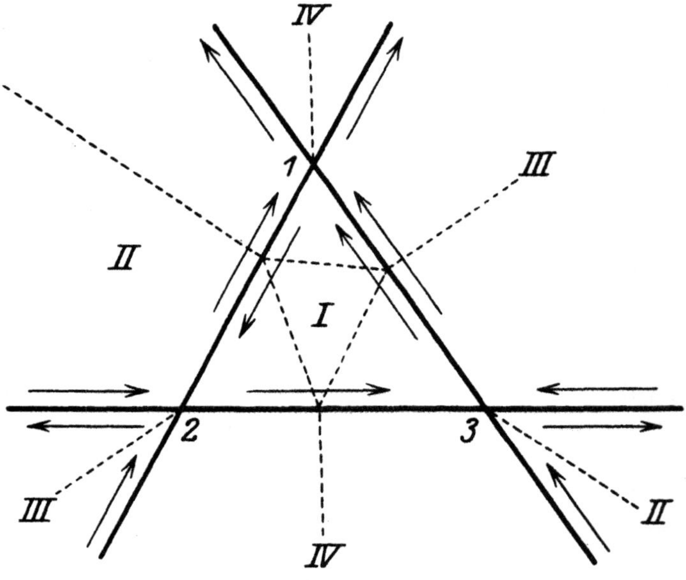

Fig. 19.

aus der Zahlenebene durch Hinzufügung der unendlich fernen Geraden: auf jeder Geraden liegt ein und nur ein unendlich ferner Punkt, auf zwei parallelen Geraden liegt ein und derselbe, auf zwei nicht parallelen Geraden liegen zwei verschiedene unendlich ferne Punkte. — Auf der projektiven Ebene bestimmen wir eine Dreiecksteilung folgendermaßen: Wir nehmen zuerst ein im Endlichen gelegenes Dreieck (1, 2, 3) und verlängern seine Seiten; so entsteht eine Zerlegung der projektiven

Ebene in vier Dreiecke I, II, III, IV, von denen I ganz im Endlichen liegt, während die anderen sich durch das Unendliche erstrecken. Zwei Dreiecke, etwa I und II, haben außer der gemeinsamen Kante 1 2 noch einen Eckpunkt 3 gemeinsam, deshalb zerlegen wir das Dreieck I in vier Teildreiecke, und jedes der anderen Dreiecke in je zwei Dreiecke (s. Fig. 19); die auf diese Weise entstehende Dreiecksteilung befriedigt unsere Bedingungen 1 bis 4 auf S. 132, so daß die projektive Ebene als eine geschlossene Fläche erscheint. — Sie ist nichtorientierbar, wie man es aus der Umkehrung der Indikatrix längs einer einfachen geschlossenen Dreieckskette erkennt. Der Einfachheit halber betrachten wir das erste Schema; zuerst geben wir dem Dreieck I eine Indikatrix; dann nehmen wir die mit dieser zusammengehörige Indikatrix von II, und endlich die mit der letzteren zusammengehörige Indikatrix von III; die erhaltene Indikatrix von III richtet die mit I gemeinsame Kante im selben Sinn wie die ursprüngliche Indikatrix von I,. so daß diese beiden Indikatrizes nicht zusammengehörig sind. Daraus folgt schon, daß die projektive Ebene eine nichtorientierbare Fläche ist. — Eine unendliche Gerade, etwa die durch die Punkte 1, 2 gehende, ist ein geschlossenes Polygon auf der projektiven Ebene, mit einem einzigen Ufer.

2. *Das Möbiussche Band.* Es entsteht, wenn wir ein langes schmales Rechteck mit den Eckpunkten a, b, c, d, zusammenbiegen und die Seiten $a\,b$ und $c\,d$ miteinander derart vereinigen, daß die Punkte a und c, und ebenso die Punkte b und d miteinander zusammenfallen. So entsteht eine berandete Fläche, die wir durch das in Fig. 20a angegebene Schema in Dreiecke zerlegen; eine Fortsetzung der Indikatrix (1 2 3) längs der Kette I II ... VI wird für das Dreieck (1 2 6) die Indikatrix (1 2 6) erteilen, so daß die gemeinsame Kante 1 2 in den Dreiecken I und VI gleich gerichtet wird. Die Mittellinie $m\,m'$ ist ein Polygon auf der Fläche mit einem einzigen Ufer (siehe die punktierte Linie auf Fig. 20 a, die das Ufer der Mittellinie darstellt; die Punkte x und x' und ebenso y und y' entsprechen einander bei der Identifizierung der Seiten $a\,b$ und $c\,d$).

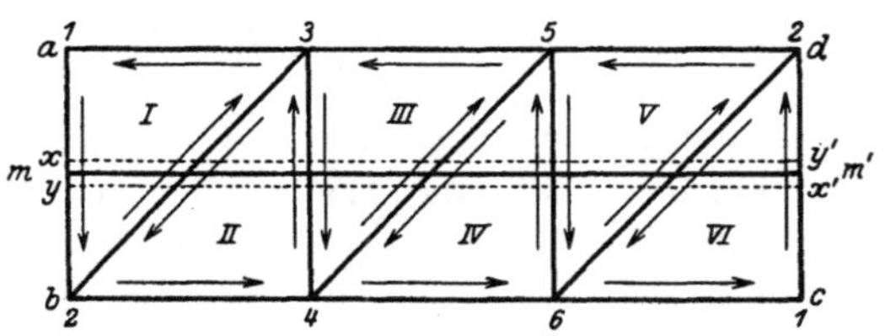

Fig. 20a.

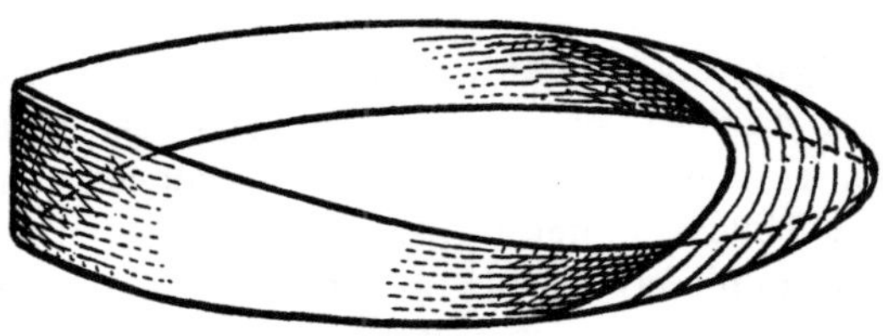
Fig. 20b.

§ 3. Die Charakteristik der Fläche.

Ein aus Kanten bestehendes einfaches Polygon auf einer triangulierten Fläche F bezeichnen wir als einen *Rückkehrschnitt*[1]). Wir sagen, der Rückkehrschnitt π zerlegt die Fläche F, wenn es wenigstens zwei solche (nicht auf π liegende) Punkte von F gibt, daß jeder sie verbindende Weg auf F den Rückkehrschnitt π trifft; das ist gleichbedeutend damit, daß es zwei solche Dreiecke gibt, daß in jeder sie verbindenden Dreieckskette wenigstens zwei aufeinanderfolgende Dreiecke eine zu π gehörige Kante gemeinsam haben. Ähnlich erklärt man den Ausdruck, daß die Rückkehrschnitte $\pi_1, \ldots, \pi_n$ zusammen die Fläche F zerlegen. — Der Ausdruck, die Polyederfläche F längs des Rückkehrschnittes π aufschneiden, soll folgendes bedeuten: wir definieren ein neues, aus den Dreiecken von F bestehendes Gebilde, wobei jedoch die gemeinsamen Kanten von zwei längs einer Kante von π zusammenhängenden Dreiecke und ebenso die auf π zusammenfallenden Eckpunkte zweier sonst fremder Dreiecke als verschiedene Elemente zu betrachten sind. Durch das Aufschneiden einer Polyederfläche längs eines Rückkehrschnittes entstehen eine oder zwei berandete Polyederflächen[2]), zu deren Rändern außer den ursprünglichen Randkanten von F noch die zu π gehörigen Kanten der Dreiecke von F gehören.

Das Aufschneiden von F längs eines Rückkehrschnittes mit einem einzigen Ufer bringt eine einzige berandete Fläche zustande, deren Konturenzahl um eins größer ist, als die von F. Wenn der Rückkehrschnitt π zwei Ufer hat, entstehen durch Aufschneiden von F längs π zwei Flächen oder eine Fläche, die zwei Konturen mehr hat als F.

Eine Fläche heißt *schlichtartig*, wenn sie durch jeden Rückkehrschnitt zerlegt wird. Auf einer schlichtartigen Fläche gibt es also keinen Rückkehrschnitt mit einem einzigen Ufer, so daß jede schlichtartige Fläche orientierbar ist. — Den Nachweis dafür, daß die Schlichtartigkeit eine von der speziellen Dreiecksteilung der Fläche unabhängige Eigenschaft der Fläche ist, brauchen wir laut § 1 nur für den Fall der daselbst erklärten elementaren Transformation zu erbringen; dafür ist es aber klar, daß die Fläche entweder in beiden Dreiecksteilungen schlichtartig, oder in beiden nicht schlichtartig ist. Sei etwa in Fig. 21 die punktierte Linie k ein nicht zerlegender Rückkehrschnitt, der außer den beiden Strecken a und b nur aus Kanten der ursprünglichen Dreiecksteilung besteht. Wir ersetzen die Strecken a und b durch die Kanten a', b', oder wenn etwa a' zu k gehört, lassen

---

[1]) Für berandete Flächen setzen wir voraus, daß der Rückkehrschnitt wenigstens eine innere Kante der Fläche besitzt.

[2]) Im vorigen Paragraphen haben wir gesehen, daß ein Polygon auf F ein oder zwei Ufer hat.

wir a', a und b fort und nehmen statt dessen b', so entsteht ein Kantenzug k'; der gemeinsame Eckpunkt A von a' und b' kann dabei zu vier Kanten von k' gehören (wenn nämlich A bereits ein Eckpunkt von k ist und a', b' nicht zu k gehören). — k' besteht aus einem Rückkehrschnitt k_1', oder aus zwei Rückkehrschnitten k_1' und k_2', die den einzigen Punkt A gemeinsam haben. Einer der Rückkehrschnitte k_1', k_2' wäre dann ebenfalls ein nicht zerlegender Rückkehrschnitt, wie leicht einzusehen ist.

Unter einem *Querschnitt* einer triangulierten berandeten Fläche F verstehen wir einen aus inneren Kanten bestehenden, sich selbst nicht schneidenden Weg, dessen Endpunkte beide auf dem Rand der Fläche liegen. — Für eine schlichtartige berandete Fläche liegen die gleichen Verhältnisse bezüglich der Zerlegung durch einen Querschnitt vor, die wir bei ebenen Bereichen kennen gelernt haben: ein Querschnitt zerlegt dann und nur dann die berandete schlichtartige Fläche F, wenn seine beiden Endpunkte auf derselben Kontur von F liegen; in diesem Fall bildet nämlich der Querschnitt mit einem Teil der betreffenden Kontur zusammen einen Rückkehrschnitt, der die Fläche zerlegt. Liegen aber die Endpunkte des Querschnittes auf zwei verschiedenen Konturen, so bilden die an einer solchen Kontur anschließenden Dreiecke eine Dreieckskette, die von einer Seite des Querschnittes auf die andere führt.

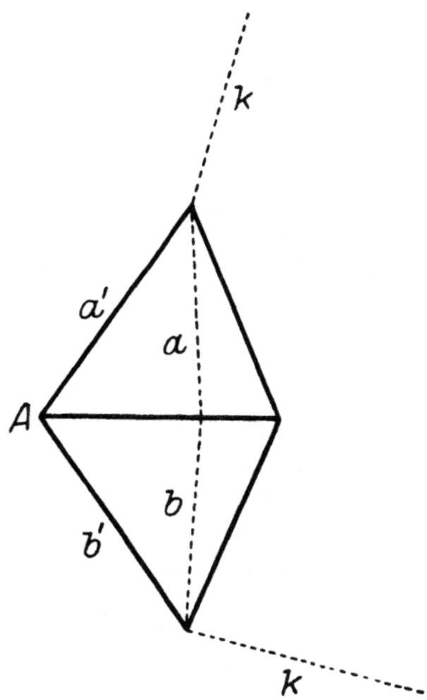

Fig. 21.

Sei F eine von einer einzigen Kontur berandete schlichtartige Fläche in einer gewissen Dreiecksteilung; wir bezeichnen sie als eine berandete Elementarfläche. Wir werden zeigen, daß F sich auf eine (abgeschlossene) Kreisscheibe der Zahlenebene topologisch abbilden läßt. Sei n die Anzahl der Dreiecke von F; da die Behauptung für $n = 1$ unmittelbar klar ist, setzen wir voraus, daß $n > 1$ ist, und daß die Behauptung für schlichtartige Flächen mit einer Kontur und weniger als n Dreiecken bereits nachgewiesen ist. Sei also $\triangle$ ein beliebiges Dreieck von F, welches wenigstens eine Kante auf dem Rand von F hat. Wenn $\triangle$ auf dem Rand von F zwei Kanten hat, oder aber nur eine Kante, aber dann der dritte Eckpunkt von $\triangle$ nicht auf dem Rand von F liegt, so bleibt von F nach Fortlassung von $\triangle$ eine ebenfalls von einer einzigen Kontur berandete schlichtartige Fläche übrig, die aus $n - 1$ Dreiecken besteht (die eine, bzw. die beiden im Innern der Fläche liegenden Seiten des Dreiecks $\triangle$ bilden nämlich einen Querschnitt); wir können dann $F - \triangle$ auf eine Halbkreisscheibe und das Dreieck $\triangle$ auf die andere Hälfte der Kreisscheibe abbilden (s. Fig. 22a). Wenn $\triangle$ nur eine Kante, jedoch drei Eckpunkte auf dem Rand von F hat, so entstehen (da jede im Innern der Fläche liegende Seite von $\triangle$ je einen Querschnitt bildet) aus F durch Fortlassung von $\triangle$ zwei aus weniger als n Dreiecken bestehende Flächen F_1 und F_2, deren jede schlichtartig und von einer einzigen Kontur berandet ist; diese können wir also auf die Bereiche I und II der Kreisscheibe abbilden (s. Fig. 22b) und das Dreieck $\triangle$ auf das Kreisbogendreieck $\triangle'$. Durch je eine topologische Abbildung der einzelnen Bildbereiche auf sich können wir erreichen, daß die Abbildung von F auf der gemeinsamen Kante von zwei Teilflächen in beiden die gleiche ist, womit dann eine topologische Abbildung der Fläche F auf die Kreisscheibe entsteht.

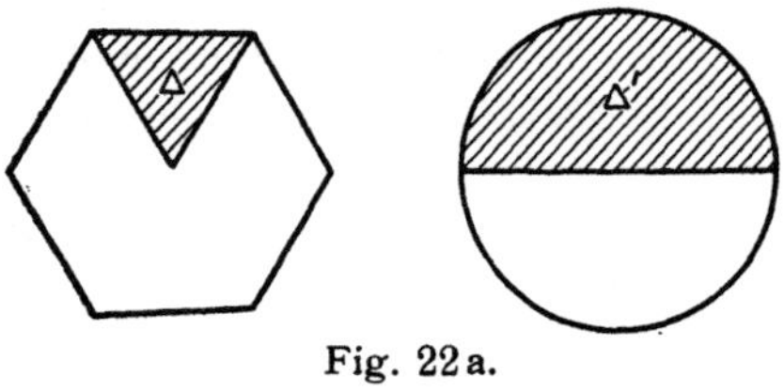

Fig. 22a.

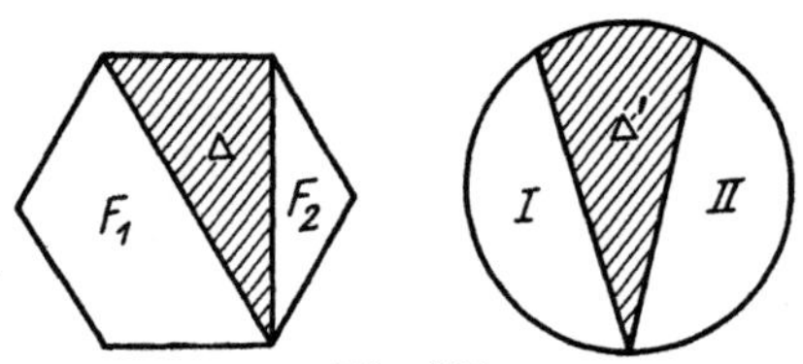

Fig. 22b.

Eine von n Konturen berandete schlichtartige Fläche F werden wir auf einen von n Kreisen berandeten ebenen Bereich abbilden. Sind $c_1, c_2, \ldots, c_n$ die Konturen von F, so nehmen wir n fremde Querschnitte $q_1, q_2, \ldots, q_n$, von denen q_i die Konturen c_i und c_{i+1} verbindet ($c_{n+1} = c_1$). Durch diese Querschnitte wird F in zwei Flächen F_1 und F_2 zerlegt; jede von ihnen hat eine einzige Kontur, die außer den Querschnitten q_i noch aus je einem Weg von c_i besteht. Nehmen wir andererseits einen vom äußeren Randkreis c_1', und von den inneren Randkreisen $c_2', c_3', \ldots, c_n'$ berandeten ebenen Bereich, und zerlegen wir ihn durch n Querschnitte in zwei Hälften (s. Fig. 23). Die Flächen F_1 und F_2 bilden wir auf die beiden Hälften des Kreisbereiches ab, und zwar so, daß jede Kontur c_i auf den Kreis c_i', und jeder Querschnitt q_i auf den entsprechenden Querschnitt des Kreisbereiches abgebildet wird, und

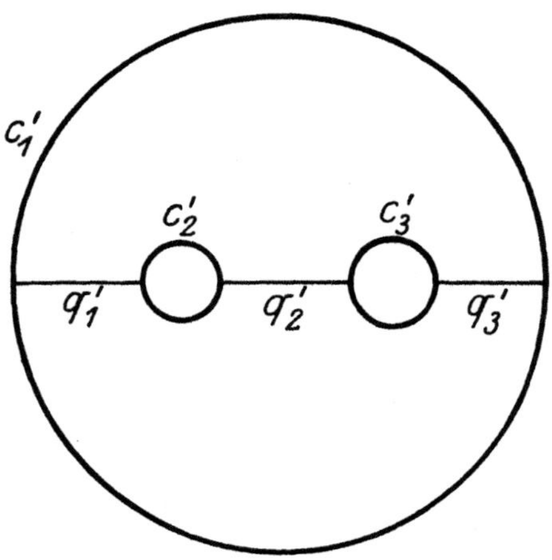

Fig. 23.

die Abbildung der gemeinsamen Teile von F_1 und F_2 in beiden die gleiche ist. *Jede berandete schlichtartige Fläche ist also einem ebenen Kreisbereich homöomorph.*

Wir bemerken noch, daß *jede schlichtartige geschlossene Fläche der Kugel homöomorph ist.* Läßt man aus der geschlossenen schlichtartigen Fläche ein Dreieck fort, so bleibt eine berandete schlichtartige Fläche mit einer einzigen Kontur übrig; diese bilden wir auf eine Kugelhälfte, und das fortgelassene Dreieck auf die andere Kugelhälfte eineindeutig und stetig ab, und sorgen noch dafür, daß die Abbildung auf dem Rand dieses Dreieckes in beiden Teilen übereinstimmt.

Sei nun F eine triangulierte Polyederfläche; wir fassen mehrere Dreiecke zusammen, deren Gesamtheit eine berandete Elementarfläche, oder wie wir jetzt kürzer sagen wollen, ein *Element* bildet. Sei F irgendwie in solche Elemente zerlegt[1]), so daß jedes Dreieck der Fläche F zu einem und nur zu einem Element gehört. Diejenigen Kanten bzw. Eckpunkte der gegebenen Dreiecksteilung, die nicht zum Innern eines Elementes gehören, bezeichnen wir als Kanten bzw. Eckpunkte dieser neuen Zerlegung; ihre Anzahlen seien bzw. α_1 und α_0; sei ferner α_2 die Anzahl der Elemente bei dieser Zerlegung. Wir betrachten die Zahl $\alpha_0 - \alpha_1 + \alpha_2$.

Wenn zuerst F eine Elementarfläche ist, so ist diese Zahl $\alpha_0 - \alpha_1 + \alpha_2 = 1$. Wir können F als einen von einem einzigen Polygon berandeten ebenen Bereich E darstellen, welcher in ebensolche Polygonbereiche $E_1, E_2, \ldots, E_{\alpha_2}$ zerlegt ist. Wir werden die Abzählung der betreffenden Zahlen so machen, daß wir die Kanten und Eckpunkte der Teilung nacheinander anbringen. Zuerst nehmen wir den Rand von E; die Anzahlen der auf dem Randpolygon von E liegenden Kanten und Ecken sind gleich, und es liegt dabei ein einziges Element, nämlich E selbst vor, die bezügliche Zahl $\alpha_0 - \alpha_1 + \alpha_2$ ist also für diesen Fall gleich 1. Sei nun E_1 ein Element, das wenigstens eine Kante auf dem Rand von E hat. Der Rand von E_1 besteht aus gewissen Wegen, die auf dem Rand von E liegen, und aus anderen Wegen, die Querschnitte von E bilden. Ein solcher Querschnitt bringt etwa α_0' neue Eckpunkte und also $\alpha_1' = \alpha_0' + 1$ neue Kanten zu den bereits gezählten hinzu, durch einen solchen Querschnitt werden aber aus dem einzigen Element E zwei Elemente entstehen; somit bleibt die Zahl $\alpha_0 - \alpha_1 + \alpha_2$ bei Anwendung dieses Querschnittes ungeändert. So fortfahrend bekommen wir endlich die Zerlegung von E in die Elemente $E_1, E_2, \ldots, E_{\alpha_2}$, und es stellt sich

[1]) Insbesondere ist eine solche Zerlegung durch die ursprüngliche Dreiecksteilung selbst gegeben, wobei also jedes Element aus einem einzigen Dreieck besteht.

heraus, daß bei dieser Zerlegung die Zahl $\alpha_0 - \alpha_1 + \alpha_2$ noch immer unverändert gleich 1 ist. Dies ist der sogenannte *Eulersche Polyedersatz*. Daraus folgt insbesondere, daß bei einer Dreiecksteilung einer berandeten Elementarfläche zwischen den Anzahlen α_0, α_1, α_2 der Ecken, Kanten und Dreiecke die Beziehung $\alpha_0 - \alpha_1 + \alpha_2 = 1$ besteht.

Wir können gleich die entsprechende Zahl $\alpha_0 - \alpha_1 + \alpha_2$ für eine von n Konturen berandete schlichtartige Fläche bestimmen. Stellen wir F als einen ebenen Bereich dar, der vom äußeren Polygon π_1 und von den inneren Polygonen $\pi_2, \pi_3, \ldots, \pi_n$ berandet ist. Wir behalten die gegebene Zerlegung von F und fügen zu ihr die Inneren von $\pi_2, \pi_3, \ldots, \pi_n$ als neue Elemente hinzu; so entsteht eine Zerlegung des Innern von π_1 in $\alpha_2 + n - 1$ Elemente mit α_1 Kanten und mit α_0 Ecken, wobei $\alpha_0, \alpha_1, \alpha_2$ die auf F beziehende Zahlen bedeuten. Wie wir eben gezeigt haben, ist dann $\alpha_0 - \alpha_1 + (\alpha_2 + n - 1) = 1$, also: $\alpha_0 - \alpha_1 + \alpha_2 = 2 - n$. — Wir bemerken gleich, daß für eine geschlossene schlichtartige Fläche die Zahl $\alpha_0 - \alpha_1 + \alpha_2 = 2$ ist; man läßt nämlich ein einziges Element aus der Fläche fort, so bleibt eine Elementarfläche übrig, die auf dieselbe bezügliche Zahl ist einerseits gleich 1, andererseits um eins kleiner, als die auf die geschlossene Fläche bezogene Zahl $\alpha_0 - \alpha_1 + \alpha_2$.

Sei endlich F eine beliebige Polyederfläche, die in einer gewissen Dreiecksteilung vorliegt. Längs gewisser Rückkehrschnitte, die aus Kanten dieser Dreiecksteilung bestehen, schneiden wir die Fläche F auf, so daß eine schlichtartige Fläche entsteht. Wir nehmen einen ersten solchen Rückkehrschnitt π_1, der die Fläche F nicht zerlegt, und schneiden längs desselben die Fläche auf; dabei entstehen ein oder zwei neue Ränder, je nachdem dieser Rückkehrschnitt auf F ein oder zwei Ufer hat. Dann nehmen wir auf der aufgeschnittenen Fläche wieder einen nicht zerlegenden Rückkehrschnitt π_2 usw. Nach einer endlichen Zahl von Wiederholungen kommen wir zu Ende in dem Sinne, daß auf der längs der zusammen nicht zerlegenden Rückkehrschnitte $\pi_1, \pi_2, \ldots, \pi_k$ aufgeschnittenen Fläche F' jeder Rückkehrschnitt die Fläche F' zerlegt, so daß also F' schlichtartig ist. Sei r die Anzahl der Konturen von F, seien $\alpha_0, \alpha_1, \alpha_2$ die Anzahl der Ecken, Kanten und Dreiecke der gegebenen Dreiecksteilung von F, und p_1 bzw. p_2 die Anzahl derjenigen unter den Rückkehrschnitten $\pi_1, \pi_2, \ldots, \pi_k$, die ein bzw. zwei Ufer haben. Die schlichtartige Fläche F' hat dann $r + p_1 + 2p_2$ Konturen. Die Anzahl α_2 der Dreiecke ist für die Flächen F und F' die gleiche; ebenso ist die Differenz $\alpha_0 - \alpha_1$ für F und F' dieselbe; wenn wir nämlich F längs π_1 aufschneiden, so kommen so viele neue Kanten und Eckpunkte zustande, wie π_1 Kanten bzw. Eckpunkte hat; die Anzahl der Eckpunkte von π_1 ist gleich der Anzahl der Kanten von π_1, so daß bei dem Aufschneiden von F längs π_1 die Differenz $\alpha_0 - \alpha_1$ ungeändert bleibt. Die Zahl

$\alpha_0 - \alpha_1 + \alpha_2$ ist also für F dieselbe, wie für F'; für letztere, da sie schlichtartig ist, ist $\alpha_0 - \alpha_1 + \alpha_2 = 2 - (r + p_1 + 2p_2)$.

Andererseits bemerken wir, daß die Zahl $\alpha_0 - \alpha_1 + \alpha_2$ für F bei jeder Dreiecksteilung von F dieselbe ist; es genügt dies wieder für eine elementare Transformation einzusehen; bei einer solchen nehmen die Zahlen α_0, α_1, α_2 bzw. um 1, 3, 2 zu (oder wenn die Transformation ein an den Rand anstoßendes Dreieck von F betrifft, um 1, 2, 1); die Zahl $\alpha_0 - \alpha_1 + \alpha_2$ bleibt also ungeändert. Die Zahl $-(\alpha_0 - \alpha_1 + \alpha_2)$ bezeichnen wir als *Charakteristik der Fläche F*. Zwei homöomorphe Flächen haben dieselbe Charakteristik.

Aus der erhaltenen Beziehung $\alpha_0 - \alpha_1 + \alpha_2 = 2 - (r + p_1 + 2p_2)$ folgt, daß $\alpha_0 - \alpha_1 + \alpha_2 = 2 - r$ nur für schlichtartige Flächen bestehen kann, bei denen ja $p_1 = p_2 = 0$ ist.

Die obigen Rückkehrschnitte π_1, $\pi_2, \ldots, \pi_k$ können sich eventuell treffen, wir ersetzen sie deshalb durch andere Polygone π_1', π_2', ..., π_k', die einander nicht treffen. Wenn der Rückkehrschnitt π_k den Rand der längs $\pi_1, \ldots, \pi_{k-1}$ aufgeschnittenen Fläche trifft, so ersetzen wir jede in π_k vorkommende Randkante durch einen Weg, der ihre beiden Endpunkte im Innern des zu dieser Kante gehörigen Dreieckes verbindet; dann ersetzen wir jeden auf dem Rand liegenden Eckpunkt des so entstehenden Polygons und zwei hinreichend kleine von ihm ausgehende Teilstrecken durch einen Weg, der ihre verschiedenen Endpunkte verbindet und in einer kleinen Umgebung dieses Eckpunktes liegt (s. Fig. 24). Das so entstehende Polygon π_k', welches keinen Punkt auf dem Rand der längs $\pi_1, \ldots, \pi_{k-1}$ aufgeschnittenen Fläche hat, zerlegt diese Fläche ebenfalls nicht. Ebenso ersetzen wir den Rückkehrschnitt π_{k-1} durch ein in seiner Umgebung verlaufendes Polygon π_{k-1}, welches das Polygon π_k' nicht trifft und ganz im Innern der längs $\pi_1, \ldots, \pi_{k-2}$ aufgeschnittenen Fläche liegt. Auf diese Weise fortfahrend bekommen wir k einander nicht treffende Polygone auf F, die keinen Punkt auf dem Rand von F haben und die zusammen die Fläche F nicht zerlegen. — Wir nehmen dann eine solche Dreiecksteilung von F, in welcher diese Polygone als Kantenzüge auftreten. —

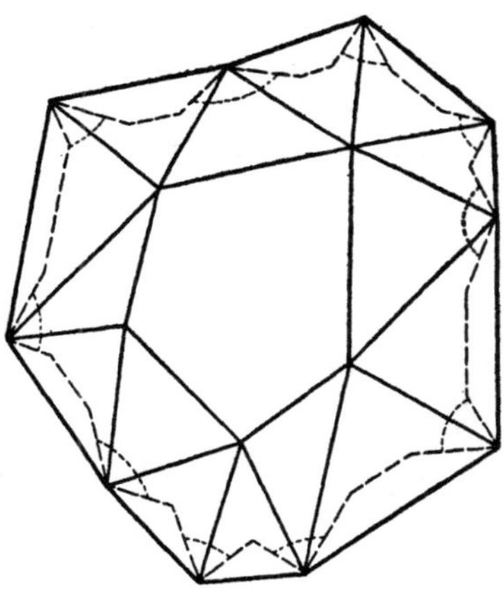

Fig. 24.

1. Ist F *orientierbar*, so haben sämtliche Rückkehrschnitte $\pi_1, \pi_2, \ldots, \pi_k$ zwei Ufer, so daß $p_1 = 0$ und $p_2 = k$ ist; wir schreiben $p_2 = p$, dann besteht die Formel

$$\alpha_0 - \alpha_1 + \alpha_2 = 2 - (2p + r).$$

Die Zahl p, die als *Geschlecht* der orientierbaren Fläche F bezeichnet wird, ist die Maximalzahl der fremden Polygone auf F, die zusammen die Fläche F nicht zerlegen. Zugleich folgt aus dieser Beziehung zwischen Charakteristik, Konturenzahl r und Geschlecht p, zusammen mit der Unabhängigkeit der Charakteristik von der speziellen Dreiecksteilung, daß es zu je $p - h$ $(h > 0)$ fremden zusammen nicht zerlegenden Polygonen wenigstens ein solches fremdes Polygon gibt, welches mit diesen Polygonen zusammen die Fläche F nicht zerlegt.

Schneiden wir die orientierbare Fläche F, vom Geschleht p, längs p fremder, zusammen nicht zerlegender Rückkehrschnitte $\pi_1, \pi_2, \ldots, \pi_p$ auf, so entsteht eine schlichtartige Fläche F' mit $2p + r$ Konturen, wobei r die Anzahl der Konturen von F bedeutet. Jedem Rückkehrschnitt π_i entsprechen zwei Konturen von F', die wir mit π_i^+ und π_i^- bezeichnen. Aus der Fläche F' bekommen wir die Fläche F zurück, wenn wir immer zwei entsprechende Punkte der Konturen π_i^+ und π_i^- miteinander identifizieren. Bei einer Indikatrixbestimmung von F kommen den beiden Ufern π_i^+ und π_i^- von π_i die beiden entgegengesetzten Richtungen in bezug auf π_i zu. Die Fläche F' bilden wir auf einen von $2p+r$ Kreisen $(k_1, k_1', \ldots, k_p, k_p'; l_1, l_2, \ldots, l_r)$ berandeten unbeschränkten ebenen Bereich topologisch ab, so daß ein beliebig gewählter Punkt der Fläche F' in den unendlich fernen Punkt übergeht; seien k_i und k_i' die Bilder von π_i^+ und π_i^- und $l_1, l_2, \ldots, l_r$ die Bilder der Konturen von F. Aus diesem ebenen Bereich bekommen wir die Fläche F, wenn wir je zwei Punkte von k_i und k_i', die demselben Punkt von π_i, d. h. zwei solchen Punkten von π_i^+ und π_i^- entsprechen, die auf der Fläche F denselben Punkt darstellen, miteinander identifizieren und diesen Punkten als Umgebung die Vereinigung zweier Halbumgebungen der betreffenden Punkte zuschreiben. Bei dieser Identifizierung der Randkreise k_i und k_i' entspricht immer einem Umlaufssinn von k_i der entgegengesetzte Umlaufssinn von k_i'. Will man sich über diese Identifizierung ein Bild verschaffen, so nehme man zuerst statt der Ebene die Kugelfläche vor, auf welcher der Kreisbereich liegt, ordne auf derselben die Kreise k_i und k_i' derart, daß sie in bezug auf den Äquator symmetrisch liegen, und endlich biege man eine Zylinderfläche an diese beiden Kreise heran und vereinige sie längs dieser Randkreise mit der Fläche (s. Fig. 25, $p = 2$, $r = 0$).

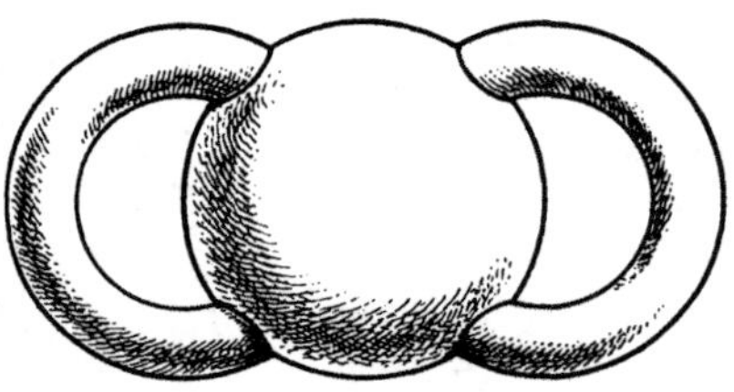

Fig. 25.

Seien F_1 und F_2 zwei orientierbare Flächen von gleichem Geschlecht p und mit gleicher Konturenzahl r. Wir stellen F_1 als einen unbeschränkten ebenen Bereich mit $2p + r$ Kreisrändern ($k_1, k_1', \ldots, k_p, k_p'; l_1, l_2, \ldots, l_r$) dar, wobei für die Randkreise k_i und k_i' eine den Umlaufssinn umkehrende Identifizierung bestimmt ist. Der Fläche F_2 entspricht ein ebensolcher ebener Bereich. Diese beiden Bereiche können wir eineindeutig und stetig aufeinander abbilden, so daß jedem Paar von identifizierten Kreisen des einen Bereiches ein ebensolches Kreispaar des anderen Bereiches entspricht, und zwar so, daß zwei miteinander identifizierte Randpunkte des einen Bereiches wieder in ein solches Punktpaar übergehen (s. II § 2). Dadurch wird also auch zwischen den Flächen F_1 und F_2 eine topologische Beziehung erhalten. Andererseits ist für zwei homöomorphe Flächen die Konturenzahl offenbar gleich, und wie wir schon bemerkt haben, auch die Charakteristik, so daß sie auch gleiches Geschlecht haben. Das hiermit erhaltene Resultat pflegt man als *Hauptsatz der Flächentopologie* zu bezeichnen.

Die notwendige und hinreichende Bedingung dafür, daß zwei orientierbare Polyederflächen homöomorph sind, besteht darin, daß sie gleiches Geschlecht und gleiche Konturenzahl haben.

2. Für *nichtorientierbare* Flächen besteht zwischen der Charakteristik $-(\alpha_0 - \alpha_1 + \alpha_2)$, der Konturenzahl r und der Anzahl p_1 bzw. p_2 der ein- bzw. zweiufrigen Rückkehrschnitte, die einander nicht kreuzen und die Fläche in eine schlichtartige Fläche umwandeln (und von denen wir voraussetzen dürfen, daß sie einander nicht treffen), die Beziehung

$$\alpha_0 - \alpha_1 + \alpha_2 = 2 - (r + p_1 + 2p_2).$$

Die Zahl $p = p_1 + 2p_2$ bezeichnen wir als Geschlecht der Fläche F, sie ist die Maximalzahl der fremden, die Fläche F zusammen nicht zerlegenden Rückkehrschnitte. Diese Maximalzahl kann immer erreicht werden, d. h. es gibt immer p (notwendig einufrige) fremde Rückkehrschnitte, die zusammen die Fläche nicht zerlegen. Setzen wir nämlich voraus, daß der Rückkehrschnitt π_1 ein einziges Ufer und ein anderer Rückkehrschnitt, etwa π_2, zwei Ufer hat, so können wir π_1 und π_2 durch drei andere Rückkehrschnitte π_1', π_2', π_3' ersetzen, deren jeder ein einziges Ufer hat und die mit den ihnen fremden Rückkehrschnitten $\pi_3, \pi_4, \ldots, \pi_k$ zusammen die Fläche F in eine schlichtartige Fläche verwandeln. Dies geschieht folgendermaßen: Wir ziehen einen zu π_2 *konjugierten Rückkehrschnitt* $\bar{\pi}_2$, d. h. einen solchen, der π_2 in einem Punkte P trifft und von einem Ufer von π_2 auf das andere führt ohne sonst $\pi_1, \pi_2, \pi_3, \ldots, \pi_k$ zu treffen. Ferner nehmen wir zwei einfache Linien l_1, l_2, die P mit einem Punkt Q von π_1 verbinden, in diesem Punkt auf verschiedenen Seiten von π_1 einmünden und $\pi_1, \pi_2, \ldots, \pi_k$ sonst nicht treffen. Den Rückkehrschnitt π_1' konstruieren wir derart, daß wir zuerst auf einem Ufer von π_2 um

π_2 herumgehen, dann auf dem anschließenden Ufer von l_1 entlang bis zu π_1, dann von dem Punkt Q bis zum selben Punkt nahe bei π_1, so daß wir von einer Seite von π_1 bei Q auf die andere und also von der Linie l_1 zu der Linie l_2 kommen, und endlich gehen wir längs der Linie l_2 bis zu π_1 zurück (s. die gestrichelte Linie auf Fig. 26). Ähnlich konstruieren wir die Rückkehrschnitte π_2' und π_3' aus $\bar{\pi}_2$ bzw. $\pi_3 + \bar{\pi}_2$ und aus den Linien l_1, $\pi_{1'}$, l_2 (punktierte bzw. strichpunktierte Linie auf Fig. 26). Jeder der entstehenden Rückkehrschnitte π_1', π_2', π_3' hat ein einziges Ufer, sie treffen die Rückkehrschnitte $\pi_3, \pi_4, \ldots, \pi_k$ nicht, und die Anwendung der Rückkehrschnitte $\pi_1', \pi_2', \pi_3', \pi_3, \pi_4, \ldots, \pi_k$ macht F zu einer schlichtartigen Fläche, was wir aus der obigen Relation $\alpha_0 - \alpha_1 + \alpha_2 = 2 - (r + (p_1 + 2) + 2\,(p_2 - 1))$ erkennen. — Auf die gleiche Weise fortfahrend bekommen wir end-

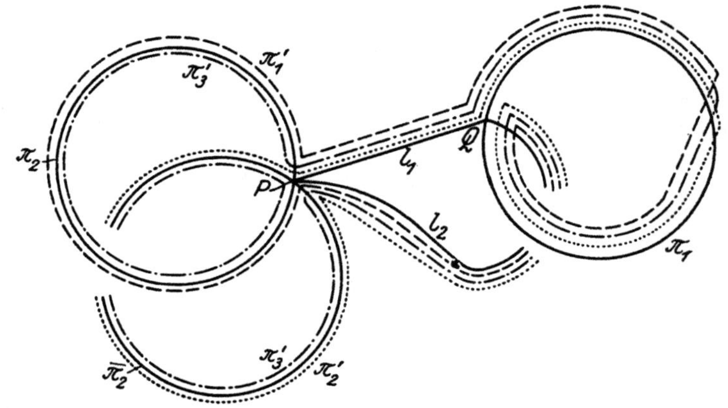

Fig. 26.

lich p fremde Rückkehrschnitte, die wir wieder mit $\pi_1, \pi_2, \ldots, \pi_p$ bezeichnen, deren jeder ein einziges Ufer hat, und die zusammen die Fläche F in eine schlichtartige Fläche F' verwandeln. — Die Fläche F' hat $p + r$ Konturen, von denen r die Konturen von F, und p die Ufer der Rückkehrschnitte sind. Einem Rückkehrschnitt π_i entspricht auf F' eine solche Kontur k_i, die jede Kante von π_i zweimal und beide Male in der gleichen Richtung enthält; aus k_i entsteht π_i dadurch, daß wir, indem wir k_i in geeigneter Weise als eine Kreislinie darstellen, je zwei diametral gegenüberliegende Punkte von k_i miteinander identifizieren. — Die Fläche F' bilden wir auf einen von $p + r$ Kreisen $(k_1, k_2, \ldots, k_p;\ l_1, l_2, \ldots, l_r)$ berandeten ebenen Bereich ab, so daß die Kreise l_i den ursprünglichen Konturen von F und die Kreise k_i den Rückkehrschnitten π_i entsprechen. Aus diesem Bereich entsteht die Fläche F dadurch, daß wir auf jedem Kreis k_i die diametral gegenüberliegenden Punkte identifizieren. — Aus dieser Normaldarstellung von F als ebener Bereich mit den angegebenen

Identifizierungen der Randpunkte können wir wieder ersehen, daß zwei nichtorientierbare Flächen, für welche die Zahlen p und r übereinstimmen, homöomorph sind. So können wir den *Hauptsatz der Flächentopologie für Polyederflächen* endgültig folgendermaßen aussprechen:

Die notwendige und hinreichende Bedingung dafür, daß zwei Polyederflächen homöomorph sind, besteht in der Übereinstimmung der folgenden drei Angaben:

1. *Orientierbarkeit bzw. Nichtorientierbarkeit;*
2. *Anzahl der Konturen;*
3. *Geschlecht.*

An die Stelle des Geschlechtes oder der Konturenzahl kann ebensogut die Charakteristik der Fläche treten, da jede dieser Zahlen durch die beiden anderen bestimmt ist. — In diesem Satz ist enthalten, daß die topologisch verschiedenen Polyederflächen eine abzählbare Menge bilden.

Betreffs der nichtorientierbaren Flächen bemerken wir noch, daß es möglich ist, auf jeder nichtorientierbaren Polyederfläche F einen einzigen Rückkehrschnitt π anzugeben, so daß die längs π aufgeschnittene Fläche orientierbar ist. Zu diesem Zwecke schneiden wir die Fläche F längs p fremder einufriger Rückkehrschnitte $\pi_1, \pi_2, \ldots, \pi_p$ auf und erhalten so eine schlichtartige Fläche F'; auf F' nehmen wir $p-1$ einander nicht treffende Wege $l_1, l_2, \ldots, l_{p-1}$, von denen l_i die den Rückkehrschnitten π_i und π_{i+1} entsprechenden Konturen von F' verbindet und sonst den Rand von F' nicht trifft. Wir nehmen zwei nahe bei l_1 verlaufenden Linien l_1' und l_1'' auf verschiedenen Seiten von l_1, die ebenfalls die Konturen π_1 und π_2 verbinden und aus der Fläche F' eine l_1 enthaltende, von den übrigen Linien $l_2, \ldots, l_{p-1}$ freie Elementarfläche abtrennen. Die auf dem Rand dieser Elementarfläche liegende Kante der π_1 entsprechenden Kontur von F' identifizieren wir mit derjenigen Kante derselben Kontur, die mit der ersten auf dem Rückkehrschnitt π_1 zusammenfällt, und zwar so, daß die ursprünglich einander entsprechen den Punkte wieder zusammenfallen. Machen wir dasselbe mit π_2 und schneiden wir die Fläche längs der Linien l_1' und l_1'' auf, so entsteht eine Fläche F'', die ebenso wie die Fläche F' orientierbar ist; die beiden zu π_1 gehörigen Randkanten von F', die auf F'' in einer inneren Kante zusammenfallen, sind auf F' in bezug auf einen Umlauf um π_1 gleich gerichtet, ebenso die beiden zu π_2 gehörigen Kanten; indem wir die dem durch l_1' und l_1'' von F' abgetrennten Element bei einer Indikatrixbestimmung von F' zukommende Indikatrix durch die entgegengesetzte Indikatrix ersetzen, erhalten wir eine Indikatrixbestimmung auf F'', die bei den zu π_1 und π_2 gehörigen Kanten den beiden anschließenden Flächenteilen zusammengehörige

Indikatrizes erteilt. — Statt der beiden Rückkehrschnitte π_1 und π_2 nehmen wir also den Rückkehrschnitt π', der der von F' verschiedenen Kontur von F'' entspricht und der aus Stücken der Rückkehrschnitte π_1, π_2 und ferner aus den Linien l_1', l_1'' besteht. — Mit den Rückkehrschnitten $\pi', \pi_3, \pi_4, \ldots, \pi_p$ auf die gleiche Weise fortfahrend bekommen wir endlich einen solchen Rückkehrschnitt π, daß die längs π aufgeschnittene Fläche eine eindeutige Indikatrixbestimmung zuläßt, also orientierbar ist. Dieser Rückkehrschnitt π ist ein- bzw. zweiufrig, je nachdem das Geschlecht p von F ungerade bzw. gerade ist, wie aus der Beziehung $\alpha_0 - \alpha_1 + \alpha_2 = 2 - (r + p_1 + 2p_2)$ zu erkennen ist.

Endlich wollen wir eine ebenfalls oft benutzte Invariante der (orientierbaren oder nichtorientierbaren) Polyederflächen erwähnen, die als $2 - (\alpha_0 - \alpha_1 + \alpha_2) = z$ definiert werden kann und als *Zusammenhangszahl*[1]) der Fläche bezeichnet wird. — Für berandete Flächen hat sie die Bedeutung, daß man die Fläche F durch $z - 1$ sukzessive Querschnitte in eine Elementarfläche verwandeln kann. Für schlichtartige Flächen ist z der Anzahl der Konturen identisch. Für eine berandete Fläche vom Geschlecht $p > 0$ kann man zuerst p fremde Rückkehrschnitte angeben, die die Fläche in eine schlichtartige Fläche verwandeln. Jeden dieser Rückkehrschnitte π_i ersetzen wir durch einen Querschnitt, indem wir (wie oben) zwei Punkte von π_1 durch zwei nahe beieinander verlaufende Wege l_1' und l_1'' (die $\pi_1, \pi_2, \pi_3, \ldots, \pi_p$ sonst nicht treffen) mit zwei Punkten einer Kontur von F verbinden und dann eine Kante von π_1 durch die beiden Linien l_1' und l_1'' ersetzen; der so entstehende Querschnitt q_1 zerlegt die Fläche F zusammen mit $\pi_2, \pi_3, \ldots, \pi_p$ nicht und die Fläche wird durch Aufschneiden längs der Linien $q_1, \pi_2, \pi_3, \ldots, \pi_p$ zu einer schlichtartigen Fläche gemacht. q_1 vermehrt die Konturenzahl von F oder läßt sie ungeändert, je nachdem F orientierbar oder nichtorientierbar ist. — Ersetzt man auf die gleiche Weise jeden Rückkehrschnitt π_i durch je einen Querschnitt q_i, der keinen der anderen trifft und abgesehen von seinen Endpunkten (die beide auf der gleichen Kontur von F liegen) im Innern der Fläche F verläuft, so entsteht durch Aufschneiden längs der Querschnitte q_i aus F eine schlichtartige Fläche, die $r + p$ bzw. r Konturen hat, je nachdem F orientierbar oder nichtorientierbar ist. Diese schlichtartige Fläche können wir durch Anwendung von weiteren $r + p - 1$ bzw. $r - 1$ Querschnitten in eine Elementarfläche verwandeln. *Somit ist die Zusammenhangszahl* $z = 2p + r$ *im Falle von berandeten orientierbaren Flächen,* $z = p + r$

[1]) Für geschlossene Flächen pflegt man auch die um eins vermehrte Zusammenhangszahl als *Grundzahl* oder *Zusammenhangszahl* zu bezeichnen.

im Falle von berandeten nichtorientierbaren Flächen erkannt als die um 1 *vermehrte Zahl der Querschnitte, die die Fläche in eine Elementarfläche überführen.*

§ 4. Normalformen.

Die im vorigen Paragraphen abgeleiteten Normalformen für Polyederflächen stellen wir hier nochmals zusammen.

Eine orientierbare Fläche vom Geschlecht p und mit r Konturen wird dargestellt durch eine mit p Henkeln und r Löchern versehene Kugelfläche (s. Fig. 27, $p = 2$, $r = 4$), eine nichtorientierbare Fläche vom Geschlecht p und mit r Konturen als eine Kugelfläche, versehen mit r Löchern und p Kreuzhauben[1]) (s. Fig. 29, $p = 2$, $r = 3$), oder

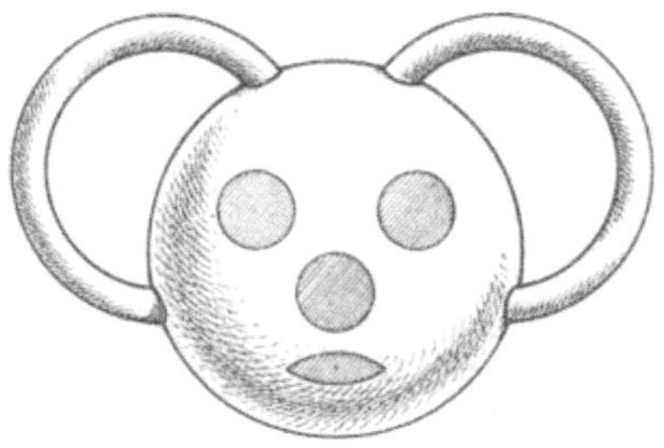

Fig. 27.

auch als eine Kugelfläche mit r Löchern und $\left[\frac{p}{2}\right]$ gedrehten Henkeln, zu denen noch eine Kreuzhaube hinzutritt, wenn das Geschlecht p ungerade ist[2]) (Fig. 30, $p = 5$, $r = 3$).

Für berandete Flächen erwähnen wir noch die folgenden bekannten Normalformen. — Zu einer Kreisscheibe k fügt man gewisse *Brücken* hinzu von den folgenden drei Arten: 1. Einfache ungedrehte Brücke; man nehme ein langes schmales Rechteck $(abcd)$ und biege es an die Kreisscheibe heran, so daß die Kanten ab und cd mit je einem Bogen des Kreises identifiziert werden und die zyklische Reihen-

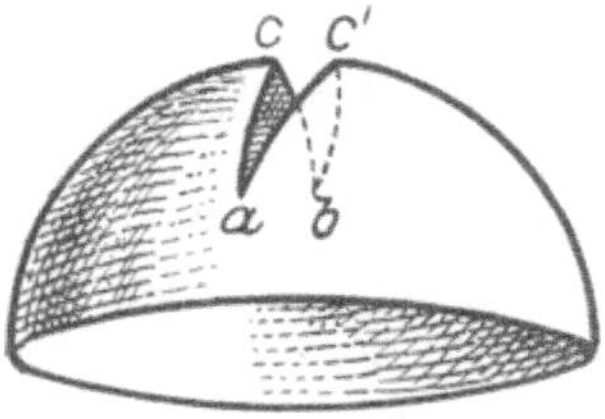

Fig. 28a.

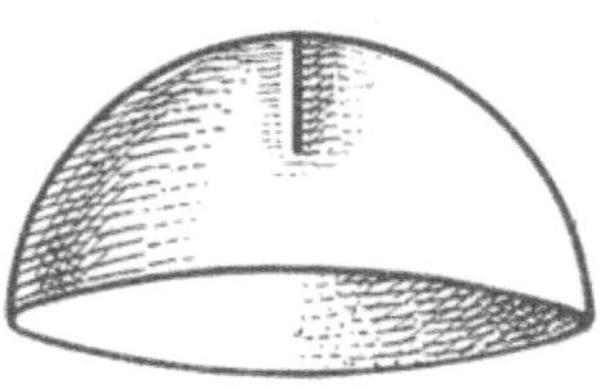

Fig. 28b.

folge dieser vier Punkte auf dem Kreis mit ihrer Reihenfolge auf dem Rand des Rechteckes übereinstimmt. Durch Hinzufügung einer einfachen ungedrehten Brücke entsteht aus der Kreisscheibe eine schlichtartige Fläche mit zwei Konturen; eine von diesen Konturen bezeichnen

---

[1]) Eine *Kreuzhaube* entsteht folgendermaßen: man nimmt eine Halbkugel, schneidet längs eines Kreisbogens acb auf (s. Fig. 28a) und identifiziert auf dem entstehenden Rand den Bogen ac' mit bc und den Bogen ac mit bc', so daß a mit b und c mit c' zusammenfällt (s. Fig. 28b).

[2]) Bei ungeradem p können wir gewöhnliche Henkeln anwenden.

wir als Hauptkontur, die andere als Nebenkontur. Nehmen wir mehrere einfache ungedrehte Brücken nacheinander von der Art, daß die zweite Brücke auf der durch die erste Brücke bestimmte Hauptkontur einmündet, dann die dritte wieder auf der durch die beiden ersten

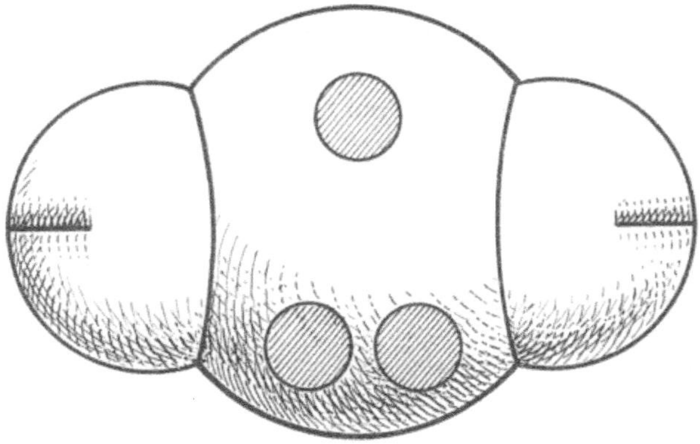

Fig. 29.

Brücken bestimmten Hauptkontur usw. Nach Anwendung von $r-1$ solchen Brücken entsteht eine schlichtartige Fläche mit r Konturen. 2. Eine Doppelbrücke besteht aus zwei einfachen ungedrehten Brücken, von denen die zweite die beiden durch die erste bestimmten Konturen (Haupt- und Nebenkontur) miteinander verbindet. Die Anfügung einer Doppelbrücke vermehrt das Geschlecht um 1 und läßt die Konturenzahl ungeändert. 3. Eine gedrehte Brücke entsteht so, daß man das Rechteck $(abcd)$ derart an den Kreis heranbiegt, daß nach Identifizierung der Kanten ab und cd mit je einem Kreisbogen die zyklische Anordnung dieser Punkte auf der Kreislinie $(abdc)$ ist. Durch Anfügung einer gedrehten Brücke entsteht eine nichtorientierbare Fläche, die Konturenzahl bleibt dabei ungeändert, während das Geschlecht um 1 zunimmt.

Fig. 30.

Demgemäß ist die Form für eine orientierbare Fläche vom Geschlecht p und mit r Konturen die Kreisscheibe versehen mit $r-1$ aufeinander folgenden einfachen ungedrehten Brücken und mit p Doppelbrücken (s. Fig. 31a, $r=3$, $p=2$). Für nichtorientierbare Flächen nimmt man zuerst $r-1$ ungedrehte Brücken und dann p gedrehte Brücken (s. Fig. 31b, $r=3$, $p=2$).

Aus den obigen Normaldarstellungen geht es zugleich hervor, daß im dreidimensionalen Raume sich jede berandete und jede orientierbare Fläche (ohne Selbstdurchdringungen) verwirklichen läßt. Mit andern Worten: es gibt zu jeder berandeten und zu jeder orientierbaren Fläche eine als räumliche Punktmenge ihr homöomorphe Fläche im dreidimensionalen Raum. — Für geschlossene nichtorientierbare Flächen haben wir keine solche Darstellung bekommen; in der Tat werden wir später sehen, daß jede geschlossene Fläche im dreidimensionalen Raum orientierbar ist. Wohl läßt sich aber im vierdimensionalen Raum eine singularitätenfreie (d. h. sich selbst nicht schneidende) Fläche angeben, die eine nichtorientierbare geschlossene Fläche vom Geschlecht p darstellt. Nehmen wir etwa die Darstellung der Fläche als eine Kugelfläche mit p aufgesetzten Kreuzhauben. Auf

Fig. 31 a.

Fig. 31 b.

einer der Kreuzhauben nehmen wir ein Rechteck, welches die singuläre Linie enthält und nach dessen Fortlassung die aus der Kreuzhaube übrigbleibende Fläche singularitätenfrei ist. In diesem Rechteck erklären wir eine eindeutige stetige reelle Funktion, die auf seinem Rand verschwindet und in jedem inneren Punkt des Rechteckes positiv ist. Sei P ein beliebiger Punkt dieses Rechteckes, $f(P)$ der zugehörige Funktionswert und seien (x, y, z) die Koordinaten des Punktes P. Wir ersetzen P durch denjenigen Punkt des vierdimensionalen Raumes, dessen Koordinaten $(x, y, z, f(P))$ sind. — Indem wir mit den anderen Kreuzhauben ähnlich verfahren, bekommen wir eine singularitätenfreie geschlossene Fläche im vierdimensionalen Raum, die nichtorientierbar ist und das Geschlecht p hat.

Das Aufschneiden einer Fläche längs der Rückkehrschnitte können wir am bequemsten aus den Normalformen ablesen. Zuerst behandeln wir wieder die Darstellung der Flächen als Kreisbereiche in der Ebene, deren Ränder gewissen Identifizierungen unterworfen sind. Im Fall einer orientierbaren geschlossenen Fläche vom Geschlecht p und mit r Konturen hat man einen unbeschränkten ebenen Kreisbereich, der von $2p$ miteinander paarweise mit umgekehrtem Umlaufssinn identifizierten und r weiteren Kreisen berandet ist; zu jedem Rückkehrschnitt der gegebenen Fläche, der einem solchen identifizierten Kreispaar entspricht, nehmen wir einen konjugierten Rückkehrschnitt, der von einem Ufer des Rückkehrschnittes auf das andere führt, ohne sonst die Rückkehrschnitte zu treffen; demselben entspricht im ebenen Bereich ein Querschnitt, der zwei entsprechende Punkte der aufeinander bezogenen Kreise innerhalb vom Bereich verbindet. Schneiden wir die Fläche längs der so erhaltenen Rückkehrschnittpaare auf, so können wir die Fläche als einen ebenen Bereich darstellen, der von r den Konturen der gegebenen Fläche entsprechen-

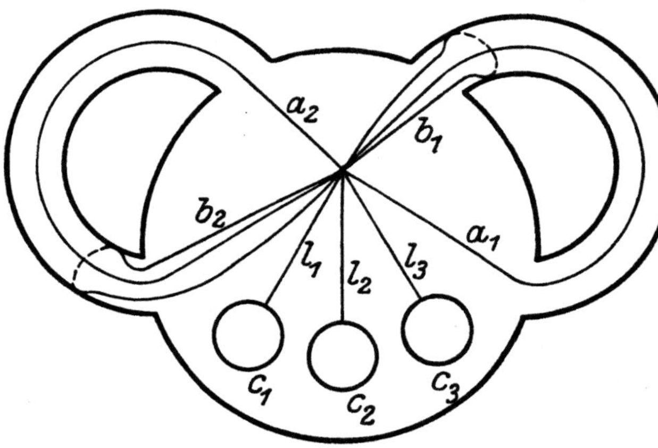

Fig. 32a.

den Kreisen und außerdem von p Rechtecken mit identifizierten gegenüberliegenden Seiten (wobei immer kongruente Punkte miteinander identifiziert werden) berandet ist.

Eine andere Zerschneidung der Polyederflächen bietet ein *kanonisches Schnittsystem* dar. Eine orientierbare Fläche F vom Geschlecht p und mit r Konturen stellen wir als eine mit p Henkeln und r Löchern versehene Kugelfläche dar. Von einem Punkt O der Kugelfläche aus legen wir Rückkehrschnittpaare (a_i, b_i), von denen a_i entlang des i-ten Henkels und b_i quer durch denselben Henkel läuft (s. Fig. 32a). Ferner legen wir r Linien $l_1, l_2, \ldots, l_r$ von O nach je einer Kontur der Fläche, in der Weise, daß bei einem Umlauf um den Punkt O die Reihenfolge dieser Linien die folgende ist: $(a_1, b_1, a_1, b_1, a_2, b_2, a_2, b_2, \ldots, a_p, b_p, a_p, b_p; l_1, l_2, \ldots, l_r)$. Diese Linien bilden zusammen ein *kanonisches Schnittsystem* auf der orientierbaren Fläche F. Schneidet man die Fläche längs desselben auf, so entsteht eine von einer einzigen

Kontur berandete schlichtartige Fläche, welche wir als einen ebenen Bereich darstellen, mit einem aus $4p + 3r$ Kanten zusammengesetzten Polygon als Rand. In Fig. 32b stellen wir dies für den Fall $p = 2$, $r = 3$ dar; die Kanten a_i^+ bzw. a_i^- entsprechen den beiden Ufern von a_i; sie sind mit entgegengesetzten Richtungen aufeinander bezogen; ebenso b_i^+ und b_i^-. Die Kanten l_i^+ und l_i^- entsprechen den Linien l_i von F und die Kanten c_i den Konturen der Fläche F. Diesen Polygonbereich (der als Fundamentalpolygon bezeichnet wird) mit den angegebenen Identifizierungen der Kanten können wir als einen Repräsentanten der orientierbaren Flächen vom Geschlecht p und mit r Konturen ansehen.

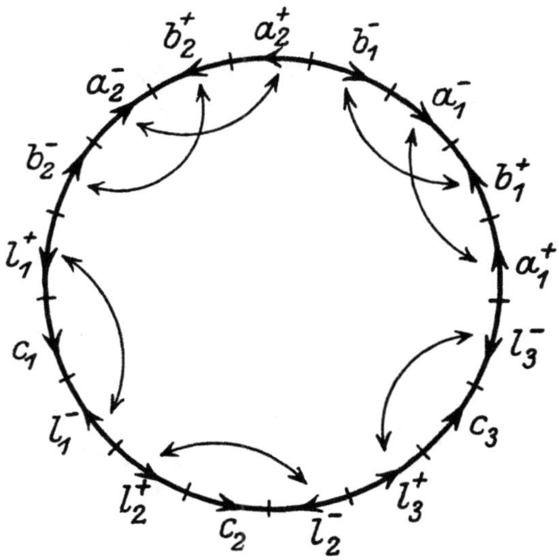

Fig. 32b.

Für nichtorientierbare Flächen führen wir die entsprechende Zerschneidung ähnlich durch. Sei p das Geschlecht und r die Konturenzahl der nichtorientierbaren Fläche F. Wir stellen F als eine mit p Kreuzhauben und r Löchern versehene Kugelfläche dar. Von einem Punkt O legen wir über jede Kreuzhaube einen einufrigen Rückkehrschnitt $a_1, a_2, \ldots, a_p$ und nach jeder Kontur F eine Linie $l_1, l_2, \ldots, l_r$. Die Reihenfolge dieser Linien bei einem Umlauf um den Punkt O sei $(a_1, a_1, a_2, a_2, \ldots, a_p, a_p; l_1, l_2, \ldots, l_r)$. Diese Linien zusammen bilden ein *kanonisches Schnittsystem* der nichtorientierbaren Fläche F. Die längs dieser Linien aufgeschnittene Fläche ist eine von einer einzigen Kontur berandete schlichtartige Fläche. Wir stellen sie als einen ebenen Bereich dar, dessen Rand ein aus $2p + 3r$ Kanten bestehendes Polygon ist. In Fig. 33 wird der Fall $p = 2$, $r = 3$ dargestellt; die Kanten a_i^+ und a_i^- werden mit den angegebenen Richtungen miteinander identifiziert, ebenso die Kanten l_i^+ und l_i^-. Der Polygonbereich mit den angegebenen Identifizierungen der Randkanten ist ein Repräsentant der nichtorientierbaren Flächen vom Geschlecht p mit r Konturen.

Wir bringen noch einige Bemerkungen über Systeme von geschlossenen stetigen Kurven auf einer Polyederfläche. Sei γ eine geschlossene stetige Kurve auf der Fläche F, die sich aus einer endlichen Anzahl von einfachen Bögen zusammensetzen läßt. Sei ferner ein kanonisches Schnittsystem auf F gegeben, das aus p Rückkehrschnittpaaren (a_i, b_i) und r Linien l_i besteht, wenn die Fläche F orientierbar ist, und aus p einufrigen Rückkehrschnitten a_i und r Linien l_i, wenn F nichtorientierbar ist. — Wir setzen voraus, daß die Kurve γ diese Schnittlinien nur in endlich vielen Punkten trifft, was durch eine beliebig kleine Abänderung der Kurve γ zu erreichen ist.

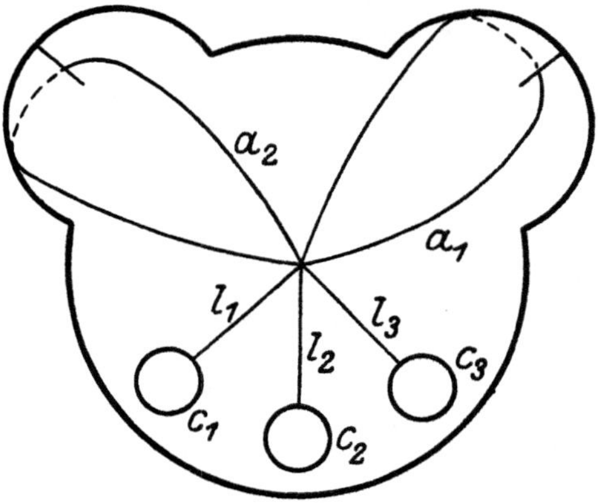

Fig. 33a.

Stellen wir die kanonisch aufgeschnittene Fläche als einen Polygonbereich dar, so entspricht der Kurve γ eine endliche Anzahl von Bögen in dem Polygon, deren Endpunkte auf dem Rand liegen und paarweise einander entsprechen. Nehmen wir einen solchen Bogen b mit den Endpunkten P, Q. Wenn P nicht in einen Eckpunkt des Polygons fällt, so sei P' der ihm entsprechende andere Randpunkt des Polygons, welcher mit P auf F zusammenfällt, und b' der mit b in diesem Punkt zusammenhängende Teilbogen von γ, der abgesehen von seinen Endpunkten im Polygoninnern verläuft. Wir unterziehen einen Teilbogen von b einer stetigen Deformation, die seinen Endpunkt auf derselben Polygonseite in einen Endpunkt dieser Seite überführt. Gleichzeitig nehmen wir eine stetige Abänderung des entsprechenden Endpunktes von b' und eines Teilbogens von b' vor, so daß in jedem Moment dieser Deformation der Endpunkt des einen Bogens b dem Endpunkt des anderen Bogens b' laut der Identifizierung der Randpunkte entspricht. Dieser Deformation entspricht eine stetige Deformation der Kurve γ auf der Fläche F. Auf diese

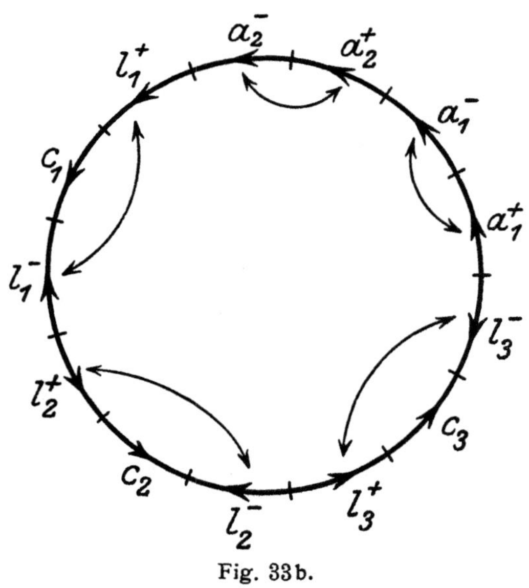

Fig. 33b.

Weise fortfahrend können wir die Kurve γ so deformieren, daß sie die Linien des kanonischen Schnittsystems nur in dem gemeinsamen Punkt O sämtlicher Rückkehrschnitte trifft. Im Polygon entspricht dieser Kurve eine endliche Anzahl von Bögen, deren jeder zwei Eckpunkte des Polygons verbindet. Jeden solchen Bogen deformieren wir stetig auf den einen oder den anderen durch die Endpunkte des Bogens auf dem Polygon bestimmten Teil des Polygons. So erhalten wir endlich eine Kurve auf der Fläche F, die eine *kanonische Kurve* ist, d. h. die sich aus einer endlichen Anzahl von Linien des kanonischen Schnittsystems zusammensetzt. — Ähnlich ergibt sich, daß jede geschlossene stetige Kurve, deren Anfangs- und Endpunkt im gemeinsamen Punkt O der Rückkehrschnitte liegt, durch eine den Anfangs- und Endpunkt der Kurve festhaltende stetige Deformation in eine kanonische Kurve übergeführt werden kann.

Das *Fundamentalsystem von Kurven* modifizieren wir aus dem kanonischen Schnittsystem derart, daß wir jede Linie l_i, die das Zentrum O des Schnittsystems mit einer Kontur von F verbindet, durch eine von O ausgehende und dahin zurückkehrende einfache geschlossene Kurve c_i ersetzen, die die Linie l_i von dem übrigen Teil des Schnittsystems trennt. Das Fundamentalsystem besteht aus den Rückkehrschnittpaaren $a_1, b_1; \ldots; a_p, b_p$ und den Rückkehrschnitten $c_1, c_2, \ldots, c_r$ im Fall der orientierbaren Flächen und aus den einufrigen Rückkehrschnitten $a_1, a_2, \ldots, a_p$ und den weiteren Rückkehrschnitten $c_1, c_2, \ldots, c_r$ im Fall der nichtorientierbaren Flächen. Im ersteren Fall ist die Kurve

$$a_1 b_1 a_1^{-1} b_1^{-1} a_2 b_2 a_2^{-1} b_2^{-1} \ldots a_p b_p a_p^{-1} b_p^{-1} c_1 c_2 \ldots c_r$$

homotop Null, d. h. auf einen Punkt zusammenziehbar, da sie nämlich einem vollen Umlauf um das Fundamentalpolygon entspricht und daher im Polygoninnnern auf einen Punkt zusammenziehbar ist. Ebenso besteht bei nichtorientierbaren Flächen für die Kurven des Fundamentalsystems die Homotopie

$$a_1^2 a_2^2 \ldots a_p^2 c_1 c_2 \ldots c_r \approx 0.$$

Als Beispiel nehmen wir die Torusfläche. Nehmen wir als Fundamentalkurven einen Meridiankreis a und einen Parallelkreis b, die in den Toruskoordinaten (φ, ψ) ausgedrückt $\varphi = 0$ bzw. $\psi = 0$ entsprechen. Für diese Kurven bestimmen wir je einen positiven Umlaufssinn, etwa den wachsenden Koordinaten entsprechenden. Die im umgekehrten Sinne beschriebenen Kurven bezeichnen wir mit a^{-1}, b^{-1}. Es besteht die Homotopie

$$a b a^{-1} b^{-1} \approx 0, \quad \text{d. h.} \quad a b \approx b a.$$

Eine beliebige geschlossene stetige Kurve γ auf der Torusfläche können wir durch eine stetige Deformation auf der Fläche in eine kanonische Kurve überführen, die wegen der Vertauschbarkeit von a und b, d. h. wegen der Homotopie $ab \approx ba$ in der einfachen Form $a^m b^n$ geschrieben werden kann. Betrachtet man die Änderungen der Koordinaten (φ, ψ) bei einem Umlauf um die Kurve γ: $P(\lambda)$ $(0 \leqq \lambda \leqq 1)$ und bezeichnet mit $\varphi(0)$, $\psi(0)$ bzw. $\varphi(1)$, $\psi(1)$ die den Parameterwerten 0 und 1 entsprechenden Koordinaten des gemeinsamen Anfangs- und Endpunktes $P(0) = P(1)$ von γ, so sind die Differenzen: $\psi(1) - \psi(0)$, $\varphi(1) - \varphi(0)$ ganzzahlige Vielfache $2m\pi$ bzw. $2n\pi$ von 2π. Diese ganzen Zahlen m und n sind eben die Exponenten, die in der kanonischen Darstellung der Kurve $\gamma \approx a^m b^n$ auftreten.

Als ein zweites Beispiel sei die projektive Ebene erwähnt; wenn a einen einufrigen Rückkehrschnitt bedeutet, besteht die Homotopie $a^2 \approx 0$, während a selber nicht homotop 0 ist; das Fundamentalsystem besteht aus der einzigen Kurve a.

§ 5. Überlagerungsflächen.

Seien F und $\overline{F}$ zwei triangulierte Polyederflächen, die in der folgenden Beziehung zueinander stehen:

Jedem Dreieck $\overline{\triangle}$ von $\overline{F}$ ist ein Dreieck $\triangle$ von F zugeordnet durch eine topologische Abbildung von $\overline{\triangle}$ auf $\triangle$, bei der den Eckpunkten und Kantenpunkten von $\overline{\triangle}$ die Eckpunkte bzw. die Kantenpunkte von $\triangle$ entsprechen. Zwei Dreiecken $\overline{\triangle}_1$ und $\overline{\triangle}_2$, die einen Eckpunkt oder eine Kante gemeinsam haben, entsprechen zwei solche Dreiecke $\triangle_1$ und $\triangle_2$, die ebenfalls einen Eckpunkt bzw. eine Kante gemeinsam haben; auf der gemeinsamen Kante von $\overline{\triangle}_1$ und $\overline{\triangle}_2$ ist die Abbildung auf die gemeinsame Kante von $\triangle_1$ und $\triangle_2$ in beiden Dreiecken dieselbe. Sind $\triangle_1$ und $\triangle_2$ zwei benachbarte Dreiecke von F, und ist $\overline{\triangle}_1$ ein beliebiges dem Dreieck $\triangle_1$ entsprechendes Dreieck von $\overline{F}$, so soll es ein (und nur ein) Dreieck $\overline{\triangle}_2$ von $\overline{F}$ geben, welches dem Dreieck $\triangle_2$ entspricht und mit $\overline{\triangle}_1$ benachbart ist.

Wir sagen dann, daß $\overline{F}$ eine *Überlagerungsfläche* von F darstellt und bezeichnen einen Punkt P von F, der dem Punkt $\overline{P}$ von $\overline{F}$ entspricht, als *Spurpunkt* von $\overline{P}$; vom Punkt $\overline{P}$ sagen wir, daß er über dem Punkt P von F liegt.

Die Überlagerungsfläche $\overline{F}$ hat über F keinen relativen Rand, d. h. es gibt keinen inneren Punkt von F, über welchem ein Randpunkt von $\overline{F}$ liegt. Jeder Punkt von $\overline{F}$, der über einem Randpunkt von F liegt, ist ein Randpunkt von $\overline{F}$.

Aus den obigen Darlegungen folgt, daß über jedem Dreieck $\triangle$ von F die gleiche Anzahl von Dreiecken $\overline{\triangle}^{(1)}, \overline{\triangle}^{(2)}, \ldots, \overline{\triangle}^{(n)}$ von $\overline{F}$ liegt; diese Zahl n bezeichnen wir als *Blätterzahl* der Überlagerungsfläche.

Eine Überlagerungsfläche einer orientierbaren Fläche ist auch selber orientierbar; eine Indikatrixbestimmung der Grundfläche überträgt sich in natürlicher Weise auf die Überlagerungsfläche.

Sei A ein beliebiger Eckpunkt der Dreiecksteilung von F, der nicht auf dem Rand von F liegt, und sei $(\triangle_1, \triangle_2, \ldots, \triangle_k)$ der zugehörige Zyklus benachbarter Dreiecke. Wenn $\overline{\triangle}_1^{(1)}$ ein beliebiges über $\triangle_1$ liegendes Dreieck von $\overline{F}$ ist, so gibt es ein bestimmtes über $\triangle_2$ liegendes, mit $\overline{\triangle}_1^{(1)}$ benachbartes Dreieck von $\overline{F}$. Ebenso gibt es eine bestimmte Folge von Dreiecken $\overline{\triangle}_2^{(1)}, \overline{\triangle}_3^{(1)}, \ldots, \overline{\triangle}_k^{(1)}$, von denen immer $\overline{\triangle}_i^{(1)}$ über $\triangle_i$ liegt und mit $\overline{\triangle}_{i-1}^{(1)}$ benachbart ist. Das mit $\overline{\triangle}_k^{(1)}$ benachbarte, über $\triangle_1$ liegende Dreieck von $\overline{F}$ ist entweder mit $\overline{\triangle}_1^{(1)}$ identisch oder aber ein von $\overline{\triangle}_1^{(1)}$ verschiedenes Dreieck $\overline{\triangle}_1^{(2)}$. Seien dann wieder $\overline{\triangle}_2^{(2)}, \overline{\triangle}_3^{(2)}, \ldots, \overline{\triangle}_k^{(2)}$ diejenigen Dreiecke von $\overline{F}$, von denen immer $\overline{\triangle}_i^{(2)}$ über $\triangle_i$ liegt und mit $\overline{\triangle}_{i-1}^{(2)}$ benachbart ist. Wir nehmen dasjenige über $\triangle_1$ liegende Dreieck von $\overline{F}$, welches mit $\overline{\triangle}_k^{(2)}$ benachbart ist, und bilden wieder die Folge von benachbarten Dreiecken $\overline{\triangle}_1^{(3)}, \overline{\triangle}_2^{(3)}, \ldots, \overline{\triangle}_k^{(3)}$. Ist ν die erste Zahl, für die $\triangle_1^{(\nu+1)}$ wieder mit $\triangle_1^{(1)}$ identisch ist, so haben wir eine zyklische Folge benachbarter Dreiecke $(\overline{\triangle}_1^{(1)}, \overline{\triangle}_2^{(1)}, \ldots, \overline{\triangle}_k^{(1)}, \overline{\triangle}_1^{(2)}, \overline{\triangle}_2^{(2)}, \ldots, \overline{\triangle}_k^{(2)}, \overline{\triangle}_1^{(\nu)}, \overline{\triangle}_2^{(\nu)}, \ldots, \overline{\triangle}_k^{(\nu)})$, von denen $\overline{\triangle}_i^{(1)}, \overline{\triangle}_i^{(2)}, \ldots, \overline{\triangle}_i^{(\nu)}$ über dem Dreieck $\triangle_i$ liegen. Den gemeinsamen Eckpunkt $\overline{A}$ bezeichnen wir als einen *Verzweigungspunkt* $\nu - 1$-ter Ordnung der Überlagerungsfläche $\overline{F}$. — Falls für jeden Eckpunkt $\overline{A}$ und $\overline{F}$ die Verzweigungsordnung $\nu - 1 = 0$ ist, sagen wir, daß $\overline{F}$ eine *unverzweigte Überlagerungsfläche* von F darstellt.

Seien $\alpha_0, \alpha_1, \alpha_2$ die Anzahlen der Eckpunkte, der Kanten und der Dreiecke in der Dreiecksteilung von F und seien $\bar{\alpha}_0, \bar{\alpha}_1, \bar{\alpha}_2$ die entsprechenden Zahlen für $\overline{F}$. Wenn über einem Eckpunkt A von F r Punkte $\overline{A}_1, \overline{A}_2, \ldots, \overline{A}_r$ von $\overline{F}$ liegen, deren Verzweigungsordnungen $\nu_1 - 1, \nu_2 - 1, \ldots, \nu_r - 1$ sind, so ist die Zahl der über $\triangle_1$ liegenden Dreiecke von $\overline{F}$

$$\nu_1 + \nu_2 + \cdots + \nu_r = n.$$

Die Anzahl der Eckpunkte von $\overline{F}$ ist also

$$\bar{\alpha}_0 = n\alpha_0 - \sum_i (\nu_i - 1),$$

wobei die Summation über sämtliche Verzweigungspunkte von $\overline{F}$ zu erstrecken ist. Für die Anzahl der Kanten bzw. der Dreiecke von $\overline{F}$ gilt

$$\bar{\alpha}_1 = n\alpha_1,$$

$$\bar{\alpha}_2 = n\alpha_2.$$

Folglich ist $$\bar{\alpha}_0 - \bar{\alpha}_1 + \bar{\alpha}_2 = n(\alpha_0 - \alpha_1 + \alpha_2) - w,$$

wo $$w = \sum_i (\nu_i - 1)$$

die *Verzweigungszahl* von $\overline{F}$ bedeutet.

Bezeichnet man mit z bzw. mit $\bar{z}$ die Zusammenhangszahl von F bzw. von $\bar{F}$, so ist also

$$\bar{z} - 2 = n(z - 2) + w.$$

Diese Relation rührt von *Hurwitz* her.

Aus dieser Relation ergibt sich, daß *eine unverzweigte Überlagerungsfläche der Elementarfläche oder der Kugelfläche notwendig einblättrig ist.*

Sei nämlich $z = 0$ bzw. $z = 1$, so ist $\bar{z} = 2 - 2n$ bzw. $\bar{z} = 2 - n$, folglich ist im ersten Fall

$$\bar{z} = 0, \quad n = 1;$$

im zweiten Fall ist $\bar{F}$ wie F berandet, also $\bar{z} \geqq 1$, folglich ist

$$\bar{z} = 1, \quad n = 1.$$

Dagegen gibt es zu jeder anderen Fläche schon eine zweiblättrige unverzweigte Überlagerungsfläche. Wenn die Fläche schlichtartig ist und daher wenigstens zwei Konturen hat, verbinden wir zwei Konturen der Fläche durch einen Querschnitt, der die Fläche nicht zerlegt. Ist die Fläche nicht schlichtartig, so nehmen wir einen die Fläche nicht zerlegenden Rückkehrschnitt auf ihr. Indem wir die Fläche längs des Quer- bzw. Rückkehrschnittes aufschneiden, bekommen wir eine berandete Fläche; wir nehmen zwei Exemplare der aufgeschnittenen Fläche und vereinigen sie zu einer Fläche längs des Schnittes; sind etwa $\triangle_1$ und $\triangle_2$ zwei Dreiecke des einen Exemplars, die eine zu dem Schnitt gehörige gemeinsame Kante haben, und sind $\triangle_1'$ und $\triangle_2'$ die mit ihnen kongruenten Dreiecke des anderen Exemplars, so vereinigen wir das Dreieck $\triangle_1$ mit $\triangle_2'$ und $\triangle_2$ mit $\triangle_1'$. Nach sämtlichen solchen Vereinigungen der auf dem Schnitt liegenden Kanten entsteht eine zweiblättrige unverzweigte Überlagerungsfläche der gegebenen Grundfläche.

Nehmen wir für die Fläche F die Kugelfläche, so ist die Fläche $\bar{F}$ eine geschlossene orientierbare Fläche, deren Geschlecht p durch die Formel

$$p = \tfrac{1}{2} w - n + 1$$

ausgedrückt wird (da nämlich $z = 0$, $\bar{z} = 2p$ ist); dies ist die *Riemann*sche Relation.

Die Überlagerungsflächen der Kugelfläche sind die in der Theorie der algebraischen Funktionen betrachteten *Riemann*schen Flächen.

Wir erwähnen hier eine Folgerung der *Hurwitz*schen Formel, nämlich die Bestimmung derjenigen Fälle, wo die Überlagerungsfläche der Grundfläche homöomorph ist. Notwendig ist dann $\bar{z} = z$, also $(n - 1)(z - 2) + w = 0$.

Die möglichen Fälle sind also

$$z = 0, \quad w = 2n - 2,$$
$$z = 1, \quad w = n - 1,$$
$$z = 2, \quad w = 0.$$

Der ersten Lösung entspricht nur die Kugelfläche. Für $z = 1$ hat man die berandete Elementarfläche und die projektive Ebene; über der Elementarfläche ist eine n-blättrige, die Verzweigungsordnung $n - 1$ besitzende, und über der projektiven Ebene für ungerades n eine n-blättrige Überlagerungsfläche mit der Verzweigungsordnung $n - 1$ der Grundfläche homöomorph. Für $z = 2$ hat man die Torusfläche mit einer unverzweigten Überlagerungsfläche und das *Moebius*sche Band mit einer unverzweigten Überlagerungsfläche von ungerader Blätterzahl als der Grundfläche homöomorphe Überlagerungsflächen. Insbesondere ergibt sich also, daß eine mehrblättrige Überlagerungsfläche einer orientierbaren geschlossenen Fläche vom Geschlecht $p > 1$ immer höheres Geschlecht hat; darin liegt die topologische Grundlage des *Weber*schen Satzes aus der algebraischen Funktionentheorie, demzufolge eine rationale Transformation einer algebraischen *Riemann*schen Fläche vom Geschlecht > 1 auf eine andere algebraische *Riemann*sche Fläche vom gleichen Geschlecht notwendig birational ist[1]).

Jede nichtorientierbare Fläche F hat eine zweiblättrige unverzweigte orientierbare Überlagerungsfläche. Zu jedem Dreieck $\triangle$ von F nehmen wir zwei über ihm liegende Dreiecke $\overline{\triangle}^{(1)}$ und $\overline{\triangle}^{(2)}$, diese beiden Dreiecke versehen wir mit je einer Indikatrix, die den beiden entgegengesetzten Indikatrizes von $\triangle$ entsprechen. Sind nun $\triangle_1$ und $\triangle_2$ zwei benachbarte Dreiecke von F, $\overline{\triangle}_1^{(1)}$, $\overline{\triangle}_1^{(2)}$, $\overline{\triangle}_2^{(1)}$, $\overline{\triangle}_2^{(2)}$ die über ihnen liegenden Dreiecke, so vereinigen wir $\overline{\triangle}_1^{(1)}$ mit demjenigen von den beiden Dreiecken $\overline{\triangle}_2^{(1)}$ und $\overline{\triangle}_2^{(2)}$, welches die gemeinsame Kante von $\triangle_1$ und $\triangle_2$ laut der angebrachten Indikatrixbestimmungen entgegengesetzt richtet wie $\overline{\triangle}_1^{(1)}$. Das andere Dreieck $\overline{\triangle}_1^{(2)}$ vereinigen wir mit dem anderen der beiden Dreiecke $\overline{\triangle}_2^{(1)}$ und $\overline{\triangle}_2^{(2)}$

[1]) Für $p = 1$ gilt der Satz nicht; durch die Formeln

$$\begin{cases} x = z \\ y = s^2 + z^2(1 + \varkappa^2) - 2 \end{cases} \qquad \begin{cases} z = x \\ s = \sqrt{y - x^2(1 + \varkappa^2) + 2} \end{cases}$$

wird eine $(1, 2)$-deutige Transformation von (s, z) auf (y, x) gegeben, wobei die algebraischen Gebilde, erklärt durch die Gleichungen

$$\begin{aligned} y &= 2\sqrt{(1 - x^2)(1 - \varkappa^2 x^2)}, \\ s &= \sqrt{1 - z^2} + \sqrt{1 - \varkappa^2 z^2}, \end{aligned} \qquad (\varkappa \neq 0, \pm 1)$$

beide vom Geschlecht $p = 1$ sind. —

längs derjenigen Kanten dieser Dreiecke, die der gemeinsamen Kante von $\triangle_1$ und $\triangle_2$ entsprechen. Nach sämtlichen solchen Identifizierungen der Kanten der Dreiecke $\overline{\triangle}$ erhalten wir eine zweiblättrige Überlagerungsfläche $\overline{F}$ von F, auf welcher jedes Dreieck eine bestimmte Indikatrix und je zwei benachbarte Dreiecke zusammengehörige Indikatrizes haben, so daß die Fläche $\overline{F}$ orientierbar ist. Es ist klar, daß die Überlagerungsfläche $\overline{F}$ unverzweigt ist; sei etwa A ein innerer Eckpunkt in der Dreiecksteilung von F und $(\triangle_1, \triangle_2, \ldots, \triangle_r)$ der zugehörige Dreieckszyklus; setzen wir voraus, daß über diesem Zyklus ein zweiblättriger Zyklus von $\overline{F}$ liegt: $(\overline{\triangle}_1^{(1)}, \overline{\triangle}_2^{(1)}, \ldots, \overline{\triangle}_r^{(1)};$ $\overline{\triangle}_1^{(2)}, \overline{\triangle}_2^{(2)}, \ldots, \overline{\triangle}_r^{(2)})$, wobei $\overline{\triangle}_i^{(1)}$ und $\overline{\triangle}_i^{(2)}$ die beiden über $\triangle_i$ liegenden Dreiecke von $\overline{F}$ bedeuten. Die Dreiecke $\overline{\triangle}_1^{(1)}$ und $\overline{\triangle}_1^{(2)}$ haben in bezug auf $\triangle_1$ entgegengesetzte Indikatrizes, andererseits haben je zwei aufeinander folgende Dreiecke $\overline{\triangle}_i^{(1)}$ und $\overline{\triangle}_{i+1}^{(1)}$ $(\overline{\triangle}_{r+1}^{(1)} = \overline{\triangle}_1^{(2)})$ zusammengehörige Indikatrizes, was offenbar unmöglich ist. —

Die *regulären Überlagerungsflächen* sind durch die Eigenschaft charakterisiert, daß, wenn eine Kurve $\overline{\gamma}$ auf $\overline{F}$, deren Spur auf F eine geschlossene stetige Kurve γ ist, auf $\overline{F}$ geschlossen bzw. ungeschlossen ist, dann auch jede andere Kurve $\overline{\gamma}'$ auf $\overline{F}$, deren Spur γ ist, ebenfalls geschlossen bzw. ungeschlossen ist. Umkreist γ einen Punkt P von F mehrmals, so sieht man, daß alle über P liegenden Punkte von $\overline{F}$ dieselbe Verzweigungsordnung $\nu - 1$ haben, und demzufolge ν ein Teiler von n ist. Eine (mehrblättrige) reguläre Überlagerungsfläche läßt *Decktransformationen* auf sich selbst zu, d. h. solche topologische Abbildungen von $\overline{F}$ auf sich selbst, bei welchen jeder Punkt von $\overline{F}$ in einen über demselben Spurpunkt liegenden Punkt übergeht. Je zwei solche Transformationen ergeben nacheinander ausgeführt wieder eine Decktransformation. Sie bilden also zusammen eine *Gruppe* von n Transformationen der Fläche $\overline{F}$ auf sich selbst, wo n die Blätterzahl von $\overline{F}$ bedeutet.

Sei F eine orientierbare geschlossene Fläche vom Geschlecht p und $\overline{F}$ eine n-blättrige reguläre Überlagerungsfläche von F. Seien $P_1, P_2, \ldots, P_r$ die Punkte von F, über denen Verzweigungspunkte von $\overline{F}$ liegen und seien $\nu_1 - 1, \nu_2 - 1, \ldots, \nu_r - 1$ die zugehörigen Verzweigungsordnungen. Die Verzweigungsordnung von $\overline{F}$ ist dann

$$w = \sum_{i=1}^{r} \frac{n}{\nu_i}(\nu_i - 1).$$

Aus der *Hurwitz*schen Formel ergibt sich

$$\overline{p} - 1 = n\left[p - 1 + \frac{1}{2}\sum \frac{1}{\nu_i}(\nu_i - 1)\right],$$

wobei $\bar{p}$ das Geschlecht von $\bar{F}$ bedeutet. Da der kleinste positive Wert von $\left[p - 1 + \frac{1}{2}\sum \frac{1}{\nu_i}(\nu_i - 1)\right]$ für ganzzahlige $p\,(\geqq 0)$ und $\nu_i\,(\geqq 2)$ gleich $\frac{1}{84}$ ist ($p = 0$, $r = 3$, $\nu_1 = 2$, $\nu_2 = 3$, $\nu_3 = 7$), so folgt, daß für $\bar{p} > 1$

$$n \leqq 84\,(\bar{p} - 1)$$

ist. Diese Ungleichheit rührt von *Hurwitz* her.

Nimmt man $p = \bar{p} = 0$, so besteht die Gleichung

$$\sum_{i=1}^{r} \frac{1}{\nu_i}(\nu_i - 1) = 2 - \frac{2}{n},$$

oder

$$\sum_{i=1}^{r} \frac{1}{\nu_i} = r - 2 + \frac{2}{n}.$$

Da $\nu_i \geqq 2$, $\frac{r}{2} \geqq \sum \frac{1}{\nu_i} > r - 2$ ist, muß $r < 4$ sein. Ist $r = 2$, dann hat man

$$\frac{1}{\nu_1} + \frac{1}{\nu_2} = \frac{2}{n}; \qquad \nu_1 = \nu_2 = n.$$

Für $r = 3$ sind die Lösungen der diophantischen Gleichung

$$\frac{1}{\nu_1} + \frac{1}{\nu_2} + \frac{1}{\nu_3} = 1 + \frac{2}{n}$$

die folgenden[1])

$$\begin{aligned}
&\nu_1 = 2, \quad \nu_2 = 2, \quad \nu_3 = n, \\
&\nu_1 = 2, \quad \nu_2 = 3, \quad \nu_3 = 3, \quad n = 12, \\
&\nu_1 = 2, \quad \nu_2 = 3, \quad \nu_3 = 4, \quad n = 24, \\
&\nu_1 = 2, \quad \nu_2 = 3, \quad \nu_3 = 5, \quad n = 60.
\end{aligned}$$

Die entsprechenden Überlagerungsflächen sind die in der Theorie der Polyederfunktionen auftretenden regulären *Riemann*schen Flächen.

---

[1]) s. *Klein*, Vorlesungen über das Ikosaeder, S. 119.

Fünfter Abschnitt.

Offene Flächen.

§ 1. Offene Flächen.

Eine offene (d. h. aus unendlich vielen Dreiecken bestehende) Fläche F sei in einer gewissen Dreiecksteilung vorgelegt.

Sei $\pi_1, \pi_2, \ldots$ eine Folge einander fremder Rückkehrschnitte[1]) auf F, von der Art, daß jeder Rückkehrschnitt π_k $(k > 1)$ die Rückkehrschnitte π_{k-1} und π_{k+1} auf F voneinander trennt (in dem Sinne, daß jeder Weg, der π_{k-1} und π_{k+1} auf F verbindet, den Rückkehrschnitt π_k trifft). Eine solche Folge bezeichnen wir als eine ***Fundamentalfolge von Rückkehrschnitten.*** Zwei Fundamentalfolgen $\pi_1, \pi_2, \ldots$ und $\pi_1', \pi_2', \ldots$ heißen *äquivalent,* wenn es zu jedem π_k ein π_l' gibt, welches durch π_k von π_1 getrennt wird und umgekehrt zu jedem π_l' ein π_m, welches durch π_l' von π_1' getrennt wird.

Ein *Randstück* der Fläche F wird definiert durch eine Fundamentalfolge von Rückkehrschnitten; jede Fundamentalfolge definiert ein Randstück, zwei Fundamentalfolgen definieren dann und nur dann dasselbe Randstück, wenn sie äquivalent sind.

Ein durch die Fundamentalfolge $\pi_1, \pi_2, \ldots$ definiertes Randstück heißt ein *Randstück erster Art,* wenn für hinreichend großes k der durch π_k bestimmte, π_{k+1} enthaltende Teil der Fläche schlichtartig ist.

Es heißt ein *Randstück zweiter Art,* wenn für hinreichend großes k der durch π_k bestimmte, π_{k+1} enthaltende Teil von F orientierbar, aber für kein k schlichtartig ist.

Es heißt ein *Randstück dritter Art,* wenn für jedes k der durch π_k bestimmte, π_{k+1} enthaltende Teil von F nichtorientierbar ist.

Diese Definitionen sind von der speziellen, das Randstück definierenden Fundamentalfolge offenbar unabhängig.

Da jeder Teil einer schlichtartigen bzw. orientierbaren Fläche schlichtartig bzw. orientierbar ist, kann eine schlichtartige Fläche nur

---

[1]) Unter einem Rückkehrschnitt verstehen wir wieder ein aus Kanten der Dreiecksteilung bestehendes Polygon; die Ausdrücke, die Fläche F längs eines Rückkehrschnittes aufschneiden usw., seien wie im vorigen Abschnitt erklärt.

Randstücke erster Art, eine orientierbare Fläche nur Randstücke erste und zweiter Art haben.

Sei $\pi_1, \pi_2, \ldots$ eine Fundamentalfolge von Rückkehrschnitten; wir werden sagen, daß π_n das durch die Fundamentalfolge $\pi_1', \pi_2', \ldots$ definierte Randstück s' enthält, wenn sämtliche Rückkehrschnitte π_l' bis auf endlich viele durch π_k von π_1 getrennt werden[1]). Eine Folge verschiedener Randstücke $s', s'', \ldots$ *konvergiert* gegen das durch die Fundamentalfolge $\pi_1, \pi_2, \ldots$ definierte Randstück s, wenn jedes π_k sämtliche Randstücke s^l der Folge mit Ausnahme von endlich vielen enthält; s bezeichnen wir als Grenzstück der Folge $s', s'', \ldots$.

Man erkennt leicht, daß ein Randstück, gegen welches eine Folge von Randstücken dritter Art konvergiert, selber von der dritten Art ist. Randstücke zweiter Art können gegen ein Randstück zweiter oder dritter Art, nicht aber gegen ein Randstück erster Art konvergieren. —

Betrachten wir zuerst den Fall, daß die Fläche F *schlichtartig* ist. Wir werden zeigen, daß F einem ebenen Gebiet homöomorph ist. — Wir nehmen ein Dreieck der Fläche und sämtliche Dreiecke, die eine Kante oder einen Eckpunkt mit demselben gemeinsam haben; sie bilden zusammen eine berandete Fläche $F^{(0)}$, die ebenso wie F schlichtartig ist und von gewissen, die Fläche F zerlegenden Rückkehrschnitten $\pi_1^{(1)}, \pi_2^{(1)}, \ldots, \pi_n^{(1)}$ berandet wird[2]). Nehmen wir nun diejenigen weiteren Dreiecke, die an den Rückkehrschnitt $\pi_i^{(1)}$ stoßen, sie bilden eine Fläche $F_i^{(1)}$; je zwei solche Flächen $F_i^{(1)}$ und $F_j^{(1)}$ werden auf F durch $F^{(0)}$ voneinander getrennt, da nämlich der Rückkehrschnitt $\pi_i^{(1)}$ (und ebenso $\pi_j^{(1)}$) die Fläche F zerlegt. — Bei jeder Kontur der Flächen $F_1^{(1)}, F_2^{(1)}, \ldots, F_n^{(1)}$ nehmen wir die von den weiteren anstoßenden Dreiecken gebildeten berandeten Flächen $F_{ij}^{(2)}$ usw. — Diese berandeten Flächen erschöpfen die Fläche F, in dem Sinne, daß es zu jedem Dreieck von F eine (und nur eine) Fläche dieser Folge gibt, die es enthält.

Wir nehmen in der Ebene n außerhalb voneinander liegende Kreise $k_1^{(1)}, k_2^{(2)}, \ldots, k_n^{(1)}$, deren Mittelpunkte etwa auf der x-Achse liegen, und bilden $F^{(0)}$ auf den von diesen Kreisen berandeten unbeschränkten Bereich topologisch ab, so daß ein beliebig gewählter

---

[1]) Wenn für jedes k: π_k das Randstück s' enthält, so sind die Fundamentalfolgen $\pi_1, \pi_2, \ldots$ und $\pi_1', \pi_2', \ldots$ äquivalent, und also ist s' eben das durch $\pi_1, \pi_2, \ldots$ definierte Randstück.

[2]) Wir können den Fall, daß zwei Konturen der so entstehenden berandeten Fläche einander auf F treffen, beiseite lassen, indem wir um einen solchen Punkt eine kleine Umgebung zu $F^{(0)}$ hinzunehmen; von den an diesen Eckpunkt anstoßenden, unten zu konstruierenden Flächen $F^{(1)}$ soll dann das Innere dieser Umgebung fortgelassen werden. Diese eventuelle Modifizierung setzen wir auch von jeder Fläche der zu konstruierenden Folge $F^{(i)}$ voraus.

Punkt von $F^{(0)}$ in den unendlich fernen Punkt der Ebene übergeht, und jede Kontur $\pi_i^{(1)}$ von $F^{(0)}$ auf den Kreis $k_i^{(1)}$ topologisch abgebildet wird. Nehmen wir jetzt eine der Flächen $F^{(1)}$, etwa $F_r^{(1)}$, mit den Konturen $\pi_r^{(1)}, \pi_{r1}^{(2)}, \pi_{r2}^{(2)}, \ldots, \pi_{rs}^{(2)}$; im Innern von $k_r^{(1)}$ nehmen wir s außerhalb voneinander liegende Kreise $k_{r1}^{(2)}, k_{r2}^{(2)}, \ldots, k_{rs}^{(2)}$ (deren Mittelpunkte auf der x-Achse liegen), und bilden $F_r^{(1)}$ auf den von diesen Kreisen und $k_r^{(1)}$ berandeten Bereich topologisch so ab, daß die Abbildung auf $\pi_r^{(1)}$ mit der bereits erklärten Abbildung übereinstimmt, und eine jede Kontur $\pi_{rs}^{(2)}$ in den Kreis $k_{rs}^{(2)}$ übergeht. Auf diese Weise fahren wir fort; dabei sorgen wir noch dafür, daß die Radien der Kreise $k^{(i)}$ gegen 0 konvergieren. Wir bekommen so eine topologische Abbildung der Fläche F auf ein unbeschränktes ebenes Gebiet, dessen Rand von einer nirgends zusammenhängenden (abgeschlossenen) beschränkten Punktmenge gebildet wird. Einer Fundamentalfolge von Rückkehrschnitten auf F entspricht dabei eine gegen einen Randpunkt konvergierende Folge von ineinander enthaltenen einfachen geschlossenen Kurven, so daß jedem Randstück von F ein Randpunkt des Gebietes g, und zwei verschiedenen Randstücken zwei verschiedene Randpunkte entsprechen. Ferner ist diese eineindeutige Beziehung zwischen den Randstücken von F und den Randpunkten von g beiderseits stetig, in dem Sinne, daß einer gegen ein Randstück konvergierenden Folge von Randstücken eine gegen den entsprechenden Randpunkt konvergierende Folge von Randpunkten entspricht, und umgekehrt. — Die in III §§ 3, 4 dargestellten Ergebnisse über Gebiete können nunmehr auf schlichtartige Flächen übertragen werden. Insbesondere folgt, daß die notwendige und hinreichende Bedingung für die Homöomorphie von zwei schlichtartigen Flächen in der Homöomorphie ihrer Randmengen (d. h. der Menge ihrer Randstücke) besteht. —

Sei ferner F eine *beliebige offene Fläche;* nehmen wir ein beliebiges Dreieck von F und sämtliche anstoßende Dreiecke; wenn zwei von diesen Dreiecken einen Eckpunkt gemeinsam haben, aber unter den ausgewählten Dreiecken keine linear geordnete Menge von zu demselben Eckpunkt gehörigen benachbarten Dreiecken sie verbindet, nehmen wir eine Umgebung um diesen Eckpunkt zu der bereits angenommenen Dreiecksmenge. So erhalten wir eine berandete Fläche $F_*^{(0)}$, gebildet von einem Teile von F. Wenn es möglich ist, verbinden wir zwei Konturen von $F_*^{(0)}$ auf $F - F_*^{(0)}$ durch einen Weg w, nehmen auf seinen beiden Ufern zwei einander nicht treffende einfache Wege, die dieselben beiden Konturen von $F_*^{(0)}$ verbinden, und fügen die durch diese beiden letzteren Wege auf $F - F_*^{(0)}$ bestimmte (den Weg w enthaltende) berandete Fläche zu $F_*^{(0)}$ hinzu. Die so erhaltene berandete Fläche modifizieren wir auf die gleiche Weise, bis wir schließlich zu einer berandeten Fläche $F^{(0)}$ kommen, die die Eigenschaft hat, daß je zwei von ihren Konturen auf F durch $F^{(0)}$ voneinander getrennt (d. h. nicht auf $F - F^{(0)}$ miteinander verbindbar) sind. Die Konturen von $F^{(0)}$ sind einander nicht treffende Polygone $\pi_1^{(1)}, \pi_2^{(1)}, \ldots, \pi_n^{(1)}$, deren jedes die Fläche F zerlegt. Nehmen wir nun diejenigen weiteren Dreiecke von F, die an $\pi_i^{(1)}$ stoßen[1]) und modifizieren wir sie genau so wie die Fläche $F_*^{(0)}$ so bekommen wir die berandeten Flächen $F_1^{(1)}, F_2^{(1)}, \ldots, F_n^{(1)}$, von denen $F_i^{(1)}$ längs der Kontur $\pi_i^{(1)}$ mit $F^{(0)}$ benachbart ist, sonst aber keine zwei von den Flächen $F^{(0)}, F_1^{(1)}, F_2^{(1)}, \ldots, F_n^{(1)}$ einen gemeinsamen Punkt haben. Jede Kontur dieser neu entstehenden Flächen ist ein die Fläche F zerlegendes Polygon. — Auf die gleiche Weise fortfahrend erhalten wir eine Folge von berandeten Flächen, die die Fläche F erschöpfen.

Nehmen wir in der Ebene n außerhalb voneinander liegende Kreise $k_1^{(1)}, k_2^{(1)}, \ldots, k_n^{(1)}$ (deren Mittelpunkte auf der x-Achse liegen). Wenn die berandete Fläche $F^{(0)}$ das Geschlecht p hat, nehmen wir in dem von diesen Kreisen berandeten unbeschränkten Bereich $2p$ außerhalb voneinander liegende Kreise heraus, die paarweise in bezug auf die x-Achse symmetrisch liegen, und identifizieren je zwei in bezug auf die x-Achse symmetrisch liegende Punkte dieser Kreise, bzw. wir nehmen nur p außerhalb voneinander liegende Kreise heraus und identifizieren auf jedem von ihnen die diametral gegenüberliegenden Punkte, je nachdem die Fläche $F^{(0)}$ orientierbar bzw. nichtorientierbar ist. Auf die so entstehende Fläche bilden wir die Fläche $F^{(0)}$ topologisch ab, so daß die Kontur $\pi_i^{(1)}$ in den Kreis $k_i^{(1)}$ übergeht. — Sei $F_i^{(1)}$ eine der Flächen $F^{(1)}$, l die Anzahl ihrer Konturen und q ihr Geschlecht. Im Innern von $k_i^{(1)}$ nehmen wir $l-1$ außerhalb voneinander liegende Kreisscheiben heraus, deren Mittelpunkte auf der x-Achse liegen, und ferner q Kreispaare bzw. q Kreise (je nachdem $F_i^{(1)}$ orientierbar bzw. nichtorientierbar ist), innerhalb von $k_i^{(1)}$ und außerhalb der neuerdings fortgelassenen $l-1$ Kreisscheiben, für welche wir wieder eine Identifizierung angeben. Auf die so entstehende Fläche bilden wir $F_i^{(1)}$ topologisch ab, so daß die Abbildung auf $\pi_i^{(1)}$ mit der bereits für $F^{(0)}$ erklärten Abbildung übereinstimmt. Auf diese Weise fortfahrend bekommen wir eine topologische Abbildung von F auf ein ebenes Gebiet g, für dessen Randpunkte gewisse Identifizierungen bestehen.

Der Rand dieses Gebietes g besteht erstens aus einer linearen nirgends zusammenhängenden (abgeschlossenen) beschränkten Punkt-

[1]) Aus diesen Dreiecken sollen die zu $F^{(0)}$ gehörigen Punkte fortgelassen werden.

menge, die der Randmenge ϱ von F entspricht, und die wir ebenfalls mit ϱ bezeichnen wollen, ferner aus gewissen, mit umgekehrtem Umlaufssinn identifizierten Kreispaaren $(\varkappa_1, \varkappa_2)$, und aus Kreisen λ, mit identifizierten diametral gegenüberliegenden Punkten; diese Kreise (und Kreispaare) können sich nur bei der Menge ϱ häufen, d. h. ein Punkt, dessen Umgebung immer Punkte von unendlich vielen solchen Kreisen enthält, gehört notwendig zur Menge ϱ.

Bezeichnen wir mit $\varrho_1, \varrho_2, \varrho_3$ die Menge der Randstücke erster, zweiter, dritter Art von F, die wir Randmengen erster, zweiter, dritter Art nennen. Der Randmenge erster Art von F entspricht die Menge ϱ_1 derjenigen Punkte von ϱ, die eine von den Kreispaaren $(\varkappa_1, \varkappa_2)$ und von den Kreisen λ freie Umgebung haben. Der Randmenge zweiter Art von F entspricht die Menge ϱ_2 derjenigen Punkte von ϱ, deren Umgebungen sämtlich identifizierte Kreispaare enthalten, aber um welche je eine von den Kreisen λ mit identifizierten diametral gegenüberliegenden Punkten freie Umgebung existiert. Der Randmenge dritter Art von F entspricht die Menge ϱ_3 derjenigen Punkte von ϱ, deren Umgebung Kreise λ mit identifizierten gegenüberliegenden Punkten enthält. ϱ_3 ist abgeschlossen; falls ϱ_3 keinen Punkt besitzt, so ist ϱ_2, und falls ϱ_3 und ϱ_2 keinen Punkt besitzen, so ist ϱ_1 abgeschlossen.

Setzen wir zuerst voraus, daß F keine Randstücke zweiter oder dritter Art besitzt; in diesem Fall ist also für das Gebiet g: $\varrho_2 = \varrho_3 = 0$ und $\varrho_1 = \varrho$. Es gibt dann nur endlich viele Kreise bzw. Kreispaare bei der ebenen Darstellung von F, so daß wir ein Polygon π angeben können, das ganz in g verläuft, ϱ in seinem Innern, die identifizierten Kreise und Kreispaare im Äußern hat. Das Äußere von π können wir dann auch derart darstellen, daß es außer π noch von $2p$ paarweise mit entgegengesetztem Umlaufssinn identifizierten Kreisen bzw. von p Kreisen mit identifizierten diametral gegenüberliegenden Punkten berandet wird, je nachdem die Fläche F orientierbar bzw. nichtorientierbar ist. — Der innerhalb von π liegende Teil von g stellt eine schlichtartige Fläche dar. Aus dem Hauptsatz der Flächentopologie für Polyederflächen und aus dem bereits erbrachten analogen Satz für schlichtartige offene Flächen, folgt nun, daß in dem eben betrachteten Fall, wo also F nur Randstücke erster Art besitzt, die notwendige und hinreichende Bedingung für die Homöomorphie von zwei solchen Flächen außer der Homöomorphie der Randmengen noch in der Übereinstimmung der Orientierbarkeit bzw. Nichtorientierbarkeit, und ferner in der Übereinstimmung des Geschlechtes p besteht, das die Maximalzahl der auf F zusammen nicht zerlegenden einander fremden Rückkehrschnitten angibt. Ist F nichtorientierbar, so läßt sich auf F ein einziger Rückkehrschnitt angeben, so daß die längs desselben aufgeschnittene Fläche orientierbar ist; wir sagen, die Nichtorientierbarkeit von F ist *hebbar*.

Betrachten wir nun den Fall, wo $\varrho_2 \neq 0$ und $\varrho_3 = 0$ ist. In diesem Fall gibt es bei der ebenen Darstellung von F nur eine endliche Anzahl von Kreisen λ mit identifizierten diametral gegenüberliegenden Punkten; wir können ein die Randmenge ϱ in seinem Innern enthaltendes Polygon π in g angeben, welches in seinem Innern keine solchen Kreise λ enthält. Den außerhalb von π liegenden Teil von g können wir dann wieder derart darstellen, daß er entweder keinen oder einen, oder zwei Randkreise λ mit identifizierten diametral gegenüberliegenden Punkten besitzt[1]), und sonst von mit entgegengesetztem Umlaufssinn identifizierten Kreispaaren berandet ist. Innerhalb von π häufen sich die Kreispaare gegen die Punkte von ϱ_2. — Sei nun F' eine mit F homöomorphe Fläche, so können wir offenbar F' durch das gleiche Gebiet g darstellen, so daß insbesondere ihre Randmengen $\varrho_1 + \varrho_2$ und $\varrho_1' + \varrho_2'$ eineindeutig und stetig einander entsprechen, und zwar so, daß ϱ_1 der Menge ϱ_1', und ϱ_2 der Menge ϱ_2' entspricht. — Seien andererseits F und F' zwei Flächen ohne Randmengen dritter Art, für welche die folgenden Bedingungen erfüllt sind:

a) $\varrho_1 + \varrho_2$ und $\varrho_1' + \varrho_2'$ sind homöomorph, in dem Sinne, daß es eine topologische Abbildung von $\varrho_1 + \varrho_2$ auf $\varrho_1' + \varrho_2'$ gibt, die ϱ_1 in ϱ_1', und ϱ_2 in ϱ_2' überführt.

b) Entweder sind beide Flächen orientierbar, oder beide nichtorientierbar (im letzteren Fall ist allerdings die Nichtorientierbarkeit hebbar). Falls die Flächen nichtorientierbar sind, sei π bzw. π' ein Rückkehrschnitt auf F bzw. F', dessen Anwendung F bzw. F' zu einer orientierbaren Fläche verwandelt; dann sind entweder beide Rückkehrschnitte π und π' einufrig, oder beide zweiufrig.

Unter diesen Bedingungen sind F und F' homöomorph. —

Wir stellen die Flächen F und F' in der Ebene durch ein Gebiet g bzw. g' dar, so daß g (und ebenso g') von einer auf der x-Achse liegenden nirgends zusammenhängenden beschränkten (abgeschlossenen) Punktmenge $\varrho_1 + \varrho_2$ ferner von Kreisen $(\varkappa_1, \varkappa_2)$, die paarweise zur x-Achse symmetrisch liegen, und deren durch diese Symmetrie einander entsprechende Punkte miteinander identifiziert werden, berandet wird; dazu treten noch, wenn die Fläche F nichtorientierbar ist, ein oder zwei Kreise λ mit identifizierten diametral gegenüberliegenden Punkten. Bezeichnen wir mit $\mu_\varkappa$ bzw. $\mu_{\varkappa'}$, die isolierte Menge der Mittelpunkte dieser Kreispaare; die Ableitung von $\mu_\varkappa$, bzw. $\mu_{\varkappa'}$ ist mit

[1]) je nachdem die durch π auf F bestimmte berandete Fläche orientierbar, bzw. nichtorientierbar und von ungeradem Geschlecht, bzw. nichtorientierbar und von geradem Geschlecht ist (auf einer nichtorientierbaren Polyederfläche ist ein Rückkehrschnitt, der die Fläche in eine orientierbare Fläche verwandelt, ein- oder zweiufrig, je nachdem das Geschlecht der Fläche ungerade, bzw. gerade ist, s. IV § 3).

ϱ_2 bzw. ϱ_2' identisch. Wenn α eine topologische Abbildung von $\varrho_1 + \varrho_2$ auf $\varrho_1' + \varrho_2'$ bedeutet, die ϱ_2 und ϱ_2' einander entsprechen läßt, läßt sich diese Abbildung auf die Menge $\mu_\varkappa + \varrho_1 + \varrho_2$ topologisch erweitern[1]), so daß sie in $\mu_{\varkappa'} + \varrho_1' + \varrho_2'$ übergeht und dabei zwei in bezug auf die x-Achse spiegelbildlich liegende Punkte von $\mu_\varkappa$ wieder in zwei solche Punkte von $\mu_{\varkappa'}$ übergehen; ferner ordnen wir den Mittelpunkten der mit sich selbst identifizierten Kreise λ von g die Mittelpunkte der entsprechenden Kreise von g' zu. Diese Abbildung läßt sich zu einer topologischen Abbildung der Ebene auf sich erweitern (nach III § 4). Die Abbildung können wir noch in den Umgebungen der Punkte von $\mu_\varkappa$ so modifizieren, daß jeder Kreis $\varkappa$ auf einen Kreis $\varkappa'$, und zwei zur x-Achse spiegelbildlich gelegene Punkte von $\varkappa_1$ und $\varkappa_2$ in zwei ebensolche Punkte von $\varkappa_1'$ und $\varkappa_2'$ übergehen; auf den Kreisen mit identifizierten gegenüberliegenden Punkten soll die Abbildung so bestimmt werden, daß je zwei diametral gegenüberliegende Punkte in zwei ebensolche Punkte des Bildkreises übergehen. Dadurch ist dann auch zwischen F und F' eine topologische Beziehung hergestellt.

Für den Fall, daß die Randmenge dritter Art ϱ_3 nicht verschwindet, läßt sich ebenso zeigen, daß aus der Homöomorphie der Randmengen von F und F', in dem Sinne, daß bei einer topologischen Abbildung von $\varrho_1 + \varrho_2 + \varrho_3$ auf $\varrho_1' + \varrho_2' + \varrho_3'$ die Randmengen erster, zweiter und dritter Art der Reihe nach einander entsprechen, die Homöomorphie von F und F' folgt. — In diesem Fall stellen wir wieder F und F' durch ebene Gebiete g und g' dar und betrachten die Mittelpunkte der Kreispaare; sie bilden eine isolierte Menge $\mu_\varkappa$, deren Ableitung mit der aus den Limespunkten von ϱ_2 bestehenden Menge $\bar{\varrho}_2$ ($= \varrho_2 +$ die Menge der nicht zu ϱ_2 gehörigen Grenzpunkte von ϱ_2) identisch ist; die Ableitung der Menge μ_λ der Mittelpunkte der Kreise λ, deren diametral gegenüberliegende Punkte identifiziert werden, ist mit ϱ_3 identisch. Die Beziehung zwischen $\varrho_1 + \varrho_2 + \varrho_3$ und $\varrho_1' + \varrho_2' + \varrho_3'$ erweitern wir zuerst für $\mu_\varkappa$ und μ_λ, so daß dieselben in $\mu_{\varkappa'}$ bzw. in $\mu_{\lambda'}$ übergehen (und zwar jedes Paar von $\mu_\varkappa$ in ein Paar von $\mu_\varkappa'$), und dann erweitern wir diese Beziehung für die ganze Ebene, so daß eine topologische Abbildung von g auf g' entsteht, die zwei identifizierte Randpunkte des einen Gebietes zwei ebensolchen Randpunkten des anderen Gebietes entsprechen läßt. Dadurch ist auch zwischen F und F' eine topologische Beziehung vermittelt. Die obigen Betrachtungen zusammenfassend, können wir den *Hauptsatz der Flächentopologie für offene Flächen* folgendermaßen formulieren:

Die notwendige und hinreichende Bedingung für die Homöomorphie von zwei offenen Flächen besteht im allgemeinen Fall in der Homöo-

---

[1]) s. S. 55.

morphie ihrer Randmengen, in dem Sinne, daß eine topologische Beziehung zwischen den Randmengen besteht, die die Randmengen erster, zweiter, dritter Art der beiden Flächen der Reihe nach einander entsprechen läßt. — Wenn die Randmenge dritter Art verschwindet, so müssen außerdem beide Flächen orientierbar, oder beide nichtorientierbar sein; im letzteren Falle muß dann ein Rückkehrschnitt, der die Fläche in eine orientierbare Fläche verwandelt, auf beiden Flächen ein oder auf beiden zwei Ufer haben. — Wenn die Randmengen zweiter und dritter Art verschwinden, so müssen erstens die Randmengen der beiden Flächen homöomorph sein, ferner müssen beide Flächen orientierbar, oder beide nichtorientierbar sein und gleiches Geschlecht haben.

Auf Grund dieses Satzes folgt aus den in I § 7 dargestellten Sätzen, daß die Menge der topologisch verschiedenen Flächen die Mächtigkeit des Kontinuums hat.

Fig. 34.

Einige Beispiele mögen die obigen Begriffsbildungen erläutern.

1. Die unendliche Ebene bildet eine schlichtartige Fläche mit einem einzigen Randstück erster Art.

2. Läßt man aus der Kugelfläche eine nirgends zusammenhängende, abgeschlossene Punktmenge fort, so bleibt eine schlichtartige, offene Fläche übrig.

3. Legt man auf eine Kugelfläche einen Henkel, auf diesen wieder einen Henkel (s. Fig. 34), usw. in inf., so entsteht eine orientierbare Fläche mit einem einzigen Randstück zweiter Art. — Ferner[1]) nehme man die Geraden $x = \pm n$, $-\infty < y < +\infty$, und $y = \pm n$, $-\infty < x < +\infty$, $(n = 0, 1, 2, \ldots)$; und im Raum Zylinderflächen mit dem Radius $\frac{1}{4}$, deren Achsen diese Geraden sind, und lasse diejenigen Punkte einer jeden Zylinderfläche fort, die im Innern einer anderen solchen Fläche liegen (s. Fig. 35), die so entstehende Fläche ist ebenfalls orientierbar und besitzt ein einziges Randstück, und zwar ein solches zweiter Art[2]); sie ist also der obigen Fläche (mit unendlich vielen aufgesetzten Henkeln) homöomorph.

---

[1]) Dieses Beispiel wie auch die unten stehende Bemerkung (5.) von *Koebe* entnehme ich aus der Diskussion zu meinem Leipziger Vortrag (s. Literaturverzeichnis).

[2]) Eine Fundamentalfolge von Rückkehrschnitten kann folgendermaßen konstruiert werden: man nehme auf der Fläche F die beiden Quadrate, deren

4. Man nehme zwei parallele Geraden $x = 0$ und $x = 1$ und die Strecken $y = \pm n$ $(n = 0, 1, 2, \ldots)$ $0 \leqq x \leqq 1$; man nehme um jede Strecke eine Zylinderfläche mit dem Radius $\frac{1}{4}$, deren Achse diese Strecke ist (s. Fig. 36); so entsteht eine orientierbare Fläche, die zwei Randstücke, und zwar von der zweiten Art, besitzt.

5. Aus unserer Darstellung der Flächen durch ebene Gebiete mit identifizierten Konturen läßt sich die folgende, von *Koebe* bemerkte, konstruktive Herstellung der Flächen ablesen. Man nehme die folgenden fünf Typen von berandeten Flächen: schlichtartige Fläche mit einer, mit zwei, mit drei Konturen, orientierbare Fläche mit zwei Konturen und vom Geschlecht eins, nichtorientierbare Fläche mit einer Kontur und vom Geschlecht

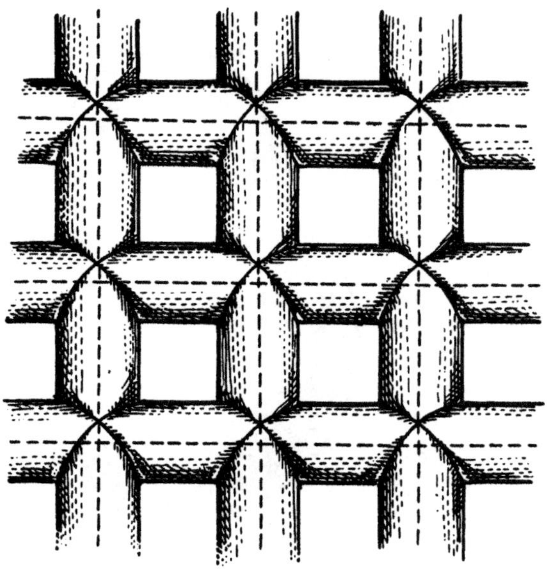

Fig. 35.

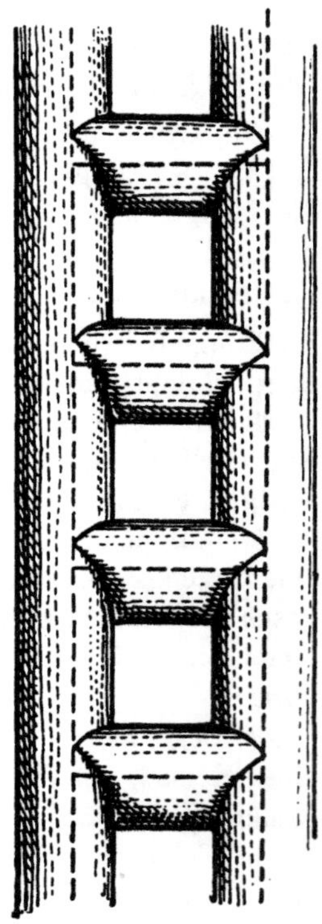

Fig. 36.

Projektion in der $(x\,y)$-Ebene das Quadrat mit den Eckpunkten $(-n, -n)$, $(-n, +n)$, $(+n, +n)$, $(+n, -n)$ ist; die von diesen Polygonen bestimmte berandete Fläche auf F, deren Projektion im Innern des genannten Quadrates liegt, sei $F_*^{(n)}$; wir verbinden die über (bzw. unter) dem Punkt $(x, y) = (\frac{1}{2}, n)$ liegenden beiden Randpunkte von $F_*^{(n)}$ durch einen Halbkreis, dessen Projektion in der (x, y)-Ebene die Strecke $x = \frac{1}{2}$, $y = n + \theta$ $(0 \leqq \theta \leqq \frac{1}{4})$ ist; ebenso nehmen wir einen zweiten solchen Halbkreis, wobei wir statt $x = \frac{1}{2}$, nun etwa $x = \frac{1}{2} + \frac{1}{8}$ zugrunde legen. Andererseits lassen wir die über der Strecke $y = n$, $\frac{1}{2} \leqq x \leqq \frac{1}{2} + \frac{1}{8}$ liegenden Strecken der beiden Randpolygone von $F_*^{(n)}$ fort, und ersetzen sie durch die beiden Halbkreise, die wir eben angebracht haben. Das so entstehende Polygon π_n berandet eine Fläche $F^{(n)}$, die aus $F_*^{(n)}$ durch Hinzufügung des über dem Rechteck $n \leqq y \leqq n + \frac{1}{4}$, $\frac{1}{2} \leqq x \leqq \frac{1}{2} + \frac{1}{8}$ liegenden Teiles von F entsteht. — Diese Polygone π_n $(n = 1, 2, 3, \ldots)$ bilden eine Fundamentalfolge.

eins (s. Fig. 37). Nun nehme man eine von diesen berandeten Flächen, an jede Kontur setze man eine andere solche Fläche an, an jede Kontur der so entstehenden berandeten Fläche wieder je eine neue Fläche usw., so daß dabei immer an zwei verschiedenen Konturen zwei verschiedene Flächen angesetzt werden. Auf diese Weise lassen sich alle möglichen (geschlossenen und offenen) Flächen herstellen.

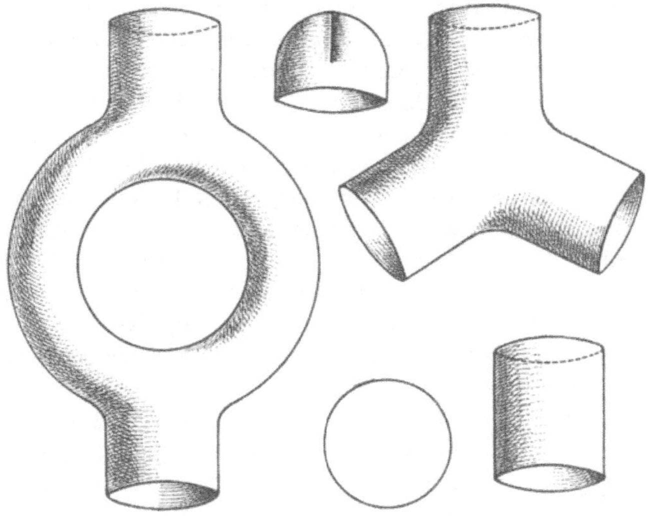

Fig. 37.

§ 2. Überlagerungsflächen.

In diesem Paragraphen werden wir die unverzweigten offenen Überlagerungsflächen behandeln; dabei wird die von *Weyl* herrührende Betrachtung derselben zu grunde gelegt.

Seien F und $\overline{F}$ zwei Flächen[1]); jedem Punkt $\overline{P}$ von $\overline{F}$ soll ein und nur ein Punkt P von F zugeordnet werden, der als Spurpunkt von $\overline{P}$ und $\overline{P}$ als ein über P liegender Punkt bezeichnet wird. Diese Zuordnung soll folgende Eigenschaften haben:

1. Zu jedem Punkt $\overline{P}$ von $\overline{F}$ und zu jeder Umgebung U des Spurpunktes P auf F gibt es eine Umgebung $\overline{U}$ von $\overline{P}$ auf $\overline{F}$, so daß der Spurpunkt irgendeines in $\overline{U}$ liegenden Punktes $\overline{Q}$ in U liegt und zwei verschiedene Punkte von $\overline{U}$ immer zwei verschiedene Spurpunkte haben.

2. Wenn $\gamma : P(\lambda)$ $(0 \leqq \lambda \leqq 1)$ eine beliebige stetige Kurve auf F und $\overline{P}_0 = \overline{P}(0)$ ein beliebiger, über dem Anfangspunkt $P_0 = P(0)$ von γ liegender Punkt von $\overline{F}$ ist, so gibt es eine von $\overline{P}_0$ ausgehende stetige Kurve $\overline{\gamma} : \overline{P}(\lambda)$ $(0 \leqq \lambda \leqq 1)$ auf $\overline{F}$, so daß bei jedem Wert von λ der Punkt $\overline{P}(\lambda)$ über dem Punkt $P(\lambda)$ liegt.

[1]) In eigentlichem Sinne, d. h. geschlossene oder offene Flächen.

In diesem Fall bezeichnen wir $\bar{F}$ als eine unverzweigte *Überlagerungsfläche* von F; F heißt Grundfläche. Es ist klar, daß diese Erklärung in dem Fall, wo über jedem Punkt von F nur endlichviele Punkte von $\bar{F}$ liegen, mit der im vorigen Abschnitt (IV, § 5) gegebenen, mehr kombinatorischen Erklärung übereinstimmt. —

Wir werden zunächst zeigen, daß über der Kugelfläche und ebenso über der Elementarfläche (= schlichtartige Fläche mit einem Randstück, homöomorph mit dem Kreisinnern) jede unverzweigte Überlagerungsfläche einblättrig und also der Grundfläche homöomorph ist. — Es genügt, diese Behauptung für die Elementarfläche zu beweisen; aus der Kugelfläche lassen wir nämlich einen Punkt fort, so entsteht eine Elementarfläche, aus der Überlagerungsfläche lassen wir die über dem fortgelassenen Punkt liegenden Punkte fort, so entsteht eine unverzweigte Überlagerungsfläche über der Elementarfläche. Eine Elementarfläche können wir ferner auf das Innere eines Kreises topologisch abbilden. Es ist also zu zeigen, daß jede unverzweigte Überlagerungsfläche über dem Kreisinnern einblättrig ist.

Gesetzt dies wäre nicht der Fall; sei also $\bar{\gamma}$ ein einfacher Bogen auf $\bar{F}$, der zwei über demselben Punkt P_0 von F liegende Punkte $\bar{P}_0$ und $\bar{\bar{P}}_0$ verbindet; wir können gleich voraussetzen, daß $\bar{\gamma}$ kein anderes Punktpaar mit demselben Spurpunkt besitzt.

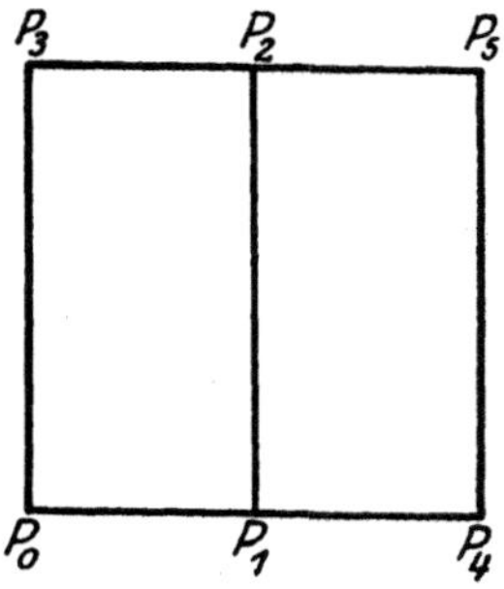

Fig. 38.

Sei γ die Spur von $\bar{\gamma}$; γ ist eine einfache geschlossene Kurve im Kreisinnern; wir setzen voraus, daß γ eine Quadratlinie ist, die Kreisscheibe läßt sich nämlich topologisch auf sich selbst derart abbilden, daß γ in eine Quadratlinie q_0 übergeht. — Wir zerlegen das Quadrat q_0 durch eine Mittellinie in zwei Rechtecke (s. Fig. 38). Einem Umlauf um das Rechteck $(P_0 P_1 P_2 P_3)$ (in der angegebenen Richtung) entspricht auf $\bar{F}$ eine von $\bar{P}_0$ ausgehende stetige Kurve, deren Punkte der Reihe nach über den betreffenden Punkten des beschriebenen Rechteckes liegen; sei $\bar{P}_0'$ der ebenfalls über P_0 liegende Endpunkt dieser Kurve. Einem Umlauf um das Rechteck $(P_1 P_4 P_5 P_2)$ entspricht eine Kurve auf $\bar{F}$, die von dem über P_1 liegenden Punkt $\bar{P}_1$ von $\bar{\gamma}$ ausgeht, bis zum Punkt P_2 mit dem betreffenden Bogen von $\bar{\gamma}$ zusammenfällt und nach vollendetem Umlauf in einen über P_1 liegenden Punkt $\bar{P}_1'$ eintrifft. Es ist nun unmöglich, daß sowohl der Punkt $\bar{P}_0$ mit $\bar{P}_0'$, wie auch der Punkt $\bar{P}_1$ mit $\bar{P}_1'$ zusammenfällt, d. h. daß diese beiden genannten Kurven auf $\bar{F}$ geschlossen sind. Ist etwa $\bar{P}_0$ mit $\bar{P}_0'$ identisch, so entspricht dem Punkt P_2 ein bestimmter über ihm liegender Punkt $\bar{P}_2$ von $\bar{F}$, in welchem die von $\bar{P}_0$ ausgehenden und über der Linie $P_0 P_1 P_2$ bzw. $P_0 P_3 P_2$ liegenden Kurven auf $\bar{F}$ eintreffen. Ist ferner $\bar{P}_1 = \bar{P}_1'$, so ist der Endpunkt der von $\bar{P}_1$ ausgehenden, über der Linie $P_1 P_4 P_5 P_2$ und der Endpunkt der von $\bar{P}_1$ ausgehenden, über der Strecke $P_1 P_2$ liegenden Kurve derselbe. Folglich wäre der Endpunkt der von $\bar{P}_0$ ausgehenden, über der geschlossenen Linie $(P_0 P_1 P_4 P_5 P_2 P_3 P_0)$ liegenden Kurve mit dem Anfangspunkt identisch, gegen unsere Voraussetzung. Über einem der beiden Rechtecke liegt also eine von einem Punkt von $\bar{\gamma}$ ausgehende nicht geschlossene Kurve $\bar{\gamma}_1$. Dieses Rechteck q_1 zerlegen wir durch eine Mittellinie in zwei Quadrate und nehmen eines von ihnen, q_2, über welchem eine von einem Punkt von $\bar{\gamma}_1$ ausgehende ungeschlossene Kurve $\bar{\gamma}_2$ verläuft, und fahren auf diese Weise fort. Die so erhaltene Folge ineinander enthaltener Rechtecke konvergiert gegen einen Punkt P des Kreisinnern. — Nehmen wir jetzt einen Streckenzug s aus einer Folge von Wegen bestehend, von denen der erste auf dem Rechteck q_0 den Punkt P_0 mit einem Eckpunkt von q_1 verbindet, der zweite diesen Eckpunkt von q_1 auf q_1 mit einem Eckpunkt von q_2 verbindet usw. Es gibt laut unserer Bedingungen eine stetige Kurve $\bar{s}$ auf F, die über s liegt und deren Anfangspunkt $\bar{P}_0$ ist. Sei $\bar{P}$ der Endpunkt von $\bar{s}$ über P; um diesen Punkt $\bar{P}$ gibt es eine Umgebung $\bar{U}$, in welcher je zwei verschiedene Punkte zwei verschiedene Spurpunkte haben. Andererseits gibt es in beliebiger Nähe von P ein Rechteck q_n, über welchem eine von einem Punkt von $\bar{s}$ ausgehende ungeschlossene Kurve liegt. Aus diesem Widerspruch ergibt sich die Unmöglichkeit unserer Annahme, nämlich, daß es eine mehrblättrige unverzweigte Überlagerungsfläche über einer Elementarfläche gibt.

Das hiermit erhaltene Resultat läßt sich auch in der folgenden Form aussprechen:

Monodromiesatz. Sei $f(P)$ eine auf einer Elementarfläche (oder Kugelfläche) erklärte Funktion mit der folgenden Eigenschaft: zu jedem Punkt P der Fläche F gibt es eine solche Umgebung U von P, daß der in irgendeinem Punkt Q von U beliebig angenommene Wert $f(Q)$ sich längs einer willkürlichen, in U verlaufenden, von Q ausgehenden und dahin zurückkehrenden, einfachen geschlossenen Kurve stetig fortsetzen läßt und die Fortsetzung für den Punkt Q denselben Funktionswert wiedergibt. Dann führt die stetige Fortsetzung eines beliebigen Funktionswertes zu einer auf der ganzen Fläche F eindeutigen und stetigen Funktion.

Sonst gäbe es eine mehrblättrige unverzweigte Überlagerungsfläche $\bar{F}$ über F, die auf die folgende Weise definiert wird: jeder von einem festen Punkt O von F ausgehenden Kurve γ, deren Endpunkt in einem Punkt P von F liegt, ordnet man einen über P liegenden Punkt von $\bar{F}$ zu; zwei solche über demselben Punkt P von F liegende Punkte $\bar{P}$ und $\bar{\bar{P}}$ von $\bar{F}$, die den Kurven γ_1 und γ_2 entsprechen, sind dann und nur dann identisch, wenn die stetige Fortsetzung des in O unter den Werten von $f(O)$ beliebig aber fest gewählten Funktionswertes $f_0(O)$ längs der Kurven γ_1 und γ_2 im Punkt P denselben Wert ergibt. —

Umgekehrt läßt sich leicht über einer Fläche, die weder der Kugel noch dem Kreisinnern homöomorph ist, eine unverzweigte zwei- (oder mehr-) blättrige Überlagerungsfläche angeben. Auf einer solchen Fläche gibt es nämlich entweder einen Rückkehrschnitt, der die Fläche nicht zerlegt, oder, wenn die Fläche schlichtartig ist, einen nicht zerlegenden (uneigentlichen) Querschnitt (der aus unendlich vielen, in den beiden Richtungen gegen zwei Randstücke konvergierenden Kanten besteht). Wir schneiden die Fläche längs des Rückkehrschnittes bzw. Querschnittes auf, nehmen zwei Exemplare der so aufgeschnittenen Fläche und vereinigen sie zu einer einzigen Fläche auf die Weise, daß wir das Dreieck $\triangle_1$, wenn es auf F, nicht aber auf der aufgeschnittenen Fläche mit dem Dreieck $\triangle_2$ längs einer Kante k zusammenhängt, längs der Kante k mit demjenigen Dreieck des anderen Exemplars vereinigen, das dem Dreieck $\triangle_2$ kongruent ist. Auf diese Weise entsteht eine zweiblättrige unverzweigte Überlagerungsfläche $\bar{F}$ über F.

Unter den Überlagerungsflächen kommt eine grundlegende Bedeutung der sogenannten *universellen Überlagerungsfläche* zu. Sie wird auf die folgende Weise erklärt: sei O ein beliebiger, aber fest gewählter Punkt von F; jeder stetigen Kurve γ auf F, deren Anfangspunkt in O und deren Endpunkt in einem Punkt P von F liegt, ordnen wir einen über P liegenden Punkt $\tilde{P}$ von $\tilde{F}$ zu; zwei solche Kurven γ_1 und γ_2 definieren dann und nur dann denselben Punkt $\tilde{P}$ von $\tilde{F}$, wenn auf F die stetige Kurve $\gamma_1 \gamma_2^{-1} \approx 0$, d. h. durch eine stetige Deformation auf F auf einen Punkt von F zusammenziehbar ist. Eine Umgebung des Punktes $\tilde{P}$ auf $\tilde{F}$, der durch eine von O ausgehende und in P endigende Kurve γ definiert ist, wird folgendermaßen erklärt: wir nehmen eine Umgebung U von P auf F und betrachten sämtliche in dieser Umgehung verlaufende, von P ausgehende Kurven γ'; die durch die Kurven $\gamma\gamma'$ definierten Punkte von $\tilde{F}$ bilden eine Umgebung von $\tilde{P}$ auf $\tilde{F}$. — Da jede Kurve auf einer beliebigen unverzweigten Überlagerungsfläche $\bar{F}$ von F, die über einer der Null homotopen Kurve der Grundfläche F verläuft, auch selber geschlossen und auf einen Punkt von $\bar{F}$ zusammenziehbar ist, so können wir die charakteristische Eigenschaft der universellen Überlagerungsfläche auch so aussprechen: eine stetige Kurve $\tilde{\gamma}$ auf $\tilde{F}$, deren Spur γ auf F eine geschlossene stetige Kurve ist, ist dann und nur dann geschlossen, wenn auf jeder unverzweigten Überlagerungsfläche F von F jede über γ liegende Kurve geschlossen ist. Diese begriffliche Definition werden wir später durch die Konstruktion der universellen Überlagerungsfläche erläutern.

Aus der Definition folgt, daß die universelle Überlagerungsfläche keine mehrblättrige unverzweigte Überlagerungsfläche haben kann; eine solche wäre nämlich auch über der Grundfläche F eine unverzweigte Überlagerungsfläche und es gäbe auf ihr eine ungeschlossene Kurve, deren Spur auf $\tilde{F}$ eine geschlossene stetige Kurve ist. Nach dem Obigen ist also die *universelle Überlagerungsfläche einfach zusammenhängend, d. h. entweder der Kugel oder dem Kreisinnern homöomorph.* — Ersteres ist dann und nur dann der Fall, wenn die Grundfläche F die Kugelfläche oder die projektive Ebene ist; dementsprechend ist $\tilde{F}$ ein- bzw. zweiblättrig. Sonst ist die universelle Überlagerungsfläche unendlichvielblättrig (es sei denn, daß die Grundfläche eine Elemtarfläche ist) und dem Kreisinnern homöomorph. — Umgekehrt ist die universelle Überlagerungsfläche durch die Eigenschaft des einfachen Zusammenhangs unter allen unverzweigten Überlagerungsflächen ausgezeichnet.

Die universelle Überlagerungsfläche $\tilde{F}$ besitzt eine *Gruppe von Decktransformationen* auf sich, bei denen jeder Punkt von $\tilde{F}$ in einen über demselben Punkt von F liegenden Punkt von $\tilde{F}$ übergeht. Für den Fall, daß F Kugelfläche oder Elementarfläche ist, besteht diese Gruppe aus der Identität; wenn F die projektive Ebene ist, enthält diese Gruppe außer der Identität noch eine involutorische Transformation (d. h. eine solche, deren Quadrat die Identität ist). In anderen Fällen besteht die Gruppe aus unendlich vielen Transformationen, von denen, abgesehen von der Identität, keine einen Fixpunkt besitzt, d. h. von denen jede jeden Punkt von $\tilde{F}$ in einen von ihm verschiedenen Punkt von $\tilde{F}$ überführt.

Sei t eine beliebige Decktransformation von $\tilde{F}$, bei welcher der Punkt $\tilde{P}$ in den Punkt $\tilde{P}'$ übergeht, und sei P der gemeinsame Spurpunkt von $\tilde{P}$ und $\tilde{P}'$ auf F. Wir nehmen eine gerichtete stetige Kurve $\tilde{\gamma}_1$ auf $\tilde{F}$, deren Anfangspunkt in $\tilde{P}$ und Endpunkt in $\tilde{P}'$ liegt; die Spur dieser Kurve ist eine geschlossene stetige Kurve γ_1 auf F. Wie auch eine andere stetige Kurve $\tilde{\gamma}_2$ auf $\tilde{F}$ gewählt wird, die einen Punkt $\tilde{Q}$ mit seinem bei t entstehenden Bildpunkt $\tilde{Q}'$ verbindet, immer ist ihre Spurkurve γ_2 auf F mit γ_1 homotop in dem Sinne, daß die gerichtete Kurve γ_1 sich durch eine stetige Deformation auf F in die gerichtete Kurve γ_2 überführen läßt. Verbinden wir nämlich den Anfangspunkt von γ_1 mit dem Anfangspunkt von γ_2 durch eine solche stetige Kurve l, über welcher eine die Punkte $\tilde{P}$ und $\tilde{Q}$ verbindende stetige Kurve $\tilde{l}$ liegt, so ist das Bild $\tilde{l}'$ von $\tilde{l}$ bei t eine die Bildpunkte $\tilde{P}'$ und $\tilde{Q}'$ verbindende stetige Kurve. Die Kurve $\tilde{\gamma}_1 \tilde{l}' \tilde{\gamma}_2^{-1} \tilde{l}^{-1}$ ist eine geschlossene stetige Kurve auf $\tilde{F}$, ihre Spurkurve muß also auf F

homotop 0 sein, folglich ist $\gamma_1 \approx \gamma_2$. — Jeder Decktransformation von $\tilde{F}$ entspricht somit eine gerichtete Homotopie (d. h. eine bis auf Homotopie bestimmte gerichtete geschlossene stetige Kurve). Sei andererseits γ eine gerichtete geschlossene stetige Kurve auf F, die vom Anfangspunkt P nach P zurückführt. Sei $\tilde{P}$ ein festgewählter über P liegender Punkt von $\tilde{F}$ und $\tilde{\gamma}$ die stetige Kurve auf $\tilde{F}$, die über γ liegt und deren Anfangspunkt in $\tilde{P}$ ist; ordnen wir dem Punkt $\tilde{P}$ als Bild den Endpunkt $\tilde{P}'$ dieser Kurve zu, so ist zunächst die Decktransformation t für diesen über P liegenden Punkt erklärt. Sei dann $\tilde{Q}$ ein beliebiger anderer Punkt von $\tilde{F}$ und $\tilde{l}$ eine stetige Kurve auf $\tilde{F}$, die $\tilde{Q}$ mit $\tilde{P}$ verbindet. Sei ferner l die Spur von $\tilde{l}$ und $\tilde{l}'$ diejenige über l liegende Kurve auf $\tilde{F}$, deren Endpunkt in $\tilde{P}'$ liegt; den Anfangspunkt $\tilde{Q}'$ dieser Kurve $\tilde{l}'$ ordnen wir als Bildpunkt dem Punkt $\tilde{Q}$ zu. Auf diese Weise wird eine topologische Abbildung von $\tilde{F}$ auf sich selbst erklärt, die eine Decktransformation von $\tilde{F}$ darstellt, und die außer der gegebenen Kurve nur noch von der Wahl des Punktes $\tilde{P}$ von $\tilde{F}$ abhängt.

Betrachten wir die zu einem Punkt P von F gehörigen gerichteten Homotopien auf F; zwei gerichtete geschlossene stetige Kurven, deren Anfangs- und Endpunkte in P liegen, definieren dann und nur dann dieselbe zu P gehörige gerichtete Homotopie, wenn sie durch eine den Anfangs- und Endpunkt festhaltende stetige Deformation auf F ineinander übergeführt werden können. Als Zusammensetzung $\gamma_1 \gamma_2$ von zwei gerichteten geschlossenen stetigen Kurven γ_1 und γ_2, mit dem gemeinsamen Anfangs- und Endpunkt P erklären wir diejenige gerichtete geschlossene stetige Kurve, die entsteht, indem man zuerst die Kurve γ_1 und dann die Kurve γ_2 im angegebenen Sinne umläuft. Auf diese Weise ist die Komposition der zu P gehörigen Homotopien erklärt. — Zwischen den Decktransformationen von $\tilde{F}$ und den zu einem Punkt P von F gehörigen gerichteten Homotopien von F besteht eine holoedrische Isomorphie; hat man zu einer solchen Homotopie eine zugehörige Decktransformation festgelegt, so entspricht jeder solchen Homotopie a eine bestimmte Decktransformation t_a von $\tilde{F}$ und umgekehrt, und der Homotopie $a b$ entspricht das Produkt $t_a t_b$ der entsprechenden Decktransformationen.

Wir können die zu einem Punkt P gehörigen gerichteten Homotopien von F als Elemente einer abstrakten Gruppe auffassen, die nach *Poincaré* als *Fundamentalgruppe von* F bezeichnet wird. Sie ist offenbar unabhängig von dem speziell gewählten Punkt P, und stellt mithin eine topologische Invariante der Fläche F dar.

Sei g eine invariante Untergruppe der Fundamentalgruppe G; ihr entspricht eine ebenfalls invariante Untergruppe der Gruppe der

Decktransformationen. Indem wir die Gesamtheit der bei dieser Untergruppe äquivalenten, d. h. ineinander übergeführten Punkte von $\tilde{F}$ als einen einzigen Punkt eines zu definierenden Gebildes betrachten, bekommen wir eine andere Fläche, die ebenfalls eine unverzweigte Überlagerungsfläche von F darstellt; diese Überlagerungsfläche ist ebenso wie die universelle Überlagerungsfläche *regulär* in dem Sinne, daß niemals über einer geschlossenen stetigen Kurve auf F sowohl eine geschlossene wie auch eine ungeschlossene Kurve auf der Überlagerungsfläche liegen kann. Umgekehrt entspricht auch jeder unverzweigten regulären Überlagerungsfläche von F eine invariante Untergruppe der Fundamentalgruppe.

Die obigen Begriffsbildungen werden wir jetzt an einigen Beispielen erläutern. Sei F eine geschlossene orientierbare Fläche vom Geschlecht $p\,(> 0)$. Die universelle Überlagerungsfläche $\tilde{F}$ von F konstruieren wir folgendermaßen. Wir schneiden die Fläche F längs eines kanonischen Rückkehrschnittsystems $(a_1, a_2, \ldots, a_p, b_1, b_2, \ldots, b_p)$ auf; diese Rückkehrschnitte sollen sämtlich durch einen Punkt O der Fläche F gehen und außerdem keinen gemeinsamen Punkt haben; bei einem positiven Umlauf um O sei $(a_1, b_1, a_1, b_1, a_2, b_2, a_2, b_2, \ldots, a_p, b_p, a_p, b_p)$ die zyklische Reihenfolge dieser Linien. Von der aufgeschnittenen Fläche F' nehmen wir unendlich viele Exemplare und ordnen jeder zu O gehörigen Homotopie γ ein Exemplar F'_γ zu; dann vereinigen wir das Ufer a_i^+ von F'_γ mit dem Ufer a_i^- von $F'_{\gamma b_i}$, so daß dabei die in bezug auf F kongruenten Punkte der beiden Exemplare identifiziert werden und ebenso das Ufer b_i^+ von F'_γ mit dem Ufer b_i^- von $F'_{\gamma a_i}$. — Ist etwa $p = 1$, also F eine Torusfläche, so können wir die längs der Rückkehrschnitte a, b (von denen a ein Meridiankreis, b ein Parallelkreis sein möge) aufgeschnittene Fläche als Quadrat in der Ebene darstellen. Wegen der Homotopie $a b a^{-1} b^{-1} \approx 0$, also $ab \approx ba$ läßt sich jede Homotopie γ in der Form $a^m b^n$ schreiben. Ordnen wir $\gamma \approx a^m b^n$ das Quadrat der (x, y)-Ebene mit den Eckpunkten $(m, n), (m + 1, n), (m + 1, n + 1), (m, n + 1)$ als Exemplar F'_γ zu; die vorgeschriebenen Identifizierungen der Konturen sind dann von selbst gegeben. Die universelle Überlagerungsfläche der Torusfläche erscheint so als die unendliche Ebene; je zwei kongruente Punkte der Ebene, d. h. solche Punkte, deren Abszissen und Ordinaten um ganze Zahlen verschieden sind, liegen über demselben Punkt der Torusfläche.

Sei F eine orientierbare geschlossene Fläche vom Geschlecht $p\,(> 1)$. Ihre universelle Überlagerungsfläche $\tilde{F}$ bilden wir topologisch auf das Innere des Einheitskreises ab. Wir nehmen ein kanonisches Schnittsystem auf F und übertragen diese Zerschneidung auf die Fläche $\tilde{F}$; so entsteht eine Zerlegung von $\tilde{F}$ in unendlich viele berandete Flächen, deren jede der aufgeschnittenen Grundfläche homöomorph ist. Durch die Abbildung von $\tilde{F}$ auf das Kreisinnere entspricht jeder solchen berandeten Teilfläche von $\tilde{F}$ ein von einer einfachen geschlossenen Kurve berandeter Bereich im Kreisinnern, deren Rand aus $4p$ Bögen zusammengesetzt ist, entsprechend den bei dem kanonischen Aufschneiden von F entstehenden $4p$ Randlinienstücken $a_1^+, b_1^+, a_1^-, b_1^-, \ldots, a_p^+, b_p^+, a_p^-, b_p^-$. Zwei Punkte des Kreisinnern sollen kongruent heißen, wenn sie demselben Punkt der Fläche F entsprechen. Den Decktransformationen von $\tilde{F}$ entsprechen topologische Abbildungen des Kreisinnern auf sich selbst ohne Fixpunkt, bei denen die Systeme von kongruenten Punkten ungeändert bleiben, d. h. jeder Punkt in einen kongruenten Punkt übergeht. Die kongruenten Punkte haben im Kreisinnern keinen Häufungspunkt, die Gruppe ist im Kreisinnern diskontinuierlich.

Die oben dargestellten Tatsachen spielen bekanntlich in der Uniformisierungstheorie eine wichtige Rolle. Ist die Grundfläche F eine algebraische *Riemann*sche Fläche vom Geschlecht p (> 1), so folgt aus analytischen Betrachtungen, daß der universellen Überlagerungsfläche als eineindeutiges *konformes* Bild das Kreisinnere und den Decktransformationen eineindeutige konforme Abbildungen des Kreisinnern auf sich, also lineare Transformationen, entsprechen. Betrachtet man das Innere des Einheitskreises vermittels einer hyperbolischen Maßbestimmung als eine hyperbolische Ebene, so erscheint die der Gruppe der Decktransformationen von $\tilde{F}$ entsprechende Gruppe von Abbildungen des Kreisinnern auf sich als eine diskontinuierliche Gruppe G von Bewegungen der hyperbolischen Ebene. — Wenn F eine algebraische *Riemann*sche Fläche vom Geschlecht $p > 1$ ist, so handelt es sich darum, die auf F eindeutigen meromorphen Funktionen als eindeutige analytische Funktionen einer komplexen Veränderlichen t auszudrücken. Die komplexe Veränderliche t der Einheitskreisscheibe, auf welche die universelle Überlagerungsfläche konform abgebildet wurde, ergibt eben den Uniformisierungsparameter t; die zur gegebenen *Riemann*schen Fläche gehörigen algebraischen Funktionen werden als eindeutige automorphe Funktionen ausgedrückt, welche zu der linearen Transformationsgruppe G gehören.

Eine andere in der Uniformisierungstheorie vorkommende Überlagerungsfläche wird auf die folgende Weise erklärt: sei F eine orientierbare geschlossene Fläche vom Geschlecht $p > 0$ und $a_1, b_1, \ldots, a_p, b_p$ ein kanonisches Rückkehrschnittsystem auf F. Wir betrachten die Untergruppe $\bar{g}$ der Fundamentalgruppe, die von den Operationen $b_1, b_2, \ldots, b_p$ erzeugt wird; jeder Operation dieser Gruppe und jedem Punkt P von F ordnen wir einen über P liegenden Punkt $\overline{P}$ der zu definierenden Überlagerungsfläche zu; zwei Punkte $\overline{P}$

und $\overline{\overline{P}}$ sind dann und nur dann identisch, wenn sie sowohl zu dem gleichen Punkt P von F, wie auch zu der gleichen Operation der Gruppe $\bar{g}$ gehören. Die Umgebungsbeziehungen von F übertragen sich in natürlicher Weise auf diese Gesamtheit von Punkten $\overline{P}$, wenn wir eine Umgebung des der Identität entsprechenden, über P liegenden Punktes $\overline{P}$ als die Gesamtheit der einer Umgebung von P und der Identität entsprechenden Punkte erklären. — Die Gesamtheit dieser Punkte $\overline{P}$ bildet eine unverzweigte Überlagerungsfläche $\overline{F}$ von F. — Eine konstruktive Herstellung dieser Überlagerungsfläche ergibt sich so, daß man die Fläche F längs p einander nicht treffender, die Fläche F zusammen nicht zerlegender Rückkehrschnitte $a_1, a_2, \ldots, a_p$ aufschneidet, an jede Kontur der aufgeschnittenen Fläche je ein Exemplar derselben ansetzt usw., so daß immer die Kontur a_i^+ des einen Exemplars mit der Kontur a_i^- des anderen Exemplars identifiziert wird; dabei sollen immer an je zwei Rändern der eben erhaltenen Fläche zwei verschiedene Exemplare angesetzt werden. So entsteht eine schlichtartige Fläche, die für den Fall, daß das Geschlecht p von F gleich 1 ist, einer Zylinderfläche homöomorph ist, für $p > 1$ eine Fläche mit einer perfekten Randmenge darstellt. — Bildet man die längs $a_1, a_2, \ldots, a_p$ aufgeschnittene Fläche F auf einen unbeschränkten ebenen Bereich ab, der von $2p$ geeignet gewählten Kreisen $k_1^+, k_1^-, \ldots, k_p^+, k_p^-$ berandet ist und nimmt man als das an einem Randkreis k_i^+ bzw. k_i^- neu hinzufügendes Exemplar den durch Spiegelung des ersten Bereiches an diesem Randkreis entstehenden Bereich, so wird die Überlagerungsfläche derart erhalten, daß wir die Randkreise k_i^+, k_i^- an jedem Randkreis spiegeln, sämtliche so entstehende Kreise wieder an jedem Kreis spiegeln usw. und dann die perfekte, nirgends zusammenhängende Menge derjenigen Punkte der Ebene, die im Innern von unendlich vielen solchen Kreisen liegen, aus der Ebene fortlassen. Diese Betrachtungen kommen in der Theorie der Uniformisierung von reellen algebraischen Gebilden und der automorphen Funktionen vom *Schottky*schen Typus vor.

Wir erwähnen noch die Überlagerungsfläche der Kommutatoren über einer geschlossenen orientierbaren Fläche vom Geschlecht $p > 0$. Betrachten wir die *Kommutatoren* der Fundamentalgruppe G von F, d.h. die Operationen von der Form: $\varkappa_i = a_i b_i a_i^{-1} b_i^{-1}$ (wobei $a_1, a_2, \ldots, a_p$; $b_1, b_2, \ldots, b_p$ ein Fundamentalsystem bilden), ferner ihre Transformierten $t \varkappa_i t^{-1}$ mit allen Elementen t von G, und die von ihnen erzeugte invariante Untergruppe Γ von G. Zwei gerichtete stetige Kurven γ_1 und γ_2 auf F, deren Anfangs- und Endpunkte in einem Punkt P von F liegen, definieren dann und nur dann denselben Punkt von $\overline{F}$, wenn die Kurve $\gamma_1 \gamma_2^{-1}$ einem Element der Gruppe Γ entspricht. Anders gesagt, eine Kurve auf $\overline{F}$ ist dann und nur dann geschlossen, wenn ihre Spurkurve auf F einer Fundamentalkurve von der Form:

$$t_1 \varkappa_{\alpha_1}^{\nu_1} t_1^{-1} t_2 \varkappa_{\alpha_2}^{\nu_2} t_2^{-1} \ldots t_r \varkappa_{\alpha_r}^{\nu_r} t_r^{-1}$$

homotop ist. — Konstruktiv läßt sich diese Fläche derart darstellen, daß man die Fläche F längs der p einander *fremden* Rückkehrschnittpaare (a_i, b_i) aufschneidet, von der so erhaltenen, von p Konturen berandeten Fläche F' unendlich viele Exemplare nimmt, jeder Komposition

$$a_{\alpha_1}^{\mu_1} b_{\alpha_1}^{\nu_1} a_{\alpha_2}^{\mu_2} b_{\alpha_2}^{\nu_2} \ldots a_{\alpha_r}^{\mu_r} b_{\alpha_r}^{\nu_r} \quad \begin{pmatrix} \alpha_i = 1, 2, \ldots, p; \ \alpha_{i+1} \neq \alpha_i \\ \mu_i, \ \nu_i = \text{ganz, nicht beide Null} \end{pmatrix}$$

je ein Exemplar $F'\left(\begin{smallmatrix} \alpha_1 & \alpha_2 & & \alpha_r \\ \mu_1\nu_1 & \mu_2\nu_2 & \ldots & \mu_r\nu_r \end{smallmatrix}\right)$ und der 0-Komposition mit fortfallender Indexfolge ein Exemplar F_0' zuordnet, ferner das Ufer $a_i^+ (i \neq \alpha_r)$ von $F'\left(\begin{smallmatrix} \alpha_1 & & \alpha_r \\ \mu_1\nu_1 & \ldots & \mu_r\nu_r \end{smallmatrix}\right)$ mit dem Ufer a_i^- von $F'\left(\begin{smallmatrix} \alpha_1 & & \alpha_r & i \\ \mu_1\nu_1 & \ldots & \mu_r\nu_r & 0\,1 \end{smallmatrix}\right)$, das Ufer $a_{\alpha_r}^+$ von $F'\left(\begin{smallmatrix} \alpha_1 & & \alpha_r \\ \mu_1\nu_1 & \ldots & \mu_r\nu_r \end{smallmatrix}\right)$ mit dem Ufer $a_{\alpha_r}^-$ von $F'\left(\begin{smallmatrix} \alpha_1 & & \alpha_r \\ \mu_1\nu_1 & \ldots & \mu_r, \nu_r+1 \end{smallmatrix}\right)$ vereinigt[1]), so daß in bezug auf F kongruente Punkte miteinander identifiziert werden und die entsprechenden Identifizierungen auch für die Ufer b_i analog durchführt. Um eine Übersicht über diese Konstruktion zu haben, stellen wir die längs der p Rückkehrschnittpaare aufgeschnittene Fläche F' als einen ebenen Bereich dar, der von p Konturen berandet ist, deren jede aus vier geeignet gewählten Kreisbögen besteht; dem Ansetzen eines neuen Exemplars entspricht eine Spiegelung des Bereiches an je einem Randkreisbogen. Die erhaltene Überlagerungsfläche ist für das Geschlecht $p = 1$ eine schlichtartige Fläche mit einem Randstück, für $p > 1$ eine schlichtartige Fläche mit perfekter Randmenge.

Es sei endlich die *Überlagerungsfläche der Homologien* oder der Integrale erwähnt. Sei F eine geschlossene orientierbare Fläche vom Geschlecht $p > 0$. Wir betrachten die *Homologien* auf F; zwei gerichtete stetige Kurven γ_1 und γ_2, die vermöge eines Fundamentalsystems von Kurven auf F mit den Fundamentalkurven $d_1, d_2, \ldots, d_{2p}$ (zwischen denen die Homotopie $d_1 d_2 d_1^{-1} d_2^{-1} \ldots d_{2p-1} d_{2p} d_{2p-1}^{-1} d_{2p}^{-1} \approx 0$ besteht) in der kanonischen Form

$$\gamma_1 \approx d_{\alpha_1} d_{\alpha_2} \ldots d_{\alpha_r},$$
$$\gamma_2 \approx d_{\beta_1} d_{\beta_2} \ldots d_{\beta_s}$$

dargestellt werden, nennen wir *homolog*, wenn ihre kanonischen Darstellungen durch Abänderung der Reihenfolge ihrer Elemente in die gleiche Form gebracht werden können. Wie man sieht, ist der Begriff der Homologie unabhängig von dem speziellen Fundamentalsystem. — Die Überlagerungsfläche der Homologien wird nun durch die folgende Erklärung definiert: sei P ein beliebiger Punkt von F, und seien γ_1 und γ_2 zwei gerichtete geschlossene stetige Kurven auf F mit dem gemeinsamen Anfangs- und Endpunkt P; sie definieren dann und nur dann denselben über P liegenden Punkt $\overline{P}$ von $\overline{F}$, wenn sie auf F einander

[1]) Wenn $\mu_r = \nu_r + 1 = 0$ ist, fällt das letzte Glied der Indexfolge fort, sodaß dieselbe sich auf $\left(\begin{smallmatrix} \alpha_1 & & \alpha_{r-1} \\ \mu_1\nu_1 & \ldots & \mu_{r-1}\nu_{r-1} \end{smallmatrix}\right)$ und im Falle $r = 1$ auf 0 reduziert.

homolog sind. Aus dieser begrifflichen Definition läßt sich die folgende konstruktive Herstellung der Überlagerungsfläche entnehmen. Wir bestimmen auf $F\ p$ einander fremde Rückkehrschnittpaare $(a_1, b_1), \ldots, (a_p, b_p)$, und schneiden längs derselben die Fläche F auf; so entsteht eine berandete Fläche F' mit der Eigenschaft, daß jede auf ihr verlaufende geschlossene stetige Kurve auf F homolog 0 ist. Wir nehmen unendlich viele Exemplare von F' und ordnen jeder Homologie

$$a_1^{m_1} a_2^{m_2} \ldots a_p^{m_p} b_1^{n_1} b_2^{n_2} \ldots b_p^{n_p} \quad (m_i, n_i = \text{ganze Zahlen})$$

ein Exemplar $F'_{m_1 \ldots m_p n_1 \ldots n_p}$ zu; dann vereinigen wir das Ufer b_k^+ von $F'_{m_1 \ldots m_k \ldots m_p n_1 \ldots n_p}$ mit dem Ufer b_k^- von $F'_{m_1 \ldots m_k+1 \ldots m_p n_1 \ldots n_p}$ (so daß in bezug auf F kongruente Punkte miteinander identifiziert werden), ebenso die Ufer a_k^+ und a_k^- von $F'_{m_1 \ldots m_p n_1 \ldots n_k \ldots n_p}$ und $F'_{m_1 \ldots m_p n_1 \ldots n_k+1 \ldots n_p}$. — Daß die Randmenge der so entstehenden Fläche aus einem einzigen Randstück besteht, erkennt man folgendermaßen. Nehmen wir für jedes $n = 1, 2, \ldots$ die berandete Fläche $\Phi^{(n)}$, die aus sämtlichen Flächen $F'_{m_1 \ldots m_p n_1 \ldots n_p}$, für welche:

$$|m_1| + \cdots + |m_p| + |n_1| + \cdots + |n_p| \leqq n$$

ist, zusammengesetzt wird; je zwei Konturen von $\Phi^{(n)}$ lassen sich auf $\bar{F} - \Phi^{(n)}$ miteinander verbinden; betrachten wir nämlich irgend zwei Konturen von $\Phi^{(n)}$, an denen etwa die Exemplare F' mit den Indexfolgen $\sigma = m_1 m_2 \ldots m_p n_1 n_2 \ldots n_p$ und $\sigma' = m_1' m_2' \ldots m_p' n_1' n_2' \ldots n_p'$ angesetzt werden, wobei

$$|\sigma| = |m_1| + |m_2| + \cdots + |m_p| + |n_1| + |n_2| + \cdots + |n_p| = n + 1,$$

und ebenso $|\sigma'| = n + 1$ ist, so können wir eine solche Kette $\sigma' = \sigma_1$, $\sigma_2, \ldots, \sigma_r = \sigma'$ von Indexfolgen angeben, daß $|\sigma_i| \geqq n + 1$ ist, ferner jede Indexfolge σ_{i+1} aus σ_i dadurch entsteht, daß eine einzige in σ_i vorkommende Zahl m_k oder n_k um eins vermehrt oder vermindert wird, während die anderen ungeändert bleiben[1]). — An denjenigen Exemplaren F', die den Indexfolgen $\sigma_1, \sigma_2, \ldots, \sigma_r$ entsprechen, lassen sich nunmehr die beiden betrachteten Konturen von $\Phi^{(n)}$ verbinden. — Die Überlagerungsfläche $\bar{F}$ hat also ein einziges Randstück. — Für $p = 1$ ist die Überlagerungsfläche $\bar{F}$ schlichtartig und mit der universellen Überlagerungsfläche identisch, da nämlich auf der Torusfläche je zwei homologe Kurven auch homotop sind. Für $p > 1$ hat die Überlagerungsfläche $\bar{F}$ kein endliches Geschlecht; die Rückkehrschnitte von $\bar{F}$, die der geschlossenen stetigen Kurve $a_1 b_1 a_1^{-1} b_1^{-1}$ auf den Exemplaren $(m_1 m_2 \ldots m_p n_1 n_2 \ldots n_p) = (2r, 0, \ldots, 0, 0, 0, \ldots, 0)$ $(r = 0, 1, 2, \ldots)$ entsprechen, sind einander fremd und zerlegen zusammen die Fläche $\bar{F}$ nicht. Bemerkt man noch, daß $\bar{F}$ orientierbar ist, so ist damit der topologische Charakter von $\bar{F}$ vollständig beschrieben; sie ist also eine orientierbare Fläche mit einem

[1]) Stellt man σ_i als Gitterpunkte im $2p$-dimensionalen Raume dar, so ist die Bedeutung dieser Behauptung unmittelbar klar.

einzigen Randstück zweiter Art und ist etwa den im Beispiel 3 des vorigen Paragraphen dargestellten Flächen homöomorph.

Wenn F eine algebraische *Riemann*sche Fläche vom Geschlecht $p > 0$ ist, so ist die soeben erklärte Fläche $\overline{F}$ die *Riemann*sche Fläche der zu F gehörigen *Abel*schen Integrale erster und zweiter Gattung. Die *Riemann*sche Fläche der transzendent normierten Integrale zweiter Gattung (deren Perioden auf den Rückkehrschnitten $b_1, b_2, \ldots, b_p$ eines kanonischen Schnittsystems gleich 0 sind) erhält man, indem man die Fläche F längs der einander fremden Rückkehrschnitte $a_1, a_2, \ldots, a_p$ aufschneidet, von der so erhaltenen berandeten Fläche unendlich viele Exemplare nimmt, jeder Komposition

$$b_1^{n_1} b_2^{n_2} \ldots b_p^{n_p} \quad (n_1, n_2, \ldots, n_p = \text{ganze Zahlen})$$

ein Exemplar $F'_{n_1 n_2 \ldots n_p}$ zuordnet und das Exemplar $F'_{n_1 n_2 \ldots n_k \ldots n_p}$ längs der Kontur a_k^+ an die Kontur a_k^- des Exemplars $F'_{n_1 n_2 \ldots n_k+1 \ldots n_p}$ ansetzt. Die so entstehende Fläche ist für $p = 1$ einer Zylinderfläche homöomorph, für $p > 1$ eine orientierbare Fläche mit einem einzigen Randstück zweiter Art. Zum Beispiel nehme man für $p = 2$ als Exemplar $F'_{n_1 n_2}$ denjenigen Teil der im Beispiel 3 des vorigen Paragraphen beschriebenen Fläche, welcher über dem Quadrat der (x, y)-Ebene mit den Eckpunkten $(x, y) = (n_1 \pm \frac{1}{2}, n_2 \pm \frac{1}{2})$ liegt und als Konturen $a_1^+, a_1^-, a_2^+, a_2^-$ derselben der Reihe nach diejenigen Kreise auf der Fläche, deren Mittelpunkte in den Punkten $(n_1 + \frac{1}{2}, n_2)$, $(n_1 - \frac{1}{2}, n_2)$, $(n_1, n_2 + \frac{1}{2})$, $(n_1, n_2 - \frac{1}{2})$ der (x, y)-Ebene liegen; für diesen Fall läßt sich die Fläche direkt in die daselbst gegebene Form bringen. — Die hier behandelten Fragen haben auch in der Theorie der *Abel*schen Funktionen ihre Bedeutung. —

Die universelle Überlagerungsfläche und auch die Überlagerungsfläche der Homologien sind allein durch die Grundfläche bestimmt. Dagegen sind die anderen in diesem Paragraphen behandelten Überlagerungsflächen außer der Grundfläche F noch von den auf F angebrachten Rückkehrschnitten (a_k, b_k) bzw. (a_k) abhängig.

Die universelle Überlagerungsfläche ist zugleich Überlagerungsfläche sämtlicher anderen unverzweigten Überlagerungsflächen; sie ist etwa über der Fläche der Kommutatoren und diese über der Fläche der Homologien eine unverzweigte Überlagerungsfläche. Ebenso ist die auf S. 181 dargestellte *Schottky*sche Überlagerungsfläche eine unverzweigte Überlagerungsfläche über der eben erwähnten *Riemann*schen Fläche der Normalintegrale zweiter Gattung.

In der Uniformisierungstheorie spielen ferner die verzweigten Überlagerungsflächen eine wichtige Rolle. Als *Signaturen* werden gewisse Punkte P_1, P_2, ..., mit den zugehörigen (endlich oder unendlich hohen) Verzweigungsordnungen angegeben, und es werden solche Überlagerungsflächen konstruiert, die bei diesen Punkten Verzweigungen der angegebenen Ordnungen haben.

Sechster Abschnitt.

Abbildungen von Flächen.

§ 1. Abbildungen und Deformationen.

Wir betrachten eine (abgeschlossene) Kreisscheibe k und eine topologische (d. h. eineindeutige stetige) Abbildung t von k auf sich selbst[1]). Nach dem Satz von der Gebietsinvarianz (II § 3) geht jeder innere Punkt von k bei t wieder in einen inneren Punkt über, dasselbe gilt von der inversen Abbildung t^{-1}, so daß also die Randpunkte von k sowohl bei t wie auch bei t^{-1} wieder in Randpunkte übergehen; die Kreislinie wird also bei t topologisch auf sich selbst abgebildet. Wenn wir dem Kreis einen positiven Umlaufssinn erteilen, wird ihm bei der Abbildung t ein bestimmter Umlaufssinn desselben entsprechen; einer angegebenen Indikatrix der Kreisscheibe entspricht somit bei t wieder eine bestimmte Indikatrix. Je nachdem die ursprüngliche und die bei t entstehende Indikatrizes gleich bzw. entgegengesetzt sind, werden wir sagen, daß t die Indikatrix erhält bzw. umkehrt. In ähnlichem Sinne sprechen wir von der Erhaltung bzw. Umkehrung der Indikatrix bei einer topologischen Abbildung einer beliebigen orientierbaren Fläche auf sich.

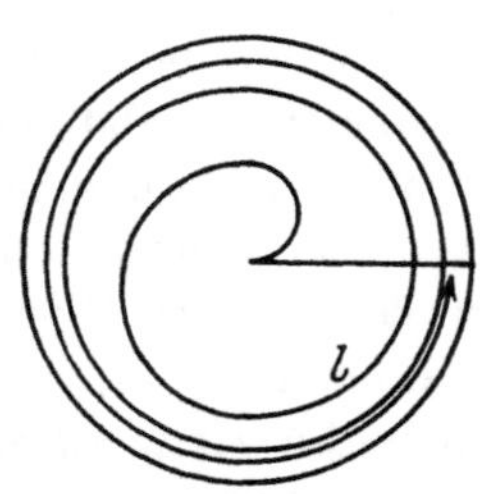

Fig. 39.

Hier wollen wir beiläufig bemerken, daß eine nur im Kreisinnern erklärte topologische Abbildung des Kreisinnern auf sich selbst nicht notwendig eine topologische Abbildung für die Peripherie definiert (wie etwa bei konformen Abbildungen). Ein Beispiel dafür ist etwa das folgende[2]):

$$\left.\begin{aligned} r' &= r \\ \varphi' &= \varphi + \operatorname{tg}(r\pi) \end{aligned}\right\} \begin{aligned} &(r, \varphi = \text{Polarkoordinaten des Punktes } (r, \varphi), \\ &\quad r', \varphi' \text{ die des Bildpunktes von } (r, \varphi)). \end{aligned}$$

---

[1]) Darunter verstehen wir, daß auch jeder Punkt von k zur Bildmenge gehört.

[2]) Siehe *Study* Konforme Abbildung, S. 45; *Hausdorff* Grundzüge der Mengenlehre, S. 381.

Einem Radius entspricht eine spiralartig um die Peripherie sich herumwindende Linie l, einem beliebigen Punkt der Peripherie entspricht als Bild die ganze Peripherie sowohl bei t wie auch bei t^{-1}.

Wir betrachten nun eine topologische Abbildung der (abgeschlossenen) Kreisscheibe k auf sich mit erhaltener Indikatrix; darüber gilt der folgende

Deformationssatz von Tietze: Jede die Indikatrix erhaltende topologische Abbildung der Kreisscheibe auf sich läßt sich durch eine topologische Deformation in die Identität überführen.

Dabei verstehen wir unter einer *topologischen Deformation* eine Menge $\{t_\lambda\}$ von topologischen Abbildungen der Kreisscheibe auf sich, welche eindeutiges stetiges Bild des Intervalles $0 \leqq \lambda \leqq 1$ ist, im folgenden Sinne: jeder Zahl λ entspricht eine Abbildung t_λ; wenn die Zahlen $\lambda_1, \lambda_2, \ldots$ gegen die Zahl λ_0 konvergieren, so konvergieren die entsprechenden Abbildungen $t_{\lambda_1}, t_{\lambda_2}, \ldots$ gegen die der Zahl λ_0 entsprechende Abbildung t_{λ_0}, d. h. die Bilder $P_{\lambda_1}, P_{\lambda_2}, \ldots$ eines beliebigen Punktes P bei den Abbildungen $t_{\lambda_1}, t_{\lambda_2}, \ldots$ konvergieren gegen das Bild P_{λ_0} von P bei t_{λ_0}. — So ist eine topologische Deformation der beiden Abbildungen t_0, t_1, die den Werten $\lambda = 0$ und $\lambda = 1$ des Parameters entsprechen, ineinander erklärt. Im obigen Satz ist eine dieser beiden Abbildungen, etwa t_0, die Identität, die andere t_1 die im voraus gegebene topologische Abbildung t der Kreisscheibe auf sich. — Eine Vorstellung von einer solchen Deformation erhält man, indem man λ als Zeit und die Deformation als eine Bewegung der Punkte betrachtet, die in der Zeit $0 \leqq \lambda \leqq 1$ stetige Kurven beschreiben, so daß in keinem Zeitpunkt zwei ursprünglich verschiedene Punkte sich an dem gleichen Ort befinden.

Der Deformationssatz wird von *Tietze* auf das folgende Lemma zurückgeführt: *Seien l_1 und l_2 zwei einfache Bögen mit gemeinsamen Endpunkten, die, abgesehen von ihren beiden auf dem Rand von k liegenden Endpunkten, im Innern von k verlaufen; es läßt sich eine solche topologische Deformation von k bestimmen, bei welcher jeder Punkt des Randes ungeändert bleibt und der Bogen l_1 in l_2 übergeht.*

Den Beweis des Lemmas stützen wir nach *Antoine* auf den in II § 2 dargestellten Abbildungssatz. Wir setzen voraus, daß die Bögen l_1 und l_2, abgesehen von ihren Endpunkten, keinen Punkt gemeinsam haben; wäre dies nicht der Fall, so nehmen wir einen dritten Bogen l_3, der die beiden Endpunkte von l_1 verbindet und, abgesehen von diesen beiden Punkten, sowohl von l_1 wie auch von l_2 fremd ist (vgl. S. 87, Satz I); wir deformieren dann l_1 in l_3 und dann l_3 in l_2. Seien also gleich l_1 und l_2 zwei abgesehen von ihren gemeinsamen Endpunkten voneinander freie Bögen; durch l_1 und l_2 wird die Kreisscheibe in drei Teile I, II, III zerlegt (s. Fig. 40). Wir nehmen eine andere Kreisscheibe k' und in dieser zwei Kreisbögen l_1' und l_2', die zwei gegenüberliegende Punkte der Peripherie verbinden. Wir bestimmen dann je eine topologische Abbildung der Bögen l_1, l_2 und der beiden Kreisbögen b_1, b_2, welche durch die Endpunkte von l_1 und l_2 auf dem Rand von k bestimmt werden, auf die entsprechenden Bögen in k', so daß dabei jedem der beiden Endpunkte von l_1 ein bestimmter Endpunkt von l_1' entspricht, und, wie in k etwa die Bögen b_1 und l_1 zusammen einen von l_2 freien Teil I von k beranden, so auch die Bögen b_1' und l_1' einen von l_2' freien Teil I von k' beranden. Die auf dem Rand von I erklärte Abbildung, durch welche b_1 und l_1 in b_1' und l_1' übergeführt werden, läßt sich nach II § 2 für das Gebiet I topologisch erweitern, so daß dasselbe in das Gebiet I von k' übergeht; ebenso verfahren wir in bezug auf die Gebiete II und III, so daß eine topologische Abbildung von k auf k' entsteht, die die Bögen l_1 und l_2 in die Bögen l_1' und l_2' überführt. Auf k' können wir nun gleich eine topologische Deformation angeben, die l_1' in l_2' überführt und jeden Randpunkt ungeändert läßt, nämlich eine solche längs der parallelen Linien, die auf dem Durchmesser durch die Endpunkte von l_1' und l_2' senkrecht stehen. Dieser Deformation entspricht laut der Abbildung von k' auf k eine topologische Deformation von k, die den Bogen l_1 in l_2 überführt und jeden Randpunkt ungeändert läßt. — Somit ist das *Tietze*sche Lemma bewiesen. — Wir bemerken noch folgendes, was sich aus dem Obigen ebenfalls mit ergibt: sei eine topologische Abbildung von l_1 auf l_2 gegeben, die die Endpunkte ungeändert, d. h. jeden von ihnen sich selbst entsprechen läßt; es läßt sich eine solche topologische Deformation der Kreisscheibe angeben, bei der jeder Punkt von l_1 in den ihm laut der gegebenen Abbildung entsprechenden Punkt von l_2 übergeht und jeder Randpunkt ungeändert bleibt.

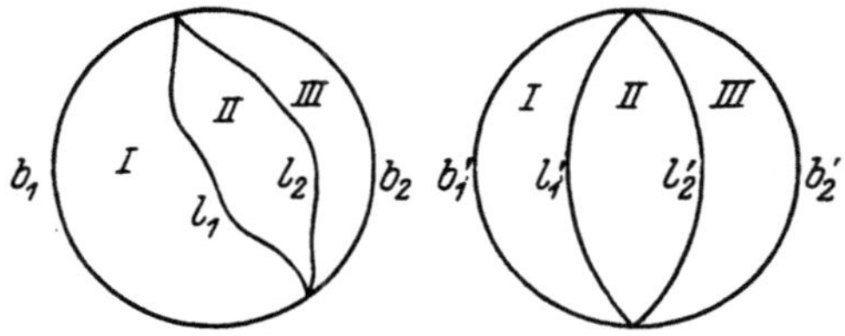

Fig. 40.

Nehmen wir nun die gegebene topologische Abbildung t der Kreisscheibe auf sich. Zuerst deformieren wir die Kreisscheibe k derart, daß aus der Abbildung t eine solche Abbildung t_1 entsteht, die jeden Randpunkt sich selbst entsprechen läßt. Sei nämlich φ der Winkel eines beliebigen Randpunktes $(0 \leqq \varphi < 2\pi)$, und φ' der seines Bildpunktes; letzterer sei so bestimmt, daß dem Punkt $\varphi = 0$ der Kreislinie ein Wert φ_0' und jedem anderen φ ein Wert φ' zwischen φ_0' und $\varphi_0' + 2\pi$ entspricht. Für den Rand erklären wir dann folgende Deformation: $0 \leqq \lambda \leqq 1$, $\varphi_\lambda = \varphi' + \lambda(\varphi - \varphi')$; den Werten 0 bzw. 1 des Parameters λ entspricht auf dem Rand die gegebene Abbildung bzw. die Identität. Diese Deformation übertragen wir auf die ganze Kreisscheibe mittels der Formeln:

$$0 \leqq \lambda \leqq 1 \left\{ \begin{array}{l} r_\lambda = r \\ \varphi_\lambda = \varphi' + \lambda(\varphi - \varphi'); \end{array} \right.$$

$(r_\lambda, \varphi_\lambda)$ bedeutet das Bild des Punktes (r, φ) im Zeitpunkt λ.

Des leichteren Ausdrucks wegen nehmen wir nun statt der Kreisscheibe einen Quadratbereich $0 \leqq x \leqq 1$, $0 \leqq y \leqq 1$, auf welchen wir die Kreisscheibe k topologisch abbilden und dadurch die Abbildung t_1 übertragen; die entsprechende topologische Abbildung des Quadratbereiches auf sich bezeichnen wir wieder mit t_1. Nun sei l_1 eine der beiden Mittellinien des Quadrates und l_1' ihr Bild bei t_1; nach dem obigen Lemma läßt sich l_1' in l_1 durch eine topologische Deformation des Quadratbereiches überführen, bei welcher jeder Randpunkt ungeändert bleibt und zwar so, daß jeder Punkt von l_1' in denjenigen Punkt von l_1 übergeht, dessen Bild er bei t_1 ist; durch diese Deformation entsteht aus t_1 eine andere topologische Abbildung t_2 des Quadratbereiches auf sich, die jeden Randpunkt und jeden Punkt der Mittellinie l_1 ungeändert läßt. — Nun nehmen wir die beiden durch l_1 bestimmten Hälften des Quadrates und die auf l_1 senkrechte Mittellinie l_2; in jeder Hälfte wenden wir eine topologische Deformation an, die die Randpunkte ungeändert läßt und das Bild von l_2 in l_2 überführt, so daß jeder Bildpunkt von l_2 bei t_2 in den ihm bei t_2^{-1} entsprechenden Punkt von l_2 übergeht; hierdurch entsteht aus t_2 eine topologische Abbildung t_3 des Quadratbereiches auf sich, die außer dem Rand noch sämtliche Punkte der Mittellinien l_1 und l_2 ungeändert läßt. Wir nehmen nun in den vier durch l_1 und l_2 bestimmten Teilquadraten wieder die Mittellinien und deformieren ihre bei t_3 entstehenden Bilder in die ursprüngliche Lage usw. Die erhaltene Folge $t_1, t_2, \ldots$ von topologischen Abbildungen des Quadratbereiches auf sich konvergiert gegen die Identität; wenn nämlich N eine beliebige natürliche Zahl ist, so gibt es einen zugehörigen Index k, so daß die Abbildung t_k (und auch t_{k+h}, $h > 0$) sämtliche solche Punkte des Quadratbereiches ungeändert läßt, deren Ordinate oder Abszisse einen Wert $\frac{a}{2^n}$ (a, n positive ganze Zahlen, $n \leqq N$) hat; ferner geht jedes von den Linien $x = \frac{a}{2^N}$, $0 \leqq y \leqq 1$, und $0 \leqq x \leqq 1$, $y = \frac{b}{2^N}$ ($a, b = 0, 1, 2, \ldots, 2^N$) bestimmte Quadrat bei t_k in sich über, so daß der Abstand eines beliebigen Punktes von seinem bei t_k entstehenden Bild mit wachsendem k gegen 0 konvergiert. Nun stellen wir der Reihe nach die Deformationen, die t_k in t_{k+1} überführen, als eindeutige stetige Bilder der Intervalle $\frac{1}{k} \geqq \lambda \geqq \frac{1}{k+1}$ ($k = 1, 2, \ldots$) dar und ordnen außerdem dem Wert 0 die Identität zu. So erhalten wir eine topologische Deformation von t_1 in die Identität. — Hiermit ist der *Tietze*sche Satz bewiesen.

Zwei topologische Abbildungen einer Fläche, die durch eine topologische Deformation der Fläche ineinander übergehen, bezeichnen wir als zum gleichen *Typus* gehörig. In diesem Sinne können wir sagen, daß sämtliche die Indikatrix erhaltende Abbildungen der Kreisscheibe auf sich selbst zum selben Typus oder auch zum Typus der Identität gehören. Daraus folgt dann, daß sämtliche die Indikatrix umkehrende Abbildungen der Kreisscheibe auf sich zum Typus der Spiegelung s:

$$r' = r, \quad \varphi' = -\varphi$$

gehören. — Sei nämlich t eine die Indikatrix umkehrende Abbildung der Kreisscheibe auf sich; das Produkt von t mit der Spiegelung s ergibt eine die Indikatrix erhaltende topologische Abbildung st der Kreisscheibe auf sich, die sich also topologisch in die Identität deformieren läßt. Indem wir jede bei dieser Deformation durchlaufene Abbildung mit der Spiegelung $s^{-1} = s$ zusammensetzen, erhalten wir wieder eine topologische Deformation, die die Abbildung t in die Spiegelung s überführt. — Andererseits läßt sich leicht einsehen, daß bei einer topologischen Deformation entweder sämtliche Abbildungen die Indikatrix ungeändert lassen oder aber sämtlich die Indikatrix umkehren, so daß also die die Indikatrix erhaltenden bzw. umkehrenden topologischen Abbildungen der Kreisscheibe auf sich selbst zwei verschiedene Typen bilden.

Die gleichen Betrachtungen gelten auch auf der Kugelfläche. — Sei t eine die Indikatrix erhaltende topologische Abbildung der Kugelfläche auf sich selbst. Sei O ein beliebiger Punkt, O' sein Bild; durch eine Drehung der Kugelfläche, die natürlich eine topologische Deformation ist, führen wir den Punkt O' nach O zurück; dadurch geht die ursprüngliche Abbildung t in eine neue topologische Abbildung t_1 der Kugelfläche in sich über, welche den Punkt O sich selbst entsprechen läßt[1]). Sei etwa O der Südpol und k ein solcher Parallelkreis, der mit seinem Bild zusammen auf der südlichen Halbkugel liegt. Eine leichte Abänderung des obigen *Tietze*schen Lemmas ergibt, daß das Bild von k durch eine jeden Punkt des Äquators ungeändert lassende topologische Deformation der südlichen Halbkugel in k übergeführt werden kann; durch diese Deformation geht t_1 in eine topologische Abbildung t_2 der Kugelfläche auf sich über, die ebenfalls die Indikatrix erhält und jedes der beiden durch k bestimmten Gebiete in sich überführt. Nun nehmen wir eine solche topologische Deformation, die jeden Parallelkreis in sich und jeden Halb-

1) Im nächsten Paragraphen werden wir sehen, daß auch bei der Abbildung t wenigstens ein Punkt sich selbst entsprechen muß.

meridian wieder in einen Halbmeridian überführt und bei welcher schließlich jeder Punkt von k in seinen bei t_2^{-1} entstehenden Bildpunkt übergeht. Ferner können wir, nach dem obigen Deformationssatz, in den beiden, durch k bestimmten Hälften je eine die Punkte von k festhaltende topologische Deformation anwenden, die jeden Punkt in seine ursprüngliche Lage zurückbringt. — Auf der Kugelfläche gehören somit die topologischen Abbildungen mit erhaltener Indikatrix zum Typus der Identität, die mit umgekehrter Indikatrix zum Typus der Spiegelung.

Sei nun F eine beliebige geschlossene oder berandete Fläche[1]. Zwei gerichtete einfache geschlossene Kurven j und j' auf F heißen *isotop* auf F, wenn sie durch eine topologische Deformation auf F ineinander übergeführt werden können; es soll also eine Menge $\{j_\lambda\}$ von gerichteten einfachen geschlossenen Kurven j_λ auf F geben, die vom Parameter λ $(0 \leqq \lambda \leqq 1)$ stetig abhängen, in dem Sinne, daß wenn die Parameterwerte $\lambda_1, \lambda_2, \ldots$ gegen λ_0 konvergieren, die Parameterabstände der entsprechenden Kurven j_{λ_i} und j_{λ_0} gegen 0 konvergieren. Diese Erklärung ist, wie man leicht erkennt, äquivalent der folgenden: es gibt eine endliche Folge $j_1 = j$, $j_2, \ldots, j_n = j'$ von gerichteten einfachen geschlossenen Kurven auf F, von denen je zwei aufeinanderfolgende j_i und j_{i+1} einander fremd sind, und zusammen einen (dem ebenen Kreisring homöomorphen) Ringbereich auf F beranden; dabei haben die Kurven j_i und j_{i+1} entgegengesetzte Umlaufssinne in bezug auf eine Indikatrix des von ihnen berandeten Ringbereiches[2]. — Zwei einfache geschlossene Kurven heißen isotop, wenn sie mit geeignetem Umlaufssinn versehen als gerichtete Kurven isotop sind. — Zwei Querschnitte von F, d. h. zwei einfache Bögen b und b' auf F, die, abgesehen von ihren auf dem Rand von F liegenden Endpunkten im Innern

[1]) Des einfacheren Ausdrucks wegen setzen wir voraus, daß F eine im drei- oder vierdimensionalen Raum liegende (singularitätenfreie) Fläche ist, und verstehen unter dem Abstand von zwei Punkten von F den in diesem Raum gemessenen euklidischen Abstand der beiden Punkte.

[2]) Zwei Kurven j_i und j_{i+1}, die zusammen auf F einen Ringbereich beranden, lassen sich auf F topologisch ineinander deformieren, längs derjenigen Bögen, die die Bilder der Radien des Kreisringes sind; wenn also je zwei aufeinanderfolgende Kurven der Folge $j_1 = j$, $j_2, \ldots, j_n = j'$ zusammen einen Ringbereich auf F beranden, so läßt sich j auf F topologisch in j' deformieren. Wenn andererseits j in j' durch eine topologische Deformation auf F übergeht, gibt es eine Folge $j_1 = j$, $j_3, \ldots, j_{2k+1} = j'$ von einfachen geschlossenen Kurven, von denen j_{2i-1} und j_{2i+1} einen sehr kleinen Parameterabstand haben; es gibt also eine sehr nahe bei diesen Kurven verlaufende einfache geschlossene Kurve j_{2i}, die sowohl mit j_{2i-1} wie auch mit j_{2i+1} zusammen je einen Ringbereich auf F berandet. — Es ist ferner leicht zu zeigen, daß je zwei isotope Kurven auf F sich durch eine topologische Deformation der Fläche F ineinander überführen lassen.

von F verlaufen, heißen isotop auf F, wenn es eine solche topologische Deformation von b in b' auf F gibt, bei welcher sich die Endpunkte von b immer auf dem Rand von F und die inneren Punkte von b im Innern von F bewegen.

Von einer topologischen Abbildung t von F auf sich selbst sagen wir, daß sie die *Zyklosis* der Fläche ungeändert läßt, wenn bei ihr jede gerichtete einfache geschlossene Kurve in eine ihr isotope Kurve, und jeder Querschnitt von F in einen isotopen Querschnitt übergeht. Offenbar läßt jede Abbildung, die sich auf F topologisch in die Identität deformieren läßt, die Zyklosis ungeändert. Von diesem Satz besteht nach *Tietze* die folgende Umkehrung:

Eine die Zyklosis ungeändert lassende topologische Abbildung einer Polyederfläche von der Zusammenhangszahl > 1 *auf sich selbst gehört zum Typus der Identität* (d. h. sie läßt sich durch eine topologische Deformation von F in sich in die Identität überführen).

Ist F eine schlichtartige Fläche, die wir als einen von r (> 1) Kreisen berandeten ebenen Bereich darstellen, so wenden wir zuerst eine solche topologische Deformation an, die jeden Punkt des äußeren Randkreises j_0 und eines inneren Randkreises j_1 und ferner jeden Punkt eines j_0 und j_1 verbindenden Querschnittes q_1 von der bei der gegebenen Abbildung entstehenden Bildlage in die ursprüngliche Lage zurückbringt; so geht q_1 in einen Querschnitt q_1' über. Dann nehmen wir eine weitere Deformation, die die Punkte von j_0, j_1 und q_1' ungeändert läßt und jeden Punkt des Randkreises j_2 und ebenso eines j_0 und j_2 verbindenden Querschnittes q_2 in die ursprüngliche Lage zurückbringt usw. Endlich schneiden wir den Bereich längs der Querschnitte $q_1', q_2', \ldots, q_{r-1}'$ auf und deformieren die so entstehende Elementarfläche topologisch derart, daß jeder Randpunkt ungeändert bleibt und jeder Punkt in die ursprüngliche Lage zurückgebracht wird. — Für nicht schlichtartige Flächen verfährt man ähnlich, indem man außer den Querschnitten auch nicht zerlegende Rückkehrschnitte der analogen Betrachtung unterwirft. —

§ 2. Fixpunktsätze der Kreisscheibe und der Kugelfläche.

Wir betrachten eine topologische Abbildung der Kreisscheibe auf sich selbst. Unter einem *Fixpunkt* verstehen wir einen mit seinem Bilde zusammenfallenden Punkt. Wir beweisen den folgenden Satz von *Brouwer*:

I. *Eine topologische Abbildung der Kreisscheibe auf sich besitzt wenigstens einen Fixpunkt.*

Seien (r, φ) die Polarkoordinaten des Punktes P und sei $r \leqq 1$ die Kreisscheibe, die auf sich selbst abgebildet wird. Das Bild des Punktes P bezeichnen wir mit P', seine Polarkoordinaten mit (r', φ').

H bedeute die Menge derjenigen Punkte P, die mit ihren Bildern P' auf dem gleichen Radius liegen; für die Punkte P von H gilt also:

$$\varphi(P') \equiv \varphi(P) \pmod{2\pi}.$$

Die Menge H ist abgeschlossen zufolge der Stetigkeit der Funktion $\varphi(P)$ für die vom Mittelpunkt O verschiedenen Punkte P; der Mittelpunkt O gehört ebenfalls zur Menge H, ebenso auch der Punkt $'O$, dessen Bild O ist.

Da der Rand $r = 1$ bei der Abbildung in sich selbst übergeht, so ist ein auf dem Rand liegender Punkt der Menge H notwendig ein Fixpunkt, da für ihn gleichzeitig $r' = r$ und $\varphi' \equiv \varphi$ besteht. Von diesem Fall können wir also absehen und voraussetzen, daß die Menge H ganz im Innern der Kreisscheibe liegt.

In diesem Fall existiert, wie wir behaupten, ein Teilkontinuum K von H, welches den Mittelpunkt O und sein inverses Bild $'O$ enthält. Unter der entgegengesetzten Annahme gibt es ein die Menge H nicht treffendes Polygon Π, das einen der Punkte O und $'O$ im Innern, den anderen im Äußern hat. Setzen wir voraus, daß etwa $'O$ im Innern und O im Äußern von Π liegt.

Auf dem Polygon Π läßt sich ein eindeutiger stetiger Winkel φ bestimmen, da Π den Punkt O in seinem Äußern hat; das Bild von Π ist eine den Punkt O in ihrem Innern enthaltende einfache geschlossene Kurve j, bei deren Umlaufung sich der Winkel um $\pm 2\pi$ ändert (s. II § 5). Sei P ein Punkt von Π, P' sein Bild und $\varphi(P)$ der eindeutig bestimmte Winkel von P; der Winkel $\varphi(P')$ von P' werde so bestimmt, daß er zwischen $\varphi(P) - 2\pi$ und $\varphi(P)$ liegt:

$$\varphi(P) - 2\pi \leqq \varphi(P') < \varphi(P).$$

Umläuft nun der Punkt P um das Polygon Π in dem Sinne, daß sein Bild P' die Kurve j in positiver Richtung durchläuft, so kehrt der Polarwinkel von P nach vollendetem Umlauf zu seinem Anfangswert zurück, während der von P' um 2π zunimmt; für die nach dem Umlauf erhaltenen Endwerte der Winkel $\varphi(P)$, $\varphi(P')$ besteht somit die Beziehung

$$\varphi(P') \geqq \varphi(P).$$

Es gibt mithin einen Punkt P von Π, für den

$$\varphi(P') = \varphi(P)$$

ist. Dieser Punkt P gehört also zur Menge H, gegen unsere Annahme, daß nämlich Π die Menge H nicht trifft. Daraus folgt die Existenz eines die Punkte O und $'O$ verbindenden Teilkontinuums K von H.

Auf K betrachten wir die eindeutige stetige reelle Funktion

$$r(P') - r(P);$$

diese Funktion ist für $P = {}'O$ gleich $-r('O)$, also negativ; für $P = O$ ist sie gleich $r(O')$ (wobei O' das Bild von O bedeutet), also positiv; sie muß also für einen Punkt P_1 von K verschwinden, d. h. wir haben:

$$r(P_1') = r(P_1);$$

da ferner P_1 zu H gehört, so ist zugleich:

$$\varphi(P_1') = \varphi(P_1),$$

d. h. P_1 ist ein Fixpunkt. —

Durch die gleiche Überlegung beweist man den folgenden Satz von *Brouwer*:

II. *Eine topologische Abbildung der Kugelfläche auf sich mit erhaltener Indikatrix besitzt wenigstens einen Fixpunkt.*

Man nehme auf der Kugel ein geographisches Koordinatensystem an und bezeichne mit $\varphi = \varphi(P)$ und $\psi = \psi(P)$ die geographische Länge und Breite des Punktes P; ψ liegt zwischen $-\frac{\pi}{2}$ und $+\frac{\pi}{2}$ und ist eindeutig, φ ist aber nur mod 2π bestimmt. Seien Q und Q' die beiden Pole der Kugel, d. h. die Punkte, die den Werten $\psi = -\frac{\pi}{2}$ und $+\frac{\pi}{2}$ entsprechen, und sei $'Q$ der Punkt, dessen Bild Q ist. Wir setzen voraus, daß das Bild von Q der Punkt Q' ist, was die Allgemeinheit nicht beschränkt.

H bedeute die Menge derjenigen Punkte, die mit ihren Bildern gleiche Länge φ haben; zu dieser abgeschlossenen Menge gehören die Punkte $'Q$, Q und Q'. Wir behaupten, daß es ein Teilkontinuum K von H gibt, welches die Punkte $'Q$ und Q enthält.

Im entgegengesetzten Fall gibt es nämlich ein die Menge H nicht treffendes Polygon Π, welches die Punkte $'Q$ und Q voneinander trennt. Die beiden von Π bestimmten Gebiete der Kugel bezeichnen wir mit g_1 und g_2; g_1 soll den Punkt Q, g_2 den Punkt $'Q$ enthalten. Die Bilder von g_1, g_2 bezeichnen wir mit g_1', g_2'; das Bild von Π ist die einfache geschlossene Kurve j.

Es sind nun zwei Fälle zu behandeln, je nachdem ob Q' zu g_1 oder zu g_2 gehört.

Erstens, wenn Q' zu g_1 gehört, so enthält g_1 die Punkte Q und Q', g_2 den Punkt $'Q$; g_1' enthält den Punkt Q', g_2' den Punkt Q. Es läßt sich also auf Π eine eindeutige und stetige Länge φ bestimmen, während sich auf j die Länge nach einem Umlauf um $\pm 2\pi$ ändert. Sei P ein Punkt von Π und P' sein Bild; die Länge von P' werde so bestimmt, daß

$$\varphi(P) - 2\pi \leqq \varphi(P') < \varphi(P)$$

ist. Wenn nun der Punkt P um das Polygon Π in dem Sinne umläuft, daß der Bildpunkt P' von P die Kurve j im Sinne der wachsenden Länge durchläuft, so gilt für die Endwerte $\varphi(P)$ und $\varphi(P')$

$$\varphi(P') \geqq \varphi(P),$$

so daß es einen Punkt P von Π gibt, für den:

$$\varphi(P') = \varphi(P)$$

ist.

Zweitens, wenn Q' zu g_2 gehört, so enthält g_1 den Punkt Q, g_2 die Punkte $'Q$ und Q'; g_1' den Punkt Q', g_2' den Punkt Q. Auf Π läßt sich ein solcher Umlaufssinn angeben, bei dem die Länge um 2π zunimmt. Da die Indikatrix bei der Abbildung erhalten bleibt, entspricht diesem Umlauf um Π ein Umlauf um j, bei welchem sich die Länge um 2π vermindert. Es muß also wieder einen Punkt P von Π geben, für welchen:

$$\varphi(P') = \varphi(P)$$

ist.

In beiden Fällen müßte somit Π die Menge H treffen. Dieser Widerspruch gegen unsere Annahme ergibt die behauptete Existenz des die Punkte $'Q$ und Q verbindenden Teilkontinuums K von H.

Wir betrachten auf K die eindeutige stetige reelle Funktion

$$\psi(P') - \psi(P).$$

Diese ist für $P = {}'Q$ negativ, für $P = Q$ positiv, sie verschwindet also für einen Punkt P_1 von K, d. h. wir haben:

$$\psi(P_1') = \psi(P_1);$$

da ferner P_1 ein Punkt von H ist, ist zugleich:

$$\varphi(P_1') \equiv \varphi(P_1);$$

d. h. P_1 ist ein Fixpunkt der Abbildung.

Eine die Indikatrix umkehrende topologische Abbildung der Kugelfläche auf sich braucht nicht notwendig einen Fixpunkt zu haben; so ist z. B. die Abbildung, bei welcher jeder Punkt der Kugelfläche in den diametral gegenüberliegenden Punkt übergeht, eine topologische Abbildung der Kugelfläche auf sich ohne Fixpunkt.

Bei erhaltener Indikatrix gibt es auf der Kugelfläche wenigstens einen Fixpunkt, wie wir eben gezeigt haben. Vermöge einer stereographischen Projektion der Ebene auf die Kugelfläche entspricht einer Translation $x' = x + a$, $y' = y + b$ der Ebene eine topologische Abbildung der Kugelfläche auf sich, welche die Indikatrix ungeändert läßt und einen einzigen Fixpunkt besitzt, welcher dem unendlich fernen Punkt der Ebene entspricht.

Einer die Indikatrix erhaltenden topologischen Abbildung der Kugelfläche auf sich mit einem einzigen Fixpunkt entspricht eine die Indikatrix erhaltende topologische Abbildung der Ebene auf sich ohne Fixpunkt; man nimmt nämlich den einzigen Fixpunkt der Kugel als Projektionszentrum und projiziert die Kugelfläche auf die Ebene, die sie im gegenüberliegenden Punkt berührt. — Über fixpunktfreie, die Indikatrix erhaltende topologische Abbildungen der Ebene auf sich gilt der folgende tiefliegende Satz:

III. *Translationssatz von Brouwer: Eine die Indikatrix erhaltende fixpunktfreie topologische Abbildung der Ebene auf sich selbst ist über die ganze Ebene eine Translation.*

Um den Satz richtig erklären zu können, führen wir die folgenden Bezeichnungen ein. Unter einer *einfachen offenen Linie* verstehen wir eine *abgeschlossene* Punktmenge, die topologisches Bild der unendlichen Geraden ist. Ein *Translationsfeld* ist ein von zwei fremden einfachen offenen Linien l und l' bestimmtes Gebiet der Ebene, so daß die Linie l' das Bild von l bei der gegebenen Abbildung t ist, und das Bild dieses Translationsfeldes bei t ein von den Linien l' und l'' (l'' = das Bild von l' bei t) bestimmtes, dem Translationsfeld (l, l') fremdes Gebiet ist.

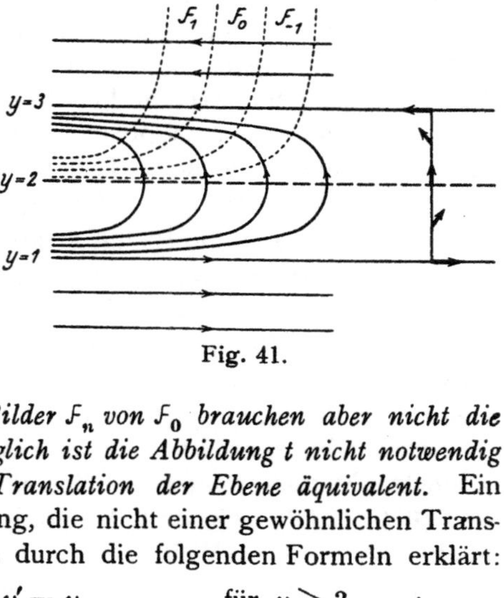

Fig. 41.

Der Translationssatz behauptet nun, daß es *zu jedem Punkt der Ebene sich ein diesen Punkt enthaltendes Translationsfeld angeben läßt.* Die Bilder dieses Feldes F_0 bei den positiven und negativen Potenzen t^n der Abbildung t sind Gebiete, die einander paarweise fremd sind und zusammen einen gewissen Teil der Ebene bedecken. *Die Bilder F_n von F_0 brauchen aber nicht die ganze Ebene zu erfüllen, und folglich ist die Abbildung t nicht notwendig einer gewöhnlichen metrischen Translation der Ebene äquivalent.* Ein Beispiel für eine solche Abbildung, die nicht einer gewöhnlichen Translation äquivalent ist, wird etwa durch die folgenden Formeln erklärt:

$$\begin{cases} x' = x - 1 \quad , & y' = y \quad , \quad \text{für } y \geqq 3 \quad ; \\ x' = x + (2 - y), & y' = y + \frac{3-y}{2}, \quad \text{für } 3 \geqq y \geqq 2 ; \\ x' = x + (2 - y), & y' = y + \frac{y-1}{2}, \quad \text{für } 2 \geqq y \geqq 1 ; \\ x' = x + 1 \quad , & y' = y \quad , \quad \text{für } 1 \geqq y \quad . \end{cases}$$

Fig. 41 deutet die Strömungslinien an, längs deren sich die Punkte von der Anfangslage in die durch die Abbildung bestimmte Endlage begeben; rechts ist ferner schematisch die Änderung des *Transformationsvektors* dargestellt, wobei immer der Anfangspunkt des Vektors den ursprünglichen Punkt, der Endpunkt seinen Bildpunkt darstellt. — Die punktierten Linien beranden paarweise je ein Translationsfeld $\ldots, \mathfrak{F}_{-1}, \mathfrak{F}_0, \mathfrak{F}_1, \ldots$; diese Felder füllen die Halbebene $y > 2$ aus.

Wegen des Beweises des Translationssatzes verweisen wir den Leser auf die ursprüngliche Darstellung von *Brouwer* in Mathem. Ann. **72**, S. 37—54. Wir werden hier nur einige, auch an sich interessante Teilergebnisse davon darstellen.

Unter einem *Translationsbogen* verstehen wir einen einfachen Bogen PP', dessen Endpunkt P' das Bild des Anfangspunktes P ist, und welcher mit seinem Bild, d. h. dem Bogen $P'P''$ außer P' keinen gemeinsamen Punkt hat. Die Bilder eines Translationsbogens PP' bei den positiven und negativen Potenzen der Abbildung t ergeben eine *Bahnkurve.* Wir werden zeigen, daß *eine Bahnkurve sich nicht schneidet;* ferner kann sie bei beliebig weiter Fortsetzung vorwärts oder rückwärts nicht in beliebige Nähe eines ihrer früheren Punkte kommen. Sie ist also topologisches Bild der unendlichen Geraden, und ihre *Enden,* d. h. die Gesamtheit der Grenzpunkte von Folgen, deren entsprechende Punkte auf der Geraden nach rechts bzw. nach links gegen unendlich konvergieren, haben mit der Bahnkurve keinen gemeinsamen Punkt; sie ist aber im allgemeinen keine einfache offene Linie im oben angegebenen Sinne, da nämlich eine einfache offene Linie keine Enden hat.

Der Beweis der obigen Behauptung beruht auf dem folgenden

Hilfssatz: Seien $u(P)$, $v(P)$ zwei eindeutige stetige Funktionen in einem von einer einfachen geschlossenen Kurve j berandeten Bereich b, die in keinem Punkt dieses Bereiches gleichzeitig verschwinden. Dann ist die Winkeländerung des Vektors mit dem Anfangspunkt $(u, v) = (0,0)$ und mit dem Endpunkt $(u(P), v(P))$ während eines positiven Umlaufes von P um die Kurve j gleich 0.

Dieser Hilfssatz ist eine unmittelbare Folge des in V § 2 dargestellten Monodromiesatzes. Sei nämlich $\varphi(P)$ der Winkel des Vektors $(0, 0)$, $(u(P), v(P))$ mit der positiven u-Achse; $\varphi(P)$ ist in jedem Punkt von b bis auf Vielfache von 2π bestimmt. Nehmen wir einen beliebigen unter diesen Werten in einem Punkt P_0 von b; um den Punkt P_0 bestimmen wir eine hinreichend kleine Umgebung U, deren durch die Funktionen $u(P)$, $v(P)$ erzeugtes Bild in der (u, v)-Ebene in einer um den Punkt $(u(P_0), v(P_0))$ angegebenen, den Anfangspunkt $u = v = 0$ nicht enthaltenden Kreisscheibe liegt. Bei einem Umlauf des Punktes P um eine beliebige in U liegende einfache geschlossene Kurve ändert sich der Wert von $\varphi(P)$ nicht. Aus dieser eindeutigen Fortsetzbarkeit von $\varphi(P)$ im Kleinen folgt sodann nach dem Monodromiesatz, daß der in P_0 bestimmte Wert $\varphi(P_0)$ sich für den ganzen Bereich b eindeutig und stetig erweitern läßt; insbesondere ist also die Änderung von $\varphi(P)$ bei einem Umlauf um die Randkurve j von b gleich 0.

Sei nun P_0 ein willkürlicher Punkt der Ebene; wir werden eine durch P_0 gehende Bahnkurve konstruieren. Seien $P_1, P_2, \ldots, P_{-1}, P_{-2}, \ldots$ die Bilder von P_0 bei den positiven und negativen Potenzen der Abbildung t. Wir verbinden P_0 und P_1 durch eine geradlinige Strecke; das Bild von $\overline{P_0P_1}$ sei der Bogen $\overset{\frown}{P_1P_2}$. Wenn $\overline{P_0P_1}$ und $\overset{\frown}{P_1P_2}$ sich außerhalb von P_1 treffen, lassen wir einen beweglichen Punkt S die Strecke $\overline{P_0P_1}$ von P_0 aus beschreiben bis zum ersten solchen Punkt, daß die Bahn von S und die seines Bildes einander in einem Punkt Q' treffen. Daselbst mündet entweder die Bahn von S an eine Seite der Bahn von S', oder die Bahn von S' an eine Seite der Bahn von S ein. Wir bezeichnen das Bild von Q' mit Q'' und das Bild von Q' bei der inversen Abbildung mit Q. Wir wählen auf $\overline{P_0Q'}$ einen Punkt R' sehr nahe

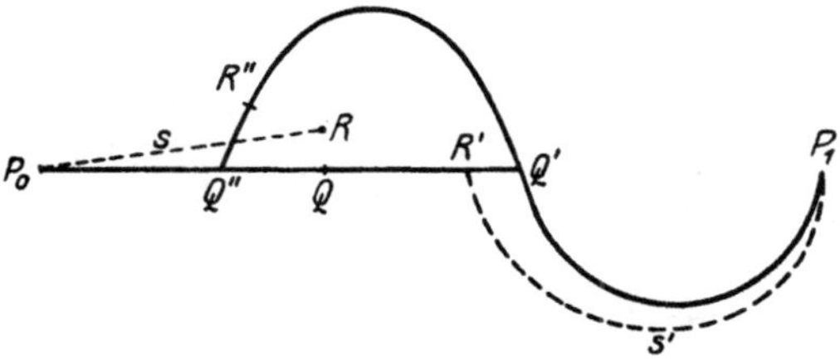

Fig. 42.

bei Q'; seien R'' bzw. R die Bilder von R' bei der Abbildung t bzw. t^{-1}. Wir verbinden R mit P_0 an einer Seite von $\overline{P_0Q'}$ durch einen sehr nahe bei $\overline{P_0Q'}$ verlaufenden einfachen Bogen $s = RP_0$, der höchstens den Bogen $\overset{\frown}{R''Q''}$ von $\overset{\frown}{P_1Q''}$ trifft, so daß das Bild s' von s außerhalb von R' und P_1 weder s noch $\overline{P_0Q'}$ noch $\overset{\frown}{P_1Q''}$ trifft. Alsdann ist RP_0QR' ein Translationsbogen (er trifft nämlich sein Bild außerhalb von R' nicht) und somit erzeugt er eine durch den willkürlich gewählten Punkt P_0 gehende Bahnkurve.

Wir zeigen weiter, daß eine Bahnkurve keinen Doppelpunkt haben kann. Die Bilder des Punktes R bei den Potenzen von t bezeichnen wir mit $R^{(1)}, R^{(2)}, \ldots$. Den Translationsbogen $\overset{\frown}{RR^{(1)}}$ unterziehen wir wiederholt der Abbildung t, so entstehen die Bogen $\overset{\frown}{R^{(1)}R^{(2)}}, \overset{\frown}{R^{(2)}R^{(3)}}, \ldots$, die zusammen einen „rechten" Teil der Bahnkurve ergeben. Sei S ein Punkt, der sich auf der Bahnkurve von R aus nach rechts bewegt, und sei P' der erste solche Punkt, in welchem S wieder in eine frühere Lage zurücktrifft. Auf der einfachen geschlossenen Kurve j, die einen von P' ausgehenden und dahin zurückkehrenden Teil der Bahnkurve bildet, müssen wenigstens zwei Punkte der Folge $R^{(1)}, R^{(2)}, \ldots$ liegen. Sei $R^{(h+1)}$ der erste auf j liegende Punkt der Folge $(R^{(i)})$, und sei $R^{(p)}$ der letzte. — Sei P'' das Bild von P', und P' das Bild von P. Wenn wir die Bahnkurve über P' hinaus bis P'' verlängern, so kann dieses (auf Fig. 43 punktiert aufgezeichnete) Segment $\overparen{P'P''}$ der Bahnkurve die Kurve j höchstens auf dem Bogen $\overparen{P'R^{(h+1)}}$ treffen. Der Bogen $\overparen{P''R^{(p)}P'}$, der sowohl mit dem Bahnsegmente $\overparen{P'R^{(h+1)}P''}$, wie auch mit dem Bahnsegmente $\overparen{P'R^{(p+1)}P''}$ je eine einfache geschlossene Kurve bildet, hat für diese beiden Kurven dieselbe Innenseite, kann mithin durch die Bahnsegmente $\overparen{P'R^{(h+1)}P''}$ und $\overparen{P'R^{(p+1)}P''}$ zusammen nicht vom Unendlichen getrennt werden.

Wir führen nun von einem nirgends verschwindenden Vektor, dessen Anfangspunkt das Bahnsegment $\overparen{PR^{(p)}P'}$ durchläuft, den Endpunkt als stetige Funktion von P' nach P'', ein erstes Mal auf dem Bahnsegment $\overparen{P'R^{(h+1)}P''}$, ein zweites Mal auf dem Bahnsegment $\overparen{P'R^{(p+1)}P''}$. Der dabei vom Vektor beschriebene Drehungswinkel ist, weil die Bögen $\overparen{P'R^{(h+1)}P''}$ und $\overparen{P'R^{(p+1)}P''}$ zusammen den Bogen $\overparen{PR^{(p)}P'}$ (oder falls die Punktpaare $R^{(h+1)}, P''$ und $P, R^{(p)}$ einander auf j trennen, eine Seite des Bogens) *nicht* vom Unendlichen trennen, beide Male derselbe.

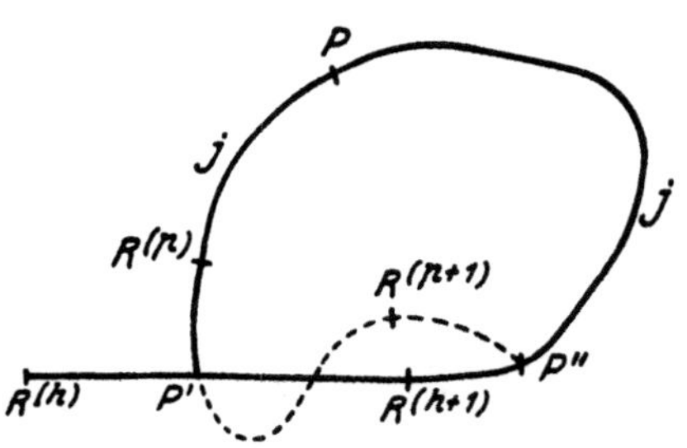

Fig. 43.

Der totale Drehungswinkel, den der Transformationsvektor bei einem vollen Umlauf um j beschreibt, wird somit auch erhalten, wenn wir zunächst den Anfangspunkt eines nirgends verschwindenden Vektors um den zu j gehörigen Bogen $\overparen{P'R^{(h+1)}P}$ und den Endpunkt als stetige Funktion des Anfangspunktes um den Bogen $\overparen{P''R^{(p)}P'}$ und sodann den Anfangspunkt um den Bogen $\overparen{PR^{(p)}P'}$ und den Endpunkt als stetige Funktion des Anfangspunktes um den Bogen $\overparen{P'R^{(h+1)}P''}$ herumführen.

Der hierbei in den Punkten von j auftretende Vektor gehört aber als Transformationsvektor zu einer Drehung der einfachen geschlossenen Kurve j in sich, so daß sein totaler Drehungswinkel 2π beträgt. Dies aber würde laut des obigen Hilfssatzes nach sich ziehen, daß die Abbildung der Ebene innerhalb von j einen Fixpunkt besäße, was ein Widerspruch ist.

Durch eine ganz ähnliche Überlegung zeigt sich, daß eine Bahnkurve bei beliebig weiter Fortsetzung vorwärts oder rückwärts nicht in beliebige Nähe eines ihrer Punkte zurückkehren kann.

Aus dem Bewiesenen folgt insbesondere, daß wenn eine die Indikatrix erhaltende topologische Abbildung t der Ebene auf sich keinen Fixpunkt hat, auch keine (positive oder negative) Potenz dieser Abbildung einen Fixpunkt aufweisen kann. Dieses Resultat können wir auch folgendermaßen formulieren:

IV. *Wenn eine die Indikatrix erhaltende topologische Abbildung der Kugelfläche auf sich selbst nur einen einzigen Fixpunkt hat, so hat auch jede Potenz dieser Abbildung diesen einzigen Fixpunkt*[1]).

IVa. *Wenn eine die Indikatrix erhaltende topologische Abbildung der Kreisscheibe auf sich keinen inneren Fixpunkt hat, so kann auch keine Potenz der Abbildung einen Fixpunkt im Kreisinnern haben.*

Als unmittelbare Folgerungen davon ergeben sich noch die folgenden Sätze:

V. *Geht bei einer die Indikatrix erhaltenden topologischen Abbildung eines von den einander fremden einfachen geschlossenen Kurven* $j_0, j_1, \ldots, j_n$ $(n \geqq 1)$ *berandeten ebenen Bereiches auf sich selbst jede Randkurve in eine andere Randkurve über, so gibt es wenigstens zwei Fixpunkte.*

Wir dürfen voraussetzen, daß die Randkurven $j_0, j_1, \ldots, j_n$ Kreise sind. Wir ziehen die Ränder des Bereiches auf je einen Punkt zusammen. Sei etwa j_1 ein innerer Randkreis des Bereiches mit dem Mittelpunkt P_1 und mit dem Radius r_1; sei j_1' ein mit j_1 konzentrischer Kreis im Bereich mit dem Radius r_1' $(> r_1)$. Den von j_1 und j_1' berandeten Kreisring:

$$r_1 < r \leqq r_1', \quad 0 \leqq \varphi < 2\pi$$

(r, φ Polarkoordinaten mit dem Anfangspunkt P_1) bilden wir durch die Formeln:

$$r' = r_1' \frac{r - r_1}{r_1' - r_1}$$
$$\varphi' = \varphi$$

auf die punktierte Kreisscheibe (j_1') (deren Mittelpunkt fortgelassen wird) topologisch ab. Ähnlich ziehen wir jeden Randkreis auf je einen Punkt zusammen; um von der speziellen Rolle des äußeren Randkreises unabhängig zu werden, bilden wir dann noch den ebenen Bereich durch eine stereographische Projektion auf einen Kugelbereich

---

[1]) *J. Nielsen* hat diesen Satz mittels der oben (zum Beweis der Sätze I und II) angewandten Methode der Trennung der Variablen bewiesen, wie ich durch eine briefliche Mitteilung von Herrn *Nielsen* erfahren habe.

ab. Nach dem Zusammenziehen der Randkurven erhalten wir eine der ursprünglichen Abbildung des Bereiches auf sich entsprechende topologische Abbildung der Kugelfläche auf sich, welche die den Randkurven j_i entsprechenden Punkte P_i vertauscht. Bei einer gewissen Potenz der Abbildung geht jeder solche Punkt P_i in sich über, so daß bei dieser Abbildung wenigstens $n+1$ ($\geqq 2$) Fixpunkte auftreten. Auch die ursprüngliche Abbildung muß dann laut des Satzes IV wenigstens zwei Fixpunkte haben, welche nicht mit den Punkten P_i zusammenfallen können, da nämlich jeder der Punkte P_i bei t in einen anderen Punkt P_j übergeht. Zurückkehrend auf den ebenen Bereich können wir also behaupten, daß es wenigstens zwei Fixpunkte gibt, die im Innern des Bereiches liegen.

Ebenso beweist man den folgenden Satz:

VI. *Sei ein von den einfachen geschlossenen Kurven* $j_0, j_1, \ldots, j_n$ ($n \geqq 2$) *berandeter ebener Bereich topologisch auf sich selbst abgebildet, so daß dabei die äußere Randkurve* j_0 *in sich, und jede der inneren Randkurven in eine andere übergeht. Dann gibt es wenigstens einen Fixpunkt, und zwar entweder einen im Innern oder zwei auf dem Rand liegende Fixpunkte.*

Ziehen wir nämlich die inneren Randkurven auf je einen Punkt P_i zusammen, so unterliegt der so entstehende Bereich einer topologischen Abbildung, die die Punkte $P_1, P_2, \ldots, P_n$ unter sich vertauscht. Kehrt sich dabei die Indikatrix um, so gibt es auf j_0 genau zwei Fixpunkte. Bleibt aber die Indikatrix ungeändert, so besitzt eine gewisse Potenz der Abbildung n Fixpunkte $P_1, P_2, \ldots, P_n$ im Innern von j_0, so daß auch die ursprüngliche Abbildung wenigstens einen inneren Fixpunkt haben muß.

Wir erwähnen noch den folgenden Satz:

VII. *Sei t eine topologische Abbildung eines von* $n+1$ ($\neq 2$) *einfachen geschlossenen Kurven* $j_0, j_1, \ldots, j_n$ *berandeten ebenen Bereiches auf sich selbst, bei welcher jede Randkurve in sich selbst übergeht; dann gibt es in dem (abgeschlossenen) Bereich wenigstens einen Fixpunkt.*

Wir setzen voraus, daß der Bereich von $n+1$ Kreisen berandet ist. Ferner können wir den Fall, daß die Indikatrix sich umkehrt, bei Seite lassen; in diesem Fall gibt es nämlich auf jedem der Randkreise genau zwei Fixpunkte. Wir setzen überhaupt voraus, daß auf den Randkreisen kein Fixpunkt liegt. Einem positiven Umlauf eines veränderlichen Punktes P um den äußeren Randkreis j_0 entspricht also ein positiver Umlauf des Bildpunktes P' um j_0, und wenn der Winkel von P etwa von 0 bis 2π, der von P' von φ_0' bis $\varphi_0' + 2\pi$ ($0 < \varphi_0' < 2\pi$) geht, ist während des ganzen Umlaufes $\varphi' > \varphi$. Die Winkeländerung des Transformationsvektors PP' ist also gleich $+2\pi$.[1])

[1]) Siehe S. 86.

Ebenso nimmt der Winkel des Transformationsvektors bei einem negativen Umlauf um j_i $(i = 1, 2, \ldots, n)$ um 2π ab. Nehmen wir nun n fremde Querschnitte, die einen Punkt von j_0 mit je einem Punkt der Kurven $j_1, j_2, \ldots, j_n$ verbinden, und schneiden wir den Bereich längs derselben auf, so wäre in dem Falle, daß die Abbildung keinen Fixpunkt hat, die Winkeländerung des Transformationsvektors bei einem vollständigen Umlauf um den Rand des aufgeschnittenen Bereiches gleich 0. Dabei werden die Querschnitte zweimal und in entgegengesetzten Richtungen umlaufen, so daß die sie betreffenden Winkeländerungen sich gegenseitig aufheben; es bleibt also nur der positive Umlauf um j_0 und die negativen Umläufe um die Kurven j_i $(i = 1, 2, \ldots, n)$ übrig, folglich ist die Winkeländerung gleich $(1 - n)\, 2\pi$. Da $n \neq 1$ vorausgesetzt wurde, ist diese Zahl von 0 verschieden, woraus die Existenz eines Fixpunktes folgt.

Insbesondere bemerken wir, daß ein von drei einfachen geschlossenen Kurven berandeter ebener Bereich bei jeder die Indikatrix erhaltenden topologischen Abbildung des Bereiches auf sich wenigstens einen Fixpunkt besitzt. Denn entweder ist keine seiner Randkurven ungeändert, dann gilt Satz V, oder es ist eine einzige Randkurve ungeändert, dann gilt Satz VI, oder es bleiben schließlich zwei Randkurven, also auch die dritte ungeändert, dann gilt Satz VII.

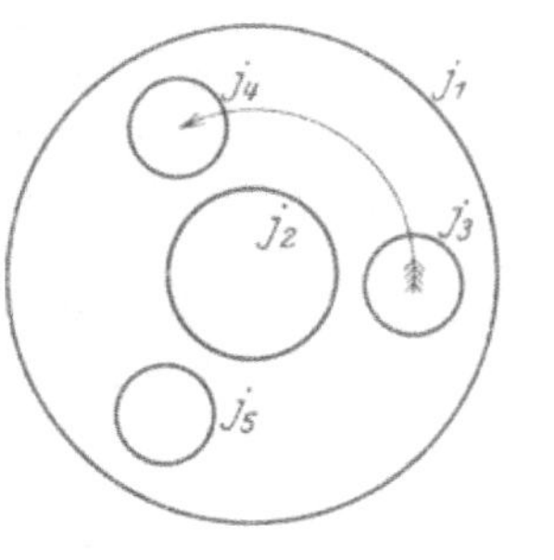

Fig. 44.

Fig. 45.

Bei ebenen Bereichen mit 2 oder mit $n > 3$ Randkurven gibt es immer die Indikatrix erhaltende fixpunktfreie Abbildungen. Man betrachte nämlich einen ebenen Kreisbereich, der von zwei konzentrischen Kreisen j_1 und j_2 und von $n - 2$ weiteren, zyklisch symmetrisch gelegenen Kreisen $j_3, j_4, \ldots, j_n$ berandet wird (s. Fig. 44) und nehme eine Drehung dieses Bereiches um den Mittelpunkt von j_1 vor, die die Randkreise $j_3, \ldots, j_n$ miteinander vertauscht.

Verdoppelt man diesen Bereich und vereinigt die beiden Exemplare längs der entsprechenden Randkreise, so entsteht eine orientier bare geschlossene Fläche vom Geschlecht $p = n - 1$ mit einer fixpunktfreien, die Indikatrix erhaltenden topologischen Abbildung auf sich. Anders gesagt, nehme man eine Torusfläche mit $p - 1$ zyklisch symmetrisch gelegenen Henkeln (s. Fig. 45) und eine Drehung der Fläche um die Achse des Torus. — Für die geschlossene orientierbare Fläche vom Geschlecht $p = 2$ gibt es kein *derartiges* Beispiel; wohl gibt es aber eine fixpunktfreie, die Indikatrix erhaltende topologische Abbildung der Fläche auf sich. Auf der Torusfläche gibt es nämlich eine Abbildung mit einem einzigen Fixpunkt, die in Toruskoordinaten (φ, ψ) durch die folgenden Formeln ausgedrückt werden kann:

$$\varphi' = \varphi - \psi, \quad \psi' = \varphi.$$

Nun lasse man um den einzigen Fixpunkt $\varphi = \psi = 0$ das Innere der bei der Abbildung invarianten einfachen geschlossenen Kurve:

$$\begin{cases} \varphi = a, \\ 0 \leqq \psi \leqq a, \end{cases} \quad \begin{cases} a \geqq \varphi \geqq 0, \\ \psi = a, \end{cases} \quad \begin{cases} 0 \geqq \varphi \geqq -a, \\ \psi = \varphi + a, \end{cases}$$

$$\begin{cases} \varphi = -a, \\ 0 \geqq \psi \geqq -a, \end{cases} \quad \begin{cases} -a \leqq \varphi \leqq 0, \\ \psi = -a, \end{cases} \quad \begin{cases} 0 \leqq \varphi \leqq a, \\ \psi = \varphi - a, \end{cases}$$

$(0 < a < 2\pi)$ fort, so entsteht eine von einer einzigen Kontur berandete orientierbare Fläche vom Geschlecht 1 mit einer fixpunktfreien, die Indikatrix erhaltenden Abbildung. Nimmt man zwei Exemplare davon und vereinigt man sie längs ihrer Ränder, so daß je zwei kongruente Randpunkte der beiden Exemplare identifiziert werden, so entsteht eine geschlossene orientierbare Fläche vom Geschlecht 2, mit einer fixpunktfreien, die Indikatrix erhaltenden topologischen Abbildung derselben auf sich selbst. — Diese Beispiele von fixpunktfreien Abbildungen wurden von *Brouwer* angegeben.

Für nichtorientierbare geschlossene Flächen vom Geschlecht > 1 gab *J. Nielsen* die folgenden Beispiele von fixpunktfreien topologischen Abbildungen. Man nimmt eine Kugelfläche:

$$0 \leqq \varphi < 2\pi, \quad -\frac{\pi}{2} \leqq \psi \leqq +\frac{\pi}{2}$$

$(\psi, \varphi =$ geographische Breite und Länge$)$,

schlägt um jeden Punkt $\psi = 0, \varphi = \frac{2k\pi}{p}$ $(k = 0, 1, 2, \ldots, p-1)$ (wobei $p \geqq 2$ ist) je einen Kreis $\varkappa_0, \varkappa_1, \ldots, \varkappa_{p-1}$, der einer Winkelöffnung $< \frac{\pi}{p}$ entspricht, läßt das Innere eines jeden Kreises $\varkappa_i$ von der Kugelfläche fort und setzt statt dessen je eine Kreuzhaube an; das gibt eine nichtorientierbare geschlossene Fläche F vom Geschlecht p. Man unterwirft die Kugelfläche der Abbildung

$$\varphi' = \varphi + \frac{2\pi}{p}, \quad \psi' = -\psi$$

und setzt dieselbe auf die anschließenden Kreuzhauben eineindeutig und stetig fort, so entsteht eine fixpunktfreie topologische Abbildung der Fläche F auf sich. — Wenn man die zweiblättrige orientierbare Überlagerungsfläche von F konstruiert, bekommt man fixpunktfreie topologische Abbildungen der geschlossenen orientierbaren Flächen vom Geschlecht $p > 0$ mit Erhaltung, und auch solche mit Umkehrung der Indikatrix.

Auf nichtorientierbare geschlossene Flächen vom Geschlecht 1, die also der projektiven Ebene homöomorph sind, ist das obige Beispiel nicht mehr anwendbar. Dafür gilt eben der folgende Satz von *Brouwer*:

VIII. *Jede topologische Abbildung der projektiven Ebene auf sich selbst besitzt wenigstens einen Fixpunkt.*

Über der projektiven Ebene konstruieren wir die zweiblättrige orientierbare Überlagerungsfläche, die der Kugelfläche homöomorph ist. Der gegebenen Abbildung lassen wir durch die folgende Erklärung zwei Abbildungen t_1 und t_2 der Kugelfläche auf sich entsprechen: sei P_0 ein beliebiger Punkt der projektiven Ebene und P_1, P_2 die über ihm liegenden Punkte der Kugel; sei P_0' das Bild von P_0 und P_1', P_2' die über ihm liegenden Punkte; zum ersten Male lassen wir dem Punkt P_1 den Punkt P_1', zum anderen Male den Punkt P_2' als Bild entsprechen, und setzen die so erklärten Abbildungen auf die ganze Kugelfläche stetig fort, wobei jedem Punkt P der Kugelfläche ein solcher Bildpunkt P' zukommen soll, daß der Spurpunkt von P' das Bild des Spurpunktes von P ist. Eine dieser beiden topologischen Abbildungen der Kugelfläche auf sich läßt die Indikatrix ungeändert, die andere kehrt sie um. Bei der die Indikatrix erhaltenden Abbildung gibt es wenigstens einen Fixpunkt auf der Kugel (Satz II), sein Spurpunkt ist also ein Fixpunkt der projektiven Ebene bei der gegebenen Abbildung. —

§ 3. Fixpunktsätze des ebenen Kreisringes.

Aus dem Satz V des vorigen Paragraphen ergibt sich für den Fall des von zwei konzentrischen Kreisen berandeten ebenen Kreisringes der folgende Satz:

Jede die Indikatrix erhaltende topologische Abbildung des Kreisringes auf sich, die die beiden Randkreise vertauscht, besitzt wenigstens zwei Fixpunkte.

Ferner gilt:

Jede die Indikatrix umkehrende topologische Abbildung des Kreisringes auf sich, die jeden Randkreis in sich überführt, besitzt wenigstens vier Fixpunkte (nämlich auf jedem Randkreis zwei Fixpunkte).

Wenn bei umgekehrter Indikatrix die Randkreise vertauscht werden, braucht es keinen Fixpunkt zu geben, z. B.:

$$r' = 4 - r, \quad \varphi' = \varphi + \alpha$$

$$((r, \varphi) \text{ Polarkoordinaten, } 1 \leqq r \leqq 3, \ 0 \leqq \varphi < 2\pi).$$

Bei einer die Indikatrix erhaltenden und jeden Randkreis in sich überführenden topologischen Abbildung des Kreisringes auf sich braucht es ebenfalls keinen Fixpunkt zu geben, z. B.:

$$r' = r, \quad \varphi' = \varphi + \alpha.$$

Auch dann noch nicht, wenn die beiden Randkreise Drehungen in entgegengesetzten Richtungen unterliegen, z. B.:

$$\left.\begin{array}{ll} \text{für } 2 \leqq r \leqq 3: & r' = r + \frac{3-r}{2} \\ \text{für } 1 \leqq r \leqq 2: & r' = r + \frac{r-1}{2} \end{array}\right\}, \quad \varphi' = \varphi + \frac{\pi}{2}(2 - r).$$

Der Ausdruck *entgegengesetzte Drehungen* soll genauer folgendes bedeuten: sei (r, φ) $(r = 1)$ ein Punkt des inneren Randkreises, der Winkel φ sei dabei beliebig bestimmt; liegt der Winkel φ' seines Bildpunktes zwischen φ und $\varphi + 2\pi$ und setzen wir φ und φ' längs eines Bogens stetig fort, der den Punkt $(1, \varphi)$ mit einem Punkt $(3, \varphi_1)$ des äußeren Randkreises verbindet, so sei für den erhaltenen Wert φ_1' des Winkels des Bildpunktes von $(3, \varphi_1)$: $\varphi_1 - 2\pi < \varphi_1' \leqq \varphi_1$.

Ein von *Poincaré* ausgesprochener und von *Birkhoff* bewiesener Satz besagt:

Eine flächentreue topologische Abbildung des Kreisringes auf sich selbst, die jeden der beiden Randkreise in sich überführt, und zwar beide mit entgegengesetzten Drehungen, hat wenigstens einen Fixpunkt.

Die Abbildung soll dabei *flächentreu* genannt werden, wenn jedes Gebiet mit seinem Bilde gleichen *Peano-Jordan*schen inneren Flächeninhalt hat[1]).

Wir werden nach *Birkhoff* beweisen, daß es wenigstens einen Fixpunkt gibt, indem wir die entgegengesetzte Annahme zu einem Widerspruch führen. — Sei

$$R: \begin{cases} 0 \leqq \varphi < 2\pi \\ a \geqq r \geqq b \ (> 0) \end{cases}$$

der gegebene Kreisring; die Kreise $r = a$, $r = b$ bezeichnen wir mit

[1]) Der (*Peano-Jordan*sche) innere Flächeninhalt eines Gebietes g wird folgendermaßen erklärt: man unterzieht die Ebene einer quadratischen Teilung, hebt diejenigen Quadrate heraus, die ganz zu g gehören, und bezeichnet ihren Gesamtflächeninhalt mit i; die obere Grenze von i bei allen quadratischen Teilungen der Ebene wird als innerer Flächeninhalt von g bezeichnet.

C_a und C_b. Man führt modifizierte Polarkoordinaten (ξ, η) mittels der folgenden Formeln ein:

$$\xi = \varphi, \qquad \eta = r^2.$$

Die Abbildung sei durch die Formeln dargestellt:

$$\xi' = \varphi(\xi, \eta), \qquad \eta' = \psi(\xi, \eta);$$

$\psi(\xi, \eta)$ ist eine eindeutige stetige Funktion von (ξ, η), die in ξ mit der Periode 2π periodisch ist. Die Funktion $\varphi(\xi, \eta)$ ist nur bis auf Vielfache von 2π bestimmt. Nehmen wir einen von diesen Werten $\varphi(\xi_0, \eta_0)$ in einem Punkt (ξ_0, η_0); die stetige Fortsetzung dieses Funktionswertes führt für jedes Wertepaar (ξ, η) zu einem eindeutig bestimmten Wert $\varphi(\xi, \eta)$; in der Tat entspricht einem positiven Umlauf des Kreises $\eta = \eta_0$, $\xi_0 \leqq \xi < \xi_0 + 2\pi$ ein positiver Umlauf von (ξ', η') um eine einfache geschlossene Kurve (die das Bild dieses Kreises darstellt), welche den Koordinatenanfangspunkt in ihrem Innern hat; während also ξ um 2π zunimmt, nimmt auch $\xi' = \varphi(\xi, \eta)$ um 2π zu. Die Funktionen $\xi' - \xi$ und $\eta' - \eta$ sind also im Kreisring R eindeutige stetige Funktionen.

Der oben formulierte Satz läßt sich sodann folgendermaßen aussprechen: nehmen wir für $\varphi(\xi, \eta)$ eine solche Bestimmung, daß die eindeutige stetige Funktion $\varphi(\xi, \eta) - \xi$ für den äußeren Randkreis C_a positiv, für den inneren Randkreis C_b negativ ist, so haben wir wenigstens einen solchen Punkt (ξ, η), für welchen

$$\xi' = \xi, \qquad \eta' = \eta$$

ist.

Wenn wir voraussetzen, daß kein Fixpunkt vorkommt, so gibt es eine solche positive Zahl d, daß für jeden Punkt (ξ, η) von R

$$(\xi' - \xi)^2 + (\eta' - \eta)^2 > d^2 (> 0)$$

besteht.

Wir bezeichnen mit t_ε die durch die Formeln:

$$\bar{\xi} = \xi, \qquad \bar{\eta} = \eta - \varepsilon \qquad (\varepsilon > 0)$$

erklärte Abbildung, die die Kreise C_a und C_b in die konzentrischen Kreise

$$C_a': \quad \eta = a^2 - \varepsilon, \qquad C_b': \quad \eta = b^2 - \varepsilon$$

überführt. Da $d\xi$ und $d\eta$ bei der Abbildung t_ε ungeändert bleiben, und der Flächeninhalt durch das Integral

$$\iint r\,dr\,d\varphi = \tfrac{1}{2}\iint d\xi\,d\eta$$

ausgedrückt wird, ist t_ε eine flächentreue Abbildung.

Falls $\varepsilon < d$ ist, kann die Hilfsabbildung $t t_\varepsilon$, die entsteht, wenn zuerst die gegebene Abbildung t und nachher die Abbildung t_ε ausgeführt wird, ebenfalls keinen Fixpunkt haben. Betrachten wir nämlich ξ, η als rechtwinklige Koordinaten einer (ξ, η)-Ebene, so wird dem Kreisring

$$R: \quad a^2 \geqq \eta \geqq b^2, \qquad -\infty < \xi < +\infty$$

ein Parallelstreifen S und der Abbildung tt_ε eine topologische Abbildung dieses Streifens entsprechen; bei t geht jeder Punkt (ξ, η) von S in einen Punkt (ξ', η') über, dessen Abstand von (ξ, η) größer ist als d, und bei t_ε geht der Punkt (ξ', η') in einen solchen Punkt $(\bar{\xi}', \bar{\eta}')$ über, dessen Abstand von (ξ', η') kleiner ist als d, so daß der Bildpunkt $(\bar{\xi}', \bar{\eta}')$ von (ξ, η) bei tt_ε nicht mit (ξ, η) zusammenfallen kann. — Wir wählen also die Größe ε derart, daß:

$$\varepsilon < b^2, \quad \varepsilon < d, \quad \varepsilon < a^2 - b^2$$

ist und halten sie fest.

Wir betrachten nun die mehrdeutige Funktion:

$$\omega(\xi, \eta) = \operatorname{arctg} \frac{\eta' - \eta}{\xi' - \xi}$$

oder genauer gesagt: diejenigen Zweige dieser Funktion, die den Winkel bis auf Vielfache von 2π angeben, den der Vektor mit dem Anfangspunkt (ξ, η) und mit dem Endpunkt (ξ', η') in dem Streifen S mit der positiven ξ-Achse bildet. Zufolge der Annahme

$$(\xi' - \xi)^2 + (\eta' - \eta)^2 > d^2 \, (> 0)$$

ist diese Funktion $\omega(\xi, \eta)$ stetig in jedem Punkt von S und zerfällt in eindeutige stetige Funktionen in S. Außerdem ist jede solche Bestimmung der Funktion $\omega(\xi, \eta)$ längs C_a und C_b konstant und einem geraden bzw. ungeraden Vielfachen von π gleich, da auf C_a: $\xi' > \xi$, $\eta' = \eta$ und auf C_b: $\xi' < \xi$, $\eta' = \eta$ besteht.

Da $\xi' - \xi$ und $\eta' - \eta$, wie wir gesehen haben, in ξ mit der Periode 2π periodisch sind, so kann eine Bestimmung der Funktion $\omega(\xi, \eta)$ in den Punkten (ξ, η) und $(\xi + 2\pi, \eta)$ nur um Vielfache von 2π verschiedene Werte annehmen; diese Differenz:

$$\omega(\xi, \eta) - \omega(\xi + 2\pi, \eta)$$

ist ferner in S stetig und also konstant; auf C_a und C_b ist aber $\omega(\xi, \eta)$ konstant, so daß die Gleichung $\omega(\xi, \eta) = \omega(\xi + 2\pi, \eta)$ auch für jeden Punkt (ξ, η) von S besteht. $\omega(\xi, \eta)$ ist also eine periodische Funktion von ξ mit der Periode 2π, m. a. W. irgendeine Bestimmung von $\omega(\xi, \eta)$ in einem Punkt von R führt durch stetige Fortsetzung zu einer im ganzen Ring R eindeutigen und stetigen Funktion.

Auf dieselbe Weise zeigt man, daß die Funktion

$$\bar{\omega}(\xi, \eta) = \operatorname{arctg} \frac{\bar{\eta}' - \eta}{\bar{\xi}' - \xi},$$

die den Winkel des von (ξ, η) nach $(\bar{\xi}', \bar{\eta}')$ gelegenen Vektors mit der positiven ξ-Achse ergibt, in eindeutige stetige Funktionen von (ξ, η) zerfällt. Ferner sind die Funktionen

$$\bar{\eta}' - \eta = \eta' - \eta - \varepsilon \quad \text{und} \quad \bar{\xi}' - \xi = \xi' - \xi$$

in ξ periodisch mit der Periode 2π und auch jede der verschiedenen Bestimmungen von $\bar{\omega}(\xi, \eta)$ ist periodisch in ξ mit der Periode 2π längs C_a und C_b. Folglich ist jede Bestimmung von $\bar{\omega}(\xi, \eta)$ ebenso wie die von $\omega(\xi, \eta)$ eindeutig und stetig in R.

Zu einem Wert von $\omega(\xi, \eta)$ gibt es einen Wert von $\bar{\omega}(\xi, \eta)$, so daß

$$|\omega(\xi, \eta) - \bar{\omega}(\xi, \eta)| < \frac{\pi}{2}$$

ist; in der Tat ist $|\omega(\xi, \eta) - \bar{\omega}(\xi, \eta)|$ der Winkel des Dreieckes (ξ, η), (ξ', η'), $(\bar{\xi}', \bar{\eta}')$, welcher der Seite (ξ', η'), $(\bar{\xi}', \bar{\eta}')$ gegenüberliegt; diese Seite ist aber von der Länge $\varepsilon < d$, die Seite (ξ, η), (ξ', η') dagegen $> d$, so daß der erwähnte Winkel nicht $\geqq \frac{1}{2}\pi$ sein kann. Wenn wir in diesem Punkt (ξ, η) die Werte von ω und $\bar{\omega}$ paarweise einander zuordnen, so daß immer für zwei einander zugeordnete Werte $|\omega(\xi, \eta) - \bar{\omega}(\xi, \eta)| < \frac{1}{2}\pi$ ist, so ist für die stetigen Fortsetzungen dieser Werte in S durchweg dieselbe Ungleichheit erfüllt.

Wir konstruieren jetzt einen einfachen Bogen, der bei der Abbildung in gewissem Sinne invariant ist. — Bei der Abbildung t gehen die Randkreise C_a und C_b von R in sich, bei t_ε in die Kreise C_a' und C_b' mit den Radien $\sqrt{a^2 - \varepsilon}$, $\sqrt{b^2 - \varepsilon}$ über, so daß die Abbildung tt_ε den Ring R in einen engeren Kreisring überführt. Sei C_a'' das Bild von C_a' bei tt_ε; da der Kreis C_a' im Innern von R liegt, liegt sein Bild, die einfache geschlossene Kurve C_a'' im Innern des Kreisringes (C_a', C_b') und berandet mit C_a' zusammen einen Ringbereich (C_a', C_a'') der sich längs C_a' an den Ring (C_a, C_a') anschließt. Das Bild C_a''' von C_a'' liegt dann ebenfalls im Innern von C_a'' und berandet mit C_a'' zusammen einen längs C_a'' an den Ringbereich (C_a', C_a'') anschließenden Ringbereich (C_a'', C_a'''). Da die Abbildungen t und t_ε und also auch tt_ε flächentreu sind, so sind die Flächeninhalte der Gebiete zwischen C_a und C_a' bzw. zwischen C_a' und C_a'' usw. einander gleich und sämtlich gleich $\pi\varepsilon$, wo ε die Breite des Kreisringes (C_a, C_a') angibt. Wählt man n hinreichend groß, so daß $n\varepsilon > a^2 - b^2$ ist, so ist der gesamte Flächeninhalt der Gebiete (C_a, C_a'), (C_a', C_a''), $\ldots$, (C_a^{n-1}, C_a^n) größer als der des Kreisringes (C_a, C_b); da diese Gebiete sämtlich einander fremd sind und (C_a^i, C_a^{i+1}) für jedes i im Innern von C_a^i liegt, so muß C_a^n wenigstens einen im Innern von C_b liegenden Punkt P^n haben. Sei P derjenige Punkt von C_a, dessen Bild P^n bei der n-ten Potenz von tt_ε ist, und seien $P, P', P'', \ldots, P^n$ die Bilder von P bei den Potenzen von tt_ε.

Stellen wir wieder das Bild des Ringes R in der Ebene mit den rechtwinkligen Koordinaten (ξ, η) dar, wobei dem Ring R der Streifen

$$S\colon\quad a^2 \geqq \eta \geqq b^2, \quad -\infty < \xi < +\infty$$

entspricht, so entsprechen den Kreisen C_a, C_b die Geraden C_a, C_b; den Kreisen C_a', C_b' die Geraden C_a', C_b'. Wir verbinden P und P' durch eine geradlinige Strecke und betrachten die Bilder derselben bei den Potenzen von tt_ε. Da PP' ganz im Streifen (C_a, C_a') liegt, und dieser Streifen bei tt_ε in einen ihm fremden Streifen (C_a', C_a'') übergeht, ist das Bild der Strecke PP' ein einfacher Bogen $P'P''$, der die Strecke PP', abgesehen von P', nicht trifft. Die Bilder von PP' bei den Potenzen von tt_ε, d. h. die Bögen $PP', P'P'', \ldots, P^{n-1}P^n$ bilden einen einfachen Bogen, der den Punkt P mit einem unterhalb von C_b liegenden Punkt P^n verbindet. Sei von P aus Q der erste

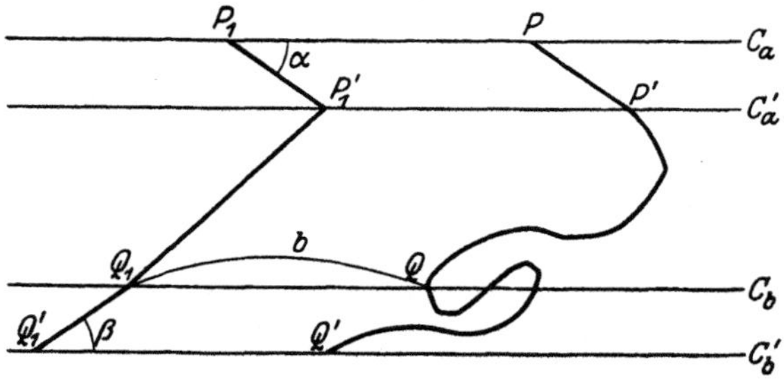

Fig. 46.

auf C_b liegende Punkt dieses Bogens. Der zwischen C_a und C_b liegende Bogen $\widehat{PQ}$ geht bei tt_ε in den zwischen C_a' und C_b' liegenden Bogen $\widehat{P'Q'}$ über; die beiden Bögen $\widehat{PQ}$ und $\widehat{P'Q'}$ haben den Bogen $\widehat{P'Q}$ gemeinsam. Aus den Eigenschaften von t und t_ε folgt, daß die Abszisse von P' größer ist als die von P, während die Abszisse von Q' kleiner ist als die von Q.

Sei R ein veränderlicher Punkt des Bogens $\widehat{PQ}$ und R' sein Bild. Betrachten wir den Drehungswinkel des Vektors RR' während R den Bogen $\widehat{PQ}$ umläuft. Er ist gleich $-\pi + \alpha + \beta$, bis auf Vielfache von 2π, wobei α und β die spitzen Winkel bedeuten, die die Strecke PP' mit der positiven ξ-Achse bzw. die positive ξ-Achse mit der Strecke $Q'Q$ bildet; wir behaupten, daß dieser Drehungswinkel genau gleich $-\pi + \alpha + \beta$ ist. Dies ist klar für den Fall, daß die Bögen $\widehat{P'Q}$ und $\widehat{QQ'}$ geradlinige Strecken sind. — Seien nun P_1, Q_1, P_1', Q_1' vier Punkte, die wir aus P, Q, P', Q' bekommen, indem wir ihre Abszissen um die gleiche Größe l vermindern, während wir die Ordinaten ungeändert lassen; die Größe l wählen wir so groß, daß die gebrochene Linie $P_1 P_1' Q_1 Q_1'$ den Bogen $\widehat{PP'QQ'}$ nicht trifft. Sei b ein einfacher Bogen, der Q und Q_1 im Innern der einfachen geschlossenen Kurve $P_1' Q_1 Q_1' Q' Q P'$ verbindet. Wir führen den Bogen $\widehat{PP'QQ'}$ in die Linie $P_1 P_1' Q_1 Q_1'$ über durch eine topologische Deformation, während deren die Punkte P, P', Q' die Strecken PP_1, $P' P_1'$, $Q' Q_1'$ und Q den Bogen b beschreibt. Während dieser Deformation ändert sich der Drehungswinkel stetig; daraus folgt, daß für jede Lage bei dieser Deformation die Differenz des Drehungswinkels und der Größe $-\pi + \alpha_\lambda + \beta_\lambda$ dieselbe ist (α_λ, β_λ bedeuten die einem bestimmten Moment der Deformation entsprechenden Winkel, die für die Anfangslage α und β darstellen). Da diese Differenz für die Endlage, das ist für die gebrochene Linie $P_1 P_1' Q_1 Q_1'$, gleich 0 ist, so ist sie auch für den Bogen $\widehat{PP'QQ'}$ gleich 0.

Der Drehungswinkel des Vektors $\overrightarrow{RR'}$ längs des Bogens $\widehat{PP'QQ'}$ ist die Änderung der Funktion $\overline{\omega}(\xi, \eta)$ bei Verschiebung des Punktes (ξ, η) auf dem Bogen $\widehat{PQ}$ von P bis Q. Wählen wir in P diejenige Bestimmung $\overline{\omega}_1(\xi, \eta)$ der Funktion $\overline{\omega}(\xi, \eta)$, die daselbst den Wert $-\alpha$ hat, so bekommen wir in Q den Wert $-\pi + \beta$.

Sei $\omega_1(\xi, \eta)$ diejenige Bestimmung von $\omega(\xi, \eta)$, die auf C_a den Wert 0 hat; die Werte $\omega_1(\xi, \eta)$ und $\overline{\omega}_1(\xi, \eta)$ unterscheiden sich im Punkte P um weniger als $\frac{1}{2}\pi$; also ist durchweg

$$|\omega_1(\xi, \eta) - \overline{\omega}_1(\xi, \eta)| < \frac{\pi}{2}.$$

Der Wert von $\overline{\omega}_1(\xi, \eta)$ ist in Q von $-\pi$ um weniger als $\frac{1}{2}\pi$ verschieden; jede Bestimmung von $\omega(\xi, \eta)$ ist längs C_b einem ungeraden Vielfachen von π gleich, folglich hat $\omega_1(\xi, \eta)$ in Q und also auch in jedem Punkt von C_b den Wert $-\pi$.

Sei also R ein beliebiger Punkt und R' sein Bild bei t; die Richtungsänderung des Vektors $\overrightarrow{RR'}$ ist gleich $-\pi$, wenn R von einem Punkt von C_a bis zu einem Punkt von C_b geht.

Die zu t inverse Abbildung t^{-1} hat sämtliche Eigenschaften von t, mit dem Unterschiede, daß bei t^{-1} die Punkte von C_a und C_b in entgegengesetzter Richtung übergeführt werden, wie bei t. Die Winkeländerung des Vektors $\overrightarrow{R'R}$ von einem Punkt von C_a bis zu einem Punkt von C_b wäre dann wegen der Symmetrie gleich $+\pi$. — Die Vektoren $\overrightarrow{RR'}$ und $\overrightarrow{R'R}$ sind gleich und von entgegengesetzten Richtungen, so daß ihre Winkeländerungen einander gleich sein müßten.

Die Annahme, daß die Abbildung t keinen Fixpunkt besitzt, führt somit zu einem Widerspruch. —

Statt der Voraussetzung, daß die Abbildung flächentreu ist, genügt es, vorauszusetzen, daß die Abbildung eine positive Integralinvariante

$$\iint P(\xi, \eta)\, d\xi\, d\eta \qquad (P(\xi, \eta) > 0)$$

besitzt. Wie *Birkhoff* zeigt, läßt sich dieser Fall auf den obigen zurückführen, indem man eine geeignete topologische Abbildung des Kreisringes auf sich selbst bestimmt, die die Integralinvariante in die Flächeninvariante überführt.

Es sei endlich die folgende von *Poincaré* ausgesprochene, bisher nicht bewiesene, rein topologische Formulierung seines Satzes erwähnt:

Bei jeder topologischen Abbildung des Kreisringes auf sich, die die Randkreise in entgegengesetzten Richtungen dreht, gibt es entweder wenigstens einen Fixpunkt, oder eine solche einfache geschlossene Kurve, deren Bild (oder inverses Bild) ganz im Innern dieser Kurve liegt.

Sellt man wieder den Kreisring als einen unendlichen Streifen S in der Ebene dar, der von den Geraden:

$$\left.\begin{aligned} C_a &: \eta = a \\ C_b &: \eta = b \end{aligned}\right\} -\infty < \xi < +\infty$$

berandet ist und erweitert die Abbildung auf die ganze Ebene mittels der Formel

$$(\xi, \eta) \to (\xi', \eta),$$

wobei ξ' die Abszisse des Bildes von (ξ, a) bzw. von (ξ, b) bedeutet, je nachdem $\eta > a$ bzw. $\eta < b$ ist, so geht das Problem darauf hinaus, bei der so entstehenden, die Indikatrix erhaltenden, fixpunktfreien, topologischen Abbildung der Ebene auf sich ein solches Translationsfeld in S anzugeben, welches von zwei in ξ mit der Periode 2π periodischen, einfachen offenen Linien berandet ist.

§ 4. Fixpunktsätze von geschlossenen Flächen.

In diesem Paragraphen geben wir einen von *Birkhoff* herrührenden Fixpunktsatz wieder.

Sei zunächst F eine geschlossene orientierbare Fläche vom Geschlecht $p > 1$. Wir betrachten eine solche topologische Abbildung t von F auf sich, die zum Typus der Identität gehört, die also aus der Identität durch eine topologische Deformation der Fläche F in sich entsteht. Der *Birkhoff*sche Fixpunktsatz besagt nun, daß bei einer derartigen Abbildung wenigstens ein Fixpunkt auftritt. — Wir werden aber den schärferen Satz von *Birkhoff* über Fixpunkte von analytischen Abbildungen erbringen, in dem der eben erwähnte topologische Satz mit enthalten ist.

Zu diesem Zweck nehmen wir eine analytische Fläche F an und unterziehen sie einer eineindeutigen analytischen Abbildung t. Seien (u, v) reguläre Koordinaten in der Umgebung eines Fixpunktes $u = v = 0$ von F; die Abbildung in dieser Umgebung wird durch konvergente Potenzreihen:

$$\begin{cases} u' = au + bv + \dots, \\ v' = cu + dv + \dots, \end{cases} \quad (ad - bc > 0)$$

ausgedrückt. Seien ϱ_1 und ϱ_2 die Wurzeln der charakteristischen Gleichung:

$$\begin{vmatrix} a - \varrho & c \\ b & d - \varrho \end{vmatrix} = 0.$$

Wenn ϱ_1 und ϱ_2 beide von 1 verschieden sind, heißt der Fixpunkt *einfach*, sonst *mehrfach*. Wenn ϱ_1 und ϱ_2 reell sind, haben sie gleiches Vorzeichen, da ihr Produkt $ad - bc > 0$ ist. Ein einfacher Fixpunkt, für den $0 < \varrho_1 < 1 < \varrho_2$ ist, heißt *direkt instabil*, ein solcher, für den $\varrho_1 < -1 < \varrho_2 < 0$ ist, heißt *invers instabil*, alle andern einfachen Fixpunkte heißen *stabil*. — Ein mehrfacher Fixpunkt kann aufgefaßt werden als entstanden durch das Zusammenfallen von k stabilen oder invers instabilen und l direkt instabilen Fixpunkten; die Zahl $k - l$ ist von der speziellen Zerlegung des mehrfachen Fixpunktes in einfache unabhängig, wie es sich unten ergeben wird.

Der Satz von *Birkhoff* besagt nun folgendes:

Wenn eine eineindeutige analytische Abbildung t einer orientierbaren geschlossenen analytischen Fläche F vom Geschlecht p durch eine stetige Deformation der Fläche F in sich entsteht, so ist die Differenz der direkt instabilen und der anderen Fixpunkte gleich $2p - 2$.[1])

Den Beweis geben wir unverändert nach *Birkhoff* wieder, obwohl die bei ihm verwendeten Methoden wesentlich von unseren bisherigen Methoden abweichen; jedoch läßt sich der Beweis für den topologischen Satz, der vorher ausgesprochen wurde, in eine von der analytischen Natur unabhängige Form bringen, wie man erkennen wird.

Wir setzen zunächst voraus, daß bei der Abbildung t jeder Punkt von F in einen sehr nahe bei ihm liegenden Punkt übergeht, so daß jeder Punkt mit seinem Bild durch einen kurzen geodätischen Bogen verbunden werden kann.

Indem wir jedem Punkt P die Richtung dieses einzigen geodätischen Bogens zuordnen, erhalten wir eine Menge von *Linienelementen*, die in jedem Punkte von F mit Ausnahme der bei t invarianten Punkte definiert sind und sich mit dem Punkt P analytisch ändern.

Darüber gilt nun der folgende, im wesentlichen von *Poincaré* herrührende Satz, den wir erst in VII § 2 beweisen werden:

[1]) Dabei kann p auch 0 oder 1 sein.

Sei ein System von Linienelementen auf einer orientierbaren geschlossenen analytischen Fläche F vom Geschlecht p gegeben, mit gewissen singulären Punkten $P_1, P_2, \ldots, P_n$. *Sei ferner* $2\,\delta_i\,\pi$ *die Richtungsänderung des Linienelementes auf einer hinreichend kleinen positiv umlaufenen einfachen geschlossenen Kurve um den Punkt* P_i. *Dann ist* $\delta_1 + \delta_2 + \ldots + \delta_n = 2 - 2p$.

Wir betrachten nun die Richtungsänderung des Linienelementes um einen bei t invarianten Punkt P_0 von F.

Wenn P_0 ein direkt instabiler Fixpunkt ist, projizieren wir eine Umgebung von P_0 auf die in P_0 berührende Ebene, und bezeichnen mit u, v rechtwinklige Koordinaten dieser Ebene, deren Anfangspunkt $u = v = 0$ mit P_0 zusammenfällt. Diese Koordinaten wählen wir derart, daß die Abbildung t sich in der Normalform:

$$\begin{cases} u' = \varrho_1 u + \ldots \\ v' = \varrho_2 v + \ldots \end{cases}$$

ausdrücken läßt.

Wenn der Punkt P: (u, v) einen hinreichend kleinen Kreis mit dem Radius $\varepsilon\,(> 0)$ um den Anfangspunkt in positivem Sinne beschreibt, wird der Bildpunkt (u', v') annähernd eine Ellipse mit den Halbachsen $\varrho_1\,\varepsilon$, $\varrho_2\,\varepsilon$ beschreiben. Der Vektor $((u, v), (u', v'))$ bildet mit der positiven u-Achse einen Winkel, dessen Tangens gleich

$$\frac{v' - v}{u' - u} = \frac{(\varrho_2 - 1)\,v + \ldots}{(\varrho_1 - 1)\,u + \ldots}$$

ist; seine Winkeländerung ist gleich -2π, da $\frac{\varrho_2 - 1}{\varrho_1 - 1}$ negativ ist.

Die Richtung dieses Vektors ist bis auf Glieder höherer Ordnung gleich der des entsprechenden geodätischen Bogens auf F.

Die Zahl δ *ist also bei einem direkt instabilen Fixpunkt gleich* -1.

Sei nun P_0 ein solcher invers instabiler, oder stabiler, einfacher Fixpunkt, für den ϱ_1 und ϱ_2 beide reell sind. Dann sind entweder ϱ_1 und ϱ_2 beide positiv und kleiner als 1, oder beide positiv und größer als 1, oder aber beide negativ. Der Tangens des Winkels, den die Projektion des (u, v) mit (u', v') verbindenden geodätischen Bogens mit der positiven u-Achse bildet, hat die gleiche Form wie vorhin, wenn $\varrho_1 \neq \varrho_2$ ist; nun ist aber $\frac{\varrho_2 - 1}{\varrho_1 - 1}$ positiv. Wir schließen daraus, daß in diesen Fällen $\delta = +1$ ist. Der Fall $\varrho_1 = \varrho_2$ kann ähnlich behandelt werden und führt zum selben Ergebnis.

Wenn ϱ_1 und ϱ_2 konjugiert komplex sind, können wir die Abbildung in der Umgebung des Fixpunktes durch die folgenden Formeln darstellen:

$$\begin{cases} u' = k\,(u \cos\sigma - v \sin\sigma) + \ldots \\ v' = k\,(u \sin\sigma + v \cos\sigma) + \ldots \end{cases}$$

wobei u', v' schiefwinklige Koordinaten bedeuten und $k > 0$ ist. Für $k = 1$ ist die Abbildung im wesentlichen (d. h. bis auf Glieder höherer Ordnung) eine Drehung, so daß bei einem positiven Umlauf des Punktes P: (u, v) um den Anfangspunkt die Winkeländerung des Vektors $((u, v), (u', v'))$ gleich $+ 2\pi$ ist. Für $k \neq 1$ haben wir im wesentlichen eine Drehstreckung, so daß auch in diesem Fall die Winkeländerung offenbar gleich $+ 2\pi$ ist.

Für den Fall einer hinreichend kleinen Deformation und unter der Annahme, daß nur einfache Fixpunkte vorkommen, folgt also der zu beweisende Fixpunktsatz unmittelbar aus dem erwähnten *Poincaré*schen Satz.

Den Fall mehrfacher Fixpunkte können wir als Grenzfall des eben erledigten betrachten, so daß der Satz auch für diesen Fall gilt.

Für beliebige analytische Deformationen bestimmt man ein System L von Linienelementen, dessen singuläre Punkte mit den für t invarianten Punkten von F zusammenfallen, so daß sich die geodätische Richtung eines Punktes von ihrer transformierten Richtung in der Umgebung eines Fixpunktes von F um einen Winkel unterscheidet, der mit dem Abstand dieses Punktes von dem Fixpunkt unter jede Grenze herabsinkt.

Wir betrachten nur den Fall $p > 1$. Die universelle Überlagerungsfläche von F bilden wir auf das Kreisinnere topologisch derart ab, daß den Decktransformationen der Überlagerungsfläche eine Gruppe von hyperbolischen Bewegungen des mit einer hyperbolischen Maßbestimmung versehenen Kreisinnern entspricht. Der Deformation von F entspricht eine stetige Deformation des Kreisinnern, wobei kongruente Punkte (d. h. solche, die demselben Punkt von F entsprechen) immer in kongruente Punkte übergehen. Der Vektor, der einen Punkt mit seinem Bild verbindet, erfährt während der Deformation in kongruenten Punkten dieselbe Winkeländerung. Wenn wir das System von Linienelementen betrachten, welches in der hyperbolischen Ebene die Richtung eines jeden Punktes von der ursprünglichen nach der transformierten Lage angibt, erhalten wir ein System L von Linienelementen auf der Fläche, dessen singuläre Punkte die bei t invarianten Punkte von F sind. Dieses System L kann angesehen werden als durch ein System von geodätischen Linien geliefert, die je einen Punkt mit seinem Bild verbinden. —

Eine ebenfalls von *Birkhoff* herrührende Erweiterung des obigen Satzes bezieht sich auf eine beliebige orientierbare analytische Fläche vom Geschlecht p und mit r Konturen; wenn eine solche Fläche einer analytischen Deformation unterworfen wird, die zu einer umkehrbar eindeutigen Abbildung der Fläche führt, so ist die Anzahl der direkt stabilen Fixpunkte vermindert um die Anzahl der anderen Fixpunkte gleich $2p + r - 2$.

Aus diesem Satz folgt für $p = 0$, $r = 2$, daß bei den im vorigen Paragraphen betrachteten Abbildungen des Kreisringes aus der Existenz eines einfachen Fixpunktes die eines zweiten folgt. Ob diese Fixpunkte in einen Punkt zusammenfallen können, oder ob es notwendig zwei örtlich verschiedene Fixpunkte gibt, wird durch diese Betrachtung nicht entschieden.

Kehren wir endlich zum topologischen Inhalt des *Birkhoff*schen Satzes zurück. Wenn man nur die Existenz eines Fixpunktes nachweisen will, ist die obige Methode, die eigentlich den analytischen Charakter der Abbildung nur in den Umgebungen der Fixpunkte voraussetzt, ohne Beschränkung anwendbar; die Annahme, die Abbildung habe (für geschlossene orientierbare Flächen F vom Geschlecht $p > 1$) keinen Fixpunkt, führt nämlich sofort zu einem Widerspruch. — Es sei noch erwähnt, daß im Grunde die oben dargestellte Methode mit der von *Brouwer* herrührenden Methode der Betrachtung von Vektorverteilungen identisch ist; diese *Brouwer*schen Untersuchungen werden wir im Rahmen der Topologie der mehrdimensionalen Mannigfaltigkeiten darstellen. —

Bei einer zum Typus der Identität gehörigen topologischen Abbildung t einer geschlossenen orientierbaren Fläche (vom Geschlecht $p > 1$) auf sich selbst braucht es nicht mehr als einen Fixpunkt zu geben; dafür wollen wir ein Beispiel angeben.

Nehmen wir einen von $p + 1$ Kreisen berandeten ebenen Bereich b. Durch einen Punkt P des äußeren Randkreises legen wir p einander sonst nicht treffende und außerhalb voneinander liegende einfache geschlossene Kurven $j_1, j_2, \ldots, j_p$, von denen jede je einen Randkreis des Bereiches b umschließt. Den von der Kurve j_i und von dem in ihrem Innern liegenden Randkreis berandeten Bereich bilden wir topologisch auf einen ebenen Kreisring

$$\begin{cases} 1 \leqq r \leqq 2, \\ 0 \leqq \varphi < 2\pi \end{cases}$$

ab, so daß P in den Punkt $(r, \varphi) = (2, 0)$ übergeht; mittels dieser Abbildung übertragen wir die durch die Formeln

$$\left.\begin{cases} \varphi' = \frac{3}{2}\varphi - \frac{r}{2} + 1, \\ r' = r \end{cases}\right\} \text{ für: } 0 \leqq \varphi \leqq \pi$$

und

$$\left.\begin{cases} \varphi' = \frac{\varphi}{2} + \pi - \frac{r}{2} + 1, \\ r' = r, \end{cases}\right\} \text{ für: } \pi \leqq \varphi \leqq 2\pi$$

erklärte Abbildung auf den im Innern von j_i liegenden Teilbereich von b. Den außerhalb von $j_1, j_2, \ldots, j_p$ liegenden Teil von b bilden wir auf das Innere eines $p+1$-seitigen Polygons ab, so daß dem Punkt P alle Eckpunkte desselben entsprechen, sonst aber die Abbildung einschließlich des Randes topologisch ist. In diesem Polygon erklären wir eine topologische Abbildung, die die Eckpunkte und nur diese ungeändert läßt und auf dem Rand mit einer im voraus gegebenen Abbildung übereinstimmt. Es genügt, dies für den Fall eines Dreieckes anzugeben. Seien λ, μ inhomogene Dreieckskoordinaten ($0 \leqq \lambda \leqq 1$, $0 \leqq \mu \leqq 1$; $(0,1) \equiv (\lambda, 1) \equiv (1,1)$) das Bild (λ', μ') des Punktes (λ, μ) wird dann durch die Formeln erklärt:

$$\begin{cases} \lambda' = f(\lambda), \\ \mu' = (1-\lambda)\cdot g(\mu) + \lambda \cdot h(\mu); \end{cases}$$

dabei bedeuten $f(\lambda)$, $g(\mu)$, $h(\mu)$ der Reihe nach diejenigen Funktionen, die auf den Seiten $\mu = 0$, $\lambda = 0$, $\lambda = 1$ beziehungsweise die vorher gegebene Abbildung darstellen. — Wenn man diese Abbildungen auf den Bereich b überträgt, erhält man eine zum Typus der Identität gehörige topologische Abbildung von b auf sich selbst, mit einem einzigen, auf dem Rand liegenden Fixpunkt P (s. Fig. 47, $p = 2$). —

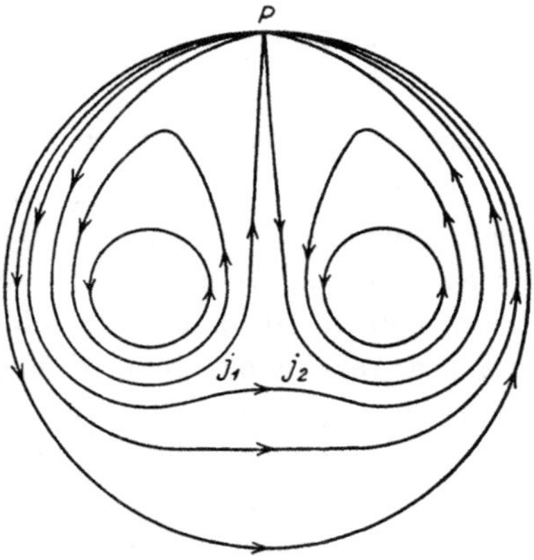

Fig. 47.

Verdoppelt man den Bereich und vereinigt die beiden Exemplare in ihren kongruenten Randpunkten, so entsteht eine geschlossene orientierbare Fläche vom Geschlecht p mit einer zum Typus der Identität gehörigen topologischen Abbildung der Fläche auf sich selbst, die einen einzigen Fixpunkt aufweist.

§ 5. Fixpunktsätze der Ringflächen [1]).

In diesem Paragraphen werden wir die von *J. Nielsen* herrührenden Resultate über die Minimalzahl der Fixpunkte bei Abbildungstypen der Ringflächen wiedergeben.

Sei zunächst F eine orientierbare Ringfläche, d. h. eine Torusfläche, und sei t eine topologische Abbildung von F auf sich selbst. Sei (a, b) ein Fundamentalsystem von Kurven auf F, welches etwa aus dem

---

[1]) Als orientierbare bzw. nichtorientierbare Ringfläche bezeichnen wir die geschlossene orientierbare Fläche vom Geschlecht 1 bzw. die geschlossene nichtorientierbare Fläche vom Geschlecht 2 (beide Flächen haben die Charakteristik 0).

Meridian a: $\varphi = 0$ und aus dem Parallelkreis b: $\psi = 0$ besteht. Die Kurven a, b gehen bei t in die Kurven a', b' über, die den Kurven

$$\begin{aligned} a' &\approx a^m b^n, \\ b' &\approx a^p b^q, \end{aligned} \qquad (m, n, p, q = \text{ganze Zahlen})$$

homotop sind. Da a' und b' wieder ein Rückkehrschnittpaar bilden, läßt sich jede Kurve auf F durch diese neuen Fundamentalkurven ausdrücken; insbesondere gilt dies von den Kurven a und b, die sich also in der Form schreiben lassen:

$$\begin{aligned} a &\approx a'^{m'} b'^{n'}, \\ b &\approx a'^{p'} b'^{q'}, \end{aligned} \qquad (m', n', p', q' = \text{ganze Zahlen}).$$

Die Determinante

$$d = mq - np$$

ist also notwendig gleich ± 1.

Vier Zahlen m, n, p, q mit der Determinante ± 1 bestimmen zwei Kurven a', b' bis auf Homotopie, die die Bildkurven von a und b bei einer topologischen Abbildung darstellen können. Durch die Angabe dieser Zahlen ist dann ein Abbildungstypus von F bestimmt, in dem in § 1 angegebenen Sinne, d. h. je zwei topologische Abbildungen der Fläche F auf sich, die beide zum selben Zahlenquadrupel m, n, p, q gehören, lassen sich durch eine topologische Deformation der Fläche F in sich ineinander überführen. Um dies nachzuweisen, genügt es zu zeigen, daß jede topologische Abbildung von F auf sich selbst, die jede einfache geschlossene Kurve in eine ihr homotope Kurve überführt, zum Typus der Identität gehört. In VI § 1 haben wir schon gesehen, daß eine topologische Abbildung von F auf sich, die jede einfache geschlossene Kurve in eine ihr isotope Kurve überführt, zum Typus der Identität gehört. Nun sieht man aber leicht ein, daß zwei homotope einfache geschlossene Kurven auf der Torusfläche immer auch isotop sind, womit die obige Behauptung erwiesen ist[1]).

---

[1]) Seien j und j' zwei einfache geschlossene Kurven auf F, die einander homotop sind. Wir können voraussetzen, daß die Kurven j und j' nur endlich viele gemeinsame Punkte haben, denn wir können j' durch eine ihr isotope Kurve ersetzen, die die Kurve j nur in endlich vielen Punkten trifft. Wir schneiden nun die Torusfläche längs der Kurve j auf, so entsteht ein ebener Kreisring, der von den beiden konzentrischen Kreisen j^+ und j^- berandet ist. Der Kurve j' entspricht eine endliche Anzahl von einfachen Bögen in dem Kreisring, die bis auf ihre Endpunkte im Innern des Bereiches liegen; einem jeden Endpunkt eines solchen Bogens entspricht ein mit ihm auf der Torusfläche zusammenfallender Endpunkt eines anderen Bogens von j'. Wenn wir einem Bogen von j' den Index 0, und jedem anderen Bogen, der Reihe nach, den Index $i+1$ bzw. $i-1$ zuordnen, je nachdem derjenige Endpunkt dieses Bogens, der mit einem Endpunkt des mit dem Index i bereits versehenen Bogens zusammenfällt, auf dem Rand j^+ bzw. j^- liegt, und ferner jeden Bogen

Es handelt sich um das folgende Problem: *Wie viele Punkte müssen bei jeder Abbildung eines durch das Zahlenquadrupel* m, n, p, q $(mq - np = \pm 1)$ *bestimmten Typus mindestens ungeändert bleiben?*

Die Lösung dieses Problems geben wir ohne Abänderung nach der (im Literaturverzeichnis genannten) Arbeit von *J. Nielsen* wieder.

Auf der Torusfläche F mit den bizirkularen Koordinaten (φ, ψ), $(0 \leqq \varphi < 2\pi,\ 0 \leqq \psi < 2\pi)$ führen wir die Koordinaten (u, v) durch die folgenden Formeln ein:

$$u = \frac{\psi}{2\pi}, \quad v = \frac{\varphi}{2\pi}.$$

Faßt man u und v als überall stetig veränderlich auf, so sind sie unendlich vieldeutig und kommen zur Bestimmung eines Punktes nur mod 1, d. h. mit ihrem Bruchbestandteile in Betracht.

(u', v') sei der Bildpunkt des Punktes (u, v) bei der gegebenen Abbildung t. Dann sind die Größen $\mathfrak{u} = u' - u$ und $\mathfrak{v} = v' - v$ auf F stetig veränderliche Funktionen. — Zunächst werde angenommen, daß im Zahlenquadrupel (m, n, p, q) $n \neq 0$ und $p \neq 0$ ist. Durchläuft man a im positiven Sinne, so nimmt dabei u den Summanden 1, u' den Summanden m, also $\mathfrak{u}$ den Summanden $m - 1$ auf. Durchläuft man b in positivem Sinne, so bleibt u konstant, während u' also auch $\mathfrak{u}$ den Summanden p aufnimmt. Ist also Γ eine geschlossene stetige Kurve vom Typus $a^{\varrho} b^{\sigma}$, so nimmt $\mathfrak{u}$ beim Durchlaufen von Γ den Summanden $\varrho(m-1) + \sigma p$ auf. Hat nun Γ die Eigenschaft, daß $\mathfrak{u}$ auf Γ einen bestimmten Wert (mod 1) nicht annimmt, so kann $\mathfrak{u}$ längs Γ keinen Summanden aufnehmen und es folgt

$$\varrho(m-1) + \sigma p = 0.$$

Diese Gleichung ist stets erfüllt, wenn $\varrho = \sigma = 0$ ist, wenn also Γ auf F reduzibel, d. h. homotop 0 ist. Ist Γ irreduzibel, d. h. nicht homotop 0, so ist $\varrho \neq 0$, da aus $\varrho = 0$ wegen $p \neq 0$ auch $\sigma = 0$ folgt. Dann kann die Gleichung geschrieben werden

$$\frac{\sigma}{\varrho} = \frac{1-m}{p} = \frac{\frac{1-m}{e}}{\frac{p}{e}},$$

wenn $e = (1 - m, p)$ (= größter gemeinsamer Teiler von $1 - m$ und p) ist. Also ist Γ vom Typus

$$\Gamma = \left(a^{\frac{p}{e}} b^{\frac{1-m}{e}}\right)^r,$$

mit einem Index $\neq 0$, der mit einem Randbogen des Kreisringes zusammen einen von den weiteren Bögen von j' freien Bereich berandet, auf diesen Randkreisbogen von j^+ bzw. j^- topologisch deformieren, alsdann diesen Bogen von j^+ bzw. von j^- durch den kongruenten Bogen von j^- bzw. j^+ ersetzen, bekommen wir nach endlich vielen Schritten eine im Kreisring liegende einfache geschlossene Kurve, die aus j' durch eine topologische Deformation entsteht. Diese Kurve kann dann durch eine topologische Deformation im Kreisringe in einen Randkreis desselben übergeführt werden. —

wo r eine ganze Zahl ist. Entsprechend ist eine geschlossene Kurve, auf der ein bestimmter Wert von $\mathfrak{v}$ (mod 1) nicht angenommen wird, vom Typus

$$\varDelta = \left(a^{\frac{1-q}{f}} b^{\frac{n}{f}}\right)^s,$$

wenn $f = (1-q, n)$ und s eine ganze Zahl ist.

Sowohl $\mathfrak{u}$ als $\mathfrak{v}$ nehmen bei unseren Voraussetzungen $n \neq 0$, $p \neq 0$ alle Werte (mod 1) auf F an, da sie längs b bzw. a von Null verschiedene ganzzahlige Summanden aufnehmen. Die Punkte, für welche $\mathfrak{u} \equiv 0 \pmod 1$ ist, bilden eine abgeschlossene Teilmenge von F, ebenso die Punkte, für welche $\mathfrak{v} \equiv 0$ ist. Die Menge der Fixpunkte ist der Durchschnitt beider.

Sei δ eine feste Zahl aus dem Intervall $0 < \delta < \frac{1}{4}$. Auch die Punkte $\mathfrak{u} \equiv \pm\delta$ bilden eine abgeschlossene Teilmenge von F. ε_1 sei ihr Abstand von der Menge $\mathfrak{u} \equiv 0$. Ebenso sei ε_2 der Abstand der Mengen $\mathfrak{v} \equiv \pm\delta$ und $\mathfrak{v} \equiv 0$. Sei ν eine solche positive ganze Zahl, daß $\frac{1}{\nu} < \frac{\varepsilon_1}{\sqrt{2}}$ und $\frac{1}{\nu} < \frac{\varepsilon_2}{\sqrt{2}}$ ist. — Dann teile man das Einheitsquadrat $0 \leqq u \leqq 1$, $0 \leqq v \leqq 1$, durch welches wir die Fläche F darstellen, durch Parallele zu den Seiten in ν^2 Quadrate von der Kantenlänge $\frac{1}{\nu}$. Wir nehmen diejenigen Quadrate heraus, die in ihrem Innern oder auf dem Rand einen Punkt der Menge $\mathfrak{u} \equiv 0$ enthalten; die von den inneren Punkten dieser Bereiche gebildete Menge, die aus einer endlichen Anzahl von Gebieten $G_1, G_2, \ldots, G_\alpha$ besteht, bezeichnen wir mit $M_\mathfrak{u}$. Jedes G_i wird von endlich vielen Polygonen Π_1, $\Pi_2, \ldots$ berandet. Auf einem solchen Π liegt kein Punkt $\mathfrak{u} \equiv 0$, da nämlich diese Punkte alle zu $M_\mathfrak{u}$ gehören. Für die Punkte und Randpunkte von $M_\mathfrak{u}$ ist $-\delta < \mathfrak{u} < +\delta \pmod 1$; auf einem Polygon Π ist also entweder $0 < \mathfrak{u} < \delta$ oder $-\delta < \mathfrak{u} < 0$, so daß wir *positive* und *negative Polygone* unterscheiden können. Da auf den Π z. B. der Wert $\mathfrak{u} \equiv \frac{1}{2}$ nicht angenommen wird, sind sie vom Typus Γ.

Nun durchlaufe man die Kurve b und achte auf ihr Verhalten zu den Gebieten g. Das Betreten eines G an einem negativen Π und das Verlassen eines G an einem positiven Π werde mit dem Index $+1$, das Betreten eines G an einem positiven Π und das Verlassen eines G an einem negativen Π mit dem Index -1 bewertet und die Indexsumme J längs b gebildet. (Diese Vorgänge des Betretens und des Verlassens treten nur endlich oft ein.) Da $\mathfrak{u}$ längs b den von Null verschiedenen Summanden p annimmt, ist $J = 2p$. Der Beitrag J_{Π_1}, den ein bestimmtes Polygon Π_1 vom Typus

$$\Gamma_{r=r_1} = \left(a^{\frac{p}{e}} b^{\frac{1-m}{e}}\right)^{r_1}$$

zu J liefert, ist dem absoluten Betrage nach gleich dem absoluten Betrag der „Charakteristik“ der beiden Kurven b und Π_1,[1]) d. h. der Differenz der Anzahlen der Überkreuzungen von Π_1 von dem negativen Ufer von b auf das positive Ufer und derjenigen von dem positiven Ufer auf das negative, d. h. gleich dem absoluten Betrag der Exponentendeterminante der beiden Kurventypen, also

$$|J_{\Pi_1}| = \left|\begin{vmatrix} 0 & 1 \\ \frac{p}{e} r_1 & \frac{1-m}{e} r_1 \end{vmatrix}\right| = \left|\frac{p}{e} r_1\right|.$$

Ist also Π_1 reduzibel, also $r_1 = 0$, so liefert es keinen Beitrag zu J. Es muß daher unter den Π auch irreduzible geben. Ist Π_1 irreduzibel, also $r_1 \neq 0$, so muß, da ein Randpolygon eines Gebietes sich nicht selbst überschneiden kann, eine Kurve vom Typus $\Gamma_{r=r_1}$ aber, wie man leicht erkennt[2]), mindestens $r_1 - 1$ Selbstüberschneidungen hat, notwendig $r_1 = 1$ sein. Also liefert Π_1 zu J den Beitrag $\pm \frac{p}{e}$, und wir erkennen, daß es mindestens $2e$ irreduzible Polygone geben muß, jedes vom Typus $\Gamma_{r=1}$. Da nun ein irreduzibles Polygon auf F kein Gebiet beranden kann, zwei irreduzible, einander nicht treffende Polygone aber ein Gebiet beranden, so verteilen sich die irreduziblen Randpolygone zu je zweien auf mindestens e aus den Gebieten G_i, die wir kurz die irreduziblen Gebiete nennen, im Gegensatz zu reduziblen Gebieten, die ganz im Innern eines reduziblen Randpolygons liegen.

Sei nun G_1 ein irreduzibles Gebiet, Π_1 und Π_2 die beiden zu seiner Berandung gehörigen irreduziblen Polygone. Sind diese beide positiv oder beide negativ, so heben sie sich in ihrem Beitrag zu J

---

[1]) S. dazu *Weyl*, Die Idee der Riemannschen Fläche, 2. Aufl. (Leipzig, 1923), S. 167ff.

[2]) Es sei $\gamma = a^k b^l$ und $\Gamma = \gamma^r = (a^k b^l)^r = a^K b^L$. Ein Bild von Γ in der (u, v)-Ebene laufe von (u_0, v_0) nach $(u_0 + K, v_0 + L)$. Man betrachte alle diejenigen zu diesem kongruenten Bilder, die aus ihm durch alle positiven und negativen Potenzen der Substitution $\bar{u} = u + K$, $\bar{v} = v + L$ entstehen. Diese fügen sich zu einem unendlichen Kurvenzug S aneinander, der die (u, v)-Ebene zerlegt und auf welchen sich eine Durchlaufungsrichtung von Γ überträgt. Nun sei S_β das Bild von S bei der Substitution $\bar{u} = u + \beta k$, $\bar{v} = v + \beta l$, wobei $0 < \beta < r$ ist. Hätte S_β mit S keinen Punkt gemeinsam, so müßte es z. B. ganz links von S liegen; dann läge ebenso $S_{2\beta}$, das aus S_β durch nochmalige Anwendung derselben Substitution entsteht, ganz links von S_β also auch ganz links von S und von diesem durch S_β getrennt, $S_{3\beta}$ wieder ganz links von $S_{2\beta}$ usw. Nach spätestens r Schritten ist aber $S_{r\beta} = S$, woraus ein Widerspruch folgt. Also hat S_β mit S mindestens einen Kreuzungspunkt; dieser entspricht einer Selbstüberkreuzung von Γ. Da β jeden ganzzahligen Wert aus dem Intervall $1 \leqq \beta \leqq r - 1$ annehmen kann, so folgt, daß Γ mindestens $r - 1$ Selbstüberkreuzungen hat.

auf und wir nennen G_1 ein unwesentliches irreduzibles Gebiet. Ist aber Π_1 positiv und Π_2 negativ oder umgekehrt, so verdoppeln sie sich in ihrer Wirkung, liefern also zusammen zu J den Beitrag $\frac{+2p}{e}$ oder $\frac{-2p}{e}$. G_1 soll dann ein wesentliches irreduzibles Gebiet erster Art bzw. zweiter Art heißen. — Wir erkennen also: die Anzahl der wesentlichen irreduziblen Gebiete erster Art muß diejenige der zweiten Art um genau e Einheiten übertreffen.

Wir wiederholen nun das ganze Verfahren unter Auszeichnung des Wertes $\mathfrak{u} \equiv \frac{1}{2}$ statt $\mathfrak{u} \equiv 0$. Sei η_1 der Abstand der Mengen $\mathfrak{u} \equiv \frac{1}{2}$ und $\mathfrak{u} \equiv \pm\frac{1}{4}$ und η_2 der Abstand der Mengen $\mathfrak{v} \equiv \frac{1}{2}$ und $\mathfrak{v} \equiv \pm\frac{1}{4}$, und ferner μ eine solche positive ganze Zahl, daß $\frac{1}{\mu} < \frac{\eta_1}{\sqrt{2}}$ und $\frac{1}{\mu} < \frac{\eta_2}{\sqrt{2}}$ ist. Dann konstruieren wir die Quadratteilung mit der Seite $\frac{1}{\mu}$ und zeichnen ebenso wie früher die Menge $N_{\mathfrak{u}}$ aller Quadrate aus, die einen Punkt $\mathfrak{u} \equiv \frac{1}{2}$ besitzen. $N_{\mathfrak{u}}$ hat dann von $M_{\mathfrak{u}}$ einen endlichen Abstand. Dann erschließen wir wie oben die Existenz von $h \geqq e$ irreduziblen Gebieten $H_1, H_2, \ldots$ von $N_{\mathfrak{u}}$, zu deren Berandungen je zwei irreduzible Polygone vom Typus $\Gamma_{r=1}$ gehören.

Die irreduziblen Gebiete H und G haben keine Punkte gegenseitig gemeinsam. Die letzteren werden also durch die ersteren auf F in h Gruppen getrennt, wenn wir gegebenenfalls auch leere Gruppen mitzählen. Seien G_1 und G_2 zwei wesentliche irreduzible G-Gebiete derselben Gruppe, die durch kein weiteres wesentliches irreduzibles G-Gebiet innerhalb der Gruppe getrennt werden und seien Π_1 bzw. Π_2 diejenigen irreduziblen Randpolygone von G_1 bzw. G_2, die diese einander innerhalb der Gruppe zukehren; endlich sei K das von Π_1 und Π_2 berandete Zwischengebiet von G_1 und G_2. Dann verbinden wir Π_1 und Π_2 in K durch einen solchen Weg w, der es vermeidet, etwa in K enthaltene reduzible H- oder G-Gebiete zu betreten. Auf w wird also $\mathfrak{u} \equiv \frac{1}{2}$ nicht angenommen. $\mathfrak{u} \equiv 0$ kann auf w nur dann angenommen werden, wenn unwesentliche irreduzible G-Gebiete zu K gehören. Da aber die irreduziblen Randpolygone eines solchen gleichartig sind, so kann $\mathfrak{u}$ längs w von Π_1 nach Π_2 auch nicht durch $\mathfrak{u} \equiv 0$ hindurch das Zeichen gewechselt haben. Π_1 und Π_2 sind also beide positiv oder beide negativ und G_1 und G_2 demnach von entgegengesetzter Art, so daß sie sich in ihrem Beitrag zu J aufheben. Wir schließen, daß eine Gruppe höchstens den Beitrag eines wesentlichen irreduziblen Gebietes erster Art liefern kann, daß es also mindestens e nicht leere Gruppen geben muß. Wir können also e irreduzible Gebiete G_i, die wir mit $G_{\mathfrak{u},1}, G_{\mathfrak{u},2}, \ldots, G_{\mathfrak{u},e}$ bezeichnen, und e irreduzible Gebiete $H_{\mathfrak{u},1}, H_{\mathfrak{u},2}, \ldots, H_{\mathfrak{u},e}$ auf F so auswählen, daß für $e > 1$ die ersteren durch die letzteren getrennt werden und umgekehrt.

Vertauscht man nun die Rollen von $\mathfrak{u}$ und $\mathfrak{v}$, geht also von der Menge $M_{\mathfrak{v}}$ derjenigen ν-Quadrate aus, die einen Punkt $\mathfrak{v} \equiv 0$ besitzen, für die also $-\delta < \mathfrak{v} < +\delta \pmod 1$ ist bzw. von der Menge $N_{\mathfrak{v}}$ derjenigen μ-Quadrate, die einen Punkt $\mathfrak{v} \equiv \frac{1}{2}$ besitzen, so gelangt man durch dieselbe Überlegung zu je f irreduziblen Gebieten $G_{\mathfrak{v},1}, G_{\mathfrak{v},2}, \ldots, G_{\mathfrak{v},f}$ bzw. $H_{\mathfrak{v},1}, H_{\mathfrak{v},2}, \ldots, H_{\mathfrak{v},f}$ von der Eigenschaft, daß für $f > 1$ die ersteren durch die letzteren auf F getrennt werden und umgekehrt. Die je zwei irreduziblen Randpolygone dieser Gebiete sind vom Typus $\varDelta_{s=1}$.

Nun beachte man die sämtlichen Bilder von $H_{\mathfrak{u},1}$ in der (u, v)-Ebene. Diese setzen sich zu Streifen zusammen, die die Ebene in der durch den Typus $\varGamma$ bestimmten Richtung, der Richtung der Geraden

$$\frac{u}{v} = \frac{p}{1-m}$$

durchziehen und die durch die Parallelverschiebungen des ganzzahligen Koordinatengitters ineinander übergehen. $H_{\mathfrak{v},1}$ erzeugt analoge Parallelstreifen in der durch den Typus $\varDelta$ bestimmten Richtung der Geraden

$$\frac{u}{v} = \frac{1-q}{n}.$$

Derjenige Teil der Ebene, der zwischen zwei benachbarten Streifen der ersten Schar und zwischen zwei benachbarten Streifen der zweiten Schar liegt, möge das Zwischengebiet der beiden Streifenpaare heißen. Dann bestimmen die beiden Scharen so viele einander nicht kongruente Zwischengebiete, wie der absolute Betrag der Charakteristik der beiden Typen $\varGamma$ und $\varDelta$ angibt, also die Zahl

$$Z' = \left| \begin{vmatrix} \frac{p}{e} & \frac{1-m}{e} \\ \frac{1-q}{f} & \frac{n}{f} \end{vmatrix} \right| = \frac{1}{ef} \cdot |\, m + q - d - 1 \,|.$$

Nimmt man die durch $H_{\mathfrak{u},2}, \ldots, H_{\mathfrak{u},e}$ erzeugten Streifen hinzu, so wird jedes der bisherigen Zwischengebiete in e neue zerschnitten; und nimmt man noch die durch $H_{\mathfrak{v},2}, \ldots, H_{\mathfrak{v},f}$ erzeugten Streifen hinzu, so wird jedes von diesen wieder in f neue zerschnitten. Insgesamt bestimmen die $H_{\mathfrak{u},i}$ $(i = 1, 2, \ldots, e)$ und die $H_{\mathfrak{v},k}$ $(k = 1, 2, \ldots, f)$ also

$$Z = e \cdot f \cdot Z' = |\, m + q - d - 1 \,|$$

einander nicht kongruente Zwischengebiete. Da zwischen je zwei benachbarten $H_{\mathfrak{u},i}$- bzw. $H_{\mathfrak{v},k}$-Streifen ein $G_{\mathfrak{u},i}$- bzw. $G_{\mathfrak{v},k}$-Streifen liegt, die sich also im zugehörigen Zwischengebiet überkreuzen, so gibt es also in jedem Zwischengebiet mindestens ein, insgesamt also mindestens Z solche ν-Quadrate, die sowohl zu $M_{\mathfrak{u}}$ als auch zu $M_{\mathfrak{v}}$ gehören. Man kann also stets Z Durchschnittquadrate von $M_{\mathfrak{u}}$ und $M_{\mathfrak{v}}$ so angeben, daß man von jedem zu einem anderen nicht gelangen kann, ohne ein $H_{\mathfrak{u},i}$ oder ein $H_{\mathfrak{v},k}$ zu durchqueren.

Für jeden Punkt eines solchen Durchschnittquadrates gilt für den Abstand E des Punktes von seinem Bildpunkt

$$E = \sqrt{(u'-u)^2 + (v'-v)^2} = \sqrt{\mathfrak{u}^2 + \mathfrak{v}^2} < \delta \cdot \sqrt{2}\,.$$

Wählt man nun für δ eine gegen 0 konvergierende Folge von Werten $\delta_1, \delta_2, \ldots$ und wählt man zu jedem $\delta_\varkappa$ die Zahl $\nu_\varkappa$ außer nach den früheren Ungleichungen noch so, daß $\nu_{\varkappa+1}$ ein Vielfaches von $\nu_\varkappa$ ist, so ist die Quadratteilung für $\varkappa + 1$ eine Unterteilung derjenigen für den Index $\varkappa$. Jedes Durchschnittquadrat von $M_{\mathfrak{u}}(\varkappa+1)$ und $M_{\mathfrak{v}}(\varkappa+1)$ ist in einem solchen von $M_{\mathfrak{u}}(\varkappa)$ und $M_{\mathfrak{v}}(\varkappa)$ enthalten, da es einen Punkt $\mathfrak{u} \equiv 0$ und einen Punkt $\mathfrak{v} \equiv 0$ besitzt. Eine solche Folge von ineinander enthaltenen Quadraten konvergiert gegen einen Punkt, während gleichzeitig der Abstand E der Punkte der einzelnen Quadrate von ihren Bildpunkten mit δ gegen 0 konvergiert. Jeder solche Konvergenzpunkt ist also ein Fixpunkt.

Die Gebiete $H_{\mathfrak{u},i}$ und $H_{\mathfrak{v},k}$ hängen nur von der festen Zahl μ ab und sind also für alle $\delta_\varkappa$ dieselben, ebenso daher auch die Z Zwischengebiete, die durch Streifen von überall endlicher Breite voneinander getrennt sind. In jedem der Zwischengebiete muß es nun nach dem Obigen wenigstens einen Konvergenzpunkt geben, also gibt es mindestens Z voneinander verschiedene Fixpunkte.

Man findet durch nähere Untersuchung der $H_{\mathfrak{u},i}$ und $H_{\mathfrak{v},k}$, daß man Z Fixpunkte so auswählen kann, daß man von einem zu einem andern nicht gelangen kann, ohne daß $\mathfrak{u}$ oder $\mathfrak{v}$ oder beide einen von Null verschiedenen ganzzahligen Summanden annehmen. Das ist eben die invariante Bedeutung der Minimalzahl Z der Fixpunkte für die Abbildungen desselben Typus.

Die oben gemachten Voraussetzungen $n \neq 0$ und $p \neq 0$ sind nachträglich aufzuheben. Ist $p = 0$, so ist $mq = \pm 1$, also $m = \pm 1$. Ist $m = -1$, so ist der Gesamtindex längs der Kurve a: $J = -4$. Läßt man dann die Kurve a die Rolle der Kurve b in den obigen Überlegungen übernehmen, so bleiben alle Schlüsse entsprechend in Kraft. Ist $m = +1$, so hat die Abbildung keinen notwendigen Fixpunkt; in diesem Fall ergibt die obige Formel $Z = 0$. Ebenso ist die Beschränkung für n aufzuheben.

Andererseits ist es leicht, Abbildungen von jedem vorgeschriebenen Typus zu konstruieren, die nur diese Minimalzahl Z von Fixpunkten aufweisen; solche werden z. B. durch die lineare Transformation geliefert:

$$\begin{cases} u' = mu + pv \\ v' = nu + qv. \end{cases}$$

Damit ist der folgende Satz bewiesen:

Sind auf einer orientierbaren Ringfläche a und b zwei geschlossene, nicht der Null homotope Kurven, die sich in einem einzigen Punkt treffen, und gehen bei einer topologischen Abbildung der Fläche auf sich selbst a bzw. b in zwei Kurven vom Typus $a^m b^n$ *bzw.* $a^p b^q$ *über, so hat die Abbildung mindestens* $|m + q - d - 1|$ *verschiedene Fixpunkte, aber nicht notwendig mehr. Dabei ist* $d = mq - np = +1$ *oder* -1, *je nachdem die Abbildung die Indikatrix erhält oder umkehrt.*

Für die nichtorientierbare Ringfläche erhält *Nielsen* ein analoges Resultat; der wesentliche Unterschied dabei ist, daß in diesem Fall nur eine endliche Anzahl von Abbildungstypen vorhanden ist.

§ 6. Über periodische Abbildungen.

Eine topologische Abbildung t einer Fläche auf sich selbst heißt periodisch mit der Periode n, wenn ihre n-te Potenz t^n die Identität ist, dagegen die Potenzen $t, t^2, \ldots, t^{n-1}$ von der Identität verschieden sind.

Wir betrachten zunächst die periodischen Abbildungen einer Kreisscheibe. Bei einer solchen gibt es wenigstens einen Fixpunkt im Kreisinnern. Sei nämlich j_0 eine im Kreisinnern liegende einfache geschlossene Kurve, die mit ihrem Bild j_1 wenigstens zwei gemeinsame Punkte hat[1]); seien $j_0, j_1, \ldots, j_{n-1}$ die Bilder von j_0 bei den Abbildungen $t^0 = 1$, $t^1 = t$, $t^2, \ldots, t^{n-1}$. Die Vereinigungsmenge dieser Kurven geht bei t in sich über, so daß auch jedes Restgebiet dieser Menge bei t wieder in ein Restgebiet derselben übergeht. So geht das von ihr bestimmte Gebiet, zu dessen Rand die Kreisperipherie gehört, bei t in sich selbst über; der Rand dieses Gebietes besteht außer dem Randkreis aus einer einfachen geschlossenen Kurve j (s. den Hilfssatz auf S. 87), die von t auf sich selbst abgebildet wird. In dem von j und seinem Innern gebildeten Bereich, der bei t in sich übergeht, gibt es nach dem *Brouwer*schen Fixpunktsatz (S. 191) wenigstens einen Fixpunkt. — Wir können also voraussetzen, daß der Mittelpunkt O der Kreisscheibe ein Fixpunkt ist.

Sei $\varkappa$ ein Kreis um O, und seien $\varkappa, \varkappa_1, \varkappa_2, \ldots, \varkappa_{n-1}$ seine Bilder bei $1, t, t^2, \ldots, t^{n-1}$. Jede dieser Kurven enthält den Punkt O in ihrem Innern; das von ihnen um O bestimmte Gebiet, dessen Rand aus einer einfachen geschlossenen Kurve j besteht, geht bei t in sich über, somit ist die Kurve j ebenfalls bei t invariant. Der Schar der konzentrischen Kreise $\varkappa$ entspricht auf diese Weise eine Schar von bei t

[1]) Sei etwa P_0 ein beliebiger nicht invarianter Punkt des Kreisinnern, P_1, P_2 seine Bilder bei t und t^2, und die Kurve j_0 so gewählt, daß sie durch die drei Punkte P_0, P_1, P_2 läuft.

invarianten einfachen geschlossenen Kurven j, die die Kreisscheibe überall dicht bedecken; wenn der Kreis $\varkappa'$ im Innern des Kreises $\varkappa$ liegt, liegt auch die $\varkappa'$ entsprechende invariante Kurve j' im Innern der $\varkappa$ entsprechenden Kurve j.

Wenn bei t die Indikatrix ungeändert bleibt, so kann keine dieser Kurven j einen Fixpunkt haben (es sei denn, daß t die Identität ist). Zunächst würde dann jeder Punkt dieser Kurve j ungeändert bleiben, wie man leicht einsieht; ferner könnte man um jeden solchen Punkt in einer hinreichend kleinen Umgebung eine Schar von invarianten Kurven konstruieren, von denen jede die Kurve j trifft, folglich Fixpunkte hat, und also der identischen Abbildung unterliegt. So wäre die Menge der Fixpunkte auf der Kreisscheibe überall dicht, und da sie abgeschlossen ist, mit der Kreisscheibe identisch.

Bei einer von der Identität verschiedenen, die Indikatrix erhaltenden periodischen Abbildung ist jede Kurve j einer n-periodischen Drehung unterworfen. Seien j und j' zwei hinreichend nahe beieinander verlaufende Kurven der Schar, so daß ein einfacher Bogen, der einen Punkt von j mit einem Punkt von j' zwischen j und j' verbindet, seine bei den Potenzen von t entstehenden Bilder nicht trifft. Dieser Bogen samt seinen Bildern zerlegt den von j und j' berandeten Bereich in der Weise, wie n radiale Wege einen von zwei konzentrischen Kreisen berandeten Kreisring, und diese Teilbereiche werden bei t unter sich vertauscht. Nun können wir also je zwei Punkte von j und j' miteinander zwischen j und j' verbinden durch einen seine Bilder nicht treffenden Bogen, und dasselbe gilt, wenn wir statt j und j' nunmehr zwei beliebige Kurven der Schar nehmen, da wir zwischen sie eine Folge von endlich vielen Kurven einschalten können, die so dicht aufeinander folgen, daß die vorige Konstruktion möglich ist.

Vom Mittelpunkt O legen wir einen einfachen Bogen b nach einem Punkt des Randkreises, der seine Bilder außerhalb von O nicht trifft; der Bogen b zerlegt zusammen mit seinen Bildern die Kreisscheibe in n Bereiche in der Weise, wie n Radien in n Sektoren. Die Kreisscheibe läßt sich nunmehr topologisch auf sich selbst abbilden, so daß je zwei Punkte, die bei einer Potenz von t einander entsprechen, in zwei solche Punkte übergehen, die vom Mittelpunkt gleiche Abstände haben, und deren Winkel sich um Vielfache von $\frac{2\pi}{n}$ unterscheiden.

Eine n-periodische die Indikatrix erhaltende topologische Abbildung der Kreisscheibe auf sich ist somit als einer gewöhnlichen metrischen Drehung der Kreisscheibe, mit einem Winkel $\frac{2k\pi}{n}$ ($k, n =$ relativ prim), *homöomorph erkannt.*

Wenn t die Indikatrix umkehrt, gibt es auf dem Rand genau zwei Fixpunkte, und gehen die beiden durch diese Fixpunkte bestimmten Bögen b_1 und b_2 ineinander über. Die Abbildung t^2 läßt die Indikatrix ungeändert; sie besitzt ferner Fixpunkte auf dem Rande, so daß nach dem obigen Beweis t^2 die Identität, und somit t eine involutorische Abbildung ist. — Nehmen wir einen beliebigen einfachen Bogen β, der einen Punkt R_1 von b_1 mit einem Punkt R_2 von b_2 im Innern der Kreisscheibe verbindet; sei β' das Bild von β, und R_1', R_2' die Bilder von R_1, R_2. Der Bogen β' trifft notwendig den Bogen β, und zwar müssen diese beiden Bögen wenigstens einen im Kreisinnern liegenden gemeinsamen Punkt haben; sonst würde nämlich die einfache geschlossene Kurve, die aus den Bögen β, β', ferner aus dem Bogen $\widehat{R_1 R_2'}$ von b_1 und aus dem Bogen $\widehat{R_1' R_2}$ von b_2 zusammengesetzt ist, mit erhaltener Indikatrix in sich übergehen, was, da ihr Inneres in sich übergehen müßte, unmöglich ist. — Wir wandern nun auf β von R_1 aus fort, bis wir den ersten Punkt S erreichen, der die Eigenschaft besitzt, daß der zurückgelegte Teilbogen $\widehat{R_1 S}$ von β mit seinem Bilde wenigstens einen gemeinsamen Punkt hat; sei S' das Bild von S. Die Bögen $\widehat{R_1 S}$ von β und $\widehat{R_1' S'}$ von β' haben die beiden Punkte S und S' gemeinsam; wenn aber $S' \neq S$ wäre, würde die einfache geschlossene Kurve, die aus dem Bogen $\widehat{S' S}$ von β und dem Bogen $\widehat{S S'}$ von β' zusammengesetzt ist, mit erhaltener Indikatrix in sich übergehen, was unmöglich ist. Also ist S ein Fixpunkt und es folgt, daß jeder b_1 und b_2 verbindende Bogen die Menge der Fixpunkte trifft. — Sei g_1 bzw. g_2 dasjenige von der Fixpunktmenge bestimmte Gebiet, zu dessen Rand b_1 bzw. b_2 gehört; diese beiden Gebiete gehen bei t ineinander über; die nicht zu b_1 bzw. b_2 gehörigen Randpunkte von g_1 bzw. g_2 sind gemeinsame Randpunkte für beide Gebiete. — Wir zeigen nun, daß jeder Randpunkt von g_1 bzw. von g_2 erreichbar ist. Sei P ein beliebiger Fixpunkt auf dem Rand von g_1, der aber im Innern der Kreisscheibe liegt; wir konstruieren um P eine Schar von bei t invarianten einfachen geschlossenen Kurven, und betrachten eine Folge $j^{(1)}, j^{(2)}, \ldots$ von diesen Kurven, deren jede in der vorangehenden enthalten ist, und die gegen den Punkt P konvergieren. Auf jeder Kurve $j^{(i)}$ gibt es genau zwei Fixpunkte, die die Kurve $j^{(i)}$ in zwei ineinander übergehende Bögen $b_1^{(i)}$ und $b_2^{(i)}$ zerlegen. In beliebiger Nähe von P, also innerhalb von $j^{(i+1)}$ muß ein Punkt von g_1 liegen; einen solchen verbinden wir mit einem außerhalb von $j^{(i)}$ liegenden Punkt von g_1 durch einen in g_1 verlaufenden Weg, der somit $j^{(i+1)}$ und $j^{(i)}$ treffen muß. Daraus folgt, daß für jedes i einer der Bögen $b_1^{(i)}, b_2^{(i)}$ in g_1 liegt; sei die Bezeichnung so gewählt, daß immer $b_1^{(i)}$ zu g_1 gehört; ferner ergibt sich, daß $b_1^{(i)}$ und $b_1^{(i+1)}$ sich durch einen im Zwischengebiet von $j^{(i)}$ und $j^{(i+1)}$ und zugleich in g_1 verlaufenden Weg σ_i verbinden lassen; mit Rücksicht auf die analogen Folgerungen in bezug auf g_2 schließt man endlich, daß jeder in einer Umgebung von P liegende Punkt entweder zu g_1, oder zu g_2, oder zur Fixpunktmenge gehört. — Nimmt man für jedes i den Weg σ_i, der $b_1^{(i)}$ und $b_1^{(i+1)}$ zwischen $j^{(i)}$ und $j^{(i+1)}$ innerhalb von g_1 verbindet, und nimmt man zu diesen Wegen den zwischen dem Anfangspunkt von σ_{i+1} und dem Endpunkt von σ_i liegenden Teilbogen von $b_1^{(i)}$ hinzu, so entsteht ein einfacher Bogen, der, abgesehen von seinem Endpunkt P, ganz im Gebiet g_1 liegt. Daraus folgt, daß jeder Randpunkt von g_1 und auch von g_2 erreichbar ist; die Menge der gemeinsamen Randpunkte von g_1 und g_2 bildet somit laut der *Schoenflies*schen Umkehrung des *Jordan*schen Kurvensatzes (II § 4) einen einfachen Bogen b, der die beiden auf der Kreisperipherie liegenden Fixpunkte verbindet. — Der Bogen b ist sodann mit der Menge der Fixpunkte identisch; die beiden von ihm bestimmten Teile der Kreisscheibe gehen bei t ineinander über.

Eine die Indikatrix umkehrende periodische Abbildung der Kreisscheibe auf sich selbst ist also homöomorph einer Spiegelung der Kreisscheibe an einem ihrer Durchmesser.

Sei G eine *endliche Gruppe* von topologischen Abbildungen der Kreisscheibe auf sich, d. h. eine Gesamtheit von endlich vielen Abbildungen $t_1, t_2, \ldots, t_n$, mit der Eigenschaft, daß mit je zwei Abbildungen t_i und t_j auch ihr Produkt $t_i t_j$ zu der Gruppe gehört. Die Anzahl der verschiedenen in ihr enthaltenen Abbildungen heißt die Ordnung der Gruppe. Jede Abbildung der Gruppe ist offenbar periodisch, und zwar muß die Periode ein Teiler der Gruppenordnung sein.

Wir setzen voraus, daß jede Abbildung der Gruppe G die Indikatrix ungeändert läßt; wir zeigen sodann, daß G eine zyklische Rotationsgruppe ist, die aus den Potenzen $t^0 = 1$, $t^1 = t$, $t^2, \ldots, t^{n-1}$ einer n-periodischen Abbildung t besteht (nach dem obigen Satz ist die Abbildung t einer metrischen Drehung homöomorph und wird demgemäß als Drehung bezeichnet). — Sei nämlich P_0 ein beliebiger Punkt auf der Kreisperipherie, und $P_0, P_1, \ldots, P_{n-1}$ die mit ihm äquivalenten Punkte, in welche P_0 bei den Abbildungen der Gruppe übergeht. Wir denken uns diese Punkte derartig mit Indizes versehen, daß ihre zyklische Reihenfolge bei einem positiven Umlauf des Kreises $(P_0, P_1, \ldots, P_{n-1})$ ist. Wir bezeichnen nun diejenige Abbildung von G mit t, die P_0 in P_1 überführt; dann geht bei t der Bogen $\widehat{P_0 P_1}$, der von den weiteren Punkten P_i frei ist, in einen ebenfalls positiv gerichteten Bogen über, dessen Anfangspunkt P_1 ist, und der, abgesehen von seinen Endpunkten, keinen mit P_0 äquivalenten Punkt enthält; folglich ist das Bild von $\widehat{P_0 P_1}$ bei t der Bogen $\widehat{P_1 P_2}$. Daraus folgt, daß P_0 bei der Potenz t^i von t in P_i übergeht, und daß somit die Gruppe G durch $1, t, t^2, \ldots, t^{n-1}$ erschöpft ist.

Die obigen Ergebnisse bieten uns die Mittel dar, durch welche die periodischen Abbildungen und die endlichen Gruppen einer beliebigen Fläche im Kleinen, d. h. in der Umgebung irgendeines Punktes untersucht werden können. Insbesondere bemerken wir: wenn G eine endliche Gruppe von eindeutigen stetigen Abbildungen einer geschlossenen orientierbaren Fläche auf sich bedeutet, deren jede die Indikatrix erhält, und wenn ferner P ein bei einer Untergruppe g von G invarianter Punkt von F ist, so ist g eine zyklische Gruppe, die aus den Potenzen $1, t, t^2, \ldots, t^{\nu-1}$ einer Abbildung t besteht, und in der Umgebung von P einer Rotationsgruppe homöomorph ist. Wenn wir nämlich um P eine hinreichend kleine, einfache geschlossene Kurve j_0 bestimmen, die den Punkt P in ihrem Innern enthält, und die Bilder dieser Kurve bei den Abbildungen von g betrachten, so bildet der Rand des von diesen Kurven bestimmten, P enthaltenden Gebietes eine bei der Gruppe g (d. h. bei jeder Abbildung von g) invariante einfache geschlossene Kurve, die mit ihrem Innern zusammen einer zyklischen Rotationsgruppe unterliegt, wie wir eben gesehen haben. —

Wir werden nun eine von *Brouwer* herrührende Verallgemeinerung dieser Begriffe betrachten. Unter einer *topologischen Involution* n-ter Ordnung einer geschlossenen orientierbaren Fläche F (bzw. einer einfachen geschlossenen Kurve F) verstehen wir nach *Brouwer* eine solche Zerlegung von F in Systeme von höchstens n Punkten[1]), daß die Menge dieser Systeme topologisches Bild einer als *Modulfläche* der Involution zu bezeichnenden geschlossenen orientierbaren Fläche M (bzw. einer als *Modullinie* zu bezeichnenden einfachen geschlossenen Kurve M) ist[2]).

Es ist nun leicht zu sehen, daß eine topologische Involution n-ter Ordnung einer einfachen geschlossenen Kurve einer n-periodischen Rotationsgruppe homöomorph ist. Sei nämlich P ein Punkt der Modullinie M, der einen solchen Bogen s von M berandet, dessen Punkte n verschiedene Bildpunkte auf der Linie F besitzen, während für P selbst m (> 1) dieser Bildpunkte in einem Punkt Q von F zusammenfallen. — Wenn wir einen Punkt C von s hinreichend nahe bei P wählen, zerfallen die weder P noch C entsprechenden Punkte von F

---

[1]) Dabei soll es wenigstens ein aus n Punkten bestehendes System geben.

[2]) Wenn also die Punkte $P^{(1)}, P^{(2)}, \ldots$ von M gegen den Punkt P von M konvergieren, sollen die zugehörigen Punktsysteme $\left(Q_1^{(i)}, Q_2^{(i)}, \ldots, Q_{m_i}^{(i)}\right)$ von F gegen das dem Punkt P entsprechende System $(Q_1, Q_2, \ldots, Q_m)$ konvergieren. — Aus dem *Heine-Borel*schen Überdeckungssatz folgt dann, daß, wenn ein Punkt Q_i des Systems $(Q_1, Q_2, \ldots, Q_m)$ von einem Punkte Q_j' des Systems $(Q_1', Q_2', \ldots, Q_{m'}')$ einen hinreichend kleinen Abstand hat, auch jeder Punkt Q_k des Systems $(Q_1, Q_2, \ldots, Q_m)$ von einem Punkt $Q_{k'}'$ des Systems $(Q_1', Q_2', \ldots, Q_{m'}')$ einen beliebig kleinen Abstand hat.

in genau drei Kategorien: ein solcher Punkt ist nämlich entweder Bildpunkt eines zwischen C und P liegenden Punktes von s und läßt sich alsdann ohne Berührung der in der Nähe von Q liegenden Bildpunkte $D_1, D_2, \ldots, D_m$ von C mit Q verbinden, oder Bildpunkt eines durch C (in der Umgebung von P) von P getrennten Punktes von M, in welchem Fall er sich ohne Berührung von $Q, D_1, D_2, \ldots, D_m$ aus der Nähe von Q entfernen läßt, oder schließlich Bildpunkt eines durch P von C getrennten Punktes von M, in welchem Falle er sich sowohl ohne Berührung von $D_1, D_2, \ldots, D_m$ in der Nähe von Q mit Q verbinden, wie auch ohne Berührung von $Q, D_1, D_2, \ldots, D_m$ aus der Nähe von Q entfernen läßt. Hiermit sind wir aber für $m > 1$ zu einem Widerspruch gelangt, so daß also jeder Punkt von M notwendig n verschiedene Bildpunkte auf F besitzen muß. Hieraus folgt aber, daß die Involution n-ter Ordnung von F einer n-periodischen Rotationsgruppe homöomorph ist.

Sei nun F eine geschlossene orientierbare Fläche, auf der eine topologische Involution n-ter Ordnung mit der geschlossenen orientierbaren Fläche M als Modulfläche besteht. Sei β ein Gebiet der Modulfläche M, dessen Punkte je n verschiedene Bildpunkte auf F besitzen, P ein solcher erreichbarer Randpunkt von β, daß auf einem gewissen aus β nach P führenden Wege m der n Bildpunkte gegen einen Bildpunkt Q von P konvergieren. Sei j eine auf M in der Nähe von P um P gezogene einfache geschlossene Kurve, k ihr auf F in der Nähe von Q gelegenes Bild. Wenn j hinreichend klein gewählt wird, so ist ein keinem Punkt von j entsprechender, in der Nähe von Q gelegener Punkt von F entweder Bildpunkt eines innerhalb von j liegenden Punktes von M und läßt sich alsdann ohne Berührung von k mit Q verbinden, oder er ist Bildpunkt eines außerhalb von j liegenden Punktes von M, dann läßt er sich ohne Berührung von k aus der Nähe von Q entfernen. Weil mithin k auf F zwei und nur zwei Gebiete bestimmt und sich aus einer endlichen Anzahl von einfachen Bögen zusammensetzen läßt, und weil auf k eine Involution n-ter Ordnung mit j als Modullinie vorgegeben ist, also ist k eine einfache geschlossene Kurve und die Involution auf derselben ist einer m-periodischen Rotationsgruppe homöomorph. — Hieraus folgt unmittelbar, daß die Bildpunkte der erreichbaren Randpunkte von β, mithin auch diese Randpunkte selbst *isoliert* sind, daß also diejenigen Punke von M, die weniger als n Bildpunkte haben, ebenso wie die entsprechenden Bildpunkte, isoliert sind, ferner daß *die Fläche F eine über der Modulfläche M n-blättrig ausgebreitete Überlagerungsfläche*[1]) *darstellt.*

Aus diesem *Involutionssatz* von *Brouwer* werden wir noch einige

[1]) Im Sinne der in IV § 5 gegebenen Erklärung.

von *Brouwer* angegebene Folgerungen ziehen. — Wenn insbesondere F eine Kugelfläche ist, so ist auch M eine Kugelfläche, zufolge der *Hurwitz*schen Formel (s. S. 160). Auf der Fläche F, die wir durch eine geeignete Koordinatenbestimmung als eine algebraische *Riemann*sche Fläche betrachten, gibt es eine algebraische Funktion, die jeden Wert genau einmal annimmt. Die Umkehrung davon ist eine rationale Funktion einer komplexen Veränderlichen, die die gegebene Involution bis auf Homöomorphie charakterisiert. Wir haben somit den Satz:

Jede topologische Involution der Kugelfläche läßt sich durch eine rationale Funktion $R(z)$ charakterisieren, so daß zwei Punkte z_1 und z_2 dann und nur dann denselben Wert $R(z_1) = R(z_2)$ ergeben, wenn sie bei der Involution kongruent sind, d. h. demselben System angehören.

Die periodischen Abbildungen und die endlichen Gruppen von geschlossenen orientierbaren Flächen stellen nach unseren obigen Ergebnissen spezielle topologische Involutionen dar. Aus dem Involutionssatz und aus den bekannten Existenzsätzen der Theorie der algebraischen Funktionen ergibt sich dann ohne weiteres:

Jede endliche topologische Gruppe einer geschlossenen orientierbaren Fläche ist homöomorph einer Gruppe von birationalen Transformationen einer singulären algebraischen Riemannschen Fläche auf sich selbst.

Eine Abänderung der *Brouwer*schen Definition führt zu der folgenden Verallgemeinerung dieses Begriffes. Eine *mehrdeutige Involution* einer Fläche wird erklärt, indem man jedem Punkt P der Fläche eine Matrix

$$\begin{Bmatrix} P_{11} & P_{12} & \cdots & P_{1n} \\ P_{21} & P_{22} & \cdots & P_{2n} \\ \vdots & \vdots & & \vdots \\ P_{m1} & P_{m2} & \cdots & P_{mn} \end{Bmatrix} \quad (P = P_{11}, P_{21}, \ldots, P_{m1})$$

von Punkten zuordnet[1]). Zu jedem Punkt P_{ik} gehört eine Matrix, die in einer Zeile die Elemente $P_{i1}, P_{i2}, \ldots, P_{in}$ (evtl. in anderer Reihenfolge) enthält. Diese Matrix soll sich ferner mit P stetig ändern, so daß, wenn P und Q hinreichend nahe beieinander liegen, nach einer geeigneten Umordnung der Matrix von Q (wobei erstens Elemente derselben Zeile miteinander und zweitens zwei Zeilen miteinander vertauscht werden dürfen) je zwei ensprechende Elemente der beiden Matrizes beliebig kleinen Abstand voneinander haben. — Wie die gewöhnliche Involution über die Wertverteilung der Veränderlichen einer eindeutigen, insbesondere einer rationalen Funktion Aufklärung gibt, so kann der Begriff der mehrdeutigen Involution nach geeigneter Einschränkung zur Charakterisierung der Wertverteilungen von algebraischen Funktionen angewandt werden.

[1]) Dabei können erstens zwei Punkte derselben Zeile, oder zweitens zwei Zeilen nach geeigneter Umordnung ihrer Elemente Punkt für Punkt zusammenfallen.

§ 7. Über eindeutige Abbildungen.

In diesem Paragraphen befassen wir uns mit den (nicht umkehrbar) eindeutigen stetigen Abbildungen von Flächen und mit dem *Brouwer*schen Begriff des *Abbildungsgrades*. — Sei F eine geschlossene orientierbare Fläche und sei F mittels einer eindeutigen stetigen Abbildung t auf eine Punktmenge abgebildet, die auf einer Fläche F' liegt; wir sagen kürzer, daß F eindeutig und stetig auf F' abgebildet wird; dabei denken wir also, daß nicht jeder Punkt von F' zur Bildmenge zu gehören braucht.

Wir beginnen mit dem einfachsten Fall, wobei jedem Punkt von F' höchstens eine endliche Anzahl von Punkten von F entspricht. Sei P' ein beliebiger, zur Bildmenge von F gehöriger Punkt von F', sei U' eine Umgebung von P' auf F' (die sich auf das Kreisinnere topologisch abbilden läßt) mit einer positiven Indikatrix versehen, und seien $P_1, P_2, \ldots, P_n$ diejenigen Punkte von F, die bei t in den Punkt P' übergehen. Um jeden der Punkte P_i läßt sich zufolge der Stetigkeit von t eine Umgebung U_i derart bestimmen, daß ihr Bild in U' enthalten ist; wir wählen diese Umgebungen derart, daß sie paarweise einander fremd sind. — Sei γ_i eine in U_i liegende einfache geschlossene Kurve, die den Punkt P_i in ihrem Innern enthält, d. h. von den außerhalb von U_i liegenden Punkten von F trennt. Wenn auf F eine positive Indikatrix angenommen wird, kommt jeder Kurve γ_i ein positiver Umlaufssinn zu, bei welchem die Ordnung des Punktes P_i in bezug auf die positiv gerichtete Kurve γ_i gleich $+1$ ist. Der gerichteten Kurve γ_i entspricht eine gerichtete geschlossene stetige Kurve γ_i' in U'. Wir bezeichnen mit ω_i die Ordnung des Punktes P' in bezug auf die gerichtete Kurve γ_i' und bilden die Summe $\omega = \omega_1 + \omega_2 + \cdots + \omega_n$.

Diese Zahl ω ist von der speziellen Wahl der Kurven γ_i unabhängig. Nehmen wir nämlich statt etwa γ_1 eine andere in U_1 liegende positiv gerichtete einfache geschlossene Kurve $\bar{\gamma}_1$, die P_1 in ihrem Innern hat; sei $\bar{\gamma}_1'$ ihr Bild und $\bar{\omega}_1$ die Ordnung von P' in bezug auf $\bar{\gamma}_1'$; so ist, wie wir behaupten, $\bar{\omega}_1 = \omega_1$. Wir setzen gleich voraus, daß γ_1 von $\bar{\gamma}_1$ fremd ist; im andern Falle würden wir eine Hilfskurve $\bar{\bar{\gamma}}_1$ nehmen, die sowohl von γ_1 wie auch von $\bar{\gamma}_1$ fremd ist und die ebenfalls P_1 in ihrem Innern hat. Wenn also die Kurven γ_1 und $\bar{\gamma}_1$ einander fremd sind, deformieren wir γ_1 in $\bar{\gamma}_1$ durch eine topologische Deformation im Zwischengebiet dieser beiden Kurven; dieser Deformation entspricht in U' eine stetige Deformation von γ_1' in $\bar{\gamma}_1'$, bei welcher der Punkt P' nicht passiert wird. Bei dieser Deformation bleibt somit die Ordnung des Punktes P' in bezug auf die im Laufe der Deformation entstehenden Kurven, ungeändert, so daß insbesondere $\bar{\omega}_1 = \omega_1$ ist. — Daraus folgt, daß die Zahl ω im Punkt P' nur von der Abbildung t abhängt.

Ferner ist die Zahl ω für jeden Punkt von F' dieselbe. Sei nämlich Q' ein Punkt von F' hinreichend nahe bei P', so daß insbesondere die ihm entsprechenden Punkte $Q_1, Q_2, \ldots, Q_r$ von F sämtlich in den Innengebieten von $\gamma_1, \gamma_2, \ldots, \gamma_n$ liegen[1]). Dann ist die Ordnung von Q' in bezug auf γ_i' dieselbe, wie die Ordnung von P' in bezug auf γ_i', wenn nur Q' hinreichend nahe bei P' liegt (s. S. 84). Die Zahl ω ist also in der Umgebung jedes Punktes P' und daher auf der ganzen Fläche F' konstant.

Nehmen wir nun den allgemeinen Fall, wobei die inverse Abbildung unendlich vieldeutig sein kann. Sei P' ein Punkt von F', der zur Bildmenge von F gehört, sei $\{P\}$ die ihm entsprechende Punktmenge von F, welche notwendig abgeschlossen ist. Sei U' eine hinreichend kleine Umgebung von P' auf F', die nicht die ganze Bildmenge von F enthält. Wir nehmen eine hinreichend feine Dreiecksteilung von F, so daß jedes Dreieck, welches einen Punkt von $\{P\}$ enthält, auf eine ganz in U' liegende Punktmenge abgebildet wird. Diejenigen Dreiecke, die einen Punkt von $\{P\}$ enthalten, bilden einen oder mehrere Polygonbereiche. Wir nehmen auf F eine positive Indikatrix an; dadurch kommt jedem dieser Polygonbereiche eine Indikatrix und also einer jeden Kontur dieser Bereiche ein in bezug auf den Bereich positiver Umlaufssinn zu. Sei γ_i eine Kontur eines dieser Bereiche, mit dem positiven Umlaufssinn versehen; ihr Bild ist eine gerichtete geschlossene stetige Kurve γ_i' in U'; sei ω_i die Ordnung von P' in bezug auf γ_i'. Die Summe der Ordnungen ω_i bezeichnen wir mit ω.

Wieder zeigt sich, daß ω von den speziellen Polygonbereichen, die $\{P\}$ approximieren, unabhängig ist. Nehmen wir etwa zwei Mengen (β) und (β') von Polygonbereichen, die die Menge $\{P\}$ approximieren; sei (β'') eine dritte Menge von approximierenden Polygonbereichen, mit der Eigenschaft, daß jeder Punkt, der zu einem Bereich β'' gehört, ein innerer Punkt je eines Bereiches β und β' ist. Sei dann β einer der Bereiche (β) und seien $\beta_1'', \beta_2'', \ldots, \beta_l''$ diejenigen Bereiche von (β''), die in diesem Bereich β enthalten sind. Wir betrachten diejenigen berandeten Flächen, die von den zu β nicht aber zu $\beta_1'', \beta_2'', \ldots, \beta_l''$ gehörigen Punkten von F gebildet werden; wenn f eine solche Fläche ist, so bringen wir auf ihr die positive Indikatrix an; dadurch wird jeder Kontur von f ein bestimmter Umlaufssinn zugeordnet, und zwar werden die Konturen von β mit den ursprünglichen, die von $\beta_1'', \beta_2'', \ldots, \beta_l''$ mit den entgegengesetzten Umlaufssinnen versehen. Dann machen wir die Fläche f durch Aufschneiden längs gewisser Querschnitte zu einer Elementarfläche e; bei einem Umlauf um die Kontur derselben werden die zu den Konturen

[1]) Wir erinnern daran, daß die zu einer eindeutigen stetigen Abbildung einer kompakten abgeschlossenen Menge inverse Abbildung ebenfalls stetig ist (s. S. 34).

von β bzw. von β_i'' gehörigen Konturenteile im positiven bzw. negativen Sinne, die angewendeten Querschnitte zweimal und zwar in entgegengesetzten Richtungen umlaufen. Die Kontur der erhaltenen Elementarfläche e deformieren wir in f stetig auf einen einzigen Punkt. Der Kontur von e entspricht in U' eine geschlossene stetige Kurve, in bezug auf welche die Ordnung von P' gleich 0 ist, da sie sich in U' auf einen Punkt stetig deformieren läßt, ohne den Punkt P' zu passieren. Den Konturen von f entsprechen somit gewisse geschlossene stetige Kurven in U', so daß die Gesamtordnung von P' in bezug auf die Bilder der Konturen gleich 0 ist. — Dieses Ergebnis, angewendet auf eine jede Fläche f, ergibt, daß die auf die Bereichmenge (β) bezügliche Zahl ω mit der auf (β'') und ebenso mit der auf (β') bezüglichen analogen Zahl identisch ist.

Ferner ergibt sich ebenso wie in dem vorher behandelten Spezialfall, daß die Zahl ω in jedem Punkt der Fläche F' dieselbe ist. Diese Zahl ω bezeichnen wir als den *Grad der eindeutigen stetigen Abbildung t.*

Ist die Bildmenge von F auf F' nicht überall dicht, so ist der Abbildungsgrad ω gleich Null. Wenn insbesondere die Fläche F' offen ist, kann nicht jeder Punkt von F' zur Bildmenge gehören, da nämlich der geschlossenen Fläche F bei der eindeutigen stetigen Abbildung t eine kompakte Menge entsprechen muß; in diesem Fall ist also der Abbildungsgrad gleich Null. Wenn ferner die Fläche F' nichtorientierbar ist, geht bei der Fortsetzung längs eines einufrigen Rückkehrschnittes auf F' die Zahl ω in ihren negativen Wert $-\omega$ über; beide müssen einander gleich, also Null sein.

Einfache Beispiele für eindeutige stetige Abbildungen, deren Umkehrung nicht eindeutig ist, werden durch die in IV § 5 betrachteten Überlagerungsflächen gegeben. Der Abbildungsgrad ergibt in den Fällen, wo die Grundfläche F' orientierbar und mit der Überlagerungsfläche gleichsinnig orientiert ist, die Blätterzahl n der Überlagerungsfläche F.

Wir werden jetzt eine andere, von *Brouwer* herrührende Erklärung des Abbildungsgrades wiedergeben. Zu diesem Zweck führen wir auf den Flächen F und F', die in je einer bestimmten Dreiecksteilung vorliegen sollen, *Normalkoordinaten* ein, wodurch diese Flächen zu *gemessenen Flächen* gemacht werden; in jedem Dreieck werden dabei die Punkte durch drei nicht negative, homogene Koordinaten eineindeutig und stetig dargestellt, und auf jeder Kante haben die Punkte für jedes Dreieck, zu welchem sie gehören, dieselben Koordinaten.

Man führe zuerst auf jeder Kante $A_p A_q$ nicht Null werdende Normalkoordinaten u_p, u_q ein, so daß $u_p : u_q$ im Punkt A_p unendlich sei und von dort an stetig abnehme, bis in A_q der Wert Null erreicht wird. — Nachdem auf diese Weise in jedem Kantenpunkt die Normalkoordinaten bestimmt sind, betrachten wir ein Dreieck mit den Eckpunkten A_p, A_q, A_r, bilden es auf ein ebenes Dreieck FGH topologisch ab, so daß den Kanten $A_p A_q$, $A_q A_r$, $A_r A_p$ der Reihe nach die Seiten FG, GH, HF entsprechen, stellen die Punkte dieses Dreieckes FGH durch homogene Schwerpunktskoordinaten in bezug auf die Eckpunkte F, G, H dar und wählen im Dreiecksinnern einen willkürlichen Punkt O. — Sei B ein Punkt des Dreieckes $A_p A_q A_r$, und B' sein Bild in FGH. Die jenseits B' fortgesetzte geradlinige Strecke OB' trifft eine Seite des Dreieckes FGH, etwa die Seite GH, in einem Punkt C'. Sei C der C' entsprechende Punkt der Kante $A_q A_r$, seien cu_q, cu_r seine Normalkoordinaten, sei C'' der Punkt von GH mit den Schwerpunktskoordinaten 0, cu_q, cu_r, und sei B'' der Schnittpunkt der Strecke OC'' mit der durch B' gehenden zu GH parallelen Geraden. Dann wählen wir als Normalkoordinaten von B die Schwerpunktskoordinaten von B''. — Auf diese Weise ist die gegebene Fläche zu einer gemessenen Fläche gemacht.

Wir wählen nun zu jedem Dreieck einer gemessenen Fläche ein ebenes gleichseitiges Dreieck fester Seitenlänge als sein „*repräsentierendes Dreieck*“ und bilden es darauf in solcher Weise topologisch ab, daß die Schwerpunktskoordinaten in bezug auf die Eckpunkte eines Punktes des repräsentierenden Dreieckes den Normalkoordinaten des entsprechenden Flächenpunktes gleich sind.

Unter der *Länge* einer in einem Dreieck der Fläche liegenden geradlinigen Strecke verstehen wir die Länge der entsprechenden Strecke im repräsentierenden Dreieck. Unter der *Entfernung* zweier Punkte der Fläche verstehen wir das Minimum der Länge eines sie verbindenden (eventuell mehrere Dreiecke durchziehenden) Streckenzuges. Unter dem *Schwerpunkt* gewisser in Punkten desselben Dreieckes angebrachter Massen verstehen wir den Bildpunkt des Schwerpunktes der in den entsprechenden Punkten des repräsentierenden Dreieckes angebrachten, jenen gleichen Massen. — Unter dem *Inhalte* eines Teilgebietes eines Dreieckes verstehen wir den Inhalt des entsprechenden Teilgebietes des repräsentierenden Dreieckes.

Wir betrachten nun eine eindeutige stetige Abbildung t einer geschlossenen orientierbaren gemessenen Fläche F auf eine gemessene Fläche F' und setzen zunächst auch F' als orientierbar und geschlossen voraus.

Wir unterziehen F einer *simplizialen Zerlegung ζ von der Dichte ε*, d. h. wir zerlegen jedes Dreieck von F in solcher Weise in eine endliche Anzahl von Teildreiecken, daß je zwei davon entweder keinen gemeinsamen Punkt haben, oder nur eine Kante (und dann die beiden zugehörigen Eckpunkte), oder nur einen Eckpunkt, und daß die Kantenlängen der Teildreiecke die Größe ε als Maximum besitzen. Diese Teildreiecke sollen die *Grundsimplexe*, ihre Kanten die *Grundkanten*, ihre Eckpunkte die *Grundpunkte* der Zerlegung heißen; unter einem

Dreieck verstehen wir dann weiterhin ein Dreieck der ursprünglichen Dreiecksteilung von F. Für die Dichte ε wählen wir eine obere Grenze ε_1, welche sie nicht übersteigen soll.

Auf der Fläche F' wird eine positive Indikatrix angenommen und dementsprechend jedes Grundsimplex mit einer positiven Indikatrix versehen.

Ein solches Grundsimplex, dessen Eckpunktsbilder alle demselben Dreieck von F' angehören, nennen wir ein *gewöhnliches Grundsimplex.*

Jetzt definieren wir, was unter einer *zu ζ gehörigen simplizialen Abbildung t_s, welche die Abbildung t approximiert,* verstanden werden soll. Es ist eine Abbildung, welche sich nur auf die gewöhnlichen Grundsimplexe erstreckt und zwar in folgender Weise.

Sei π ein gewöhnliches Grundsimplex mit den Eckpunkten A_1, A_2, A_3, denen für die Abbildung t die demselben Dreieck von F' angehörigen Punkte B_1, B_2, B_3 entsprechen. Ein im Innern oder auf dem Rand von π liegender Punkt P läßt sich als Schwerpunkt von gewissen in A_1, A_2, A_3 konzentrierten nicht negativen Massen auffassen. Wenn wir dieselben Massen der Reihe nach in B_1, B_2, B_3 anbringen, bestimmen sie einen Schwerpunkt Q, den wir für die Abbildung t_s dem Punkt P entsprechen lassen. Alsdann wird, falls die Punkte B_1, B_2, B_3 nicht auf einer Geraden liegen, das Grundsimplex π auf ein Bildsimplex ϱ topologisch abgebildet, dessen Inhalt wir positiv oder negativ rechnen, je nachdem die Bildindikatrix positiv oder negativ ausfällt. Wenn aber die Punkte B_1, B_2, B_3 auf einer Geraden liegen, wird das Bildsimplex ϱ singulär und bekommt den Inhalt Null.

Die Entfernung zwischen den Bildpunkten für t und t_s desselben Punktes von F besitzt eine gewisse obere Grenze e_1, die mit ε_1 unter jede Grenze herabsinkt.

Wir definieren weiter eine *zu ζ gehörige modifizierte simpliziale Abbildung t_m, welche die Abbildung t approximiert.* Sie wird bestimmt durch die Größe ε_1 nicht übersteigende Verrückungen der Grundpunktsbilder und wird sodann aus ihren Grundpunktsbildern in derselben Weise wie t_s konstruiert, wobei für t_m im allgemeinen nicht dieselben gewöhnlichen Grundsimplexe auftreten, wie für t_s.

Wir bestimmen nun beliebig in jedem Dreieck E von F' als sein *Innensimplex* ein solches Teildreieck, dessen Rand den Rand des Dreieckes E nicht trifft und wählen ε in solcher Weise, daß jeder Punkt von F, der für *eine* Abbildung t_s oder t_m in einem Innensimplex abgebildet wird, für *jede* Abbildung t_s oder t_m nur gewöhnlichen Grundsimplexen angehört, welche dann natürlich stets in demselben Dreieck von F' abgebildet werden.

Wir beschäftigen uns nun zunächst mit einer solchen Abbildung t_m, welche keine singulären Bildsimplexe aufweist, und zwar in bezug auf das Innensimplex J eines gewissen Dreieckes E. Die Menge derjenigen im Innern von J enthaltenen Punkte, welche nicht mit dem Bilde eines Grundpunktes zusammenfallen, bezeichnen wir mit σ und bemerken, daß je zwei Punkte von σ sich durch einen aus einer endlichen Anzahl von Strecken bestehenden ganz in σ verlaufenden Streckenzug verbinden lassen.

Einen solchen zu σ gehörigen Punkt, welcher nicht dem Bild einer Grundkante gehört, nennen wir einen *gewöhnlichen Punkt von J.*

Seien P_1 und P_2 zwei beliebige gewöhnliche Punkte von J, welche durch einen ganz in σ verlaufenden Streckenzug s verbunden sind, und sei P ein veränderlicher gewöhnlicher Punkt von J. Die Zahl der positiven bzw. negativen Bildsimplexe, welche P_1 bedecken, bezeichnen wir mit p_1 bzw. p_1', die analogen Zahlen für P_2 mit p_2 und p_2', die analogen Zahlen für P mit p und p'.

Diese Zahlen p und p' können sich bei Bewegung von P an s entlang nur dann ändern, wenn das Bild τ einer Grundkante passiert wird. Wenn dabei die beiden Bildsimplexe, welche in τ zusammenstoßen, auf verschiedenen Seiten von τ liegen, so besitzen sie dasselbe Vorzeichen, und die Kreuzung von τ hat auf die Zahlen p und p', also auch auf die Zahl $p - p'$, keinen Einfluß. Wenn aber die beiden Bildsimplexe, die in τ zusammenstoßen, auf derselben Seite von τ liegen, so besitzen sie entgegengesetzte Vorzeichen, und die Kreuzung von τ bewirkt entweder eine Vermehrung von p und p' um eins oder eine Verminderung von p und p' um eins, läßt also wieder die Zahl $p - p'$ ungeändert. Mithin ist $p_1 - p_1' = p_2 - p_2'$, und für die Abbildung t_m ist in den gewöhnlichen Punkten von J die Zahl $p - p'$ eine Konstante.

Wir wenden uns nunmehr zu einer Abbildung t_s, für welche wir die gewöhnlichen Punkte von J und die Zahlen p und p' in analoger Weise, wie in bezug auf t_m, definieren. Gäbe es dann für t_s in J zwei gewöhnliche Punkte P_1 und P_2, für welche $p_1 - p_1'$ und $p_2 - p_2'$ verschieden wären, so könnten wir t_s mit solcher Genauigkeit durch eine zu ζ gehörige und keine singulären Bildsimplexe aufweisende modifizierte simpliziale Abbildung $t_m^{(\nu)}$ approximieren, daß die Punkte P_1 und P_2 auch in bezug auf $t_m^{(\nu)}$ gewöhnliche Punkte von J wären und die Zahlen p_1, p_1', p_2, p_2' in bezug auf $t_m^{(\nu)}$ dieselben Werte wie in bezug auf t_s besäßen, so daß für $t_m^{(\nu)}$ die Zahl $p - p'$ in den gewöhnlichen Punkten von J nicht konstant sein könnte. Aus diesem Widerspruch folgern wir, daß auch für die Abbildung t_s in den gewöhnlichen Punkten von J die Zahl $p - p'$ eine Konstante ist.

Wir behaupten weiter, daß der Wert dieser Konstante, den wir mit ω bezeichnen, für je zwei simpliziale Abbildungen t_s, t_s', welche die Abbildung t approximieren, derselbe ist, und zwar können wir uns auf den Fall beschränken, daß unter den zugrunde liegenden simplizialen Zerlegungen ζ, ζ' eine, etwa ζ eine Unterteilung der anderen, ζ' ist (s. IV § 1).

In diesem Fall können wir nämlich die Bilder der Grundpunkte von ζ für t_s, insofern die entsprechenden Bilder für t_s' existieren, in diese auf den kürzesten verbindenden Streckenzügen stetig überführen und für die Folge festhalten, wobei, was J betrifft, die Abbildung t_s stetig in die Abbildung t_s' übergeht. Der Gesamtinhalt der in J enthaltenen Teile der Bildsimplexe, welcher ω-mal so groß ist als J, kann bei diesem stetigen Übergange keine Sprünge erleiden, so daß die ganze Zahl ω sich nicht ändern kann.

Wir werden jetzt zeigen, daß die Werte ω_1 und ω_2, welche ω in den Innensimplexen J_1 und J_2 von zwei benachbarten Dreiecken E_1 und E_2 besitzt, einander gleich sind.

Dazu wählen wir zwei solche gleichseitige ebene Dreiecke T_1 und T_2, welche eine gemeinsame Seite haben, als repräsentierende Dreiecke, so daß die gemeinsame Seite Σ dieser Dreiecke der gemeinsamen Kante S von E_1 und E_2 entspricht.

Sodann werden die Begriffe Teilsimplex, Schwerpunkt, Inhalt usw. von $T_1 + T_2$ (d. h. von der von T_1 und T_2 zusammen gebildeten Punktmenge) in genau derselben Weise auf $E_1 + E_2$ übertragen, wie sie früher von einem einzigen repräsentierenden Dreieck auf das ihm entsprechende Dreieck übertragen worden sind.

Wir bestimmen in E_1 und E_2 solche der Reihe nach J_1 und J_2 enthaltende Teilsimplexe U_1 und U_2, welche eine in S enthaltene Kante gemeinsam haben, deren Ränder aber die übrigen Kanten von E_1 und E_2 nicht treffen.

Diejenigen Grundsimplexe, deren Eckpunktsbilder für die Abbildung t alle zum Inneren von $E_1 + E_2$ gehören, rechnen wir nunmehr zu den gewöhnlichen Grundsimplexen und bestimmen eine simpliziale Abbildung t_s', welche t approximiert und welche sich auf die neu hinzugekommenen gewöhnlichen Grundsimplexe erstreckt; zu ihr gehören wieder modifizierte simpliziale Abbildungen t_m'. Die obere Grenze für ε wählen wir jetzt derart, daß in bezug auf $U_1 + U_2$ und auf die gewöhnlichen Grundsimplexe in der neuen Bedeutung dieselbe Eigenschaft, welche früher den Innensimplexen und den gewöhnlichen Grundsimplexen im alten Sinne auferlegt ist, gültig bleibt. Dann können wir nach der schon oben angewandten Methode folgern, daß für die Abbildung t_s' in den gewöhnlichen Punkten von $U_1 + U_2$ die Zahl $p - p'$ eine Konstante ist.

Diese zu t_s' und $U_1 + U_2$ gehörige Konstante ist aber einerseits mit der zu t_s und J_1 gehörigen Konstante ω_1, andererseits mit der zu t_s und J_2 gehörigen Konstante ω_2 identisch, so daß in der Tat die Konstante ω in J_1 und in J_2, dann aber auch in allen Dreiecken von F' denselben Wert hat.

Die Konstante ω, welche einerseits in allen Dreiecken von F', andererseits für alle simpliziale Abbildungen, die t approximieren, denselben Wert hat, stellt mithin eine Eigenschaft von t dar.

Es ist leicht einzusehen, daß die so definierte Zahl mit dem oben auf andere Weise definierten Abbildungsgrad übereinstimmt. Betrachten wir nämlich eine modifizierte simpliziale Abbildung t_m, welche die Abbildung t approximiert, in bezug auf das Innensimplex J eines Dreieckes. Wenn P' einen gewöhnlichen Punkt von J bedeutet und $P_1, P_2, \ldots, P_n$ diejenigen Punkte von F sind, deren Bild bei t_m in den Punkt P' fällt, wird eine einfache geschlossene Kurve γ_i, die P_i in ihrem Innern hat, bei t_m auf je eine positiv bzw. negativ gerichtete einfache geschlossene Kurve abgebildet, je nachdem das die Kurve γ_i enthaltende Grundsimplex mit positiver bzw. negativer Indikatrix abgebildet wird. Die Gesamtordnung des Punktes P' in bezug auf diese Kurven γ_i ist somit der Differenz der Anzahlen der P' bedeckenden positiven bzw. negativen Bildsimplexe gleich. — Aus der ersten Erklärung ist aber klar, daß für zwei Abbildungen, die sich hinreichend wenig voneinander unterscheiden, der Abbildungsgrad derselbe ist; daraus folgt dann die Übereinstimmung der beiden Definitionen.

Ferner ergibt sich, daß für zwei Abbildungen t und t', die durch eine stetige Deformation ineinander übergeführt werden können, der Abbildungsgrad derselbe ist. Unter dem Ausdruck, daß die beiden eindeutigen stetigen Abbildungen t und t' von F auf F' durch eine stetige Deformation ineinander übergehen, oder daß sie zur selben *Klasse* gehören, verstehen wir, daß es eine von einem Parameter λ $(0 \leqq \lambda \leqq 1)$ stetig abhängende Menge $\{t_\lambda\}$ von eindeutigen stetigen Abbildungen von F auf F' gibt, wobei den Parameterwerten $\lambda = 0$ bzw. $\lambda = 1$ die Abbildung $t_0 = t$ bzw. $t_1 = t'$ entspricht[1]).

Von dem eben erwähnten Satz von *Brouwer*, nämlich daß zwei zur selben Klasse gehörige Abbildungen denselben Grad haben, besteht nach *Brouwer* in vielen Fällen auch die Umkehrung. Insbesondere gilt der folgende Satz:

Wenn F und F' beide Kugelflächen sind, so besteht die notwendige und hinreichende Bedingung dafür, daß zwei eindeutige stetige Abbildungen t und t' von F auf F' zur selben Klasse gehören, in der Übereinstimmung der Abbildungsgraden.

Wegen des Beweises dieses Satzes verweisen wir den Leser auf die Arbeit von *Brouwer*: Sur la notion de „classe" de transformations d'une multiplicité (s. Literaturverz.).

[1]) Wir erinnern an den analogen Begriff des *Typus* von *eineindeutigen* stetigen Abbildungen (s. VI § 1), der sich zu dem Begriff der *Klasse* so verhält, wie der Begriff der *Isotopie* von *einfachen* geschlossenen Kurven zu dem der *Homotopie* von geschlossenen stetigen Kurven. In der Tat geht die Frage, ob zwei zur selben Klasse gehörige topologische Abbildungen von F auf F' zu demselben Typus gehören, darauf hinaus, ob je zwei einfache geschlossene, einander homotope Kurven auf F zumal isotop sind.

Siebenter Abschnitt.

Kurvenscharen auf Flächen.

§ 1. Scharen von einfachen geschlossenen Kurven.

Gegeben sei eine Schar $\{j\}$ auf einer Kreisscheibe liegender einfacher geschlossener Kurven, von der wir voraussetzen, daß durch jeden Punkt der Kreisscheibe, abgesehen von gewissen *singulären Punkten* der Schar, eine und nur eine Kurve läuft. Ein singulärer Punkt heißt ein *Zentrum*, wenn durch ihn keine Kurve geht, *mehrfacher Punkt*, wenn wenigstens zwei Kurven durch ihn laufen.

Wir werden den schon der Anschauung zugänglichen Satz be weisen, daß eine solche Schar auf der Kreisscheibe wenigstens einen singulären Punkt haben muß. Wenn wir ferner voraussetzen, daß sie nur Zentren, und zwar höchstens in abzählbarer Mächtigkeit hat, so hat sie ein einziges Zentrum, um welches dann die Kurven konzentrisch verlaufen in dem Sinne, daß jede Kurve das Zentrum im Innern enthält und von je zwei Kurven eine im Innern der anderen liegt.

Sei zunächst $\{j\}$ eine Schar von einfachen geschlossenen Kurven, von der wir voraussetzen, daß durch jeden Punkt der Kreisscheibe eine und nur eine Kurve der Schar läuft; die Kreisperipherie sei dabei ebenfalls eine Kurve der Schar. Gibt es eine Kurve j derart, daß im Innern von j die Kurven konzentrisch liegen, so gibt es wenigstens einen Punkt, der im Innern von allen innerhalb von j verlaufenden Kurven der Schar liegt; durch diesen Punkt läuft also keine Kurve der Schar. — Gibt es aber keine Kurve, in deren Innerem die Kurven konzentrisch liegen, so kann man zwei außerhalb voneinander liegende Kurven j_0 und j_1 auswählen, im Innern dieser wieder je zwei außerhalb voneinander liegende Kurven j_{00}, j_{01} bzw. j_{10}, j_{11} usw. Jedem unendlichen Dualbruch

$$\alpha = 0, \alpha_1 \alpha_2 \ldots \; (\alpha_i = 0, 1)$$

lassen wir den Durchschnitt der Innengebiete der Kurven j_{α_1}, $j_{\alpha_1 \alpha_2}$, $j_{\alpha_1 \alpha_2 \alpha_3}$, ... entsprechen. Die Menge dieser Durchschnitte, die einander fremde Kontinua sind, hat also die Mächtigkeit des Kontinuums. Dann gibt es unter diesen Durchschnitten wenigstens einen, der keine inneren Punkte hat (sonst wäre nämlich die Menge dieser Durchschnitte abzählbar). Durch einen Punkt dieses Durchschnittes kann keine Kurve der Schar gehen, denn sonst müßte eine solche Kurve zusammen mit ihrem Innern innerhalb dieses Durchschnittes liegen.

Nun betrachten wir eine solche Schar $\{j\}$ einander nicht treffender einfacher geschlossener Kurven, daß durch jeden Punkt der Kreisscheibe mit Ausnahme der Punkte $P_1, P_2, \ldots$, deren Anzahl $\geqq 2$ sei, eine Kurve der Schar läuft. — Zunächst ist klar, daß unmöglich alle Kurven konzentrisch liegen können, da nämlich dann zwischen zwei solchen Kurven entweder kein oder aber ein Kontinuum von Zentren, und folglich im Innern irgendeiner Kurve entweder ein einziges Zentrum oder ein Kontinuum von Zentren liegt. Seien also j_1 und j_2 zwei außerhalb voneinander liegende Kurven. Wenn es eine kleinste Kurve j_0 gibt, die j_1 und j_2 enthält, so nehmen wir diese Kurve und ihr Inneres (dieses Kontinuum bezeichnen wir mit K und die Kurve j_0 mit K_0); sonst nehmen wir den Durchschnitt der Innengebiete von allen Kurven j, die zugleich j_1 und j_2 enthalten, und dieses Kontinuum bezeichnen wir mit K. Nun nehmen wir die größte Kurve, die j_1 im Inneren, j_2 im Äußeren hat, diese Kurve und ihr Inneres bezeichnen wir mit K_1, wenn es aber keine solche größte Kurve gibt, nehmen wir die Summe der Innengebiete von allen Kurven j, die j_1 im Inneren, j_2 im Äußeren haben, und diese aus lauter inneren Punkten bestehende Punktmenge bezeichnen wir mit C_1. Wir erklären K_2 bzw. C_2 auf die gleiche Weise. Nun nehmen wir eine dritte Kurve j_3 innerhalb von K, aber außerhalb von j_1 und j_2, und zwar eine solche, deren Inneres einen möglichst großen Kreis enthält. Wir nehmen die größte Kurve, die j_3 im Inneren, j_1 und j_2 aber im Äußeren hat, und bezeichnen diese Kurve und ihr Inneres mit K_3; wenn es aber keine solche gibt, dann die Summe der Innengebiete von diesen Kurven mit C_3; und so fahren wir fort. Seien dabei $\alpha_1, \alpha_2, \ldots$, bzw. $\beta_1, \beta_2, \ldots$ diejenigen Indizes, für welche K_{α_i} bzw. C_{β_i} erklärt wird. Dann lassen wir aus K alle Mengen C_{β_i} fort, so bleibt aus K eine ebenfalls zusammenhängende abgeschlossene Menge K' übrig. Andererseits wird K durch die K_{α_i} und C_{β_i} erschöpft, also wird das Kontinuum K' in die abzählbare Menge von getrennten Kontinua $K_{\alpha_1}, K_{\alpha_2}, \ldots$ zerlegt, was aber unmöglich ist (s. I § 3 S. 38).

Die zuletzt gegebene Überlegung ergibt zugleich, daß, wenn auf einer Polyederfläche vom Geschlecht $p > 0$ eine Schar von einfachen geschlossenen Kurven keine mehrfachen Punkte hat, unmöglich alle Kurven der Schar homotop 0 sein können. Unter den schlichtartigen Flächen ist der Kreisring die einzige, die eine Bedeckung ohne singuläre Punkte zuläßt; die Kreisscheibe und die Kugelfläche sind die einzigen schlichtartigen Flächen, auf denen eine Bedeckung mit Zulassung von Zentren (ohne mehrfache Punkte) möglich ist. Daraus folgt ferner, daß außer dem Kreisring und dem *Möbius*schen Band, die Ringflächen (d. h. die orientierbare geschlossene Fläche vom Geschlecht 1, und die nichtorientierbare geschlossene Fläche vom Geschlecht 2) die einzigen sind, auf denen eine singularitätenfreie Bedeckung möglich ist. Schneiden wir nämlich die Fläche längs einer nicht auf einen Punkt zusammenziehbaren Scharkurve auf, die so entstehenden Flächen wieder usw., endlich gelangen wir zu schlichtartigen Flächen mit singularitätenfreien Kurvenscharen; diese müssen also lauter Kreisringe sein, und daraus ergibt sich, daß die ursprüngliche Fläche eine Ringfläche ist. Aus diesem Ergebnis folgt zugleich, daß auf einer von diesen verschiedenen Fläche eine Kurvenschar mehrfache Punkte haben muß.

Liegt auf der Kugelfläche eine Schar vor, die nur einen einzigen singulären Punkt hat, so ist dieser singuläre Punkt notwendig ein mehrfacher Punkt, und sämtliche Kurven der Schar gehen durch diesen Punkt; sonst würde nämlich eine Kurve der Schar auf der Kugelfläche zwei solche Gebiete bestimmen, von denen eines weder im Innern noch auf seinem Rand einen singulären Punkt enthält, also eine singularitätenfreie Kurvenschar besitzt, was unmöglich ist. — Daraus folgt aber noch keineswegs, daß die Kurvenschar eine solche Lage hat, wie die stereographische Projektion einer Parallelschar[1]); die auf Fig. 48 aufgezeichnete Kurvenschar auf der Ebene ergibt durch eine stereographische Projektion eine Schar mit dem Nordpol als einzigem singulären Punkt, und ist offenbar von anderer Natur als die Parallelschar.

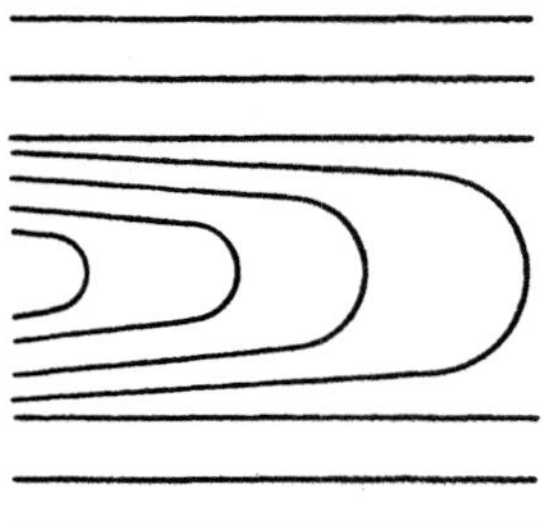

Fig. 48.

Nehmen wir wieder die Kreisscheibe und auf dieser eine von mehrfachen Punkten freie Schar $\{j\}$ von einfachen geschlossenen Kurven; wie wir gesehen haben, liegen die Kurven j konzentrisch um das einzige Zentrum O der Schar. Wir können den Kurven j der Schar die reellen Zahlen x des Intervalls $0 \leqq x \leqq 1$ in eineindeutiger Weise zuordnen, wobei dem Wert 0 das Zentrum O, und dem Wert 1 die Kreisperipherie entsprechen soll, und ferner soll die dem Wert x entsprechende Kurve j_x im Innern liegen der dem Wert x' ent-

[1]) Diese falsche Behauptung habe ich in der Abhandlung „Kurvenscharen auf Flächen“, Gött. Nachr. 1922, S. 73, ausgesprochen. Der darauf folgende Satz a. a. O. ist dahin zu modifizieren, daß eine Schar von einander nicht treffenden, einfachen geschlossenen Kurven auf der Kugelfläche zwei Zentren besitzt und solche Lage hat wie die Schar der Breitenkreise.

sprechenden Kurve $j_{x'}$, wenn $x < x'$ ist. Diese Zuordnung ist sodann stetig, in dem Sinne, daß zwei Kurven j_x und $j_{x'}$ überall einen Abstand $< \varepsilon$ voneinander haben[1]), wenn nur die Differenz der ihnen entsprechenden Zahlen x und x' hinreichend klein ist. In dieser Hinsicht können wir sagen, daß die Kurvenschar ähnliche Lage hat wie die Schar der konzentrischen Kreise. Daraus folgt aber noch nicht, daß die beiden Scharen homöomorph sind, d. h. daß sie durch eine topologische Abbildung der Kreisscheibe auf sich ineinander übergeführt werden können. Auf der Fig. 49 haben wir solche Linien $z_1, z_2, \ldots$ aufgezeichnet, die Kurven einer Schar sind, im obigen Sinne gegen die Kurve z konvergieren, d. h. der Abstand von z_i und z voneinander überall beliebig klein ist, wenn nur der Index i groß genug ist. Und diese Schar kann offenbar nicht durch eine topologische Abbildung der Kreisscheibe auf sich in die Schar der konzentrischen Kreise übergeführt werden, da nämlich die Bögen $\widehat{P_i Q_i}$, deren Endpunkte gegen einen und denselben Punkt P konvergieren, selber nicht gegen einen einzigen Punkt konvergieren. — Dafür, daß eine Schar der Schar der konzentrischen Kreise homöomorph ist, ist die folgende Bedingung offenbar notwendig:

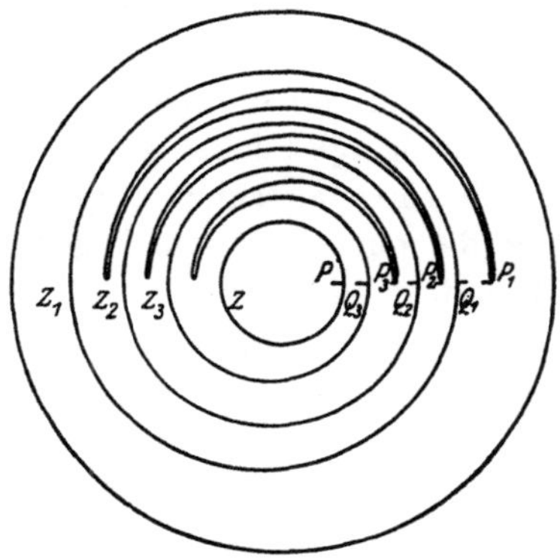

Fig. 49.

A. *Wenn die auf der gleichen Kurve j_i der Schar gewählten Punkte P_i, Q_i für $i \to \omega$ gegen einen und denselben Punkt P konvergieren, so konvergieren auch die geeignet gewählten Bögen $\widehat{P_i Q_i}$ von j_i gegen den Punkt P, d. h. ihre Durchmesser konvergieren gegen* 0.

Wir werden zeigen, daß umgekehrt diese Bedingung dafür hinreichend ist, daß die Schar der Schar der konzentrischen Kreise homöomorph ist. Zu diesem Zwecke werden wir zuerst einige Folgerungen aus der Bedingung A bestimmen, die ihr äquivalent sind.

B. Zu jedem positiven ϱ läßt sich ein $\varepsilon > 0$ bestimmen, so daß, wenn der Abstand der auf derselben Kurve j liegenden Punkte P und Q kleiner ist als ε, dann einer von den beiden Bögen $\widehat{PQ}$ und $\widehat{QP}$ von j einen Durchmesser kleiner als ϱ hat.

Um jeden Punkt P der Kreisscheibe läßt sich eine Umgebung U_P angeben, so daß, wenn die Punkte P_ν und Q_ν einer Kurve j_ν der Schar in dieser Umgebung liegen, dann einer von den Bögen $\widehat{P_\nu Q_\nu}$ und $\widehat{Q_\nu P_\nu}$ von j_ν einen Durchmesser kleiner als ϱ hat. Man ersetze

[1]) D. h. der Abstand irgendeines Punktes von j_x von der Kurve $j_{x'}$ ist kleiner als ε und umgekehrt.

jede dieser Umgebungen durch eine Teilumgebung, deren Radius die Hälfte von der ursprünglichen ist. Aus diesen Umgebungen läßt sich nach dem *Heine-Borel*schen Satz eine endliche Anzahl von Umgebungen auswählen derart, daß jeder Punkt der Kreisscheibe in wenigstens einer dieser Umgebungen enthalten ist. Der kleinste von den Radien dieser endlich vielen Umgebungen gibt den Wert ε (s. auch S. 35, 36).

Durch ähnliche Überlegungen ergeben sich leicht noch die folgenden Folgerungen von A:

C. Zu jedem positiven ε gibt es ein $\eta > 0$ von der Art, daß zwei beliebige Punkte A und B, deren Abstand kleiner ist als η, sich durch einen einfachen Bogen vom Durchmesser $< \varepsilon$ verbinden lassen, der die durch A bzw. B gehenden Kurven der Schar außerhalb von A und B nicht trifft.

D. Zu jedem positiven ε läßt sich $\eta > 0$ so bestimmen, daß zwei beliebige, auf derselben Kurve j der Schar liegende Punkte P und Q, die einen Abstand $< \eta$ voneinander haben, sich durch einen ganz im Innern (bzw. Äußern) von j verlaufenden einfachen Bogen vom Durchmesser $< \varepsilon$ verbinden lassen[1]).

E. Zu jedem positiven ε gibt es ein $\eta > 0$, so daß je zwei Kurven der Schar, deren Abstand voneinander kleiner ist als η, einen Parameterabstand $< \varepsilon$ voneinander haben[2])[3]).

Wir beweisen nun den folgenden Hilfssatz

I. *Sei $\varepsilon > 0$ beliebig gegeben und seien A und B zwei beliebige Punkte der Kreisscheibe, von denen wir voraussetzen, daß die durch B laufende Kurve j_B der Schar im Innern der durch A laufenden Kurve j_A liegt. Es läßt sich eine solche Punktfolge $P_0 = A, P_1, P_2, \ldots, P_n = B$ bestimmen, daß für jedes ν der Abstand $P_\nu P_{\nu+1}$ kleiner ist als ε, und ferner die durch $P_{\nu+1}$ laufende Kurve der Schar im Innern der durch P_ν laufenden Kurve liegt.*

Wir wählen eine solche Folge von Kurven der Schar

$$j_0 = j_A, j_1, j_2, \ldots, j_r = j_B,$$

daß für jedes ν die Kurve $j_{\nu+1}$ im Innern von j_ν liegt und der Abstand von j_ν und $j_{\nu+1}$ voneinander überall kleiner ist als $\frac{\varepsilon}{3}$. Wir wählen ferner auf den Kurven j_ν solche Punkte P_ν, daß $P_0 = A$ und für jedes ν

$$\overline{P_\nu P_{\nu+1}} < \varepsilon, \quad \text{und} \quad \overline{P_{r-1} P_r} < \frac{\varepsilon}{3}$$

[1]) Dies besagt, daß die Eigenschaft der Glattheit (s. S. 65) in bezug auf die Schar gleichmäßig besteht.

[2]) D. h. es läßt sich eine solche topologische Abbildung der beiden Kurven aufeinander angeben, bei welcher je zwei einander entsprechende Punkte einen Abstand $< \varepsilon$ haben.

[3]) Die beiden letzteren Formen der Bedingung gehen auf mündliche Unterhaltungen mit Herrn *F. Riesz* zurück.

ist. Den Bogen $\widehat{P_r B}$ von j_r zerlegen wir in s Bögen vom Durchmesser $< \frac{\varepsilon}{3}$; seien

$$Q_0 = P_r, Q_1, Q_2, \ldots, Q_s = B$$

die Endpunkte dieser Bögen. — Wir wählen eine Folge von Kurven

$$j_r' = j_{r-1}, j_{r+1}', j_{r+2}', \ldots, j_{r+s} = j_r,$$

von denen $j'_{r+\nu+1}$ im Innern von $j_{r+\nu}$ liegt. Auf jeder Kurve $j'_{r+\nu}$ $(\nu = 1, 2, \ldots, s-1)$ wählen wir je einen Punkt $P_{r+\nu}$, dessen Abstand von Q_ν kleiner ist als $\frac{\varepsilon}{3}$. Auf diese Weise erhalten wir eine Punktfolge

$$P_0 = A, P_1, P_2, \ldots, P_{r-1}, P_{r+1}, \ldots, P_{r+s} = B,$$

welche die im Hilfssatz I angegebenen Eigenschaften besitzt.

Wir geben noch eine Erweiterung dieses Satzes. Ein Kontinuum K bezeichnen wir als *konvex* in bezug auf die Schar $\{j\}$, wenn mit irgendeinem auf der gleichen Kurve j liegenden Punktpaar von K zusammen auch ein diese Punkte verbindender Bogen von j zu K gehört.

II. *Sei K ein in bezug auf die Schar $\{j\}$ konvexes Kontinuum, und ε eine beliebige positive Zahl. Es läßt sich eine solche Punktfolge $P_0 = A, P_1, P_2, \ldots, P_n = B$ bestimmen, daß für jedes ν die durch $P_{\nu+1}$ laufende Kurve der Schar im Innern der durch P_ν laufenden Kurve liegt, ferner die Punkte P_ν und $P_{\nu+1}$ einen Abstand $\leqq \varepsilon$ haben, und endlich jeder Punkt P_ν einen Abstand $< \frac{\varepsilon}{3}$ vom Kontinuum K hat.*

Die Punkte P_ν definieren wir sukzessive von $P_0 = A$ an durch die folgenden beiden Vorschriften: 1. Sei $\varkappa$ der Kreis um P_ν mit dem Radius ε; wenn $\varkappa$ und K im Innern der durch P_ν laufenden Kurve j_{P_ν} einen gemeinsamen Punkt haben, so sei $P_{\nu+1}$ ein solcher gemeinsamer Punkt von $\varkappa$ und K, daß im Innern der durch $P_{\nu+1}$ laufenden Kurve $j_{P_{\nu+1}}$ dieser Kreis $\varkappa$ und das Kontinuum K keinen gemeinsamen Punkt haben; 2. wenn $\varkappa$ und K im Innern von j_{P_ν} keinen gemeinsamen Punkt haben, so sei S_ν ein auf j_{P_ν} liegender Grenzpunkt der im Innern von j_{P_ν} liegenden Teilmenge von K; zufolge der Konvexität von K gehört der Bogen $\widehat{P_\nu S_\nu}$ von j_{P_ν} zu K, den zerlegen wir in Bögen vom Durchmesser $< \frac{\varepsilon}{3}$, mit den Endpunkten

$$Q_\nu = P_\nu, Q_{\nu+1}, Q_{\nu+2}, \ldots, Q_{\nu+\mu} = S_\nu;$$

wir wählen nun einen innerhalb von j_{P_ν} liegenden Punkt $P_{\nu+\mu}$ von K, dessen Abstand von S_ν kleiner als $\frac{\varepsilon}{3}$ und hinreichend klein ist, so daß die Kurven j_{P_ν} und j — wobei j die durch $P_{\nu+\mu}$ laufende

Kurve $j_{P_{\nu+\mu}}$ oder eine beliebige zwischen j_{P_ν} und $j_{P_{\nu+\mu}}$ liegende Kurve der Schar bedeutet — überall einen Abstand $< \frac{\varepsilon}{3}$ voneinander haben; ferner nehmen wir $\mu - 1$ zwischen j_{P_ν} und $j_{P_{\nu+\mu}}$ liegende Kurven $j_{P_{\nu+1}}, j_{P_{\nu+2}}, \ldots, j_{P_{\nu+\mu-1}}$, von denen $j_{P_{\nu+\lambda+1}}$ im Innern von $j_{P_{\nu+\lambda}}$ liegt; endlich wählen wir auf jeder Kurve $j_{P_{\nu+\lambda}}$ $(\lambda = 1, 2, \ldots \mu - 1)$ je einen Punkt $P_{\nu+\lambda}$, dessen Abstand von $Q_{\nu+\lambda}$ kleiner ist als $\frac{\varepsilon}{3}$. — In diesem zweiten Fall ergibt unsere Vorschrift von P_ν die Punkte $P_{\nu+1}, P_{\nu+2}, \ldots, P_{\nu+\mu}$, während sie im ersten Fall den einzigen Punkt $P_{\nu+1}$ ergibt.

Aus der Definition erhellt, daß wenn P_ν ein solcher Punkt der erhaltenen Folge ist, aus welchem die Fortsetzung gemäß 1. geschieht, dann $\overline{P_{\nu+r} P_\nu} \geqq \varepsilon$ ist $(r \geqq 2)$, ferner wenn P_ν und $P_{\nu+\lambda}$ zwei solche Punkte sind, für welche die Vorschrift 1. versagt, dann $\overline{P_{\nu+\lambda+r} P_\nu} \geqq \varepsilon$ ist $(r \geqq 0)$. Folglich gelangen wir nach einer *endlichen* Anzahl von Schriten zu einem Punkt der Kurve j_B; wenn dieser Punkt von B verschieden ist, können wir durch Zwischenschaltung von endlich vielen weiteren Punkten die erhaltene Folge mit B verketten, ebenso wie bei dem Beweis des Satzes I.

Vorausgesetzt, daß die Bedingung A erfüllt ist, können wir nun die folgende Behauptung beweisen:

III. *Seien A und B zwei beliebige Punkte der Kreisscheibe, j_A und j_B die durch diese Punkte laufenden Kurven der Schar $\{j\}$; die Punkte A und B lassen sich durch einen zwischen j_A und j_B verlaufenden einfachen Bogen verbinden, der jede zwischen j_A und j_B verlaufende Kurve der Schar, wie auch die Kurven j_A und j_B, nur in je einem Punkte trifft.*

Wir bestimmen zuerst eine solche aus positiven Gliedern bestehende konvergente[1]) Reihe $\eta_1 + \eta_2 + \ldots$, daß die den Größen η_i laut C entsprechenden[2]) Werte ε_i eine konvergente Reihe $\varepsilon_1 + \varepsilon_2 + \ldots$ bilden und ebenso die den ε_i laut B entsprechenden Größen ϱ_i eine konvergente Reihe bilden.

Wir verbinden nun (laut I.) die Punkte A und B durch eine Folge

$$A = P_0, P_1, \ldots, P_n = B,$$

für welche $\overline{P_\nu P_{\nu+1}} < \eta_1$ ist; wir verbinden P_ν und $P_{\nu+1}$ durch einen

[1]) Konvergenz ist in gewöhnlichem Sinne gemeint, d. h. die Werte der Teilsummen $\eta_1, \eta_1 + \eta_2, \eta_1 + \eta_2 + \eta_3, \ldots$ sollen gegen einen endlichen Wert konvergieren.

[2]) Dem Wert η_i soll derjenige Wert ε_i entsprechen, daß für keinen Wert $\varepsilon > \varepsilon_i$, aber für jedes $\varepsilon < \varepsilon_i$ die Eigenschaft C mit $\eta = \eta_i$ besteht.

einfachen Bogen vom Durchmesser $< \varepsilon_1$ im Zwischengebiet der durch diese Punkte laufenden Kurven j_{P_ν} und $j_{P_{\nu+1}}$; diese Bögen zusammen ergeben einen einfachen Bogen u_1, der A und B verbindet. Zu diesem Bogen u_1 ordnen wir einen in bezug auf die Schar $\{j\}$ konvexes Kontinuum K_1 derart, daß, wenn zwei Punkte P und Q von u_1 auf derselben Kurve j liegen, dann ein Bogen $\widehat{PQ}$ von j zu K_1 gehört, wenn aber u_1 und j nur einen gemeinsamen Punkt haben, dann auch K_1 keinen weiteren Punkt auf j besitzt. Nun bestimmen wir (laut II.) eine Punktfolge

$$P_0^{(2)} = A, P_1^{(2)}, \ldots, P_\nu^{(2)} = P_1, \ldots, P_r^{(2)} = B,$$

so daß $P_i^{(2)}$ von K_1 einen Abstand $< \frac{\varepsilon_1}{3}$ hat, und einen einfachen Bogen u_2, bestehend aus den Bögen $P_i^{(2)} P_{i+1}^{(2)}$, deren jeder zwischen $j_{P_i^{(2)}}$ und $j_{P_{i+1}^{(2)}}$ liegt und einen Durchmesser $< \varepsilon_2$ hat. Jeder Punkt von u_2 hat einen Abstand $< \frac{\varepsilon_1}{3} + \varepsilon_2$ von dem Kontinuum K_1. Zu dem Bogen u_2 ordnen wir (wie oben) ein in bezug auf $\{j\}$ konvexes Kontinuum K_2; jeder Punkt von K_2 hat von u_2 einen Abstand $< \varrho_2$ (nach B), folglich ist der Abstand irgendeines Punktes von K_2 von dem Kontinuum K_1 kleiner als $\varrho_2 + \varepsilon_2 + \frac{\varepsilon_1}{3}$. Auf die gleiche Weise fortfahrend erhalten wir die Kontinua $K_1, K_2, K_3, \ldots$, die gegen ein die Punkte A und B enthaltendes Kontinuum K_ω *konvergieren*[1]). Da nun der zu K_n gehörige Bogen irgendeiner Kurve j kleiner ist als ϱ_n und $\varrho_n \to 0$ für $n \to \infty$, folgt, daß jede zwischen j_A und j_B liegende Kurve j wie auch die Kurven j_A und j_B von dem Kontinuum K_ω in je einem einzigen Punkte getroffen werden. Folglich ist K_ω ein die Punkte A und B verbindender einfacher Bogen. Somit ist der Satz III bewiesen. — Auf ähnliche Weise ergibt sich, daß auch ein weiterer solcher Bogen sich bestimmen läßt, der den ersten außerhalb der Endpunkte nicht trifft.

Wir beweisen nun unsere ursprüngliche Behauptung, nämlich daß eine Kurvenschar $\{j\}$, für welche die Eigenschaft A besteht, der Schar der konzentrischen Kreise homöomorph ist.

Zu diesem Zweck wählen wir zuerst eine Folge $j_1^{(1)}, j_2^{(1)}, \ldots, j_{n(1)}^{(1)}$ von Kurven der gegebenen Schar $\{j\}$, wobei $j_{n(1)}^{(1)}$ den Rand der Kreisscheibe bedeuten soll, so daß $j_\nu^{(1)}$ im Innern von $j_{\nu+1}^{(1)}$ liegt und der Abstand dieser beiden Kurven voneinander überall kleiner ist

---

[1]) Wenn ein Punkt P_ω zur Grenzmenge K_ω von $K_1, K_2, \ldots$ gehört, d. h. wenn jede Umgebung von P_ω Punkte von unendlich vielen Mengen K_i enthält, so enthält jede Umgebung von P_ω Punkte von sämtlichen Mengen K_i, abgesehen von endlich vielen Mengen $K_1, K_2, \ldots, K_r$.

als $\varepsilon (> 0)$; wir bezeichnen mit $j_0^{(1)}$ das Zentrum O der Schar $\{j\}$ und setzen voraus, daß $j_1^{(1)}$ in der ε-Umgebung von O liegt. — Jede der Kurven $j_1^{(1)}, j_2^{(1)}, \ldots, j_{n^{(1)}}^{(1)}$ zerlegen wir in je $k^{(1)}$ Bögen vom Durchmesser $< \varepsilon$ und legen von O aus durch die Teilungspunkte solche einfachen Bögen $\lambda_0^{(1)}, \lambda_1^{(1)}, \lambda_2^{(1)}, \ldots, \lambda_{k^{(1)}}^{(1)}$, die einander außerhalb von O nicht und jede Kurve der Schar in einem und nur einem Punkte treffen. — Dann nehmen wir zwischen $j_\nu^{(1)}$ und $j_{\nu+1}^{(1)}$ weitere $n^{(2)} - 1$ Kurven der Schar, so daß je zwei benachbarte Kurven der so erhaltenen Folge überall einen Abstand $< \frac{\varepsilon}{2}$ voneinander haben und zerlegen jeden von den Bögen $\lambda_\nu^{(1)}$ bestimmten Bogen der bisher angenommenen Folge in $k^{(2)}$ Bögen vom Durchmesser $< \frac{\varepsilon}{2}$. Und auf diese Weise fahren wir fort. Dann lassen wir jedem Bogen $\lambda_\nu^{(i)}$ den Wert $\varphi = \frac{2\nu\pi}{k^{(1)}\,k^{(2)} \ldots k^{(i)}}$ des Polarwinkels und jeder Kurve $j_\nu^{(i)}$ den Abstand $r = \frac{\nu}{n^{(1)}\,n^{(2)} \ldots n^{(i)}}$ entsprechen; das auf diese Weise auf einer in der Kreisscheibe überall dichten Punktmenge bestimmte System von krummlinigen Polarkoordinaten (r, φ) erweitert sich auf die ganze Kreisscheibe in eineindeutiger und stetiger Weise (vgl. II § 2). Den Werten $r =$ konst. entsprechen dabei die Kurven der Schar $\{j\}$ und so ergibt diese Koordinatenbestimmung, die eine das metrische Polarkoordinatensystem in das krummlinige Polarkoordinatensystem überführende topologische Abbildung der Kreisscheibe auf sich selbst darstellt, zugleich die Homöomorphie der Schar $\{j\}$ und der Schar der konzentrischen Kreise. Unser Resultat sprechen wir im folgenden Satz aus:

Sei $\{j\}$ eine Schar auf einer Kreisscheibe liegender einfacher geschlossener Kurven, wobei durch jeden Punkt der abgeschlossenen Kreisscheibe mit Ausnahme eines einzigen Punktes eine und nur eine Kurve der Schar läuft. Dafür, daß diese Schar der Schar der konzentrischen Kreise homöomorph ist, ist die folgende Bedingung notwendig und hinreichend: wenn die Punkte P_ν, Q_ν auf derselben Kurve j_ν der Schar liegen und für $\nu \to \infty$ gegen einen Punkt P konvergieren, so konvergieren auch die auf den Kurven j_ν geeignet gewählten Bögen $\widehat{P_\nu Q_\nu}$ gegen den Punkt P.

Eine analytische Beweismethode für den obigen Satz, die von *F. Riesz* angedeutet wurde, ist die folgende: man bilde das Innere einer jeden Kurve j_x der Schar $\{j_x\}$ $(0 < x \leq 1)$ auf das Innere des Kreises $|w| = x$ der komplexen w-Ebene eineindeutig und konform ab, so daß dabei der Punkt O in den Punkt $w = 0$ übergeht und dort die Ableitung der Abbildungsfunktion $f_x(z)$ reell und positiv ausfällt; die Funktion $F(z)$, die auf jeder Kurve j_x mit den Randwerten von $f_x(z)$ auf dieser Kurve übereinstimmt, ergibt eine eineindeutige Abbildung der Kreisscheibe auf sich selbst[1]), die die Schar $\{j_x\}$ in die Schar der konzentrischen Kreise überführt. Daß die Funktion $F(z)$ stetig ist, folgt aus einem Satz von *Courant* über konforme Abbildung von veränderlichen Gebieten[2]).

§ 2. Scharen von offenen Kurven.

Wir betrachten eine Polyederfläche F und eine auf ihr liegende Kurvenschar, d. h. eine Menge von einfachen Bögen b von der folgenden Art: zu jedem gewöhnlichen (d. h. nicht-singulären[3])) Punkt P gibt es zwei und im wesentlichen nur zwei Bögen b_1 und b_2, deren Endpunkt P ist und die einander sonst nicht treffen; wenn b ein weiterer Bogen mit dem Endpunkt P ist, so ist entweder b ein Teilbogen von b_1 oder von b_2, oder b_1 bzw. b_2 ist ein Teilbogen von b. Durch einen singulären Punkt, deren Anzahl als endlich vorausgesetzt wird, geht entweder kein Bogen, oder ein einziger (der in diesem Punkt endigt), oder schließlich mehr als zwei Bögen. Eine *Scharkurve* wird erhalten, indem wir von einem gewöhnlichen Punkt ausgehend zwei dazu gehörige, von singulären Punkten freie Bögen nehmen, in deren Endpunkten wieder je einen zugehörigen Bogen, usw.; dabei sollen die Durchmesser der gewählten Bögen dann und nur dann unter jede Grenze herabsinken, wenn ihre Endpunkte gegen einen singulären Punkt konvergieren.

In anderer Formulierung können wir die Kurvenschar auch folgendermaßen erklären. Sei eine Schar von den folgenden Arten von Kurven gegeben: 1. einfacher Bogen, dessen Endpunkte (die auch zusammenfallen können) singuläre Punkte der Schar sind und der keine weiteren singulären Punkte enthält; 2. einfache geschlossene Kurve, die durch keinen singulären Punkt geht; 3. einfache offene Linie, d. h. topologisches Bild der unendlichen Geraden[4]), die durch keinen singulären Punkt geht; 4. einfache offene Halblinie, d. h. topologisches Bild eines Halbstrahls, deren Anfangspunkt ein singulärer Punkt ist und die sonst keinen singulären Punkt enthält.

Unter einem *Ende* einer offenen Scharkurve (Linie oder Halblinie)

---

[1]) Wir setzen dabei voraus, daß die ursprüngliche Kreisscheibe ebenfalls den Radius 1 hat.

[2]) *Courant*, Gött. Nachr. 1914, S. 106; vgl. dazu auch *Courant*, Gött. Nachr. 1922, S. 69.

[3]) Die Bezeichnungen singulärer bzw. gewöhnlicher Punkt bedeuten immer singulärer bzw. gewöhnlicher Punkt der Kurvenschar.

[4]) Die Terminologie ist von der auf S. 195 gebrauchten verschieden; hier braucht nämlich die Kurve keine abgeschlossene Punktmenge zu sein.

verstehen wir die Menge der Grenzpunkte von Punktfolgen, deren entsprechende Punkte auf der Geraden nach rechts bzw. nach links gegen Unendlich konvergieren. Wir setzen voraus, daß ein Ende einer offenen Scharkurve aus wenigstens zwei Punkten besteht.

Zuerst bemerken wir, daß es möglich ist, auf der Kugelfläche eine Schar von lauter offenen Kurven ohne singuläre Punkte anzugeben. Wir zerlegen die Kugelfläche, die wir durch eine stereographische Projektion in der Ebene darstellen, durch sechs offene Linien in acht Gebiete, wie auf der Fig. 50 angedeutet ist; dann bilden wir ein solches Gebiet auf ein Kreisbogenzweieck topologisch ab, so daß

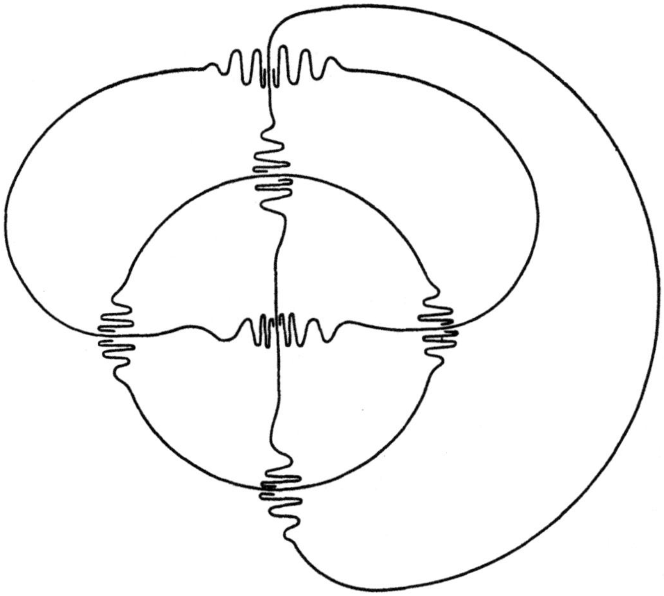

Fig. 50.

die Beziehung zwischen den Randelementen ebenfalls topologisch ist und zwei von den drei Randelementen des Gebietes, die mehr als einen Punkt enthalten, je einem Eckpunkt des Kreisbogenzweieckes entsprechen; mittels dieser Abbildung übertragen wir die Schar der Kreisbögen, die im Kreisbogenzweieck die Eckpunkte desselben verbinden, auf das betreffende Gebiet. Indem wir mit den anderen Gebieten ebenso verfahren, bekommen wir eine aus lauter offenen Linien bestehende, singularitätenfreie Schar auf der Kugelfläche. — Wie auch schon dieses Beispiel andeutet, sind die gestaltlichen Möglichkeiten bei allgemeinen Scharen sehr verschieden, so daß wir einer Übersichtlichkeit halber unsere Problemstellung etwas einschränken müssen.

Wir betrachten *reguläre* Kurvenscharen, die sich im Kleinen, d. h. in der Umgebung irgendeines gewöhnlichen Punktes, wie die Parallelschar verhalten, in dem Sinne, daß es eine topologische Abbildung der betreffenden Umgebung auf ein ebenes Gebiet gibt, durch welche die in ihr enthaltenen Scharbögen auf parallele Strecken abgebildet werden. Die im vorigen Paragraphen für Scharen von einfachen geschlossenen Kurven aufgestellte Bedingung A, betreffend die Konvergenz der Bögen, ergibt auch hier nach geeigneter Umformung die notwendige und hinreichende Bedingung dafür, daß die Kurvenschar in der Umgebung eines gewöhnlichen Punktes regulär ist. Die Bedingung lautet folgendermaßen:

L. *Zu jedem gewöhnlichen Punkt P gibt es eine Umgebung U_P von P, so daß, wenn die Endpunkte der in U_P liegenden Bögen $b_1, b_2, \ldots$ der Schar gegen einen Punkt Q von U_P konvergieren, dann auch diese Bögen gegen Q konvergieren, d. h. ihre Durchmesser unter jede Grenze herabsinken.*

Wir zeigen nun, daß diese offenbar notwendige Bedingung zugleich dafür hinreichend ist, daß die Schar im Kleinen regulär ist. — Sei P ein gewöhnlicher Punkt, U_P eine Umgebung um P, die ihm laut unserer Bedingung zukommt, und von der wir voraussetzen dürfen, daß sie keinen singulären Punkt enthält. Es ist dann unmöglich, daß eine Kurve der Schar ganz in U_P liegt; wäre nämlich eine Scharkurve in U_P enthalten, so würden ihre Enden aus je einem Punkt bestehen und sowohl diese Kurve j wie auch die in ihrem Innern liegenden Scharkurven wären also einfache geschlossene Kurven; im Innern von j oder auf j würde daher wenigstens ein singulärer Punkt liegen, laut § 1, gegen unsere Voraussetzung. Ebenso ergibt sich, daß jede durch einen Punkt von U_P gehende Scharkurve in beiden Richtungen auf derselben die Umgebung U_P verlassen muß. — Nehmen wir nun einen einfachen Bogen c, der zwei durch P getrennte Punkte R und S des durch P gehenden Scharbogens b innerhalb von U_P verbindet, ohne b sonst zu treffen, und mit dem Bogen $\beta = \widehat{RS}$ von b zusammen einen Bereich $\varkappa$ in U_P berandet. Sei $P_1, P_2 \ldots$ eine gegen P konvergierende Folge von Punkten von $\varkappa$, und β_i der bis auf seine Endpunkte in $\varkappa$ liegende Scharbogen durch P_i. Wenn es nun für jedes i unendlich viele solche Bögen β_k $(k > i)$ gibt, die β_i in $\varkappa$ nicht von P trennen, konvergieren ihre Endpunkte gegen einen Punkt von c, während die auf β_k liegenden Punkte P_k gegen P konvergieren; dies widerspricht der Bedingung L. Es gibt also eine Teilfolge von $\beta_1, \beta_2, \ldots$, die wir wieder mit $\beta_1, \beta_2, \ldots$ bezeichnen, von der Art, daß immer $\beta_1, \beta_2, \ldots, \beta_{i-1}$ in $\varkappa$ durch β_i von P getrennt werden. — Wir behaupten, daß die Bögen $\beta_1, \beta_2, \ldots$ gegen den Bogen b konvergieren. Wäre dies nicht der Fall, so enthielte die Grenzmenge h der Bögen

$\beta_1, \beta_2, \ldots$ wenigstens einen nicht zu b gehörigen Punkt. Sei d_i der von β_i in $\varkappa$ bestimmte, β_{i+1} enthaltende Bereich und sei d der Durchschnitt von $d_1, d_2, \ldots$; d ist ein Kontinuum, welches den in $\varkappa$ liegenden Teilbogen β von b und die Grenzmenge h von $\beta_1, \beta_2, \ldots$ enthält; durch Fortlassung des Punktes P zerfällt d in zwei fremde Mengen. Ein Scharbogen, der durch einen von b verschiedenen Punkt von h geht, tritt in beiden Richtungen auf der Kurve auf dem selben zu d gehörigen Bogen von $\varkappa$ hinaus, folglich ist die Menge der Bögen, die durch die Punkte von h gehen, abzählbar. Der gemeinsame Teil je eines solchen Bogens mit h bildet je eine abgeschlossene Menge; diese Mengen, die paarweise fremd sind, erschöpfen zusammen das Kontinuum h. Dies ist aber ein Widerspruch gegen den auf S. 38 bewiesenen Hilfssatz.

Aus der somit bewiesenen Konvergenzeigenschaft ergibt sich wie im vorigen Paragraphen, daß es möglich ist, einen als *Querbogen* zu bezeichnenden einfachen Bogen in $\varkappa$ zu bestimmen, der P mit einem Punkt N von c verbindet und jeden in $\varkappa$ liegenden, P und N in $\varkappa$ trennenden Scharbogen genau einmal trifft. Nimmt man zwei einander fremde Querbögen, die zwei in U_P liegende Scharbögen verbinden und nimmt man die durch ihre Endpunkte bestimmten Teile der Scharbögen, so entsteht ein „*Rechteck*", welches sich auf ein gewöhnliches Rechteck der Zahlenebene topologisch abbilden läßt, so daß die in ihm verlaufenden Scharbögen in parallele Strecken übergehen. Dies ergibt sich durch eine Wiederholung des im vorigen Paragraphen auseinandergesetzten Verfahrens.

Aus der obigen Betrachtung ergibt sich zugleich, daß, wenn aus einem Punkt P genau zwei Scharbögen ausgehen und die Bedingung L für jeden *von P verschiedenen* Punkt Q einer Umgebung U_P von P erfüllt ist, dann die Bedingung L auch für P selbst besteht und also die Schar in der Umgebung von P regulär ist.

Wir betrachten im folgenden solche Scharen, die bis auf eine endliche Anzahl von singulären Punkten, von denen entweder kein, oder ein, oder mehr als zwei Scharbögen ausgehen, im Kleinen regulär, d. h. in der Umgebung eines jeden gewöhnlichen Punktes einer Parallelschar homöomorph sind.

Sei P_i ein singulärer Punkt, von dem wir annehmen, daß er ein innerer Punkt von F ist[1]); wir definieren mit *H. Hamburger* den zugehörigen *Index* ϱ_i folgendermaßen. Um den Punkt P_i nehmen wir

---

[1]) Diese Annahme bedeutet keine Einschränkung der Allgemeinheit; wenn nämlich auf einer Kontur der Fläche F ein singulärer Punkt der Schar liegt, so fügen wir zu F längs dieser Kontur einen Kreisring hinzu und nehmen die Schar der konzentrischen Kreise als Erweiterung der gegebenen Schar für den neu hinzugenommenen Flächenteil.

eine hinreichend kleine einfache geschlossene Kurve j, die in ihrem Innern keinen weiteren singulären Punkt enthält. Wir nehmen dann eine endliche Anzahl von hinreichend kleinen Umgebungen, so daß jeder Punkt der Kurve j zu wenigstens einer dieser Umgebungen gehört und daß je zwei zu derselben Umgebung gehörige Punkte sich durch einen aus einem Scharbogen und aus einem Querbogen bestehenden Weg in dieser Umgebung verbinden lassen. Sodann konstruieren wir aus solchen Wegen ein einfaches Polygon Π_i, welches den Punkt P_i, aber keinen weiteren singulären Punkt in seinem Innern enthält. In einem Eckpunkt des Polygons Π_i treffen sich ein Schar- und ein Querbogen, welche Seiten von Π_i sind; je nachdem der über diesen Eckpunkt hinaus fortgesetzte Scharbogen in das Äußere bzw. in das Innere von Π_i tritt, nennen wir den Eckpunkt einen *aus-* bzw. *einspringenden Eckpunkt;* seien a_i bzw. e_i ihre Anzahlen. Die Zahl $\varrho_i = 1 - \frac{a_i - e_i}{4}$ bezeichnen wir als *Index* von P_i. (Es wäre leicht direkt zu zeigen, ergibt sich aber aus dem folgenden von selbst, daß diese Zahl ϱ_i nur vom Punkt P_i und nicht von der speziellen Wahl des Polygons Π_i abhängt.)

Wenn wir eine aus analytischen Kurven bestehende Schar betrachten und zu jedem gewöhnlichen Punkt eine bis auf Vielfache von π bestimmte Richtung der Tangente der Scharkurve in diesem Punkt zuordnen, so ist die Winkeländerung des Linienelementes bei stetiger Fortsetzung um das mit positivem Umlaufssinn genommene Poligon Π_i gleich $2\pi\varrho_i$, wie man unmittelbar erkennt. Diese Winkeländerung dividiert durch 2π ist von *Poincaré* und *Bendixson* als Index des singulären Punktes eingeführt worden.

Wir zeigen jetzt, daß *die Summe der Indizes ϱ_i der mit negativem Vorzeichen genommenen Charakteristik der Fläche F gleich ist;* diese Beziehung wurde im wesentlichen von *Poincaré* und von *Bendixson,* ferner in einer etwas anderen, unten zu besprechenden Form von *v. Dyck* gegeben und neuestens auch von *H. Hamburger* hergeleitet.

Zur Aufstellung dieser Beziehung dient die folgende Überlegung, die sich an die *Hamburger*schen Betrachtungen anschließt. Wir nehmen auf der Fläche F um jeden singulären Punkt P_i je ein Polygon Π_i, das die anderen nicht trifft; die Fläche F', die von den nicht innerhalb von den Π_i liegenden Punkten von F gebildet ist, hat um n Konturen mehr als F, wenn n die Anzahl der singulären Punkte bedeutet. Nehmen wir auf F endlich viele Rechtecke $q_1, q_2, \ldots, q_r$ an, deren jedes von zwei Quer- und von zwei Scharbögen berandet ist und in seinem Innern eine Parallelschar trägt, so daß jeder nicht zum Rand von F gehörige Punkt F' im Innern je eines Rechteckes q_k liegt. Wir wählen diese Rechtecke so, daß die zu ihrer Berandung dienenden Querbögen einander nicht treffen. In jedem Rechteck q_k

verlängern wir die in ihm liegenden Teile der Seiten der anderen Rechtecke q_l und auch die der Polygone Π_i, so daß das Rechteck q_k in eine endliche Anzahl von Teilrechtecken wie durch parallele und senkrechte Strecken zerlegt wird. Auf diese Weise entsteht eine Zerlegung von F' in eine endliche Anzahl α_2 von Rechtecken q'_σ; wir bezeichnen mit α_0 die Anzahl der Eckpunkte dieser Teilung; sei ferner α_1 die Anzahl der Kanten, deren jede je zwei Eckpunkte der Teilung verbindet. — Sei nun $\alpha_0{}^1$ bzw. $\bar{\alpha}_0{}^3$ die Anzahl derjenigen auf den Polygonen Π_i liegenden Eckpunkte der Teilung, die zu einem bzw. zu drei Rechtecken q'_σ gehören; offenbar ist $\alpha_0{}^1$ die Gesamtzahl der einspringenden Eckpunkte der Polygone Π_i, also $\alpha_0{}^1 = \Sigma e_i$ und ebenso $\bar{\alpha}_0{}^3 = \Sigma a_i$. Seien ferner $\bar{\bar{\alpha}}_0{}^3$ bzw. $\alpha_0{}^4$ die Anzahlen derjenigen im Innern von F' liegenden Eckpunkte der Teilung, die zu drei bzw. zu vier Rechtecken q'_σ gehören. Sei endlich $\alpha_0{}^2$ die Anzahl der zu zwei Rechtecken q'_σ gehörigen Teilungseckpunkte. Dann ist

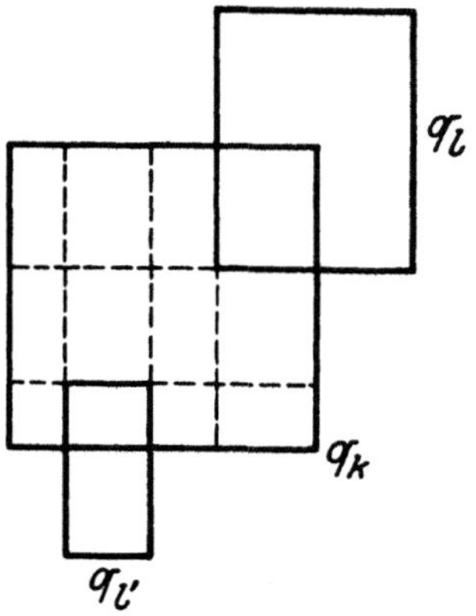

Fig. 51.

$$\alpha_0 = \alpha_0{}^1 + \alpha_0{}^2 + \bar{\alpha}_0{}^3 + \bar{\bar{\alpha}}_0{}^3 + \alpha_0{}^4.$$

Für die Anzahl α_2 der Rechtecke q'_σ erhält man die Beziehung

$$\alpha_2 = \tfrac{1}{4}(1 \cdot \alpha_0{}^1 + 2 \cdot \alpha_0{}^2 + 3 \cdot \bar{\alpha}_0{}^3 + 2 \cdot \bar{\bar{\alpha}}_0{}^3 + 4 \cdot \alpha_0{}^4),$$

indem man jedes Rechteck q'_σ nur in seinen vier wirklichen Eckpunkten abzählt (und so etwa bei einem im Innern von F' liegenden, zu drei Rechtecken gehörigen Eckpunkt nur diejenigen beiden Rechtecke berechnet, für welche dieser Teilungseckpunkt ein Eckpunkt des Rechteckes ist). Schließlich hat man für die Anzahl der Kanten:

$$\alpha_1 = \tfrac{1}{2}(2 \cdot \alpha_0{}^1 + 3 \cdot \alpha_0{}^2 + 4 \cdot \bar{\alpha}_0{}^3 + 3 \cdot \bar{\bar{\alpha}}_0{}^3 + 4 \cdot \alpha_0{}^4).$$

Daraus ergibt sich

$$\alpha_0 - \alpha_1 + \alpha_2 = \frac{\alpha_0{}^1}{4} - \frac{\bar{\alpha}_0{}^3}{4} = \sum_{i=1}^{n} \frac{e_i - a_i}{4} = -n + \sum_{i=1}^{n} \varrho_i.$$

Dabei ist $\alpha_0 - \alpha_1 + \alpha_2$ die mit negativem Vorzeichen genommene Charakteristik der Fläche F', wenn also F eine orientierbare bzw. nichtorientierbare Fläche mit r Konturen und vom Geschlecht p ist, so ist es gleich $2 - (2p + r + n)$ bzw. $2 - (p + r + n)$. Man hat also für orientierbare Polyederflächen die Beziehung

$$\sum_{i=1}^{n} \varrho_i = 2 - (2p + r),$$

für nichtorientierbare Flächen

$$\sum_{i=1}^{n} \varrho_i = 2 - (p + r).$$

Aus dieser Beziehung erkennt man nachträglich, daß der Index ϱ_i nur vom singulären Punkt P_i abhängt; nimmt man nämlich etwa statt Π_1 ein anderes Polygon Π_1' und behält die anderen Polygone $\Pi_2, \Pi_3, \ldots, \Pi_n$, so folgt aus der obigen Beziehung, in welcher ja $\varrho_2, \varrho_3, \ldots, \varrho_n$ ungeändert bleiben, daß der auf Π_1 bezügliche Index dem auf Π_1' bezüglichen gleich ist. —

Als ein Korollar der hergeleiteten Singularitätenbeziehung ergibt sich, daß eine von singulären Punkten freie, also im kleinen überall reguläre Schar nur auf den Flächen mit der Charakteristik 0, also auf den Ringflächen, auf dem Kreisring und auf dem *Moebius*schen Band existieren kann. Insbesondere folgt, daß jede im kleinen im allgemeinen reguläre Schar auf der Kreisscheibe oder auf der Kugelfläche wenigstens einen singulären Punkt haben muß.

Wir wenden uns nun zur Untersuchung der gestaltlichen Verhältnisse. Zunächst betrachten wir *Kurvenscharen auf der Kugelfläche.* — Seien $K, K_1, K_2, \ldots$ von singulären Punkten freie offene Scharkurven und seien $P_1, P_2, \ldots$ solche beziehungsweise auf den Kurven $K_1, K_2, \ldots$ liegenden Punkte, die gegen einen Punkt P von K konvergieren. Dann ergibt sich leicht, daß die Kurven $K_1, K_2, \ldots$ gegen K konvergieren; das ist so zu verstehen, daß erstens die Grenzmenge von $K_1, K_2, \ldots$ mit $K + E + E'$ zusammenfällt, wobei E und E' die Enden von K bedeuten; zweitens, daß es je eine topologische Abbildung von K auf K_i gibt, so daß die einem beliebigen Punkt Q von K entsprechenden Punkte $Q_1, Q_2, \ldots$ von $K_1, K_2, \ldots$ gegen den Punkt Q konvergieren.

Betrachten wir nun eine beliebige offene Kurve K der Schar, die mit ihren Enden zusammen von singulären Punkten frei ist; wenn also $P_1, P_2, \ldots$ eine beliebige Folge von auf K liegenden Punkten ist, so ist jeder Grenzpunkt dieser Folge ein gewöhnlicher Punkt der Schar[1]). Sei E ein Ende von K, d. h. die Menge der Grenzpunkte von sämtlichen Punktfolgen auf K, deren entsprechende Punkte auf der Geraden (von welcher K ein topologisches Bild ist) etwa nach rechts gegen unendlich konvergieren. Wir werden einen Satz von *Bendixson* beweisen, nämlich daß *E eine einfache geschlossene Kurve der Schar ist, um welche sich K spiralartig herumwindet.* — Sei

---

[1]) Wie es sich zeigen wird, sind die Schlußfolgerungen auch dann noch gültig, wenn man auf den Enden von K auch Zentren, d. h. solche singulären Punkte zuläßt, durch welche keine Scharkurve geht; es ergibt sich nachträglich, daß auf dem Ende kein Zentrum liegen kann.

P ein Punkt von E, U_P eine Umgebung um P, in der sich die Schar regulär verhält, b der bis auf seine Endpunkte in U_P liegender, P enthaltender Teilbogen der durch P gehenden Scharkurve und sei q ein in U_P liegender Querbogen, der P mit einem Punkt von K verbindet und der von der Kurve K bei rechtsseitiger Fortsetzung in unendlich vielen Punkten getroffen wird. Seien P_1 und P_2 zwei auf K aufeinander folgende Schnittpunkte von K mit q; wenn die Kreuzungen von K auf q in P_1 und in P_2 in entgegengesetzten Richtungen geschehen, d. h. wenn der Bogen $\widehat{P_1 P_2}$ von K in P_1 und in P_2 auf derselben Seite von q einmündet, so muß derjenige Bereich β, der von dem Bogen $\widehat{P_1 P_2}$ von K und von dem Bogen $\widehat{P_1 P_2}$ von q berandet ist und den Punkt P nicht enthält, wenigstens einen singulären Punkt enthalten[1]). Von einem gewissen Punkt P_1 ab wird also der Querbogen q von der Kurve K immer in derselben Richtung gekreuzt. — Seien $P_1, P_2, \ldots$ die aufeinander folgenden Schnittpunkte von K mit q. Wir betrachten die einfache geschlossene Kurve γ_i, die vom Bogen $\widehat{P_i P_{i+1}}$ von K und vom Bogen $\widehat{P_i P_{i+1}}$ von q gebildet ist. Die Kurve γ_{i+1} liegt innerhalb von γ_i (bis auf den gemeinsamen Punkt P_{i+1}), so daß γ_i und γ_{i+2} voneinander durch γ_{i+1} getrennt werden. Wir denken uns den Index i_0 hinreichend groß gewählt, so daß für kein $i > i_0$ im Zwischengebiet von γ_i und γ_{i+1} ein singulärer Punkt liegt. Die einfachen geschlossenen Kurven γ_{i_0+1}, $\gamma_{i_0+2}, \ldots$ erfüllen die im vorigen Paragraphen aufgestellte Bedingung A, so daß ihre Grenzmenge (die sich nicht auf einen Punkt reduzieren kann, da sie mit einem Ende von K identisch ist) eine einfache geschlossene Kurve j bildet. Um diese Kurve j windet sich die Kurve K spiralartig herum. — Es folgt auch gleich, daß die Kurve j eine zu der Schar gehörige Kurve ist und daß jede andere Kurve K' der Schar, die einen Punkt auf dem Bogen $\widehat{P_{i_0} P}$ von q besitzt, dieselbe Kurve j zum rechten Ende hat. —

Wenn die beiden Enden einer offenen Kurve K, die mit ihren Enden zusammen von singulären Punkten frei ist, miteinander zusammenfallen, d. h. von derselben einfachen geschlossenen Kurve j der Schar gebildet werden, so berandet K ein spiralartig um j herumgewundenes, von j freies Gebiet g; dieses Gebiet muß wenigstens einen singulären Punkt enthalten. Sei nämlich P ein Punkt von j, q ein von P

[1]) Wir bilden nämlich β auf eine Halbkreisscheibe topologisch ab, so daß der Bogen $\widehat{P_1 P_2}$ von q in den Durchmesser und der Bogen $\widehat{P_1 P_2}$ von K in die Halbkreislinie übergeht; durch diese Abbildung überträgt sich die in β enthaltene Schar in eine Kurvenschar auf der Halbkreisscheibe, die wir symmetrisch auf die ganze Kreisscheibe erweitern. Wäre in β kein singulärer Punkt, dann hätten wir also eine überall reguläre Schar auf der Kreisscheibe, was jedoch unmöglich ist, wie wir schon oben gesehen haben.

ausgehender Querbogen, der die Kurve K in unendlich vielen Punkten trifft; wenn q' einen bis auf seine Endpunkte in g liegenden Teilbogen von q, und b den durch seine Endpunkte bestimmten Teilbogen von K bedeutet, so muß das von q' und b berandete Teilgebiet von g wenigstens einen singulären Punkt enthalten, da b in seinen beiden Endpunkten auf derselben Seite von q in q' einmündet.

Aus den obigen Betrachtungen ergeben sich noch die folgenden Tatsachen. Wenn K eine offene Scharkurve ist, mit den voneinander verschiedenen, von singulären Punkten freien Enden E und E', und im Zwischengebiet von E und E' kein singulärer Punkt liegt, so hat jede andere Kurve in diesem Gebiet dieselben beiden Enden. Sei also eine von singulären Punkten freie Schar im ebenen Kreisring gegeben. Wenn eine offene Scharkurve vorhanden ist, so ist jedes Ende einer offenen Scharkurve K eine die beiden Randkreise voneinander trennende einfache geschlossene Kurve[1]). Wenn also im Kreisring eine singularitätenfreie Schar außer den Randkreisen keine geschlossenen Scharkurven besitzt, so hat jede Scharkurve die beiden Randkreise als Enden. Jede Kurve windet sich um ihre beiden Enden entweder in derselben oder in entgegengesetzten Richtungen herum; dementsprechend ist die Schar entweder der Schar

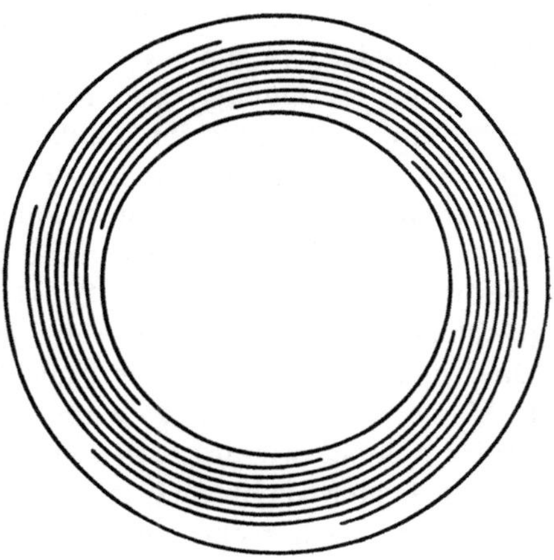

Fig. 52.

$$\begin{cases} \varphi = t + \operatorname{tg}(r-2)\frac{\pi}{2}, \\ 1 < r < 3, \end{cases}$$

oder der Schar

$$\begin{cases} \varphi = t + \operatorname{tg}|r-2|\frac{\pi}{2}, \\ 1 < r < 3 \end{cases}$$

äquivalent, wobei (r, φ) die Polarkoordinaten des Kreisringes

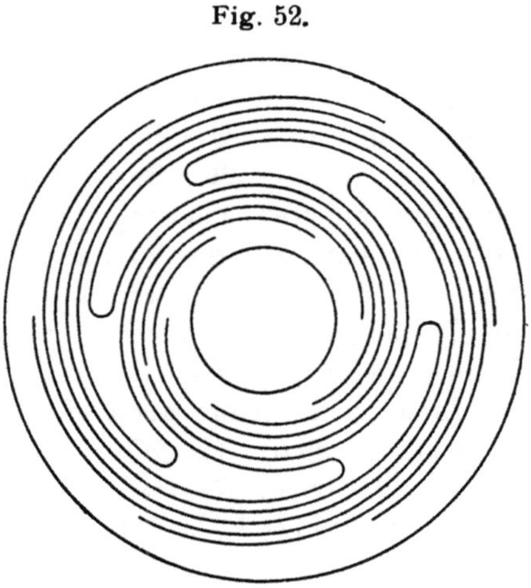

Fig. 53.

[1]) Wäre nämlich E ein Ende von K, welches die Randkreise nicht trennt, so würde aus dem Kreisring durch Fortlassung des Inneren von E ein von drei Konturen berandeter ebener Bereich mit einer singularitätenfreien Schar entstehen, was aber unmöglich ist.

$1 \leqq r \leqq 3$, $0 \leqq \varphi < 2\pi$ und t $(0 \leqq t < 2\pi)$ den Scharparameter bedeutet[1]) (s. Fig. 52 und 53).

Wir untersuchen jetzt den *Charakter der singulären Punkte* in deren Umgebung (dies bezieht sich dann natürlich auf beliebige Flächen).

Ein singulärer Punkt, durch welchen keine Scharkurve geht, heißt ein *Zentrum*. Wir werden zeigen, daß *in einer beliebig kleinen Umgebung eines Zentrums wenigstens eine geschlossene Scharkurve liegt, die das Zentrum in ihrem Innern hat.* — Sei U_O eine hinreichend kleine Umgebung des Zentrums O, die keine weiteren singulären Punkte enthält. Wenn es eine in U_O liegende geschlossene Scharkurve gibt, so muß sie in ihrem Innern wenigstens einen singulären Punkt, also notwendig den Punkt O enthalten, so daß für diesen Fall sich unsere Behauptung unmittelbar ergibt. Ebenso folgt, daß, wenn eine offene Scharkurve nach beliebig weiter Fortsetzung nach einer Richtung die Umgebung U_O nicht verläßt, ihr entsprechendes Ende eine in U_O liegende, den Punkt O in ihrem Innern enthaltende, geschlossene Scharkurve ist. So bleibt es noch übrig zu zeigen, daß unmöglich jede in U_O eintreffende Scharkurve in beiden Richtungen die Umgebung U_O verlassen kann. Unter der entgegengesetzten Voraussetzung nehmen wir für jeden von O verschiedenen Punkt P von U_O diejenigen beiden Punkte Q und R, in denen der durch P gehende Scharbogen nach rechts und nach links von P aus U_O zum ersten Male austritt. Der Scharbogen $\widehat{QPR}$ berandet einen gewissen, den Punkt O nicht enthaltenden Bereich β_P in U_O. Zwei solche Bereiche β_P und $\beta_{P'}$ haben entweder keinen im Innern von U_O liegenden Punkt gemeinsam oder aber einer von ihnen ist ein Teil des anderen. Wenn es einen größten Bereich $\beta_{P'}$ gibt, der β_P enthält, so bezeichnen wir diesen mit K_P; wenn dagegen kein solcher größter Bereich existiert, so bezeichnen wir die Summe sämtlicher β_P enthaltender Bereiche mit C_P. Wenn zwei Mengen K_{P_1} und K_{P_2} einen (auf dem Rand von U_O liegenden) gemeinsamen Punkt haben, so nehmen wir ihre Summe und wiederholen denselben Schritt (eventuell auch unendlich oft, in welchem Falle auch die Grenzpunkte zu solchen Summen hinzuzufügen sind), bis wir schließlich solche Kontinua bekommen, die wir wieder mit K_P bezeichnen, von denen je zwei einander fremd sind. Jede Menge K_P und C_P besitzt wenigstens einen inneren Punkt, sie sind paarweise fremd, so daß ihre Menge abzählbar ist. Lassen wir nun die Mengen C_P von U_O fort; die übrigbleibenden Punkte von U_O bilden zusammen ein Kontinuum K, welches in die abzählbare Menge von fremden Kontinua K_P und in den Punkt O zerlegt

[1]) Vgl. die unten genannte Arbeit von *H. Kneser*.

den Punkt O zerlegt wird. Aus diesem Widerspruch gegen den schon oben benutzten Hilfssatz von S. 38 folgt nunmehr unsere Behauptung.

Die Struktur der Schar in der Nähe eines Zentrums O ist auf diese Weise vollständig charakterisiert. Es gibt eine Menge von einfachen geschlossenen Scharkurven, so daß von zweien immer eine im Innern der anderen liegt und jede den Punkt O in ihrem Innern hat; zwischen zwei solchen Kurven sind entweder alle Scharkurven geschlossen und verhalten sich wie konzentrische Kreise im Kreisring; wenn aber zwischen zwei solchen Kurven keine weitere geschlossene Scharkurve liegt, so ist die im Zwischengebiet dieser beiden Kurven gelegene Schar eine der oben gelegentlich des Kreisringes charakterisierten Scharen.

Die anderen singulären Punkte sind solche, von denen entweder ein einziger oder aber mehr als zwei Scharbogen ausgehen. Wir werden diese singulären Punkte im Anschluß an *Bendixson* näher untersuchen.

Betrachten wir zuerst einen solchen singulären Punkt S, von dem n Bögen der Schar ausgehen, wobei n eine endliche Zahl > 2 ist. Sei U_S eine Umgebung von S, die keinen weiteren singulären Punkt enthält. Wir betrachten zwei benachbarte, von S ausgehende Bögen b_1 und b_2, die bis auf ihre anderen Endpunkte in U_S liegen und zusammen einen von den anderen von S ausgehenden Scharbögen freien Bereich β in U_S beranden. Wir bilden den Bereich β topologisch auf eine Halbkreisscheibe ab, so daß S in den Kreismittelpunkt und $b_1 + b_2$ in den Durchmesser übergeht und erweitern die auf diese Weise entstehende Schar symmetrisch für das ganze Kreisinnere. So entsteht eine in der Umgebung des Mittelpunktes überall (bis auf den Mittelpunkt) reguläre Schar, die genau zwei vom Mittelpunkt ausgehende Bögen hat, so daß diese Schar sich in der Nähe des Mittelpunktes wie eine Parallelschar verhält. Bezüglich der Umgebung von S können wir also schließen, daß jeder in der Nähe von b_1 gehende Scharbogen in β auch in der Nähe von b_2 vorbeigeht. Wenn q_1 bzw. q_2 je ein in einem von S verschiedenen Punkte von b_1 bzw. von b_2 nach β errichteter Querbogen ist, so beranden dieselben mit b_1, b_2 und mit einem Scharbogen zusammen ein Gebiet, in welchem die Schar wie eine Parallelschar verläuft (s. Fig. 54). Wir bezeichnen das von den inneren Punkten von β bestehende Gebiet als ein *Sattelgebiet*[1]); dies ist durch die Eigenschaft charakterisiert, daß jede in ihm eintreffende Schar-

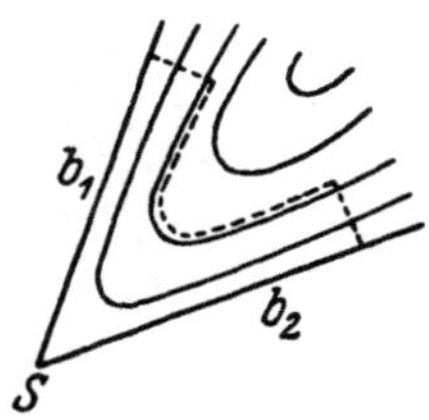

Fig. 54.

[1]) Die Bezeichnungen Sattel-, Strahlen- und Schleifengebiete für die von *Poincaré* und *Bendixson* herrührenden Begriffe *cols, régions nodales ouvertes, régions nodales fermées* entnehme ich einer Arbeit von *H. Hamburger*, deren Manuskript ich gelesen habe.

kurve in beiden Richtungen das Gebiet verläßt. Bei dem singulären Punkt S, von welchem n Scharbögen ausgehen, stoßen n Sattelgebiete an (s. Fig. 55, $n = 3$). — Der Fall $n = 1$ spielt keine Ausnahmerolle. Man bildet eine Umgebung des singulären Punktes S auf eine Halbkreisscheibe ab, so daß der Punkt S in den Mittelpunkt und der einzige aus S ausgehende Scharbogen b (1, 2-deutig) in die beiden Radien, die die Halbkreisscheibe beranden, übergeht. In diesem Fall verläuft die Schar in der Nähe des singulären Punktes S wie eine Schar konfokaler Parabeln (s. Fig. 56).

Der Index ϱ des singulären Punktes S, aus welchem ν Bögen ausgehen, ist gleich $1 - \frac{\nu}{2}$; ein Polygon Π um S hat nämlich in jedem Sattelgebiet zwei notwendige ausspringende Eckpunkte.

Wenn auf einer geschlossenen Fläche F vom Geschlecht p eine solche Kurvenschar gegeben ist, daß aus jedem singulären Punkt

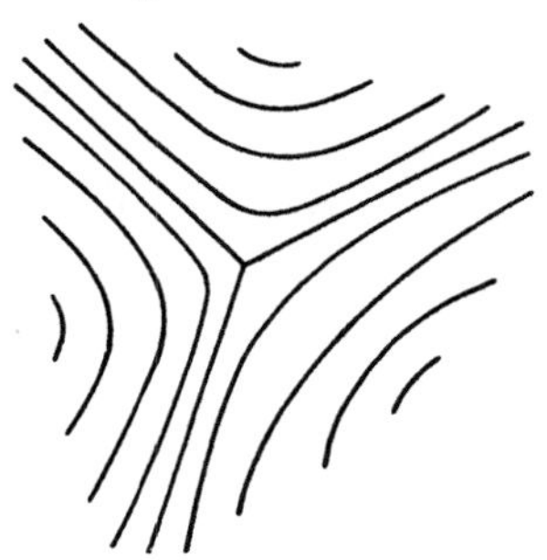

Fig. 55.

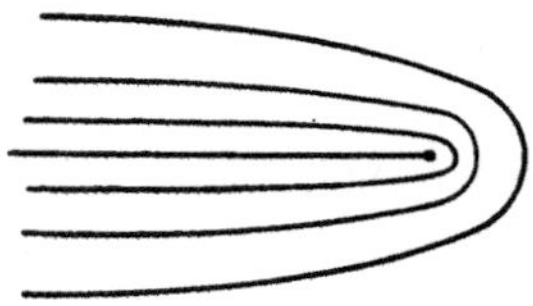

Fig. 56.

höchstens endlich viele Bögen ausgehen, so bezeichne man mit p_ν die Anzahl derjenigen singulären Punkte, von denen ν Bögen ausgehen ($\nu = 0, 1, 3, 4, \ldots, N$). Die auf S. 252 hergeleitete Singularitätenbeziehung geht dann in die folgende über:

$$\sum_{(\nu=0,1,3,4,\ldots,N)} \left(1 - \frac{\nu}{2}\right) p_\nu = 2 - 2p \text{ bzw. } 2 - p,$$

je nachdem F eine orientierbare bzw. nichtorientierbare Fläche ist. In dieser Form wurde die Beziehung (auch allgemeiner als in unserer Darstellung) von *v. Dyck* angegeben.

Kehren wir wieder zu dem allgemeinen Fall zurück und betrachten einen singulären Punkt S, von dem unendlich viele Scharbögen ausgehen. Wenn b_1 und b_2 zwei solche von S ausgehenden Bögen sind, zwischen denen kein weiterer von S ausgehender Bogen liegt, so liegt wieder zwischen b_1 und b_2 ein Sattelgebiet vor. — Seien nun b_1 und b_2 zwei solche von S ausgehende Scharbögen, deren andere Endpunkte auf dem Rand von U_S liegen, daß zwischen ihnen jeder hinreichend nahe bei S vorbeigehende Scharbogen in den Punkt S eintrifft. Sei c der zwischen b_1 und b_2 liegende Bogen des Randes von U_P (den wir als eine einfache geschlossene Kurve annehmen wollen) und sei g das von b_1, b_2 und c berandete Teilgebiet von U_S. Sei c' ein Hilfsbogen, der b_1 und b_2 in g verbindet und hinreichend nahe bei S verläuft, so daß jeder Scharbogen, der c' trifft, in den Punkt S einmündet. Wenn jeder von S ausgehende Scharbogen in g bei weiterer Fortsetzung das Gebiet g verläßt, bezeichnen wir g als ein *Strahlengebiet* (s. Fig. 57). — Wenn es aber solche von S in g ausgehende Scharkurven gibt, die in ihrem ganzen Verlauf in g bleiben, so ist jede solche Scharkurve geschlossen. Eine in g liegende

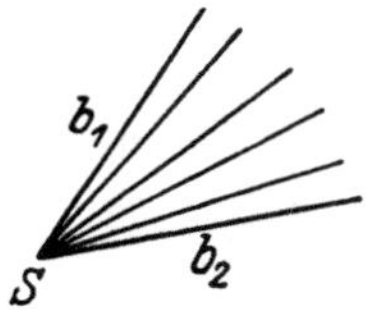

Fig. 57.

Fig. 58.

geschlossene Scharkurve, die durch den Punkt S geht und wenigstens einen Punkt auf dem Bogen c besitzt, bestimmt ein zum Gebiet g gehöriges *Schleifengebiet*, in welchem jede Scharkurve geschlossen ist und durch den Punkt S geht. In einem Schleifengebiet gibt es beliebig kleine Kurven, d. h. solche, die in einer beliebig kleinen Um

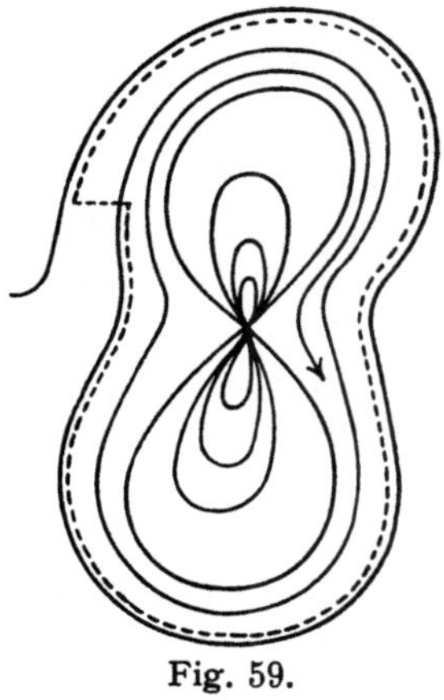
Fig. 59.

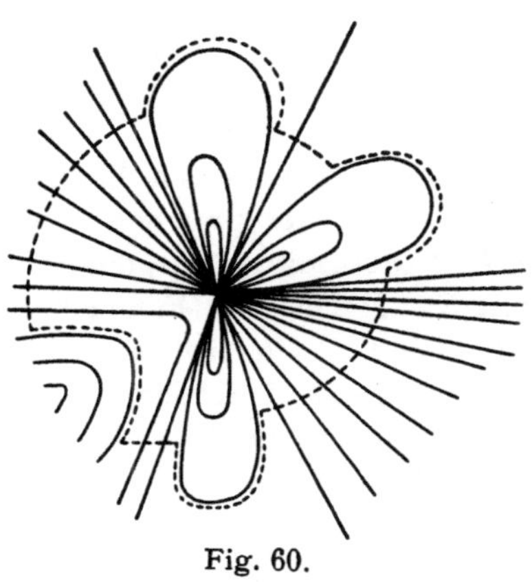
Fig. 60.

gebung von S liegen. In einem Schleifengebiet kann aber die Schar noch sehr verschiedenartige Struktur haben, z. B. innerhalb einer Kurve kann es zwei Kurven geben, die bis auf den gemeinsamen Punkt S außerhalb voneinander liegen (s. Fig. 58).

Es ist wohl zu bemerken, daß diese verschiedenen Gebiete außer der Schar noch von der speziellen Wahl der Umgebung U_S abhängen;

z. B. kann ein Schleifengebiet bei Verminderung der Umgebung U_S in mehrere Sattel-, Strahlen- und Schleifengebiete zerfallen. Nichtdestoweniger reichen sie hin zur Charakterisierung der Singularitäten. — Bei einem singulären Punkt können sich mehrere, sogar unendlich viele Gebiete der genannten Arten aneinanderreihen. Der Index des singulären Punktes ist jedoch durch eine endliche Anzahl unter ihnen zu bestimmen. Ein Sattelgebiet liefert zum Index den Beitrag $-\frac{1}{2}$, wie wir schon gesehen haben; ein Schleifengebiet den Beitrag $+\frac{1}{2}$, da nämlich ein dieses Gebiet abgrenzender Teil des Polygons Π zwei notwendige einspringende Eckpunkte hat; bei einem Strahlengebiet kommen keine notwendigen Eckpunkte des Polygons Π vor, so daß der dadurch dem Index gelieferte Beitrag 0 ist. — Als Beispiele betrachte man die auf den Fig. 59, 60 aufgezeichneten Scharen; die Indizes der singulären Punkte sind bzw. $\varrho = 1$ und $\varrho = 2$ (nämlich 1 + halbe Anzahl der Schleifengebiete — halbe Anzahl der Sattelgebiete).

Über den Gesamtverlauf von Kurvenscharen seien hier noch einige Resultate erwähnt.

Wenn man auf der Kugelfläche einen einzigen singulären Punkt S zuläßt, so ist dies notwendig ein mehrfacher Punkt, sämtliche Scharkurven sind geschlossen und laufen durch S. Dieser Satz rührt von *Hamburger* her. Zum Beweis genügt es zu zeigen, daß die Schar keine offene Kurve haben kann, sodann folgt die vollständige Behauptung aus den Ergebnissen des vorigen Paragraphen. Dies sieht man nach *Hamburger* folgendermaßen ein. Wäre eine offene Scharkurve K vorhanden, so legen wir aus einem von S verschiedenen Punkte eines Endes von K einen Querbogen q und nehmen einen solchen Teilbogen q_1 von q, dessen Endpunkte und nur diese zu K gehören und welcher in seinen beiden Endpunkten von K in derselben Richtung gekreuzt wird; der zwischen den Endpunkten von q_1 liegende Bogen von K bildet mit q_1 zusammen ein Polygon Π um den singulären Punkt S. Π hat zwei Eckpunkte, von denen einer aus-, der andere einspringend ist, folglich wäre der Index $\varrho = 1$; dies widerspricht aber der Singularitätenbeziehung $\varrho = \Sigma \varrho_i = 2 - 2p = 2$.

Die singularitätenfreien Kurvenscharen auf den Ringflächen wurden von *H. Kneser* untersucht. — Sei zunächst eine Torusfläche und auf ihr eine singularitätenfreie Schar gegeben. Wenn die Schar eine geschlossene Kurve hat, so kann diese offenbar nicht homotop 0 sein, da sonst ihr Inneres wenigstens einen singulären Punkt enthalten müßte. Die längs einer geschlossenen Scharkurve aufgeschnittene Fläche ist einem ebenen Kreisring homöomorph, auf welchem die singularitätenfreien Scharen schon oben charakterisiert worden sind. Es bleibt somit der Fall übrig, wo sämtliche Scharkurven offen sind. In diesem Fall konstruiert *Kneser* eine geschlossene Querkurve q,

d. h. eine einfache geschlossene Kurve, deren jeder Bogen ein Querbogen ist, und betrachtet die Abbildung derselben auf sich selbst, die dadurch entsteht, daß man bei einem bestimmten Umlauf auf einer Scharkurve K immer einem auf q liegenden Punkt von K den nächsten Treffpunkt von K mit q als Bild zuordnet. Auf diese Weise wird eine topologische Abbildung von q auf sich selbst erklärt, die samt ihren Potenzen fixpunktfrei ist (das Auftreten eines Fixpunktes würde eben die Existenz einer geschlossenen Scharkurve bedeuten). Eine solche Abbildung ist entweder von der Art, daß die bei den Potenzen der Abbildung entstehenden Bilder irgendeines Punktes von q auf q überall dicht liegen, oder aber die iterierten Bilder eines jeden Punktes je eine auf q nirgends dichte Menge bilden, wie man leicht einsieht. Durch diese Abbildung ist die Struktur der Schar schon bestimmt. Im ersten Fall ist sie einer Schar von der Form

$$\psi = t + \alpha\varphi$$

(φ, ψ = Toruskoordinaten, $0 \leqq \varphi < 2\pi$, $0 \leqq \psi < 2\pi$;
t = Scharparameter, $0 \leqq t < 2\pi$, α = irrationale Größe[1]))

homöomorph; im zweiten Fall einer Schar, die aus der genannten entsteht, wenn man die Scharkurven durch immer schmaler werdende Streifen ersetzt. — Für die nichtorientierbare Ringfläche bestimmt *Kneser* ähnlich die gestaltlichen Möglichkeiten; das Hauptresultat ist dabei, daß hier mindestens eine geschlossene Scharkurve auftreten muß. — Wegen der Ausführungen verweisen wir den Leser auf die demnächst in den Math. Annalen erscheinende Arbeit von *H. Kneser*: Reguläre Kurvenscharen auf den Ringflächen.

Zum Schluß sei auf den Zusammenhang dieser Untersuchungen mit der Theorie der Differentialgleichungen hingewiesen. In der Tat waren es die Untersuchungen von *Poincaré*, *Bendixson* und *Bohl* über Differentialgleichungen, die zu einer eingehenden Behandlung der Kurvenscharen geführt haben. Außer den ursprünglichen Arbeiten der genannten Autoren sei noch die Darstellung dieser Gedanken bei *Bieberbach* (Theorie der Differentialgleichungen, Berlin 1923) erwähnt. — Über den Zusammenhang der Theorie der Kurvenscharen mit der *Kronecker*schen Charakteristikentheorie siehe die Arbeiten von *v. Dyck* und die Dissertation von *J. Nielsen* (s. Literaturverzeichnis).

[1]) Die Bedeutung von α als „mittlere Geschwindigkeit" bei den wiederholten Abbildungen von q ist von *Kneser* und im wesentlichen auch schon von *Poincaré* auseinandergesetzt worden.

Literaturverzeichnis[1]).

Zusammenfassende Darstellungen über Topologie:

Dehn, M. und Heegaard, P.: Analysis situs; Enzykl. d. math. Wiss. III. AB. 1907. — Dies enthält eine systematische, obwohl nicht vollständig ausgeführte Darstellung der kombinatorischen Topologie.

Veblen, O.: Analysis situs; The Cambridge Colloquium, 1916, Part II New York, 1920. — Einheitliche Darstellung der kombinatorischen Topologie mit Hilfe eines zugrunde gelegten Matrix-calculus.

Weyl, H.: Die Idee der Riemannschen Fläche Leipzig, 1913. — Hier kommt insbesondere Kapitel I in Betracht, das eine strenge mengentheoretische Begründung der Topologie der Riemannschen Flächen enthält.

König, D.: Az analysis situs elemei, I. Felületek (Elemente der Analysis situs, I. Flächen) Budapest, 1918. — Leichtverständliche Darstellung der anschaulichen Topologie der Flächen.

Von zusammenfassenden Darstellungen über Mengenlehre erwähnen wir die folgenden:

Schoenflies, A.: Bericht über die Entwicklung der Mengenlehre, I. 2. Aufl., Leipzig, 1913, II. Leipzig, 1908. — Zum zweiten Teil soll man die Arbeit von L. E. J. Brouwer, Zur Analysis situs, Math. Annalen Bd. 68, S. 422—434, 1910, besonders berücksichtigen.

Hausdorff, F.: Grundzüge der Mengenlehre Leipzig, 1914.

Zu den einzelnen Abschnitten bemerken wir folgendes.

Einleitung.

S. 4. Fréchet, M.: Sur quelques points du calcul fonctionnel, Rend. di Palermo Bd. 22, S. 1—74, 1906.

— Sur les classes *V* normales, Trans. Amer. Math. Soc. Bd. 14, S. 320—324, 1913.

— Relations entre les notions de limite et de distance, Trans. Amer. Math. Soc. Bd. 19, S. 53—65, 1918.

S. 6—9. Brouwer, L. E. J.: Beweis der Invarianz der Dimensionenzahl, Math. Ann. Bd. 70, S. 161—165, 1911.

— Beweis der Invarianz des *n*-dimensionalen Gebiets, Math. Ann. Bd. 71, S. 305—313, 1911.

— Zur Invarianz des *n*-dimensionalen Gebiets, Math. Ann. Bd. 72, S. 55—56, 1912.

— Beweis des Jordanschen Satzes für den *n*-dimensionalen Raum, Math. Ann. Bd. 71, S. 314—319, 1911.

— Über Abbildung von Mannigfaltigkeiten, Math. Ann. Bd. 71, S. 97 bis 115, 1911.

— Über Jordansche Mannigfaltigkeiten, Math. Ann. Bd 71, S. 320—327, 1911.

[1]) In diesem Verzeichnis erwähnen wir diejenigen Werke, die entweder besonders wichtig, oder in unserer Darstellung besonders gebraucht worden sind.

S. 6—12. Poincaré, H.: Analysis Situs, Journal de l'Éc. Pol. II Bd. 1, S. 1 bis 121, 1895.
— 1r Complément à l'Analysis Situs, Rend. di Palermo Bd. 13, S. 285 bis 343, 1899.
— 2d Complément à l'Analysis Situs, Proc. London Math. Soc. Bd. 32, 1900.
— 3e Complément à l'Analysis Situs, Bull. de la Soc. Math. de France Bd. 30, S. 49—70, 1902.
— 4e Complément à l'Analysis Situs, Journ. d. math. p. et appl. V, Bd. 8, S. 169—214, 1902.
— 5e Complément à l'Analysis Situs, Rend. di Palermo Bd. 18, S. 45 bis 110, 1904.
Tietze, H. Über die topologischen Invarianten mehrdimensionaler Mannigfaltigkeiten, Monatshefte f. Math. u. Phys. Bd. 19, S. 1—118, 1907.

S. 12. Alexander, W. J.: Note on two three-dimensional manifolds with the same group, Trans. Amer. Math. Soc. Bd. 20, S. 339—342, 1919.

S. 14—15. Brouwer, L. E. J.: Über Abbildung von Mannigfaltigkeiten, Math. Ann. Bd. 71, S. 97—115, 1911.
— Over continue vectordistributies, Amsterd. Akad. Versl. Bd. 17, S. 896 bis 904, 1909; Bd. 18, S. 702—721, 1910; Bd. 19, S. 36—51, 1910.
— Het Wezen der Meetkunde, Habilitationsvortrag, Amsterdam, 1909.

S. 15. Poincaré, H.: Les méthodes nouvelles de la Mécanique Céleste, III, Paris, 1899, S. 175—200, 372—410.
— Sur un théorème de Géométrie, Rend. di Palermo Bd. 33, S. 375 bis 407, 1913.
Birkhoff, G. D.: On dynamical systems with two degrees of freedom, Trans. Amer. Math. Soc. Bd. 18, S. 199—300, 1917.

S. 19. Brouwer, L. E J.: siehe die oben genannten Werke.
Lebesgue, H.: Sur l'invariance du nombre de dimensions d'un espace et sur le théorème de M. Jordan relatif aux variétés fermées, C. R. Bd. 152, S. 841—844, 1911.
— Sur les correspondances entre les points de deux espaces, Fund. Math. Bd. 2, S. 256—285, 1921.
Antoine, L.: Sur l'homéomorphie de deux figures et de leurs voisinages, Thèse, Strasbourg, 1921.

I.

§ 4. Brouwer, L. E. J.: Eenige opmerkingen over het samenhangstype η, Amsterd. Akad. Versl. Bd. 21, S. 1412—1419, 1913.
Fréchet, M.: Sur l'homéomorphie des ensembles dénombrables, Bull. de l'Ac. d. Sc. de Cracovie, Sc. math. 1921.
Sierpiński, W.: Sur une propriété des ensembles dénombrables denses en soi, Fund. Math. Bd. 1, S. 11—16, 1920.

§ 5. Brouwer, L. E. J.: Over de structur der perfecte puntverzamelingen, Amsterd. Akad. Versl. Bd. 18, S. 833—842, 1910; Bd. 19, S. 1416 bis 1426, 1911.

II.

§ 1. von Kerékjártó, B.: Beweis des Jordanschen Kurvensatzes, Math. Naturw. Ber. d. Ungarischen Akad. d. Wiss. Bd. 38, S. 194—198, 1919.

Siehe ferner
Brouwer, L. E. J.: Beweis des Jordanschen Kurvensatzes, Math. Ann. Bd. 69, S. 169—175, 1910.
de la Vallée-Poussin, Ch.: Cours d'Analyse, I, 1. Aufl. Louvain-Paris, 1903, S. 308—310.

§ 2. Antoine, L.: Sur l'homéomorphie de deux figures et de leurs voisinages, Thèse, Strasbourg, 1921.

von Kerékjártó, B.: Zur Topologie von Kurven und Kurvenscharen, Math. Nat. Ber. d. Ung. Akad. d. Wiss. Bd. 39, S. 306—313, 1922.

§ 3. — Zur Gebietsinvarianz, Math. Nat. Ber. d. Ung. Akad. d. Wiss. Bd. 39, S. 220, 221, 1921.

§ 4. Hilbert, D.: Grundlagen der Geometrie, 4. Aufl., Leipzig, 1913, S. 173 bis 185, IV. Anhang; s. auch Math. Ann. Bd. 56, S. 381—421, 1903.

Schoenflies, A.: Bericht II, S. 180 ff.

Riesz, F.: Über einen Satz der Analysis Situs, Math. Ann. Bd. 59, S. 409—415, 1904.

§ 5. Über den Begriff der Ordnung siehe man:

Tannery, J.: Introduction à la théorie des fonctions d'une variable (2. Aufl.) II, Paris, 1910, S. 178 ff.

Weyl, H.: Die Idee der Riemannschen Fläche, S. 56—58.

§ 6. Schoenflies, A.: Bericht II, S. 118 ff.

Brouwer, L. E. J.: Zur Analysis Situs, Math. Ann. Bd. 68, S. 422—434, 1910.

§ 7. Schoenflies, A.: Bericht II, S. 199 ff.

Hahn, H.: Über die allgemeinste ebene Punktmenge, die stetiges Bild einer Strecke ist, Jahresber. d. Deutsch. Mat. Verein. Bd. 23, S. 318 bis 322, 1904.

— Mengentheoretische Charakterisierung der stetigen Kurve, Sitzungsber. d. math. nat.-w. Kl. d. K. Ak. d. W. Wien Bd. 123, S. 2433 bis 2489, 1914.

Mazurkiewicz, S.: Sur les lignes de Jordan, Fund. Math. Bd. 1, S. 166—209, 1920.

Wegen anderer Charakterisierungen der stetigen Kurve s. noch:

Sierpiński, W.: Sur une condition pour qu'un continu soit une courbe jordanienne, Fund. Math. Bd. 1, S. 44—60, 1920.

Moore, R. L.: Concerning connectedness im kleinen and a related property, Fund. Math. Bd. 3, S. 232—237, 1922.

III.

§ 1. Der Inhalt von §§ 1 und 3 ist in den Lehrbüchern der Funktionentheorie dargestellt.

§ 2. Carathéodory, C.: Über die Begrenzung einfach zusammenhängender Gebiete, Math. Ann. Bd. 73, S. 323—370, 1913.

Study, E.: Vorlesungen über ausgewählte Gegenstände der Geometrie, II. Konforme Abbildung einfach zusammenhängender Bereiche, Leipzig, 1913, S. 47.

Koebe, P.: Abhandlungen zur Theorie der konformen Abbildung I, Journ. f. d. r. u. a. Math. Bd. 145, S. 212 ff., 1914.

Brouwer, L. E. J.: Zur Analysis Situs, Math. Ann. Bd. 68, S. 422—434, 1910.

— Over de structuur der perfekte puntverzamelingen II, Amsterd. Akad. Versl. Bd. 19, S. 835, 1911.

§ 6. — Beweis der Invarianz der geschlossenen Kurve, Math. Ann. Bd. 72, S. 422—425, 1912.

IV.

Wegen Literatur siehe man Dehn-Heegaard, Analysis Situs, Enz. d. math. Wiss. III. AB.

V.

§ 1. von Kerékjártó, B.: Hauptsatz der Flächentopologie bei unendlich hohem Zusammenhang, Jahresber. d. Deutsch. Math. Verein. Bd. 31, S. 98, 99, 1923.

§ 2. Weyl, H.: Die Idee der Riemannschen Fläche, S. 47—56, 74.

VI.

§ 1. Tietze, H.: Über stetige Abbildungen der Quadratfläche auf sich, Rend. di Palermo Bd. 38, S. 247—304, 1914.

— Sur les représentations continues des surfaces sur elles-mêmes, C. R. Bd. 157, S. 509—512, 1913.

Antoine, L.: Sur l'homéomorphie de deux figures et de leurs voisinages, Thèse, Strasbourg, 1921.

§ 2. Brouwer, L. E. J.: Over één-éénduidige continue transformaties van oppervlakken in zichzelf I, Amsterd. Akad. Versl. Bd. 17, S. 750, 1908; II, Bd. 19, S. 48, 1910.

— Über eindeutige stetige Transformationen von Flächen in sich, Math. Ann. Bd. 69, S. 176—180, 1910.

— Beweis des ebenen Translationssatzes, Math. Ann. Bd. 72, S. 37—54, 1912.

von Kerékjártó, B.: Über die Brouwerschen Fixpunktsätze, Math. Ann. Bd. 80, S. 29—32, 1919.

— Über Transformationen des ebenen Kreisringes, Math. Ann. Bd. 80, S. 33—35, 1919.

— Über Transformationen ebener Bereiche, Amsterd. Akad. Versl. Bd. 28, 1919.

Brouwer, L. E. J.: Sur les points invariants des transformations topologiques des surfaces, C. R. Bd. 168, S. 1842, 1919.

Nielsen, J.: Über fixpunktfreie topologische Abbildungen geschlossener Flächen, Math. Ann. Bd. 81, S. 94—96, 1920.

§ 3. Poincaré, H.: Sur un théorème de Géométrie, Rend. di Palermo Bd. 33, S. 375—405, 1913.

Birkhoff, G. D.: Proof of Poincarés geometric theorem, Trans. Amer. Math. Soc. Bd. 14, S. 14—22, 1913.

§ 4. — On dynamical systems with two degrees of freedom, Trans. Amer. Math. Soc. Bd. 18, S. 199—300, 1917.

§ 5. Nielsen, J.: Über die Minimalzahl der Fixpunkte bei Abbildungstypen der Ringflächen, Math. Ann. Bd. 82, S. 82—93, 1921.

Siehe ferner

Brouwer, L. E. J.: Über die Minimalzahl der Fixpunkte bei den Klassen von eindeutigen stetigen Transformationen der Ringflächen, Math. Ann. Bd. 82, S. 94—96, 1921.

§ 6. von Kerékjártó, B.: Über die periodischen Transformationen der Kreisscheibe und der Kugelfläche, Math. Ann. Bd. 80, S. 36—38, 1919.

Brouwer, L. E. J.: Über die periodischen Transformationen der Kugel, Math. Ann. Bd. 80, S. 39—41, 1919.

— Over topologische Involuties, Amsterd. Akad. Versl. Bd. 27, S. 1201 bis 1203, 1919.

§ 7. — Über Abbildung von Mannigfaltigkeiten, Math. Ann. Bd. 71, S. 97 bis 115, 1911.

— Sur la notion de „classe“ de transformations d'une multiplicité, Proc. of the V. international Congress of Mathematicians, Cambridge, Bd. 2, S. 9, 10, 1912.

Siehe ferner

Hadamard, J.: Note sur quelques applications de l'indice de Kronecker (im zweiten Band von J. Tannery, Introduction à la théorie des fonctions d'une variable, S. 437—477).

VII.

§ 1. von Kerékjártó, B.: Kurvenscharen auf Flächen, Gött. Nachr. 1922, S. 71—79.

— Zur Topologie von Kurven und Kurvenscharen, Math. Nat. Ber. d. Ung. Akad. d. Wiss. Bd. 39, S. 306—313, 1922.

§ 2. — Kurvenscharen auf Flächen, Gött. Nachr. 1922, S. 71—79.

Hamburger, H.: Über Kurvennetze auf geschlossenen Flächen mit isolierten Singularitäten (erscheint in der Math. Zeitschr.).

— Ein Satz über Kurvennetze auf geschlossenen Flächen, Sitzungsber. d. Pr. Ak. d. W. Berlin Bd. 21, S. 258—262, 1922.

Poincaré, H.: Sur les courbes définies par une équation différentielle, Journ. d. math. p. et appl. (3) Bd. 7, S. 375—422, 1881; (3) Bd. 8, S. 251—296, 1882; (4) Bd. 1, S. 167—244, 1885; (4) Bd. 2, S. 151 bis 217, 1886.

Bendixson, I.: Sur les courbes définies par des équations différentielles, Acta Math. Bd. 24, S. 1—88, 1901.

von Dyck, W.: Beiträge zur Analysis Situs I, Math. Ann. Bd. 32, S. 457—512, 1888 (insbesondere § 11).

Kneser, H.: Kurvenscharen auf den Ringflächen (erscheint in den Math. Ann.).

Nielsen, J.: Kurvennetze auf Flächen, Dissertation, Kiel 1913.

Namen- und Sachverzeichnis.

(Die Zahlen geben die Seiten an.)

GPSR Compliance

The European Union's (EU) General Product Safety Regulation (GPSR) is a set of rules that requires consumer products to be safe and our obligations to ensure this.

If you have any concerns about our products, you can contact us on ProductSafety@springernature.com

In case Publisher is established outside the EU, the EU authorized representative is:

Springer Nature Customer Service Center GmbH
Europaplatz 3
69115 Heidelberg, Germany

Batch number: 10682325

Printed by Printforce, the Netherlands